建筑工程造价算量一例通

工程造价员网　张国栋　主编

中国建筑工业出版社

图书在版编目（CIP）数据

建筑工程造价算量一例通/张国栋主编．—北京：中国建筑工业出版社，2016.12

ISBN 978-7-112-19954-9

Ⅰ．①建… Ⅱ．①张… Ⅲ．①建筑造价管理 Ⅳ．①TU723.3

中国版本图书馆 CIP 数据核字（2016）第 237521 号

《建筑工程造价算量一例通》以《建设工程工程量清单计价规范》GB 50500—2013、《房屋建筑与装饰工程工程量计算规范》GB 50854—2013 为依据，全书以某 12 层小高层的算量为主线，从前到后系统介绍了建筑工程工程量清单计价及定额计价的基本知识和方法。主要内容包括某 12 层小高层建筑工程工程概况及设计说明、某 12 层小高层建筑工程图纸识读、某 12 层小高层建筑工程清单工程量计算、某 12 层小高层建筑工程定额工程量计算、某 12 层小高层建筑工程综合单价分析以及工程算量要点提示等，以一个背景题材为线索，结合工程算量的步骤从不同的方面详细讲解，做到了工程概况阐述清晰、工程图纸排列有序、工程算量有条不紊、工程单价分析前呼后应，并以工程算量要点提示收尾总结，使读者可以循序渐进，层层剖析，现学现用。

责任编辑：赵晓菲　毕凤鸣
责任设计：李志立
责任校对：王宇枢　张　颖

建筑工程造价算量一例通
张国栋　主编
*
中国建筑工业出版社出版、发行（北京海淀三里河路 9 号）
各地新华书店、建筑书店经销
霸州市顺浩图文科技发展有限公司制版
北京君升印刷有限公司印刷
*
开本：787×1092 毫米　1/16　印张：20½　字数：458 千字
2017 年 10 月第一版　2017 年 10 月第一次印刷
定价：**50.00** 元
ISBN 978-7-112-19954-9
（29438）

编写人员名单

主　　编　工程造价员网　张国栋

参　　编　赵小云　王希玲　陈艳平　张紧紧

郭芳芳　马　波　刘　瀚　洪　岩

郝孟可　张美静　郭小段　李伟娜

吴亚南　刘向翠　田亚南　段　欣

王　建　李艳龙　张　盼　张亚兰

何姗娜　毛丽楠　李　振　孙玉倩

前　言

在现代工程建设中，工程造价是规范建设市场秩序、提高投资效益和逐步与国际造价接轨的重要环节，具有很强的技术性、经济性和政策性。为了能全面提高造价工作者的实际操作水平，我们特组织编写此书。

本书通过一个完整的案例，结合定额和清单分成不同的层次，具体操作过程按照实际预算的过程步步为营，慢慢过渡到不同项目的综合单价的分析。书中通过一个完整的实例，在整体布局上尽量做到按照造价操作步骤进行合理安排，从工程概况—图纸识读—相应的清单和定额工程量计算—对应的综合单价分析—重要的要点提示，按照台阶上升的节奏一步一步进深，将整本书的前后关联点串讲起来，全书涉及的建筑工程造价知识点比较全面，较完整地将建筑工程造价的操作要点及计算要素汇总在一起，为造价工作者提供了完善且可靠的参考资料。

本书在编写时参考了《建设工程工程量清单计价规范》(GB 50500—2013)、《房屋建筑与装饰工程工程量计算规范》(GB 50854—2013) 和相应定额，以实例阐述各分项工程的工程量计算方法和相应综合单价分析，同时也简要说明了定额与清单的区别，其目的是帮助工作人员解决实际操作问题，提高工作效率。

该书在工程量计算的时候改变了以前传统的模式，不再是一连串让人感到枯燥的数字，而是在每个分部分项的工程量计算之后相应地辅有详细的注释解说，让读者能即使不知道该数据的来由，在结合注释解说后也能够理解，从而加深对该部分知识的应用。

本书与同类书相比，其显著特点是：

(1) 实际操作性强。书中主要以实际案例详解说明实际操作中的有关问题及解决方法，便于提高读者的实际操作水平。

(2) 涵盖全面。通过一个完整的工程实例，从最初的工程概况介绍到相应分项工程的综合单价分析，系统且全面地讲解了建筑工程造价所包含的内容与操作步骤。

(3) 在前面的工程量计算与综合单价分析之后，将重要的工程算量计算要点列出来，方便读者快捷学习和使用。

(4) 该书结构清晰，内容全面，层次分明，针对性强，覆盖面广，适用性和实用性强，简单易懂，是造价者的一本理想参考书。

本书在编写过程中，得到了许多同行的支持与帮助，在此表示感谢。由于编者水平有限和时间紧迫，书中难免有错误和不妥之处，望广大读者批评指正。如有疑问，请登录 www.gczjy.com（工程造价员网）或 www.ysypx.com（预算员网）或 www.debzw.com（企业定额编制网）或 www.gclqd.com（工程量清单计价网），或发邮件至 zz6219@163.com 或 dlwhgs@tom.com 与编者联系。

目　　录

第1章　某12层小高层建筑工程工程概况及说明

1.1　工程概况及说明

本工程为剪力墙结构小高层住宅楼，共12层，其中地下部分1层，地上部分11层，标准层同顶层层高3.6m，地下室层高3m；每层有6户，建筑面积为7311.706m^2。本工程为箱形基础，基础筏板顶标高为－3.0m，室内外高差为0.45m。

保温：外墙采用75mm厚加气混凝土内贴保温，地下室顶板、电梯厅顶板贴50mm厚自熄苯板保温。

防水：屋面用聚氨酯防水涂膜防水。

1.2　工程做法

1. 外墙

（1）外墙面：贴面砖墙面。

（2）外墙：250mm厚加气混凝土块，用于内隔墙。

（3）一般中道壁：地下室内隔墙，卫生间围护墙采用120mm厚空心砖。

（4）墙面保温：外墙采用75mm厚加气混凝土内贴保温，地下室顶板、电梯厅顶板贴50mm厚自熄苯板保温。

2. 屋面（刚性屋面）

（1）40mm厚C20细石混凝土掺10％硅质密实剂刚柔防水层（防水层厚37mm）；

（2）20mm厚水泥砂浆结合层；

（3）聚氨酯防水涂膜防水层三道（防水层16mm厚）；

（4）20mm厚1∶2.5水泥砂浆找平；

（5）150mm厚沥青珍珠岩保温层；

（6）加气混凝土碎块找坡2％，最低处30mm厚，振捣密实，表面抹光；

（7）水泥聚苯板。

3. 顶棚

（1）电梯机房：贴玻璃棉毡吸声顶棚，板底贴玻璃棉毡外包玻璃丝布并钉铝板网贴至距顶板 1m 墙面处；

（2）卫生间：防水 PVC 板吊顶；

（3）其他：板底喷涂。

4. 内墙面

（1）瓷砖墙面：用于卫生间、厨房，卫生间瓷砖至吊顶，加气混凝土保温部分加一道建筑防水胶粉。

（2）抹灰墙面：用于除卧、卫以外房间。

5. 台阶

水泥台阶。

6. 散水

细石混凝土散水，宽 1.2m。

7. 地面

水泥地面。

8. 楼面

水泥楼面：电梯房；

铺地砖楼面：除卧卫、电梯、楼梯之外。

做法：

（1）10mm 厚防滑地砖，干水泥擦找平；

（2）撒素水泥面（洒适量清水）；

（3）3mm 厚建筑胶粉防水层；

（4）50mm 厚（最高处）1∶2.5 细石混凝土从门口向地漏找泛水，最低处不小于 30mm 厚，兼做找平层，四周抹小八字角；

（5）素水泥砂浆结合层；

（6）钢筋混凝土板。

9. 踢脚

同相邻楼地面。

10. 室内外高差为 0.45m

11. 基础为箱形（筏基础），地下室为现浇 250mm 厚钢筋混凝土墙，基础筏板顶标高为－3.0m

12. 基础底层原土打夯，C10 细石混凝土垫层，100mm 厚

13. 基础采用 C25 混凝土，墙体采用 C30 混凝土

14. 地下室剪力墙布局与首层相同，其内添加隔墙均为 250mm 厚的加气混凝土砌块，地下室剪力墙上洞口及加气块上采光洞口尺寸小，均小于 0.3m^2，故不另加过采（剪力墙采）；入地下室门洞口（M－8）上加剪力墙梁 250mm×2100mm（AL^2）小入室门洞口 M－9，上为 250mm×2000mm（AL^2）的剪力墙梁

普通层 $\begin{cases} LL_1\text{是从下底窗框沿上至窗台面，}h=(3.6-1.5)\text{mm}=2.1\text{m。} \\ AL_1\text{高为 500mm，宽为 250mm，设置在内墙洞口。} \end{cases}$

GL_3为250mm×200mm，设置在地下室内墙加气混凝土块洞口上沿，l=1.28m。

GL_2为250mm×200mm，设置在普通楼层内墙洞口上沿，l=1.3m。

GL_1为250mm×200mm，设置在普通楼层内墙洞口上沿，l=1.5m。

地下室 LL_2是从地下室采光窗顶至一层楼窗台上，h=1.03m。
AL_2是设在地下室门洞口上，尺寸250mm×500mm。

顶层 LL_3 是从顶层窗上沿至顶层楼板面，h=(3.6−1.5−0.9)m=1.2m
AL_3 是设在顶层内墙洞口上，尺寸250mm×500mm。

15. 雨篷

采用现浇混凝土外挑雨篷，l=1800mm

16. 女儿墙（h=200mm），详图未给，故工程量在此不计，费用不列入总造价

17. 地面做法（水泥地面）——地下室、台阶地面

（1）20mm厚1∶2.5的水泥砂浆抹面压光；

（2）素水泥结合层一道；

（3）60mm厚C10混凝土垫层；

（4）素土夯实。

18. 地面做法——电梯间

（1）20mm厚1∶2.5的水泥砂浆抹面压光；

（2）素水泥浆结合层一道；

（3）80mm厚C10混凝土垫层；

（4）素土夯实。

19. 楼地面（地砖楼面）做法

（1）8～10mm厚地砖，素水泥擦缝；

（2）3～4mm厚水泥胶结合层；

（3）20mm厚1∶3水泥砂浆找平；

（4）素水泥浆结合层一道。

20. 楼梯面做法（台阶做法同楼梯）

（1）8mm厚1∶2.5水泥砂浆抹面压光；

（2）20mm厚1∶3水泥砂浆找平层；

（3）素水泥浆结合层。

21. 踢脚线做法

（1）15mm厚1∶3水泥砂浆；

（2）3～4mm厚水泥胶结合层；

（3）刷素水泥浆一道；

（4）5mm厚彩面瓷砖，白水泥勾缝。

22. 墙

1）内墙1∶石灰砂浆用于普通内墙。

做法：

(1) 18mm 厚 1∶3 石灰砂浆;
(2) 2mm 厚麻刀(或底筋)石灰面。
2) 内墙 2:用于厨房、卫生间内墙裙。
(1) 15mm 厚 1∶2 水泥砂浆;
(2) 刷素水泥浆一道;
(3) 3~4mm 厚水泥胶结合层;
(4) 8~10mm 厚地砖,水泥浆擦缝或 1∶1 水泥砂浆勾缝。
3) 外墙 1:外墙勒脚(或假石)。
做法:
(1) 15mm 厚 1∶3 水泥砂浆;
(2) 刷素水泥浆一道;
(3) 10mm 厚 1∶1.5 水泥砂浆用斧斩毛;
4) 外墙 2:喷塑外墙,用于勒脚以上外墙面。
做法:
(1) 12mm 厚 1∶3 水泥砂浆;
(2) 8mm 厚 1∶2.5 水泥砂浆抹面;
(3) 喷塑面(包括:底涂料、骨料、面涂料、罩光涂料四道,约 2mm 厚)。

23. 顶棚做法

(1)(普通)混凝土顶棚抹 3~5mm 厚混合砂浆。
(2) 顶棚喷合成树脂乳液。
(3) 卫生间顶棚
① 单层 U 形龙骨;
② PVC 板吊顶。

1.3 门窗洞口尺寸表

具体门窗型号及尺寸见表 1-1。

门窗洞口汇总表 表 1-1

序号	宽(mm)	高(mm)	扇/樘数	标注
M—1	1200	2100	6×11(层)=66	镶板木门
M—2	1200	2100	10×11(层)=66	铝合金推拉玻璃门
M—3	1000	2100	8×11(层)=88	平开胶合板木门
M—4	800	2100	14×11(层)=154	铝合金推拉门
M—5	780	2100	4×11(层)=44	铝合金百叶门
M—6	1200	2100	2×11(层)=22	安全木门

续表

序号	宽(mm)	高(mm)	扇/樘数	标注
M—7	1500	2100	3×1(层)=3	木质安全门
M—8	1000	2100	8×1(层)=8	安全木门
M—9	780	1800	42×1(层)=42	平开胶合板木门
C—1	1800	1500	4×11(层)=44	铝合金推拉窗
C—2	1800	1500	2×11(层)=22	铝合金百叶窗
C—3	600	1000	6×11(层)=66	铝合金推拉窗
C—4	1500+200×2	1500+200×2	4×11(层)=44	铝合金外飘窗
C—5	600	1500	2×11(层)=22	铝合金门联窗
C—6	1800+200×2	1500+200×2	2×11(层)=22	铝合金外飘窗
C—7	1800	1500	2×11(层)+10=32	铝合金平开窗
C—8	300	500	2×11(层)=22	铝合金推拉窗
C—9	1800	1500	2×11(层)=22	圆弧形铝合金平开窗
C—10	600	300	36×1(层)=36	铝合金推拉采光窗

第2章　某12层小高层建筑工程图纸识读

2.1　建筑工程施工图常用符号

建筑工程图中常用一些统一规定的符号和记号来表明，熟悉和掌握这些符号和记号有助于识读建筑工程施工图。

1. 定位轴线

建筑施工图的定位轴线是建造房屋时砌筑墙身、浇筑柱梁、安装构配件等施工定位的依据。凡是墙、柱、梁或屋架等主要承重构件，都应画出定位轴线，并编号确定其位置。对于非承重的分割墙、次要的承重构件，可编绘附加轴线，有时也可以不编绘附加轴线，而直接注明其与附近的定位轴线间的尺寸。

定位轴线的表示方法：

（1）定位轴线应用细点画线绘制。

（2）定位轴线一般应编号，编号应注写在轴线端部的圆内。圆应用细实线绘制，直径为8～10mm。定位轴线圆的圆心，应在定位轴线的延长线上或延长线的折线上。

（3）平面图上定位轴线的编号，宜标注在图样的下方与左侧。横向编号应用阿拉伯数字，从左至右顺序编写，竖向编号应用大写拉丁字母，从下至上顺序编写，不用I、O、Z作轴线编号，以免与数字1、0、2混淆。

（4）在较简单或对称的房屋中，平面图的轴线编号，一般标注在图形的下方及左侧。较复杂或不对称的房屋，图形的上方和右侧也可标注。

（5）对于附加轴线的编号可用分数表示，分母表示前一轴线的编号，分子表示附加轴线的编号，用阿拉伯数字编写。在画详图时，如一个详图适用于几个轴线时，应同时将各有关轴线的编号注明。

2. 标高符号

在总平面图、平面图、立面图和剖面图上，经常用标高符号表示某一部位的高度，它有绝对标高和相对标高之分。绝对标高是以我国青岛附近黄海的平均海平面为零点测出的高度尺寸。标高符号以细实线绘制且标高符号的标注常用等腰三角形表示，三角形的尖端应指至标注标高的位置，其方向可以向上，也可以向下。

标高数值以米为单位，一般注至小数点后三位（总平面图中为两位），在“建施”图中的标高数字表示其完成的数值。如标高数字前有“－”号的，则表示该处完成面低于零点标高。如数字前没有符号的，则表示高于零点标高。

3. 索引符号和详图符号

在施工图中有时会因为比例问题而无法表达清楚某一局部，为方便施工需另画详图。一般用索引符号注明画出详图的位置、详图的编号及详图所在的图纸编号。索引符号和详图符号内的详图编号与图纸编号两者对应一致。

索引符号的圆和引出线均应以细实线绘制，圆直径为 10mm。引出线应对准圆心，圆内过圆心画一水平线，上半圆中用阿拉伯数字注明该详图的编号，下半圆中用阿拉伯数字注明该详图所在图纸的图纸号。如果详图与被索引的图样在同一张图纸内，则在下半圆中画一水平细实线。索引出的详图，如采用标准图，应在索引符号水平直径的延长线上加注该标准图册的编号。当索引符号用于索引剖面详图时，应在被剖切的部位绘制剖切位置线，引出线所在一侧为投射方向。具体表示方法见图 2-1 和图 2-2。

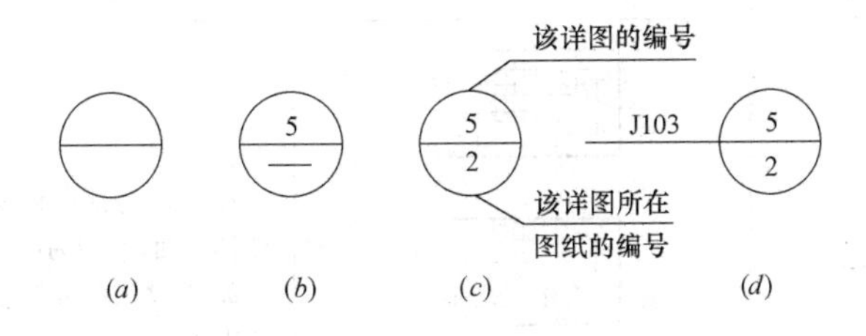

图 2-1　索引符号

注：(a) 索引符号组成：直径为 10mm 的圆和其水平直径；
(b) 详图在同一张图纸中；
(c) 详图不在同一张图纸上；
(d) 采用标准图册

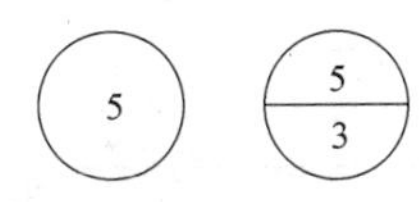

图 2-2　详图符号

注：左侧图代表被索引的图样在同一张图纸上；
右侧图代表被索引的图样不在同一张图纸上

4. 剖切符号

剖切符号一般标注在剖切平面的位置，剖切符号由剖切位置线和剖视方向线组成。剖切符号的编号宜采用阿拉伯数字，按顺序由左至右、由下至上连续编排，阿拉伯数字应标注在剖视方向的那一侧。

2.2　建筑工程施工图常用图例

常用的建筑工程施工图见表 2-1 所示。

建筑工程施工图常用图例 **表 2-1**

序号	名称	图　例	备　注
1	墙体	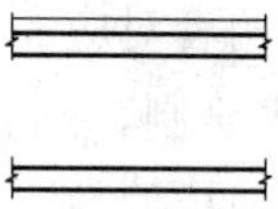	1. 上图为外墙，下图为内墙。 2. 外墙细线表示有保温层或有幕墙。 3. 应加注文字或涂色或图案填充表示各种材料的液体。 4. 在各层平面图中防火墙宜着重以特殊图案填充表示
2	隔断		1. 加注文字或涂色或图案填充表示各种材料的轻质隔断。 2. 适用于到顶与不到顶隔断
3	玻璃幕墙		幕墙龙骨是否表示由项目设计决定
4	栏杆		
5	楼梯	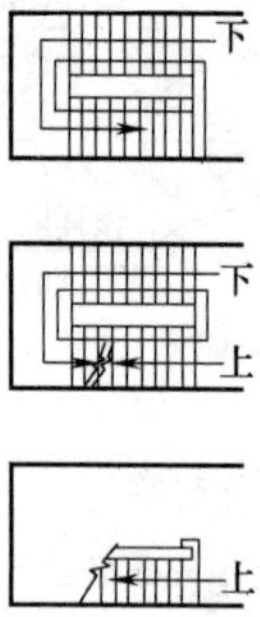 下 下 上 上	1. 上图为顶层楼梯平面，中图为中间层楼梯平面，下图为底层楼梯平面。 2. 需设置靠墙扶手或中间扶手时，应在图中表示
6	坡道	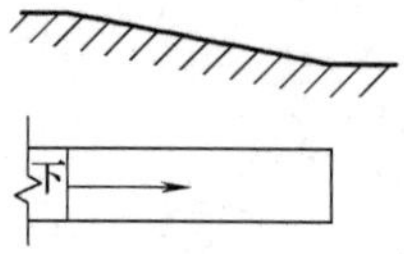 下	长坡道
		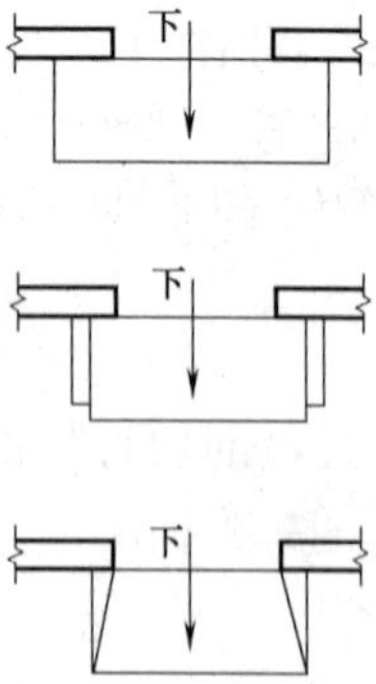 下 下 下	上图为两侧垂直的门口坡道，中图为有挡墙的门口玻道，下图为两侧找坡的门口坡道
7	台阶	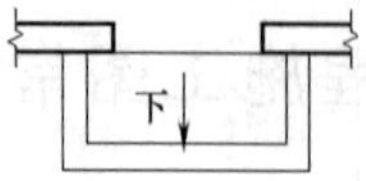 下	

续表

序号	名称	图　　例	备　　注
8	平面高差	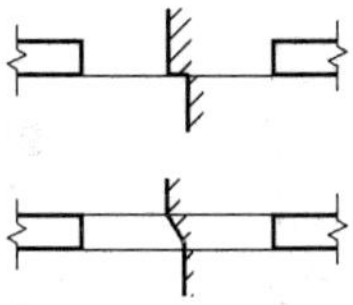	用于高差小的地面或楼面交接处，并应与门的开启方向协调
9	检查口		左图为可见检查口，右图为不可见检查口
10	孔洞		阴影部分亦可填充灰度或涂色代替
11	坑槽		
12	墙预留洞、槽	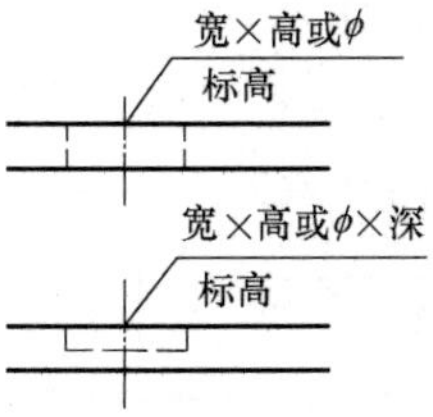 宽×高或ϕ 标高 宽×高或ϕ×深 标高	1. 上图为预留洞，下图为预留槽。 2. 平面以洞(槽)中心定位。 3. 标高以洞(槽)底或中心定位。 4. 宜以涂色区别墙体和预留洞(槽)
13	地沟	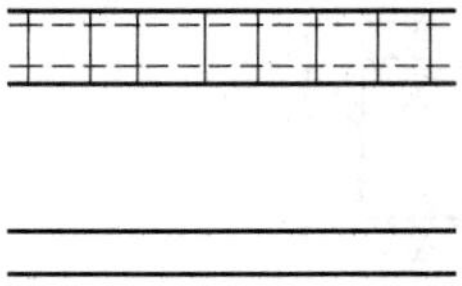	上图为活动盖板地沟，下图为无盖板明沟
14	烟道	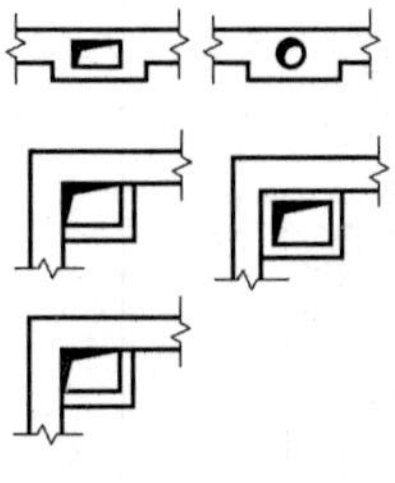	1. 阴影部分亦可涂色代替。 2. 烟道、风道与墙体为相同材料，其相接处墙身线应连通。 3. 烟道、风道根据需要墙加不同材料的内衬
15	风道	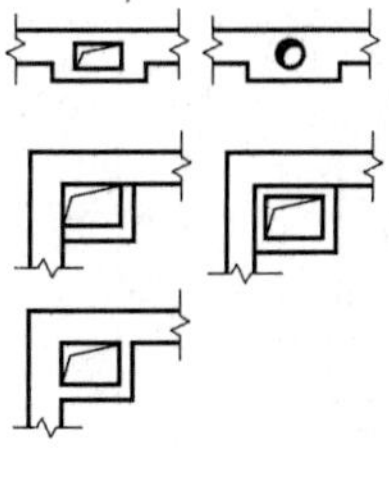	

续表

序号	名称	图　　例	备　　注
16	新建的墙和窗	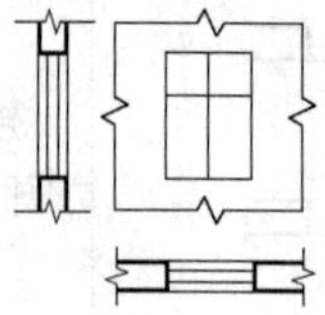	
17	改建时保留的墙和窗	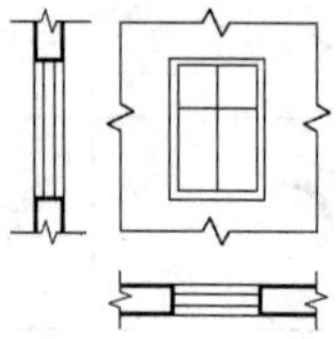	只更换窗，应加粗窗的轮廓线
18	拆除的墙	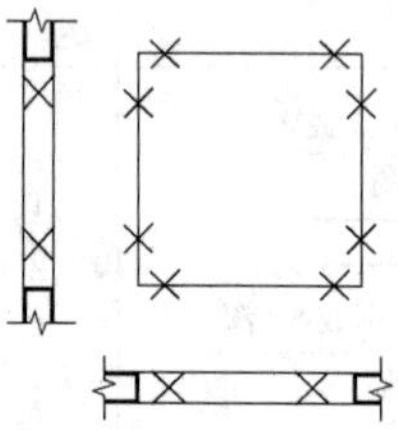	
19	改建时在原有墙或楼板新开的洞	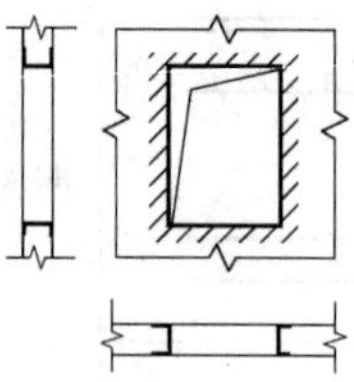	
20	在原有墙或楼板洞旁扩大的洞	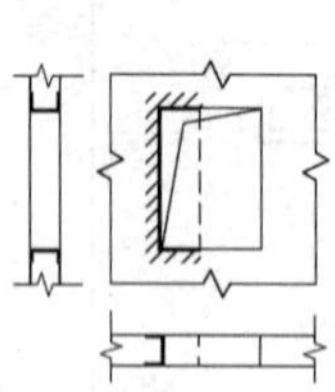	图示为洞口向左边扩大
21	在原有墙或楼板上全部填塞的洞	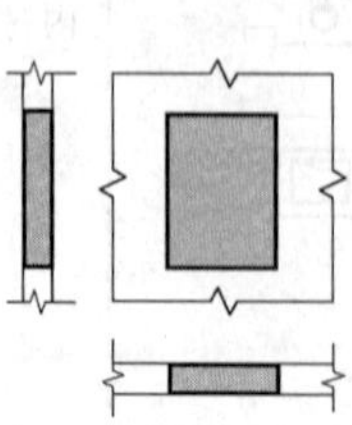	

续表

<table>
<tr><th>序号</th><th>名称</th><th>图　　例</th><th>备　　注</th></tr>
<tr><td>22</td><td>在原有墙或楼板上局部填塞的洞</td><td> 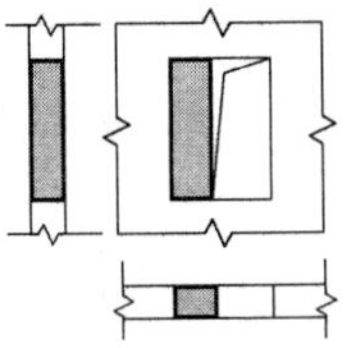</td><td>左侧为局部填塞的洞
图中立面图填充灰度或涂色</td></tr>
<tr><td>23</td><td>空门洞</td><td> 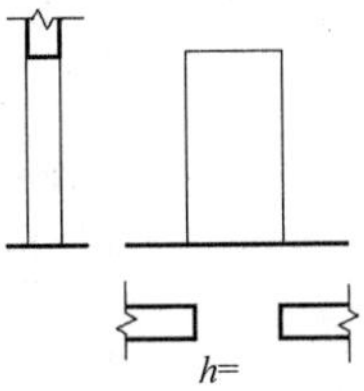h=</td><td>h 为门洞高度</td></tr>
<tr><td rowspan="3">24</td><td>单扇平开或单向弹簧门</td><td> 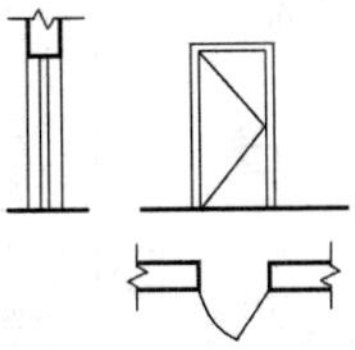</td><td rowspan="3">1. 门的名称代号用 M 表示。
2. 平面图中，下为外，上为内；
门开启线为 90°、60°或 45°。
3. 立面图中，开启线实线为外开，虚线为内开，开启线交角的一侧为安装铰链一侧，开启线在建筑立面图中可不表示，在立面大样图中可根据需要绘出。
4. 剖面图中，左为外，右为内。
5. 附加纱扇应以文字说明，在平、立、剖面图中均不表示。
6. 立面形式应按实际情况绘制</td></tr>
<tr><td>单扇平开或双向弹簧门</td><td></td></tr>
<tr><td>双层单扇平开门</td><td></td></tr>
<tr><td rowspan="2">25</td><td>单面开启双扇门（包括平开或单面弹簧）</td><td> 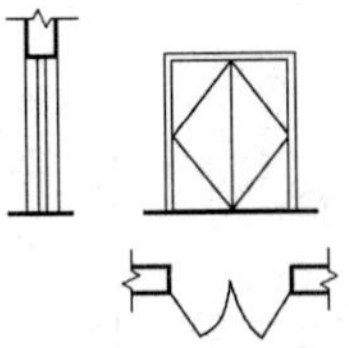</td><td rowspan="2">1. 门的名称代号用 M 表示。
2. 平面图中，下为外，上为内；
内开启线为 90°、60°或 45°。
3. 立面图中，开启线实线为外开，虚线为内开。开启线交角的一侧为安装铰链一侧。开启线在建筑立面图中可不表示，在立面大样图中可根据需要绘出。
4. 剖面图中，左为外，右为内。
5. 附加纱扇应以文字说明，在平、立、剖面图中均不表示。
6. 立面形式应按实际情况绘制</td></tr>
<tr><td>双面开启双扇门（包括双面平开或双面弹簧）</td><td></td></tr>
</table>

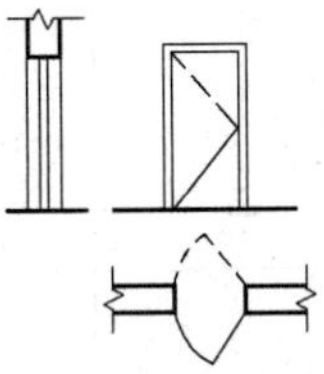

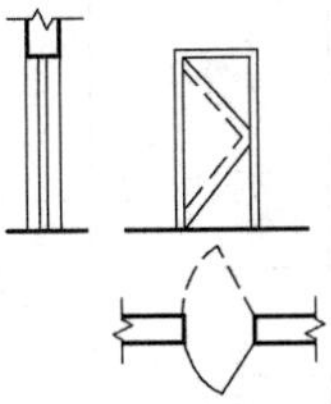

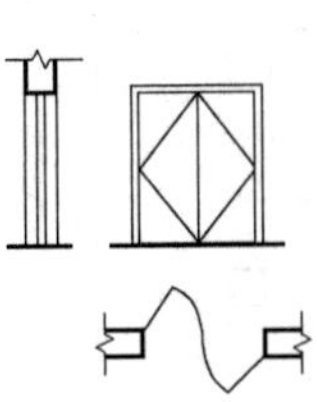

续表

序号	名称	图　　例	备　　注
25	双层双扇平开门	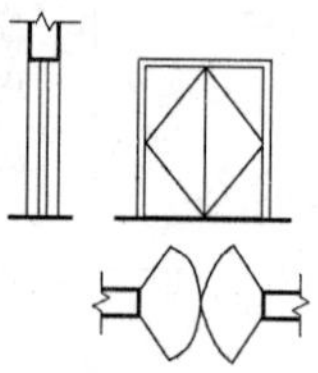	1. 门的名称代号用M表示。 2. 平面图中，下为外，上为内； 内开启线为90°、60°或45°。 3. 立面图中，开启线实线为外开，虚线为内开。开启线交角的一侧为安装铰链一侧。开启线在建筑立面图中可不表示，在立面大样图中可根据需要绘出。 4. 剖面图中，左为外，右为内。 5. 附加纱扇应以文字说明，在平、立、剖面图中均不表示。 6. 立面形式应按实际情况绘制
26	折叠门	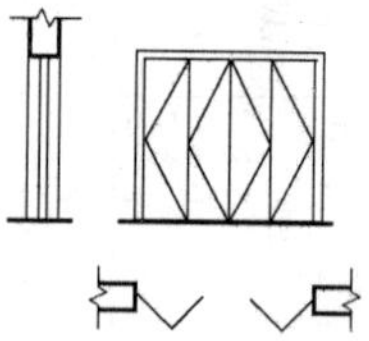	1. 门的名称代号用M表示。 2. 平面图中，下为外，上为内。 3. 立面图中，开启线实线为外开，虚线为内开。开启线交角的一侧为安装铰链一侧。 4. 剖面图中，左为外，右为内。 5. 立面形式应按实际情况绘制
	推拉折叠门	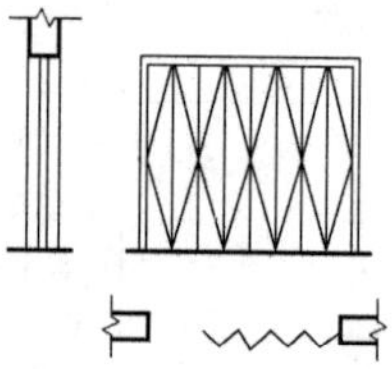	
27	墙洞外单扇推拉门	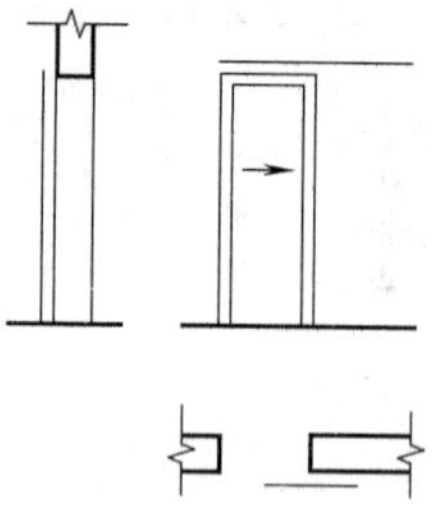	1. 门的名称代号用M表示。 2. 平面图中，下为外，上为内。 3. 剖面图中，左为外，右为内。 4. 立面形式应按实际情况绘制
	墙洞外双扇推拉门	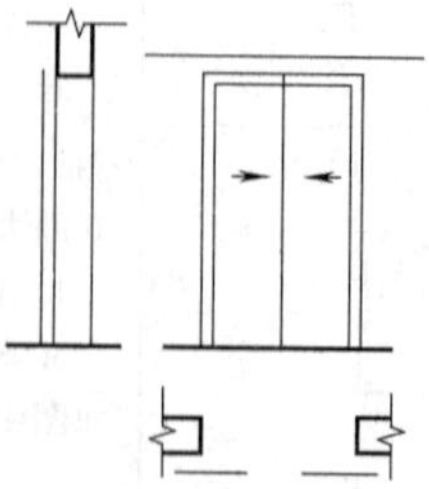	

续表

<table>
<tr><th>序号</th><th>名称</th><th>图　　例</th><th>备　　注</th></tr>
<tr><td rowspan="2">27</td><td>墙中单扇
推拉门</td><td>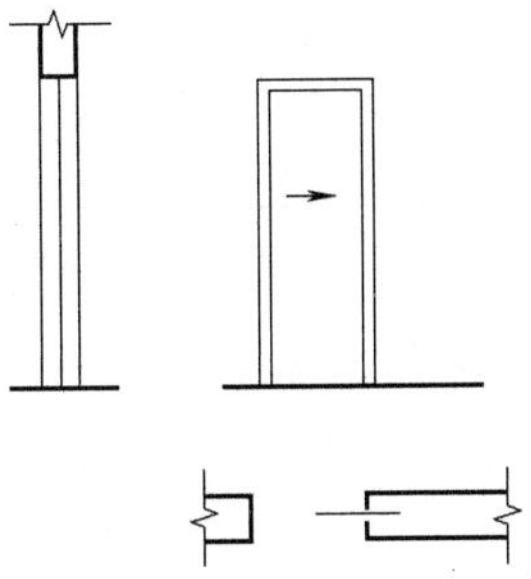</td><td rowspan="2">1. 门的名称代号用 M 表示。
2. 立面形式应按实际情况绘制</td></tr>
<tr><td>墙中双扇
推拉门</td><td>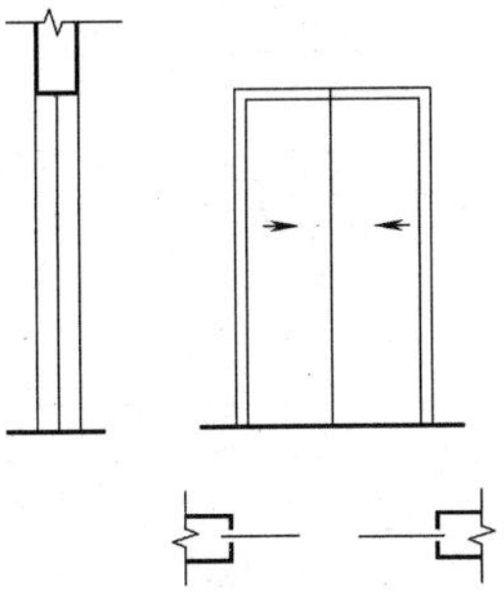</td></tr>
<tr><td>28</td><td>推杠门</td><td>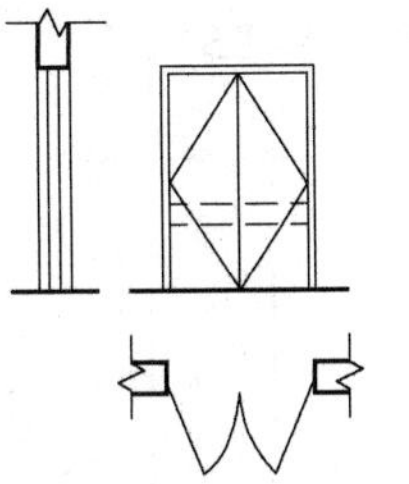</td><td rowspan="2">1. 门的名称代号用 M 表示。
2. 平面图中，下为外，上为内；
门开启线为 90°、60°或 45°。
3. 立面图中，开启线实线为外开，虚线为内开。开启线交角的一侧为安装铰链一侧。开启线在建筑立面图中可不表示，在室内设计立面大样图中可根据需要绘出。
4. 剖面图中，左为外，右为内。
5. 立面形式应按实际情况绘制</td></tr>
<tr><td>29</td><td>门连窗</td><td>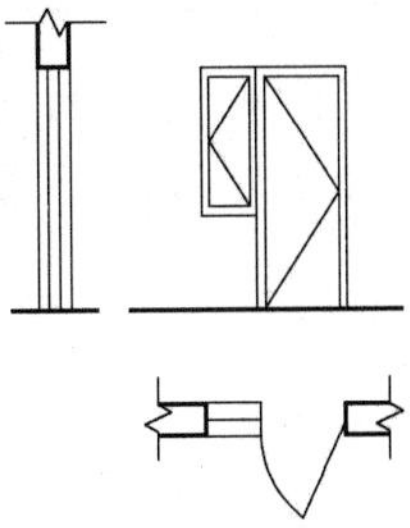</td></tr>
</table>

续表

序号	名称	图　例	备　注
30	旋转门	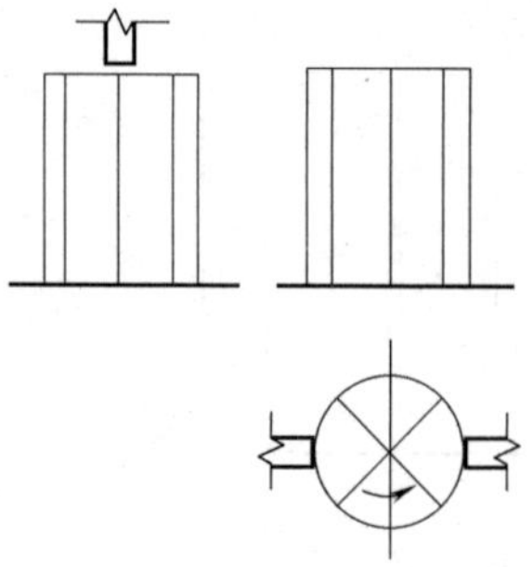	1. 门的名称代号用 M 表示。 2. 立面形式应按实际情况绘制
	两翼智能旋转门	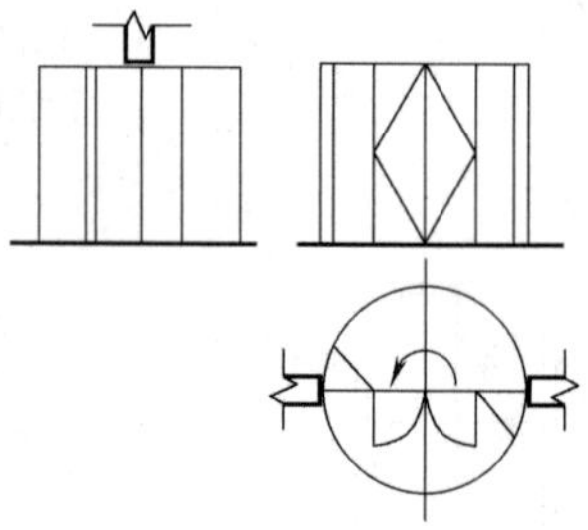	
31	自动门	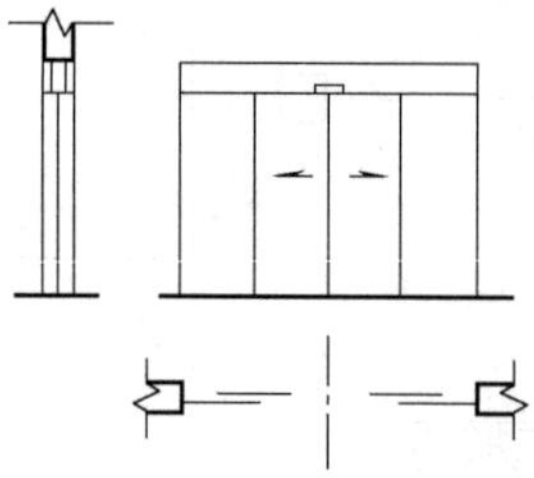	1. 门的名称代号用 M 表示。 2. 立面形式应按实际情况绘制
32	折叠上翻门	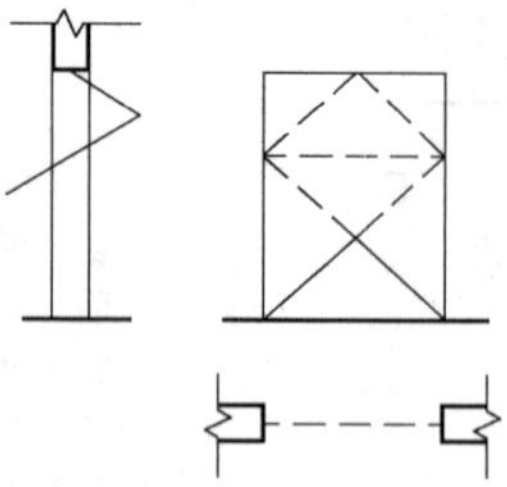	1. 门的名称代号用 M 表示。 2. 平面图中，下为外、上为内。 3. 剖面图中，左为外，右为内。 4. 立面形式应按实际情况绘制
33	提升门	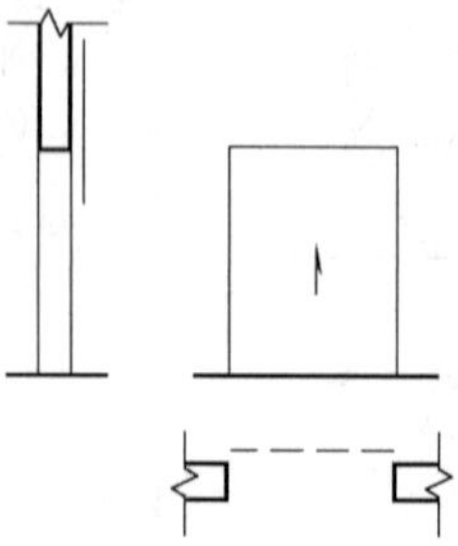	1. 门的名称代号用 M 表示。 2. 立面形式应按实际情况绘制

续表

序号	名称	图　例	备　注
34	分节提升门	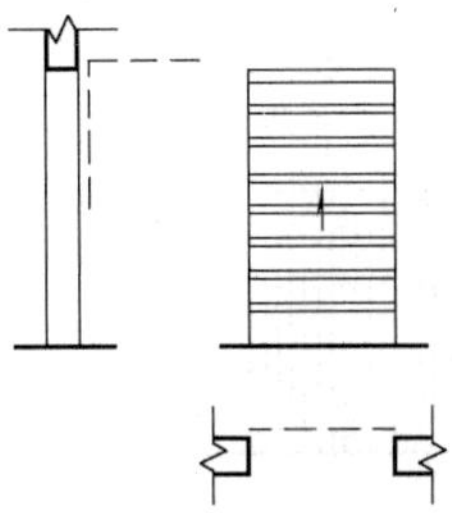	1. 门的名称代号用 M 表示。 2. 立面形式应按实际情况绘制
35	人防单扇防护密闭门	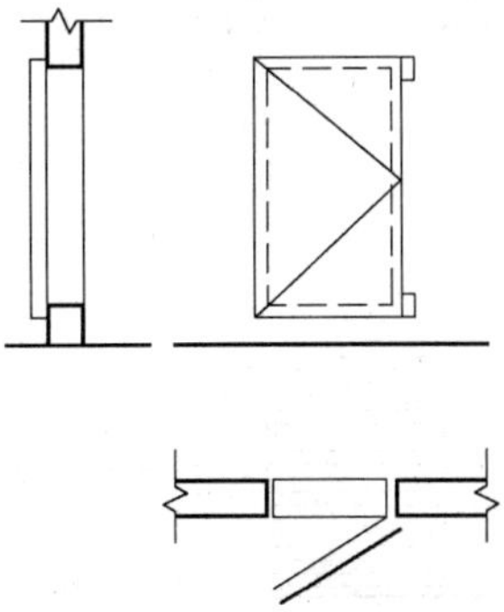	1. 门的名称代号按人防要求表示。 2. 立面形式应按实际情况绘制
	人防单扇密闭门	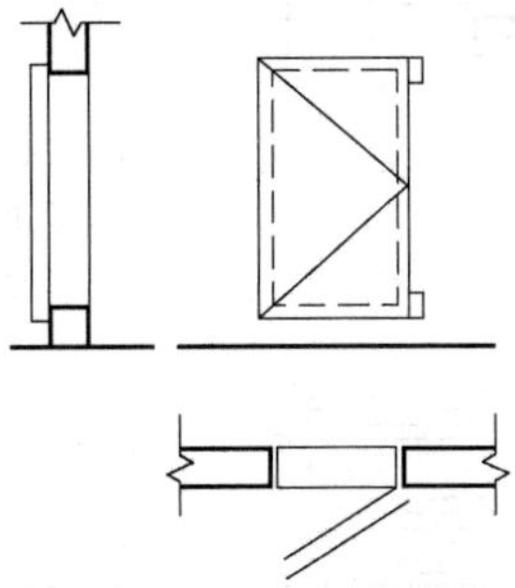	
36	人防双扇防护密闭门	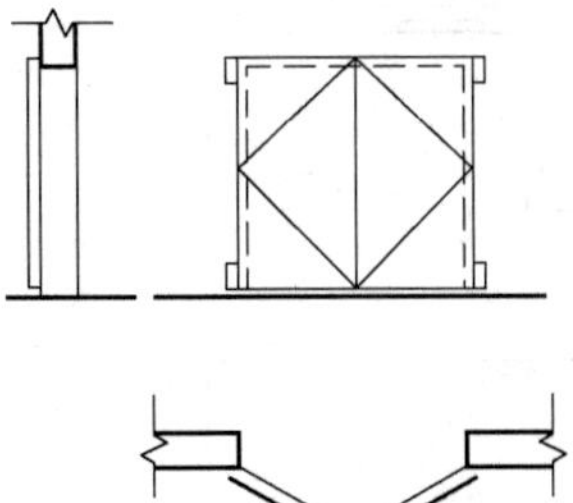	1. 门的名称代号按人防要求表示。 2. 立面形式应按实际情况绘制
	人防双扇密闭门	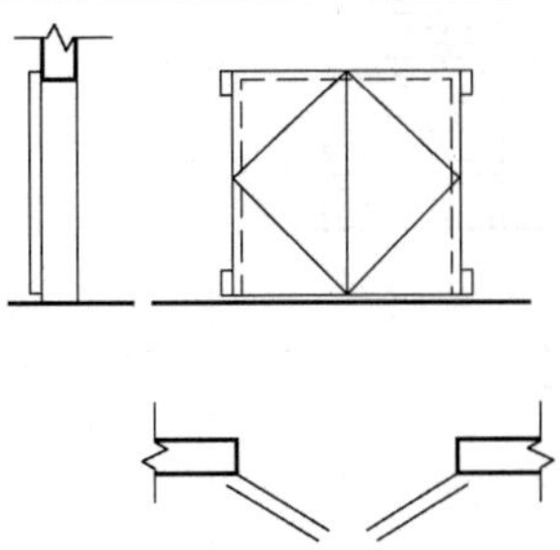	

续表

序号	名称	图　　例	备　　注
37	横向卷帘门	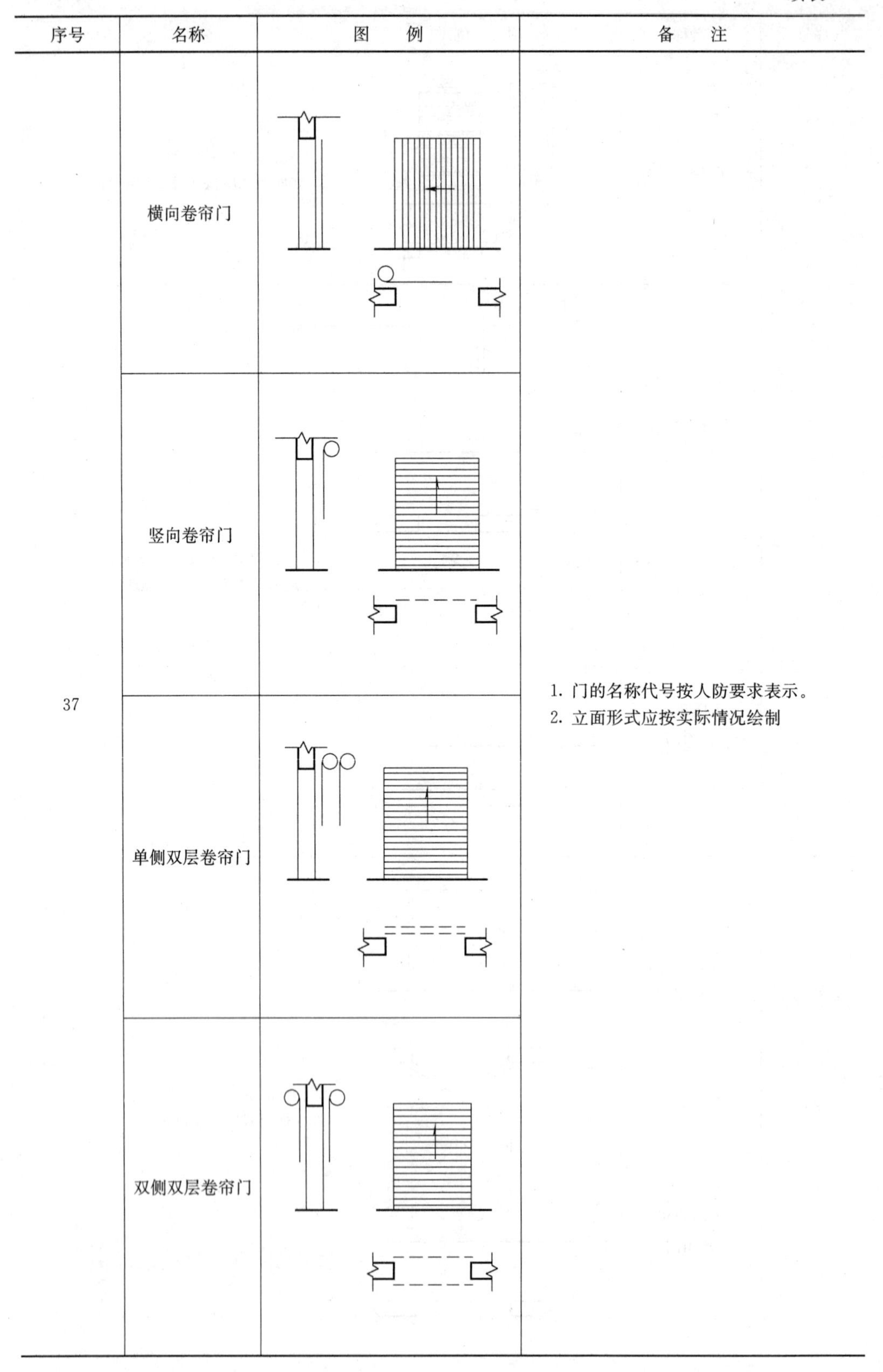	1. 门的名称代号按人防要求表示。 2. 立面形式应按实际情况绘制
	竖向卷帘门		
	单侧双层卷帘门		
	双侧双层卷帘门		

续表

序号	名称	图　　例	备　　注
38	固定窗	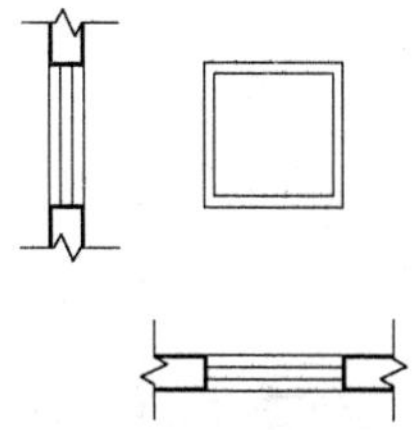	1. 窗的名称代号用C表示。 2. 平面图中、下为外、上为内。 3. 立面图中，开启线实线为外开，虚线为内开。开启线交角的一侧为安装铰链一侧。开启线在建筑立面图中可不表示，在门窗立面大样图中需绘出。 4. 剖面图中，左为外，右为内，虚线仅表示开启方向，项目设计不表示。 5. 附加纱窗应以文字说明，在平、立、剖面图中均不表示。 6. 立面形式应按实际情况绘制
39	上悬窗	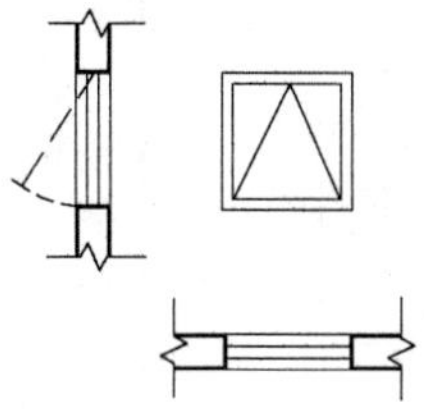	
	中悬窗	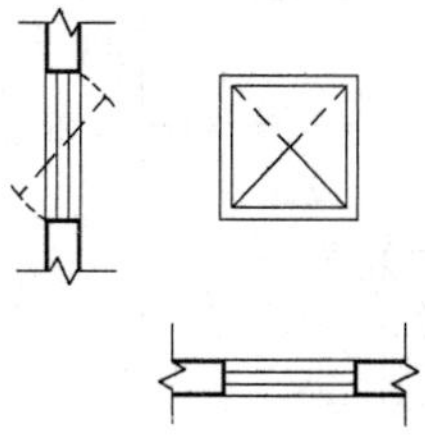	
40	下悬窗	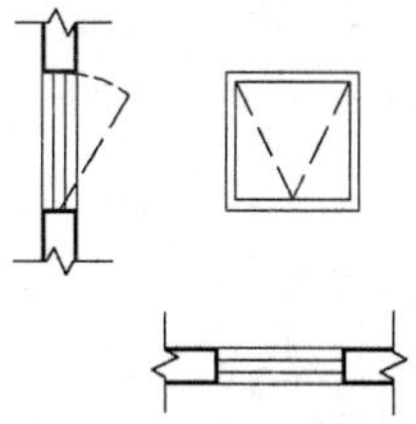	
41	立转窗	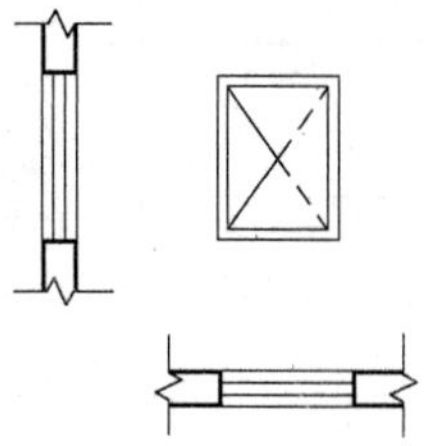	
42	内开平开内倾窗	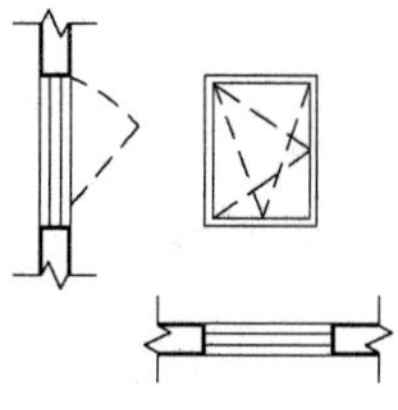	

续表

序号	名称	图　例	备　注
43	单层外开平开窗	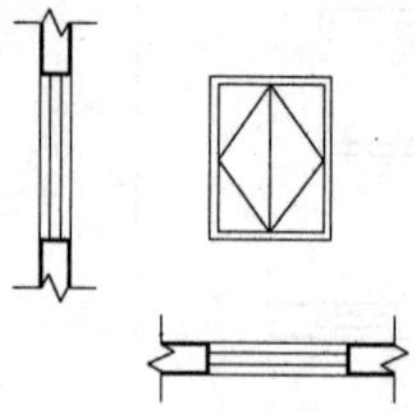	1. 窗的名称代号用C表示。 2. 平面图中、下为外、上为内。 3. 立面图中,开启线实线为外开,虚线为内开。开启线交角的一侧为安装铰链一侧。开启线在建筑立面图中可不表示,在门窗立面大样图中需绘出。 4. 剖面图中,左为外,右为内,虚线仅表示开启方向,项目设计不表示。 5. 附加纱窗应以文字说明,在平、立、剖画图中均不表示。 6. 立面形式应按实际情况绘制
	单层内开平开窗		
	双层内外开平开窗		
44	单层推拉窗	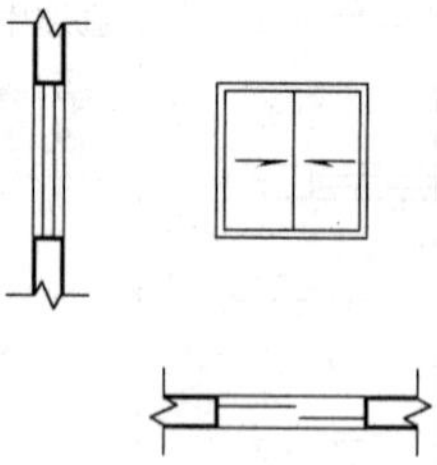	1. 窗的名称代号用C表示。 2. 立面形式应按实际情况绘制
	双层推拉窗		

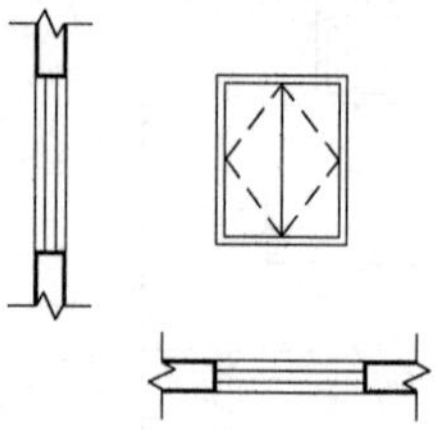

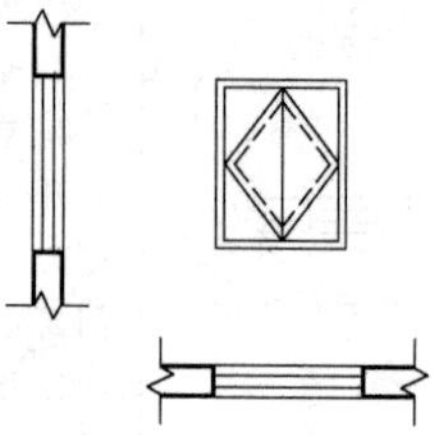

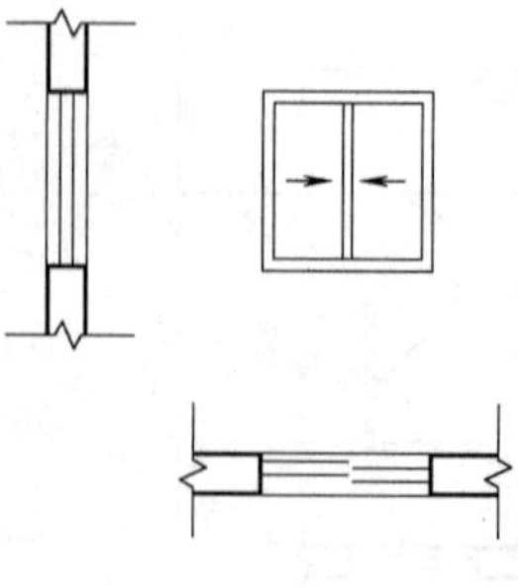

续表

序号	名称	图　例	备　注
45	上推窗	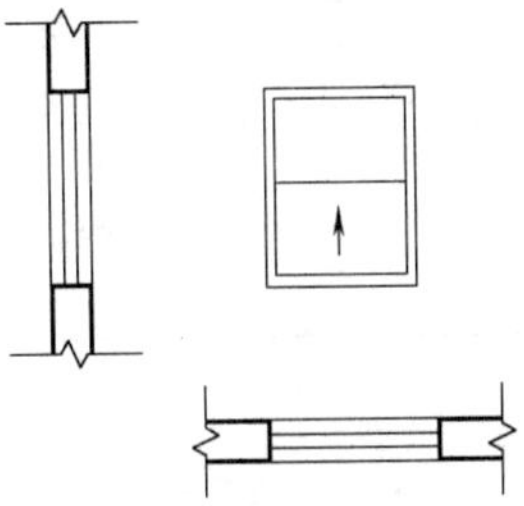	1. 窗的名称代号用C表示。 2. 立面形式应按实际情况绘制
46	百叶窗	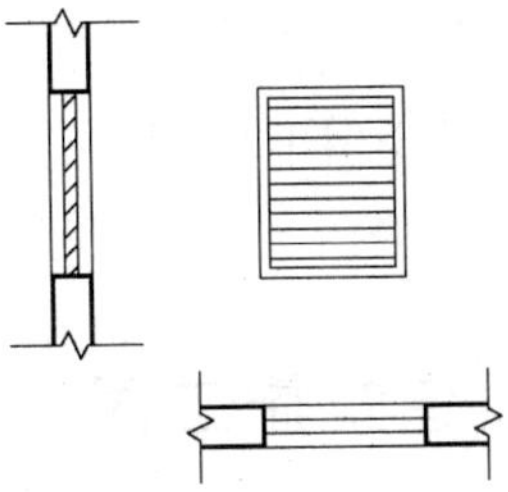	
47	高窗	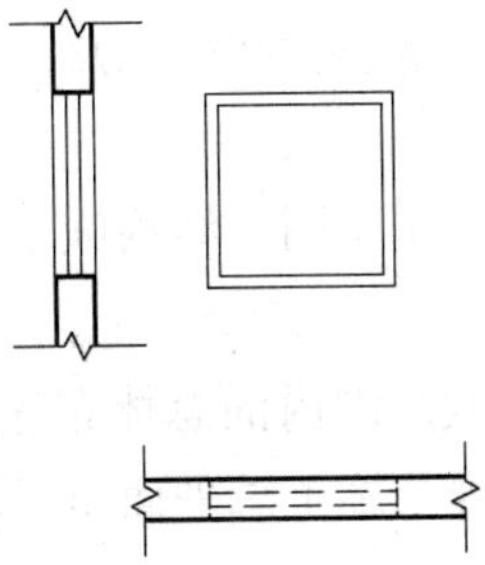 $h=$	1. 窗的名称代号用C表示。 2. 立面图中，开启线实线为外开，虚线为内开。开启线交角的一侧为安装铰链一侧，开启线在建筑立面图中可不表示，在门窗立面大样图中需绘出。 3. 剖面图中，左为外，右为内。 4. 立面形式应按实际情况绘制。 5. h表示高窗底距本层地面标高。 6. 高窗开启方式参考其他窗型
48	平推窗	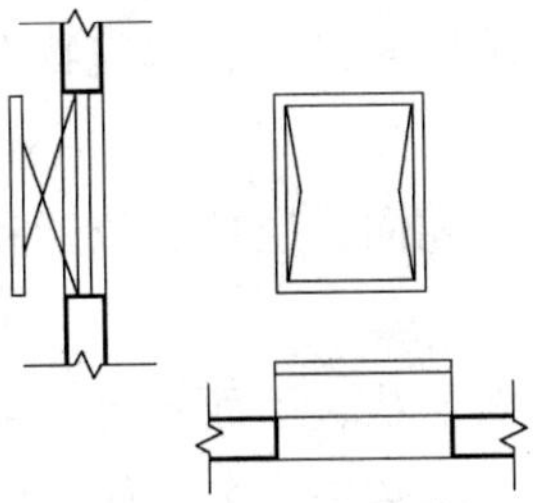	1. 窗的名称代号用C表示。 2. 立面形式应按实际情况绘制
49	电梯	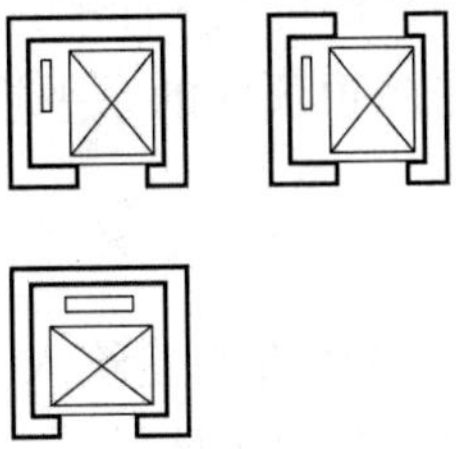	1. 电梯应注明类型。并按实际绘出门和平衡锤或导轨的位置。 2. 其他类型电梯应参照本图例按实际情况绘制

续表

序号	名称	图　例	备　注
50	杂物梯、食梯		1. 电梯应注明类型。并按实际绘出门和平衡锤或导轨的位置。 2. 其他类型电梯应参照本图例按实际情况绘制

2.3　某12层小高层建筑施工图纸

某12层小高层建筑施工图纸见图2-3～图2-25。

2.4　建筑施工图

建筑施工图主要表示建筑物的总体布局、规划位置、外部造型、内部布置、细部构造、内外装饰、固定设施及施工要求等。主要包括总平面图、平面图、立面图、剖面图、详图等。

建筑工程施工图有总平面图、建筑施工图、结构施工图、设备施工图四大类。

1. 总平面图

总平面图主要表明新建房屋所在地范围内的总体布置、新建房屋的位置和朝向，是新建房屋定位，施工放线，土方工程及施工总平面布置的依据。

识图要点：

(1) 了解工程性质、图纸比例。

(2) 了解建设地段的地形、用地范围和形状、建筑物布置情况及周围道路、绿化布置等。

(3) 新建房屋的平面形状、大小、朝向、层数、位置和室内外地面标高。

2. 平面图

平面图主要用来表示建筑物的平面形状、平面布置、各个部位的尺寸大小等。建筑平面图的图名，一般是按其所表明的层数来命名，如底层平面图、二层平面图、顶层平面图等。对于平面布置基本相同的楼层可用一个平面图来表达，这就是标准层平面图，除此之外还有屋顶平面图，它是屋顶顶面的水平投影图。一般有底层平面图、标准层平面图与屋顶平面图。

1) 底层平面图

底层平面图是首层的水平投影图，主要表明建筑入口、楼梯的布置、门厅的布置、建筑散水、各个房间的布置、大小、朝向等情况。

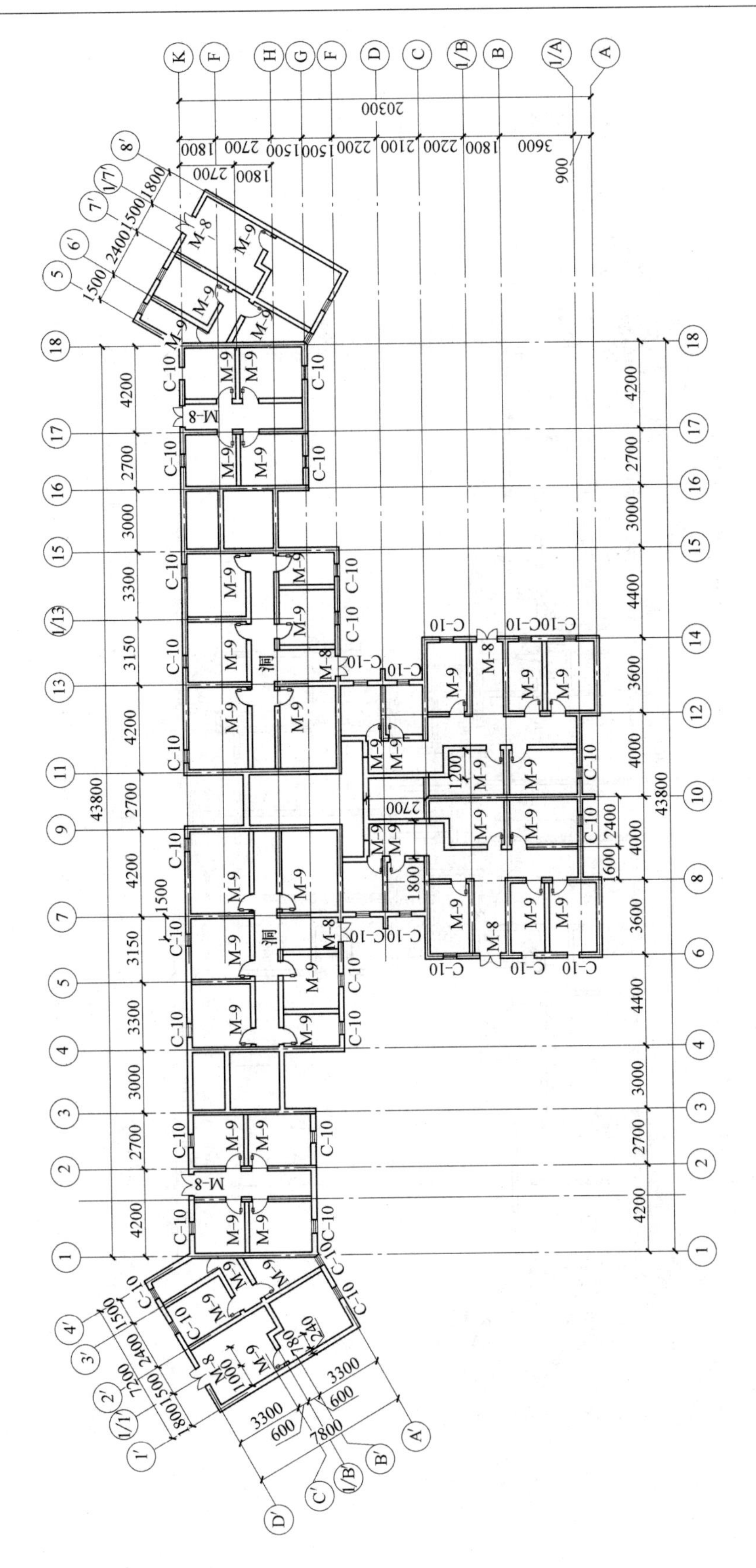

图 2-3　地下室平面布置图

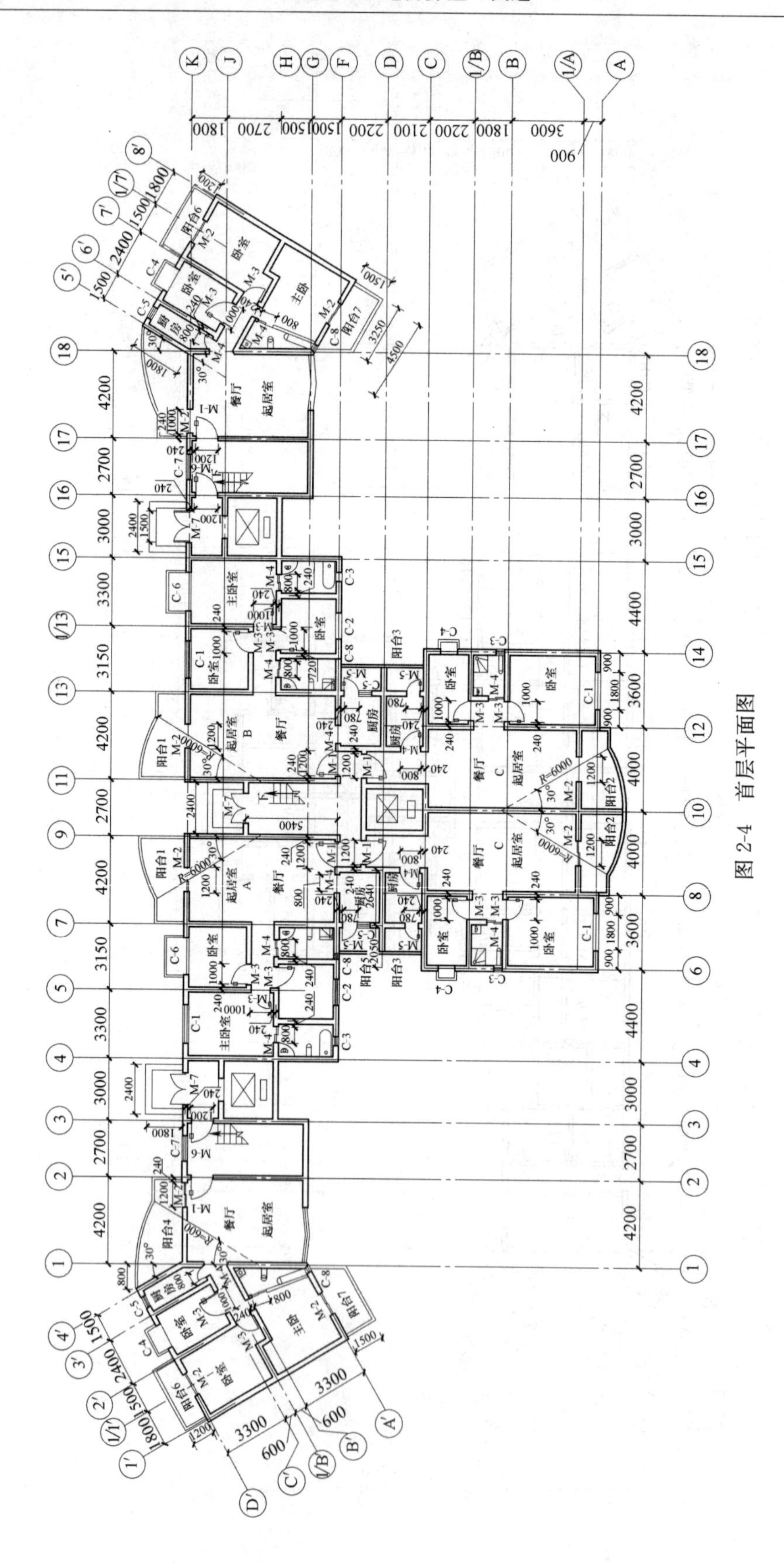

图 2-4 首层平面图

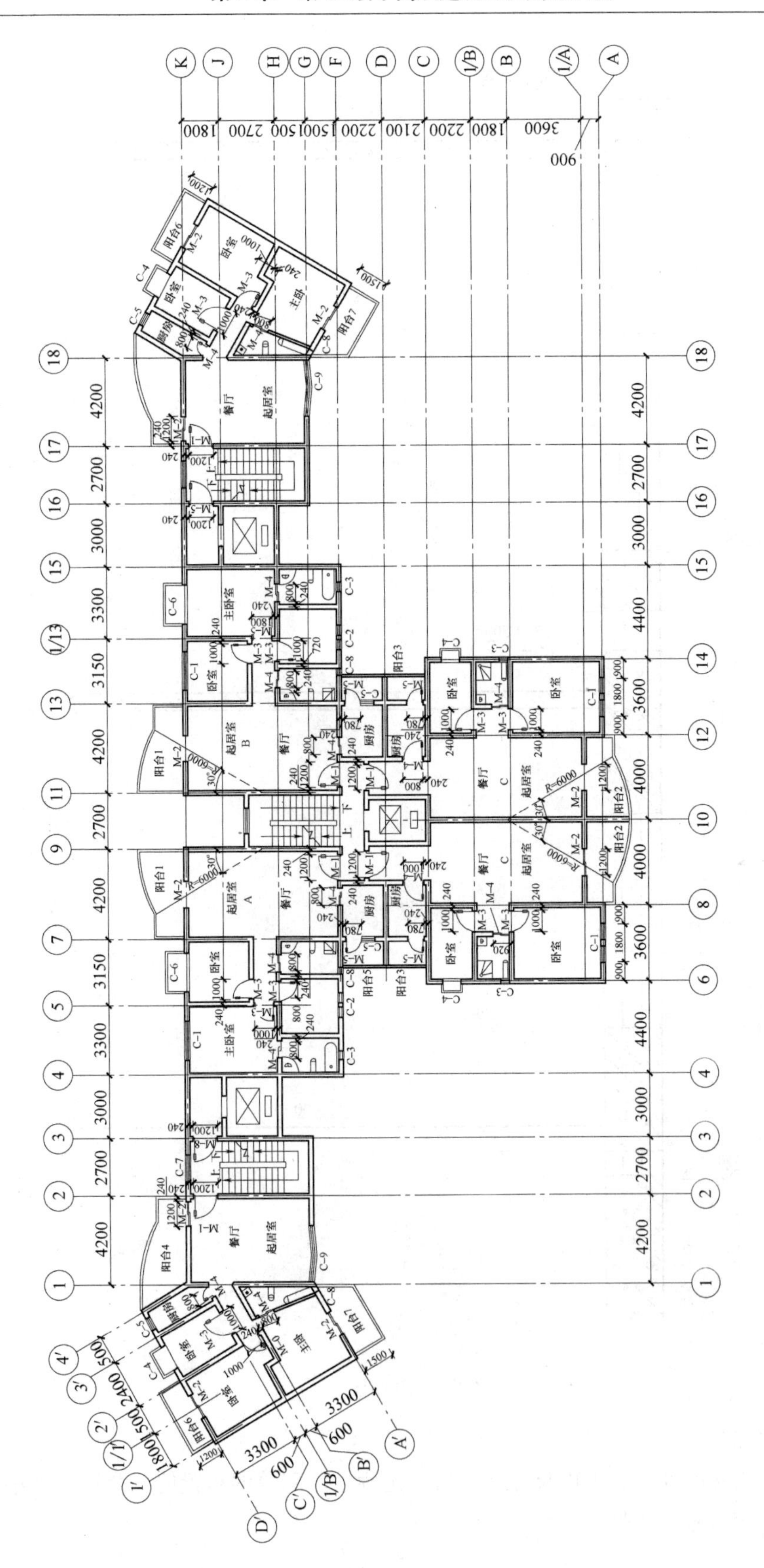

图 2-5　标准层平面图

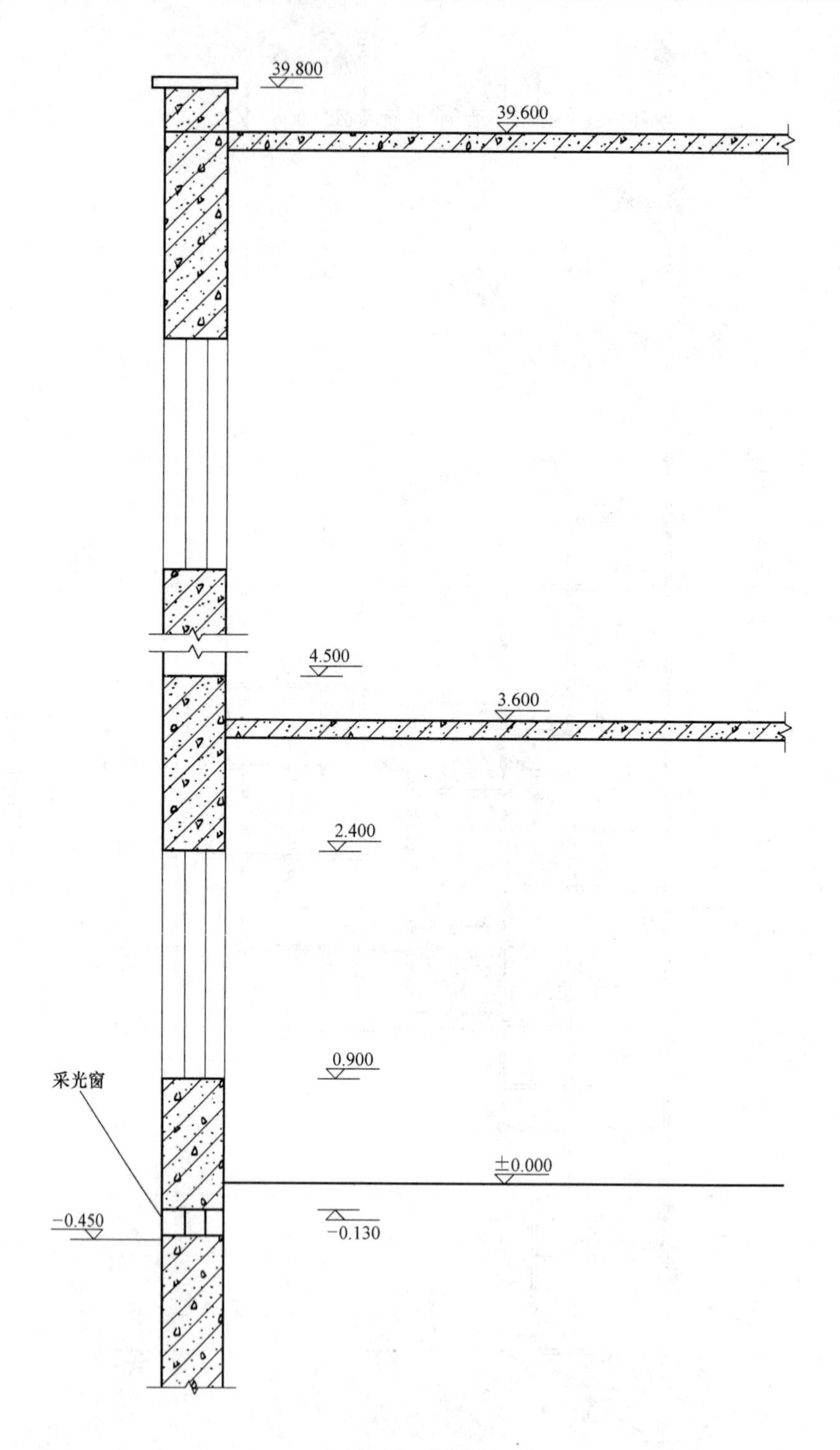

图 2-6　剖面图

读图要点：

（1）建筑物的朝向、平面尺寸、入口、走廊、房间等的布置情况及尺寸大小；

（2）门窗编号及代号；

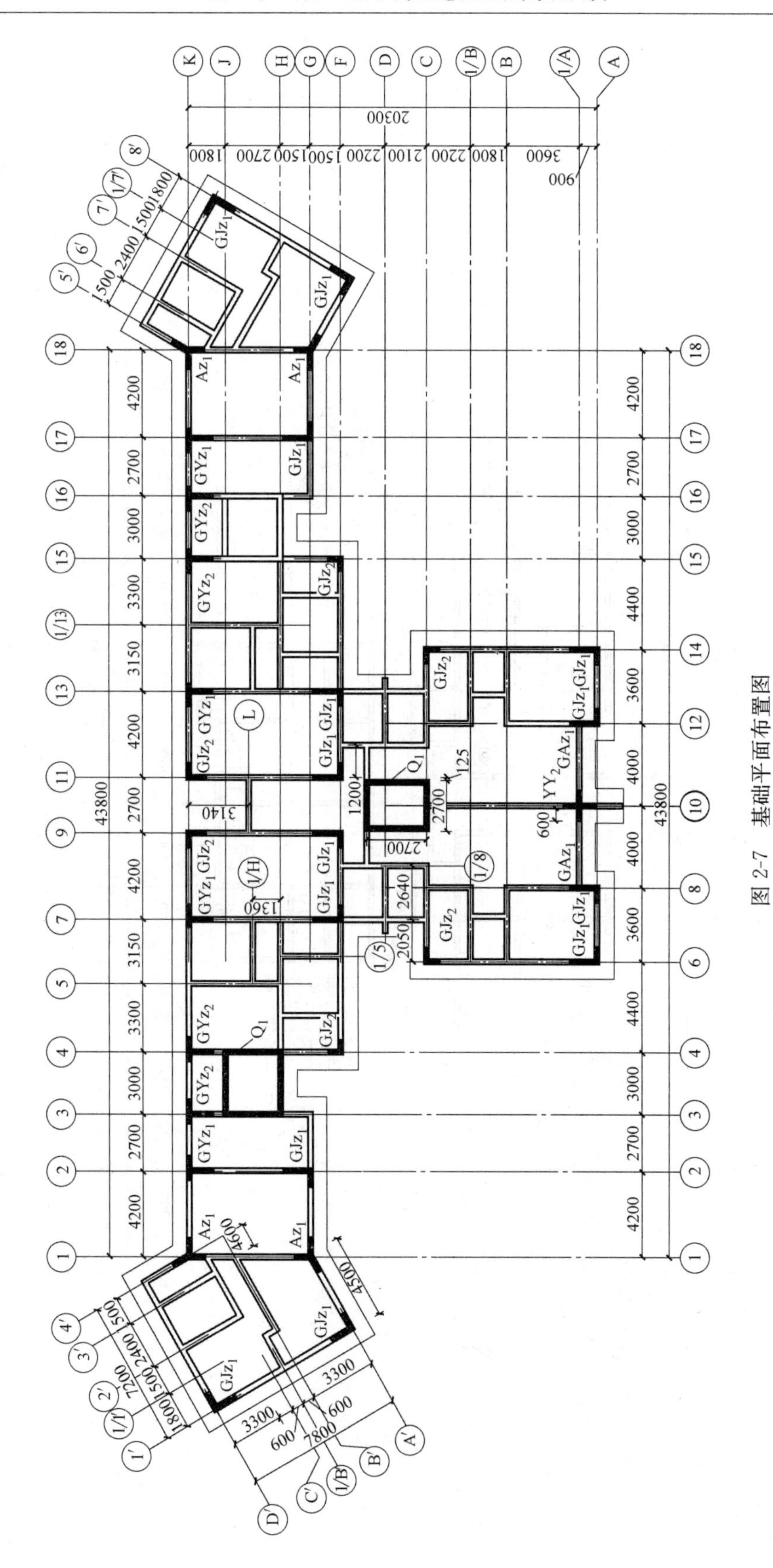

图 2-7　基础平面布置图

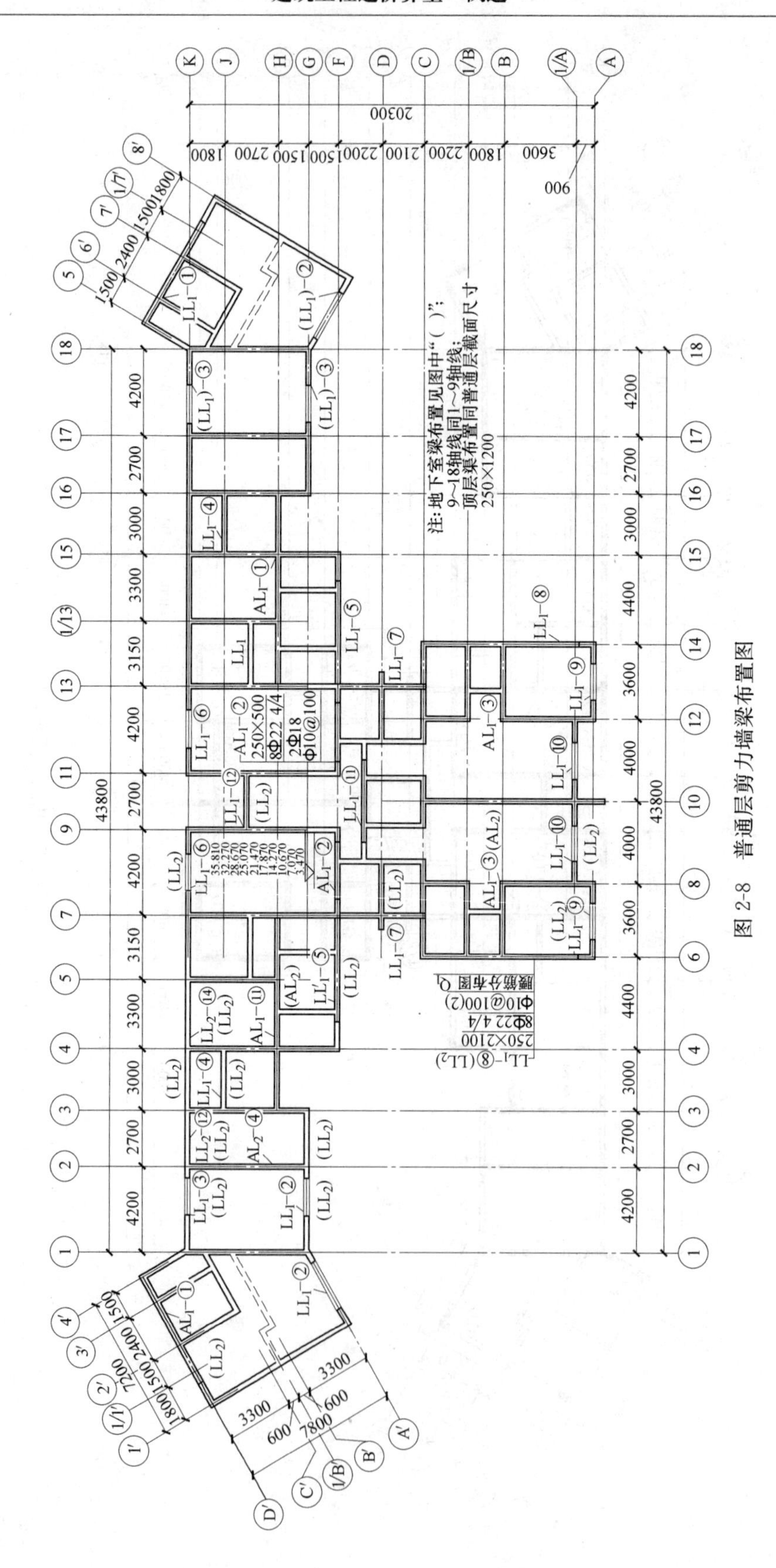

图 2-8　普通层剪力墙梁布置图

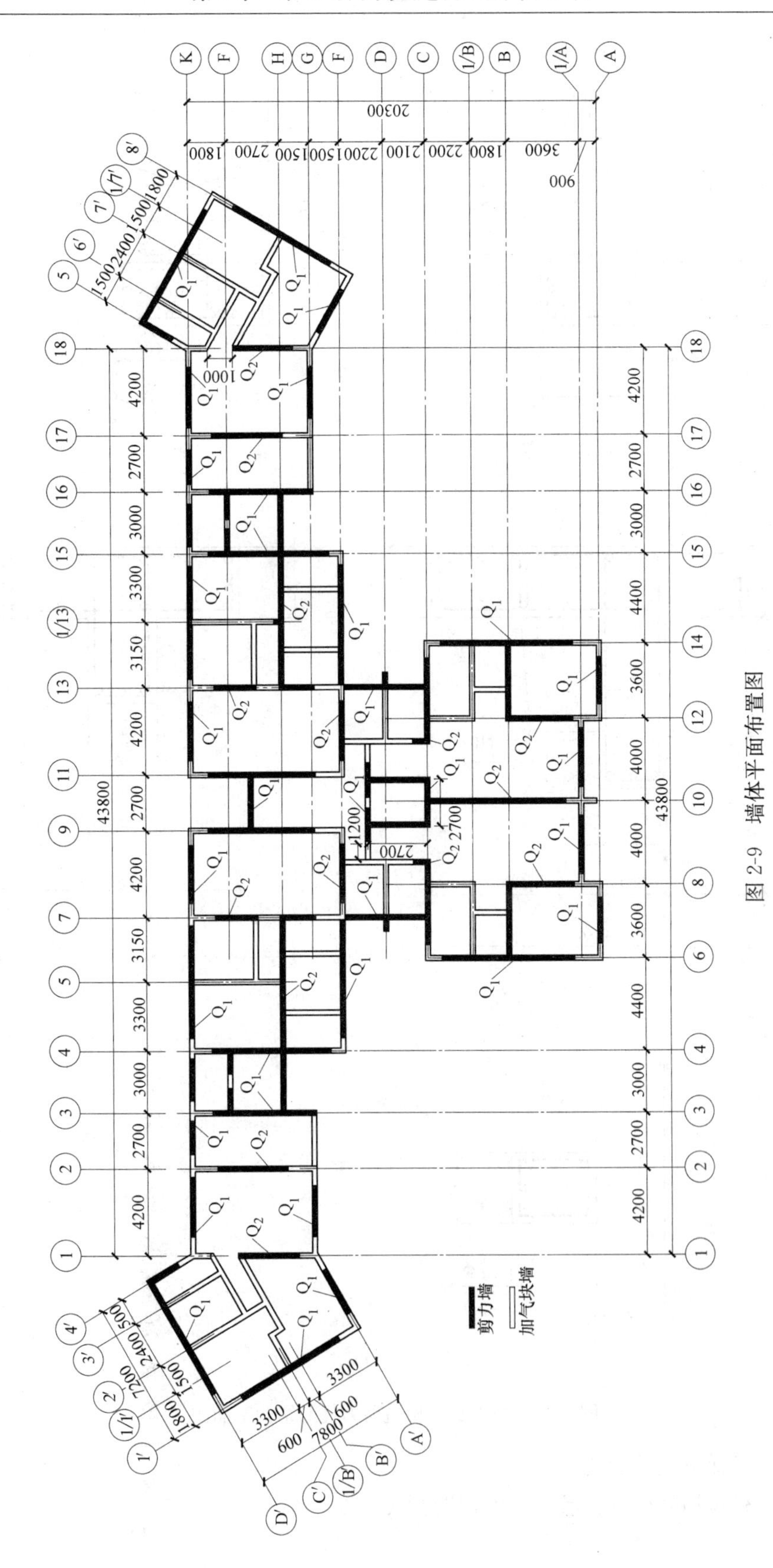

图 2-9　墙体平面布置图

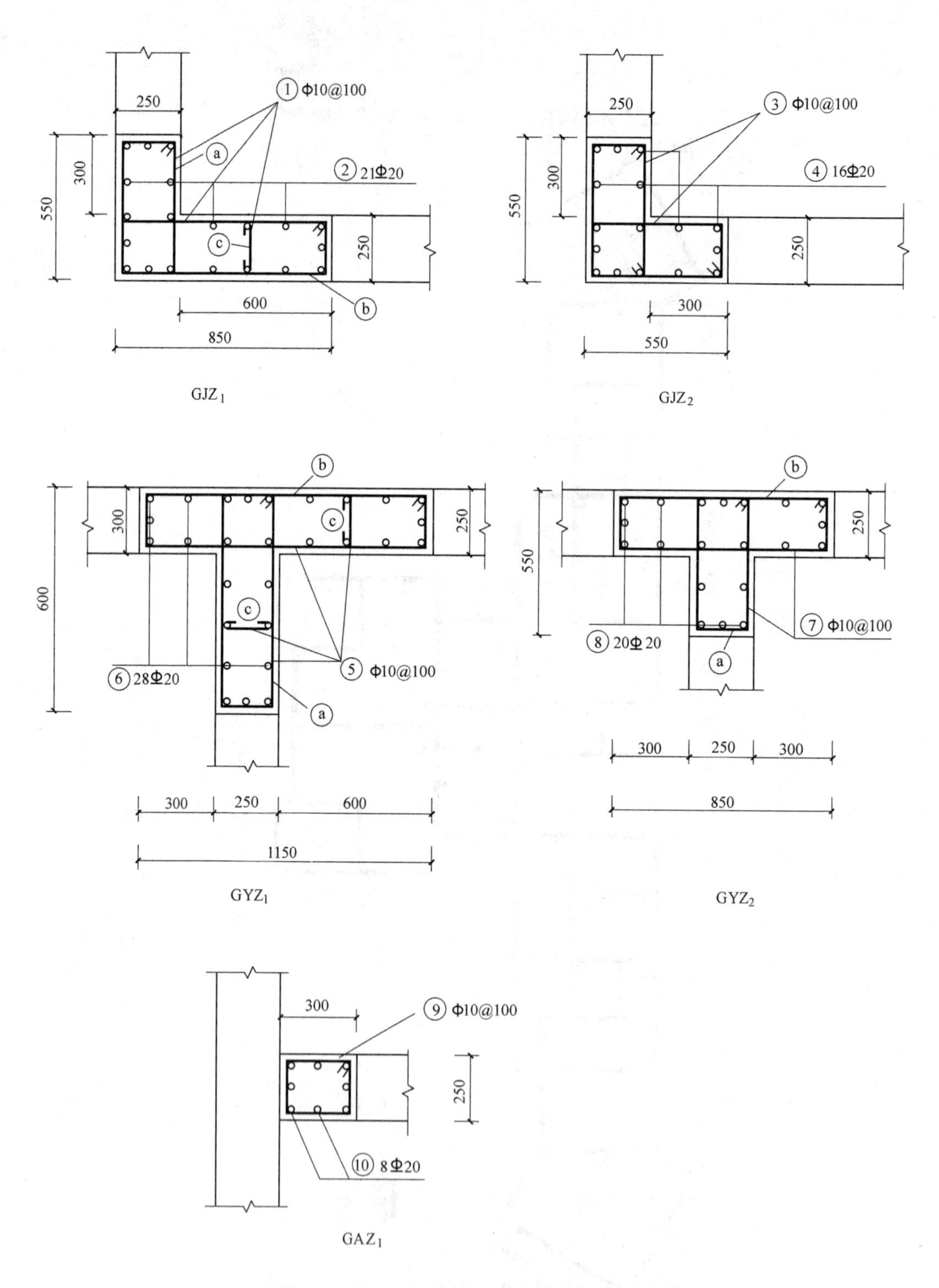

图 2-10　剪力墙中构造剪力柱的结构配筋图

（3）楼梯位置及走向；

（4）建筑物外台阶、散水等的位置和大小。

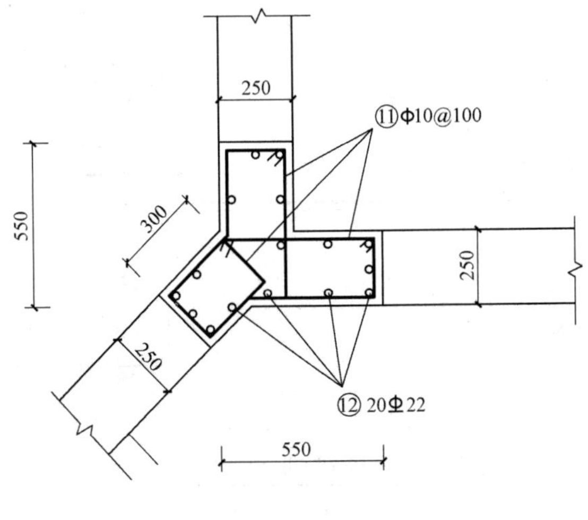

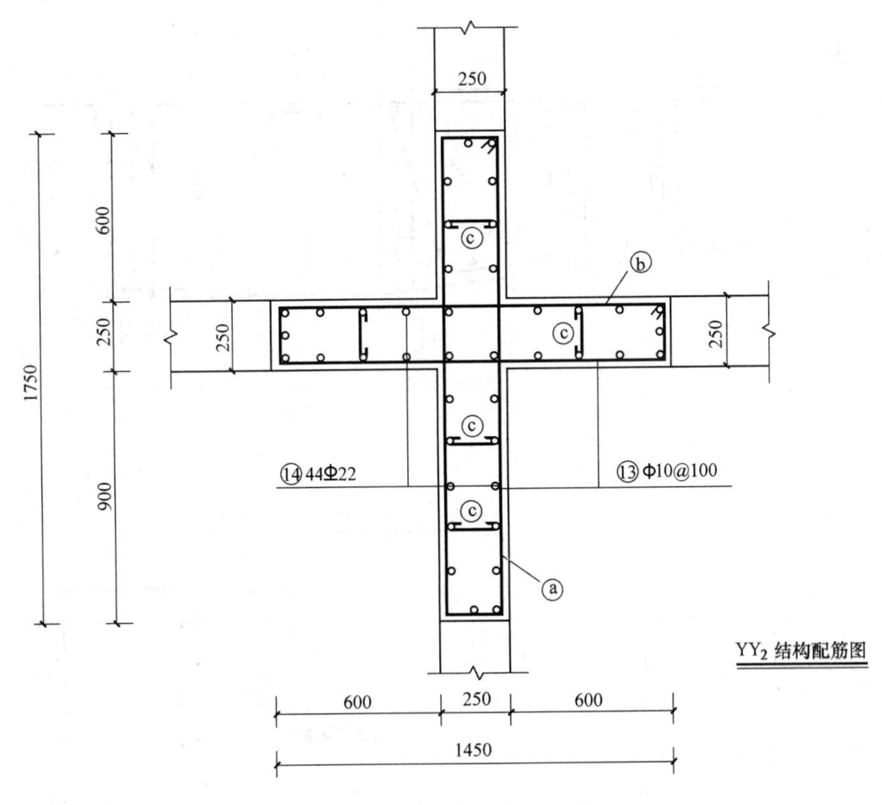

图 2-11　Az_1、YY_2结构配筋图

2）标准层平面图

标准层平面图是中间几层的水平投影图，主要表示各个房间的布置、大小等情况。

读图要点：

(1) 建筑物的平面布置，房屋朝向，各个房间的布置情况及尺寸大小；

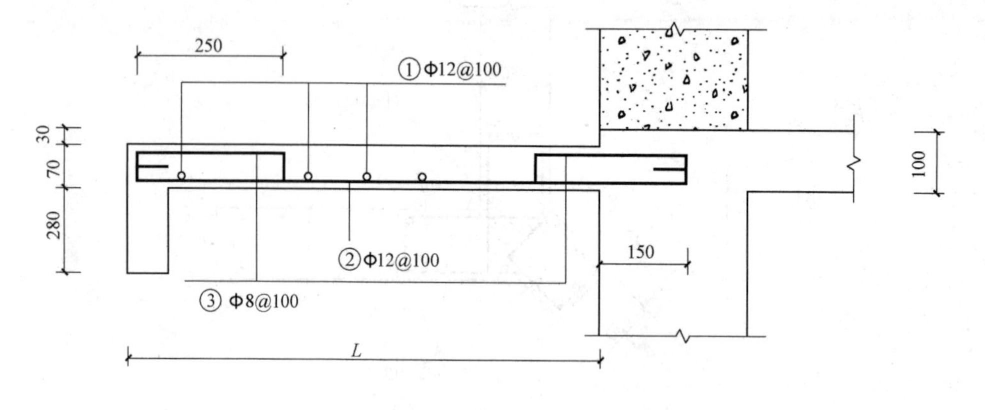

阳台板细部构造图(用于阳台1～7)

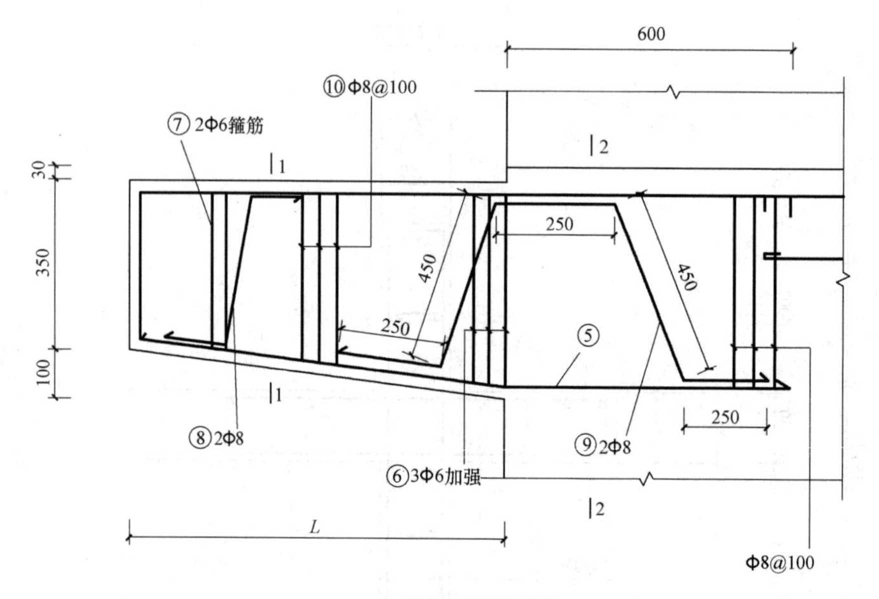

阳台挑梁配筋详图

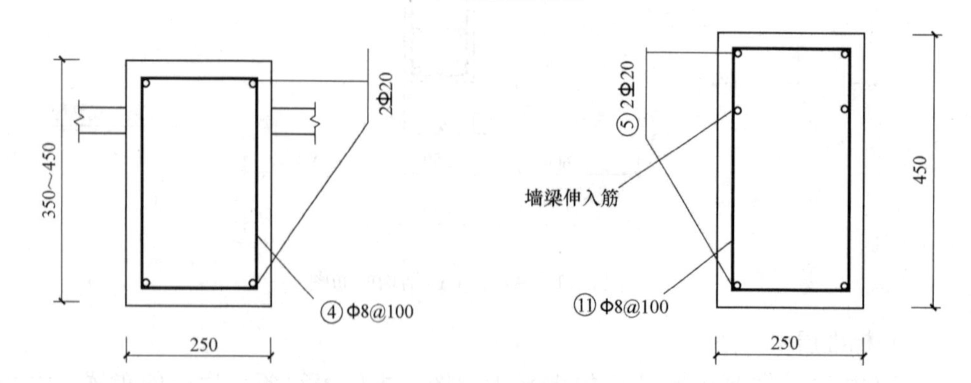

图 2-12　阳台配筋图

（2）门窗编号及代号；

（3）楼梯的位置及走向。

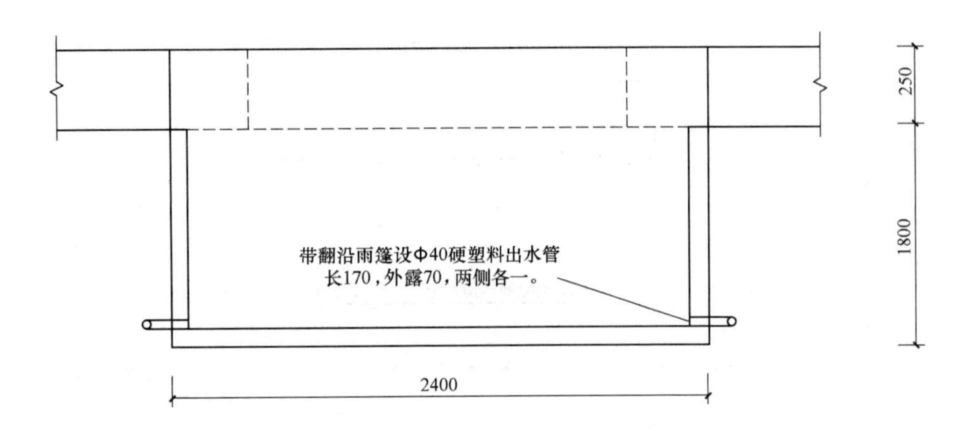

雨篷平面图

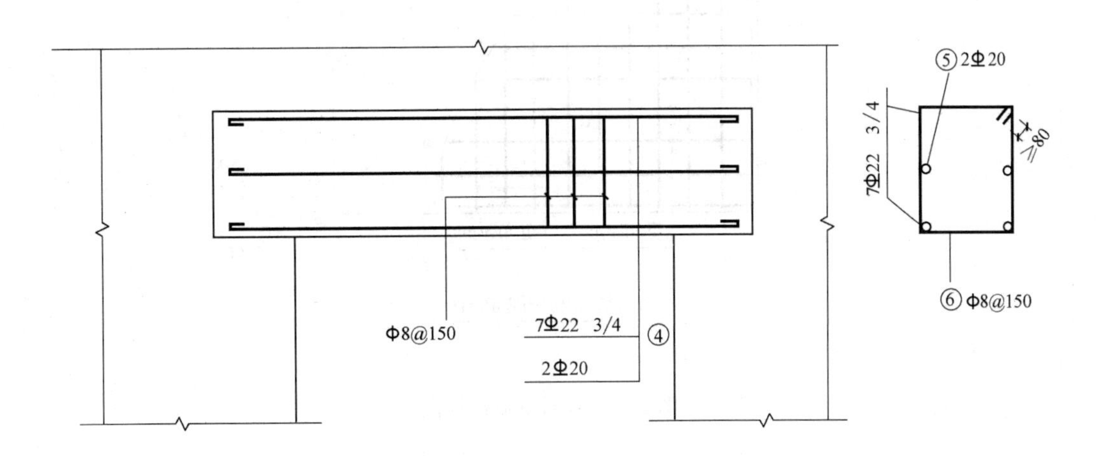

雨篷梁详图

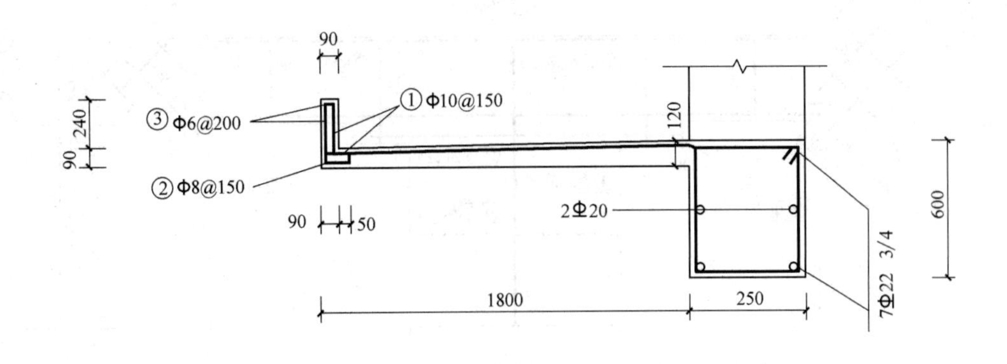

雨篷板详图

图 2-13　雨篷配筋图

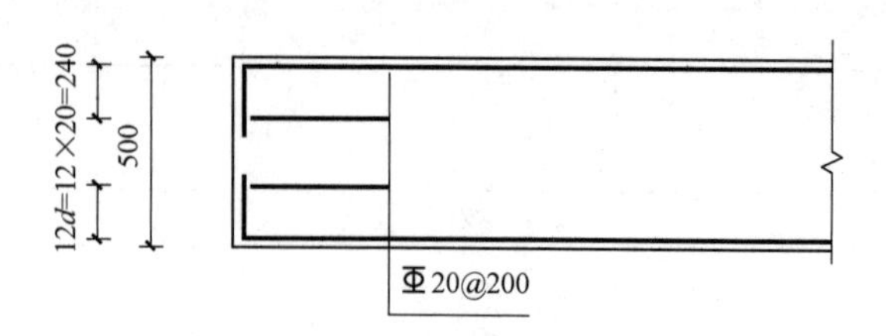

筏板基础配筋构造示意图 1—1剖面

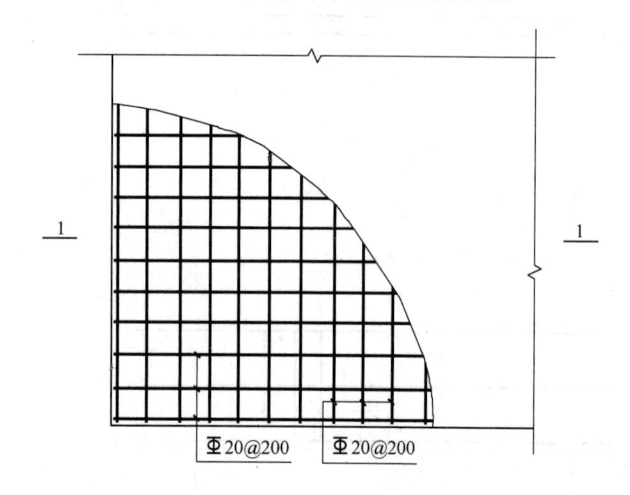

筏板基础配筋构造示意图

图 2-14 筏板基础配筋图

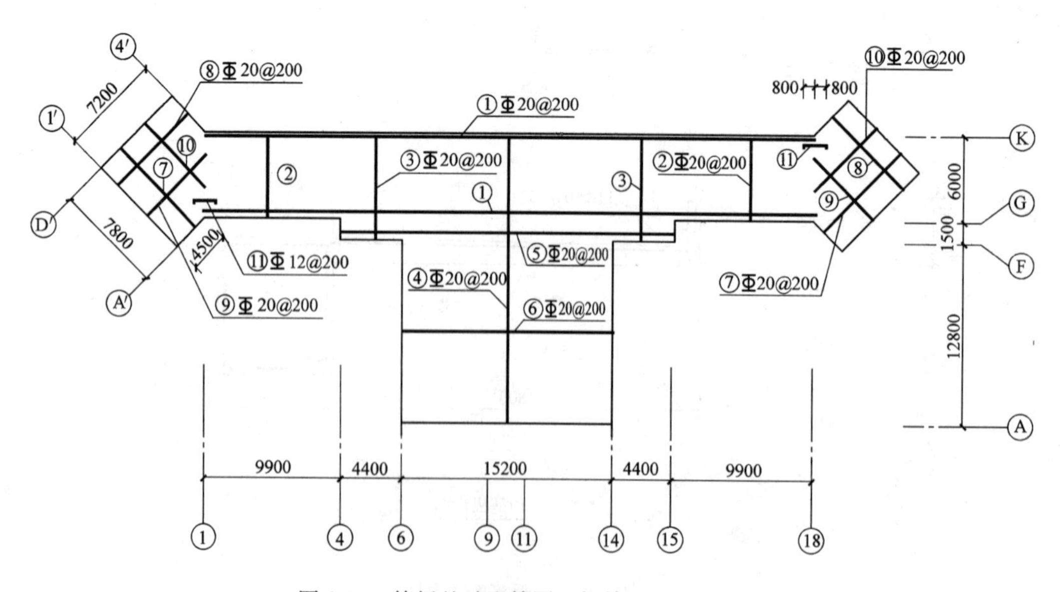

图 2-15 筏板基础配筋图（钢筋型号、编号）

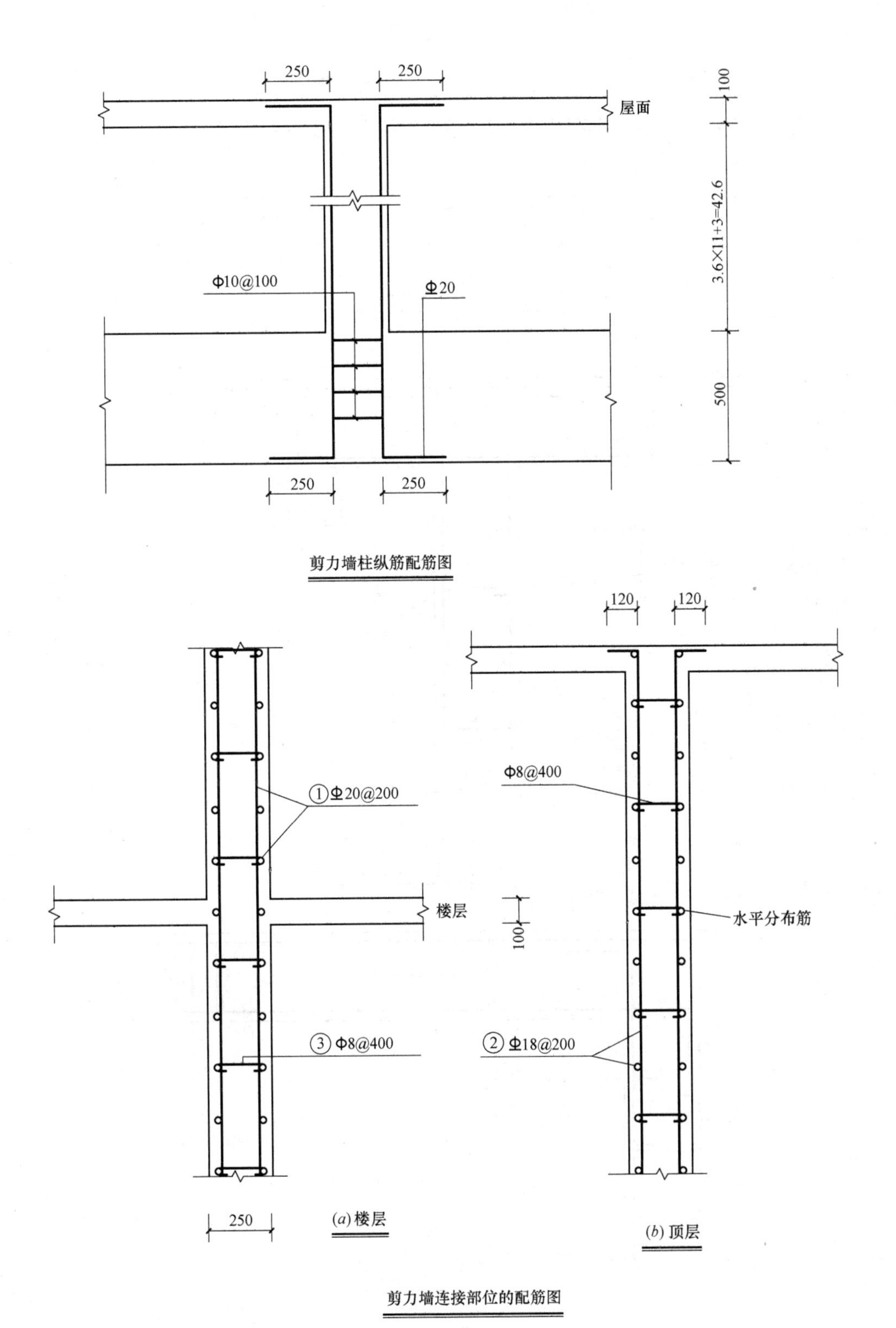

图 2-16　剪力墙柱、剪力墙连接部位配筋图

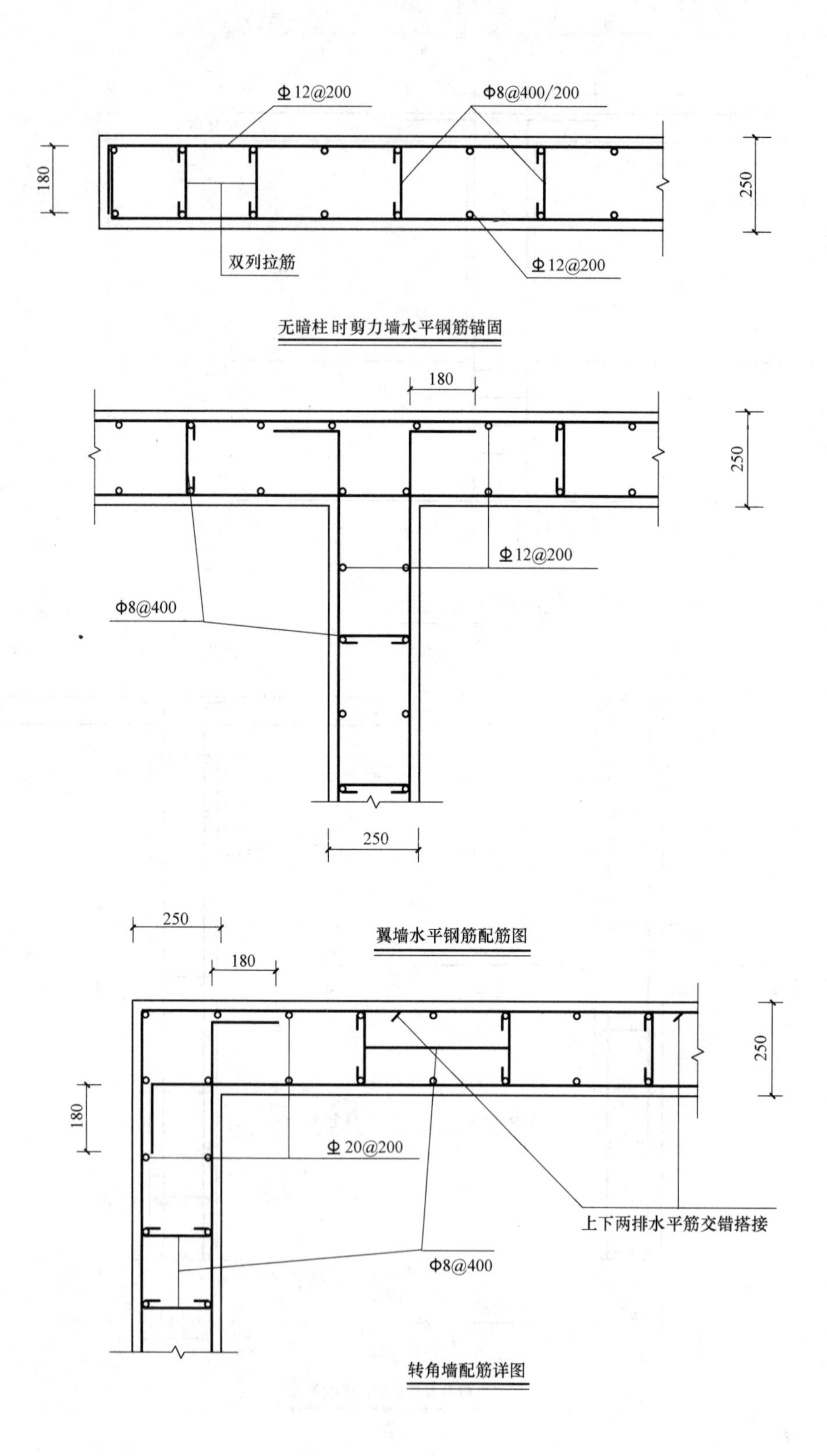

图 2-17　无暗柱剪力墙、翼墙、转角墙配筋图

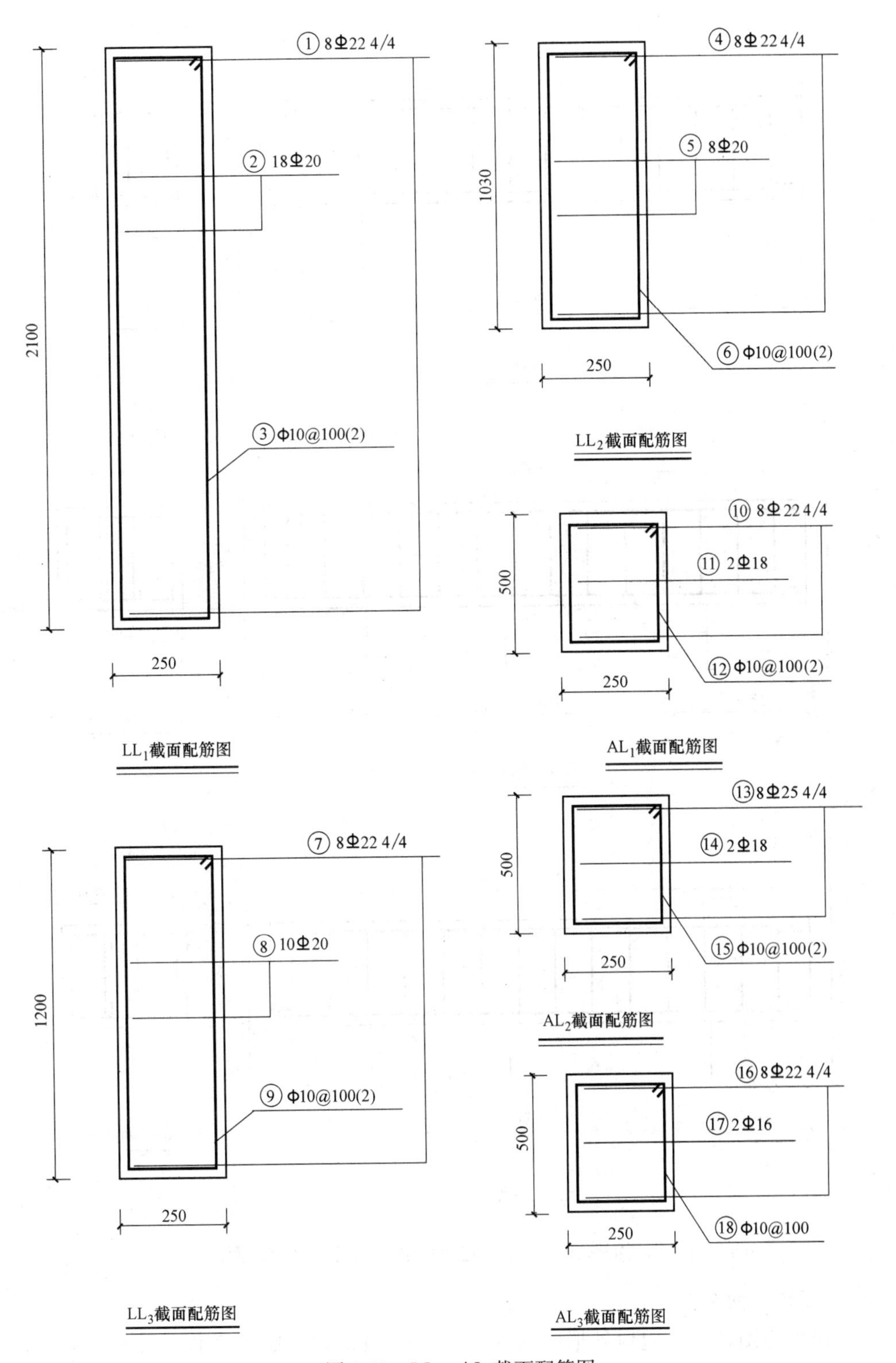

①8Φ22 4/4
②18Φ20
③Φ10@100(2)
2100
250
LL₁截面配筋图
④8Φ22 4/4
⑤8Φ20
⑥Φ10@100(2)
1030
250
LL₂截面配筋图
⑩8Φ22 4/4
⑪2Φ18
⑫Φ10@100(2)
500
250
AL₁截面配筋图
⑦8Φ22 4/4
⑧10Φ20
⑨Φ10@100(2)
1200
250
LL₃截面配筋图
⑬8Φ25 4/4
⑭2Φ18
⑮Φ10@100(2)
500
250
AL₂截面配筋图
⑯8Φ22 4/4
⑰2Φ16
⑱Φ10@100
500
250
AL₃截面配筋图

图 2-18　LL、AL 截面配筋图

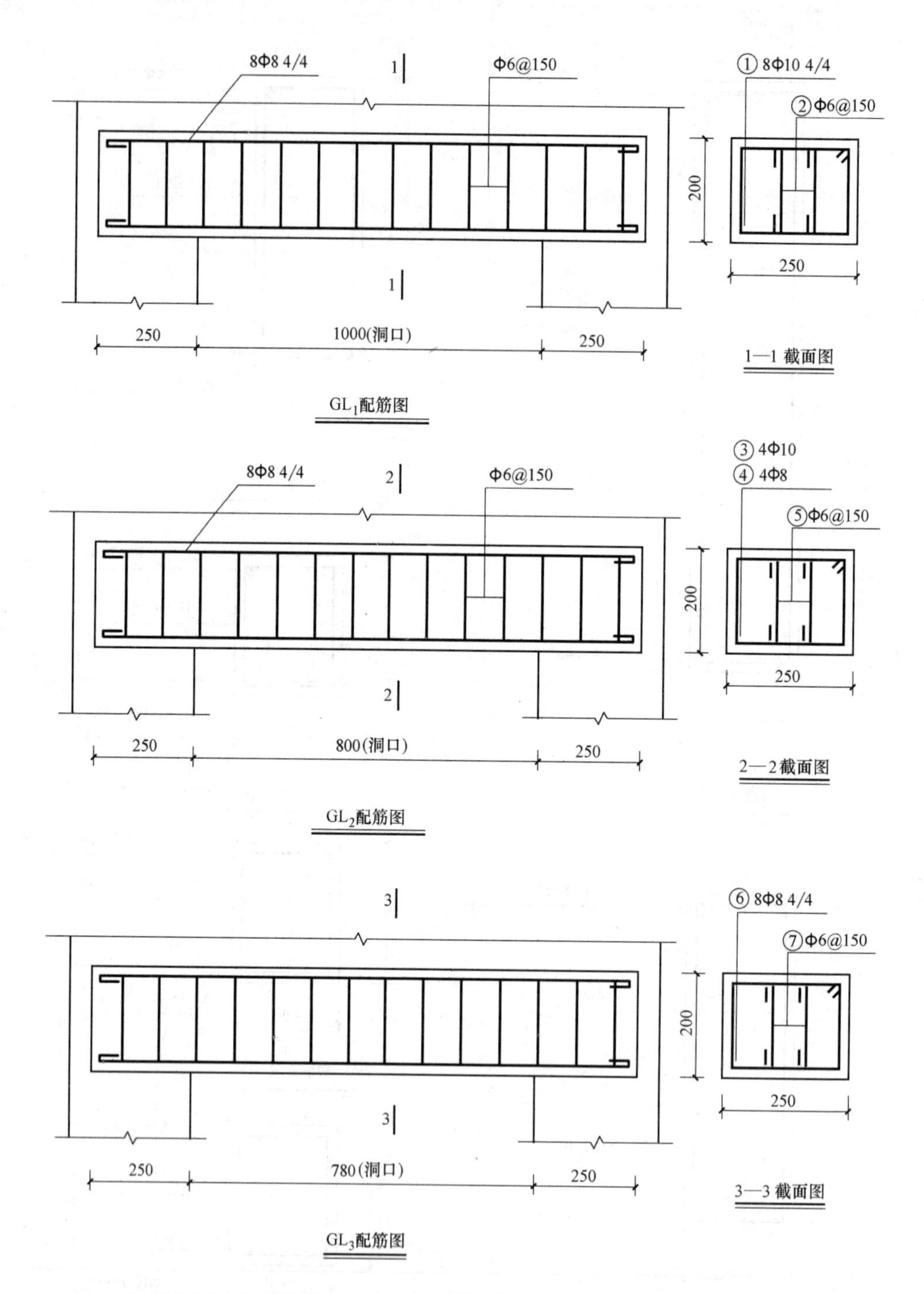

图 2-19　加气混凝土砌块上方过梁配筋图及各梁相应截面配筋图

3）屋顶平面图

屋顶平面图是房屋屋顶外形的水平投影图，用来表示屋顶形状、排水走向、坡度、下水口位置及伸出屋顶的烟道、通风道、电梯机房、检查孔的位置和形状等。

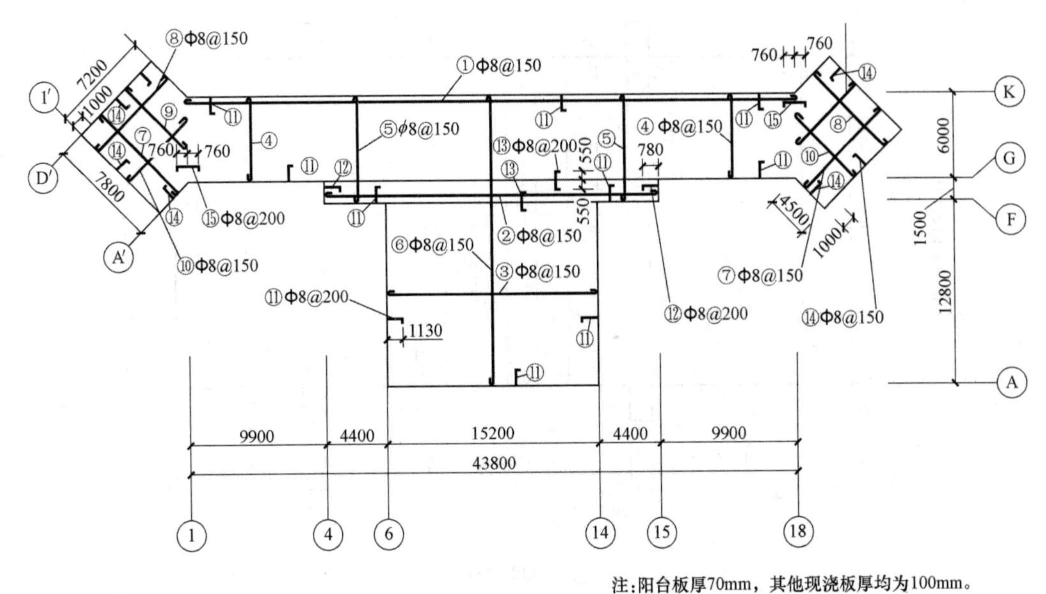

注：阳台板厚70mm，其他现浇板厚均为100mm。

图 2-20　屋面及楼面板配筋图

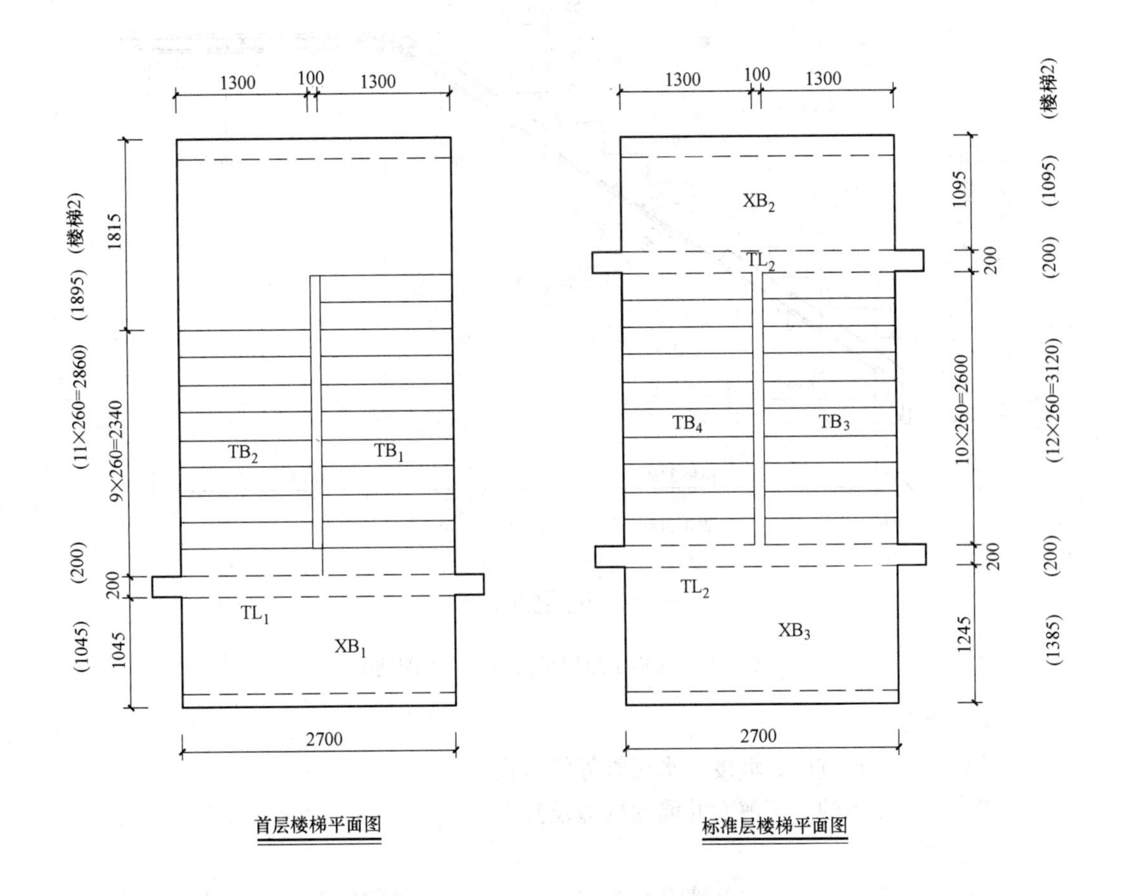

图 2-21　楼梯 1 的结构图

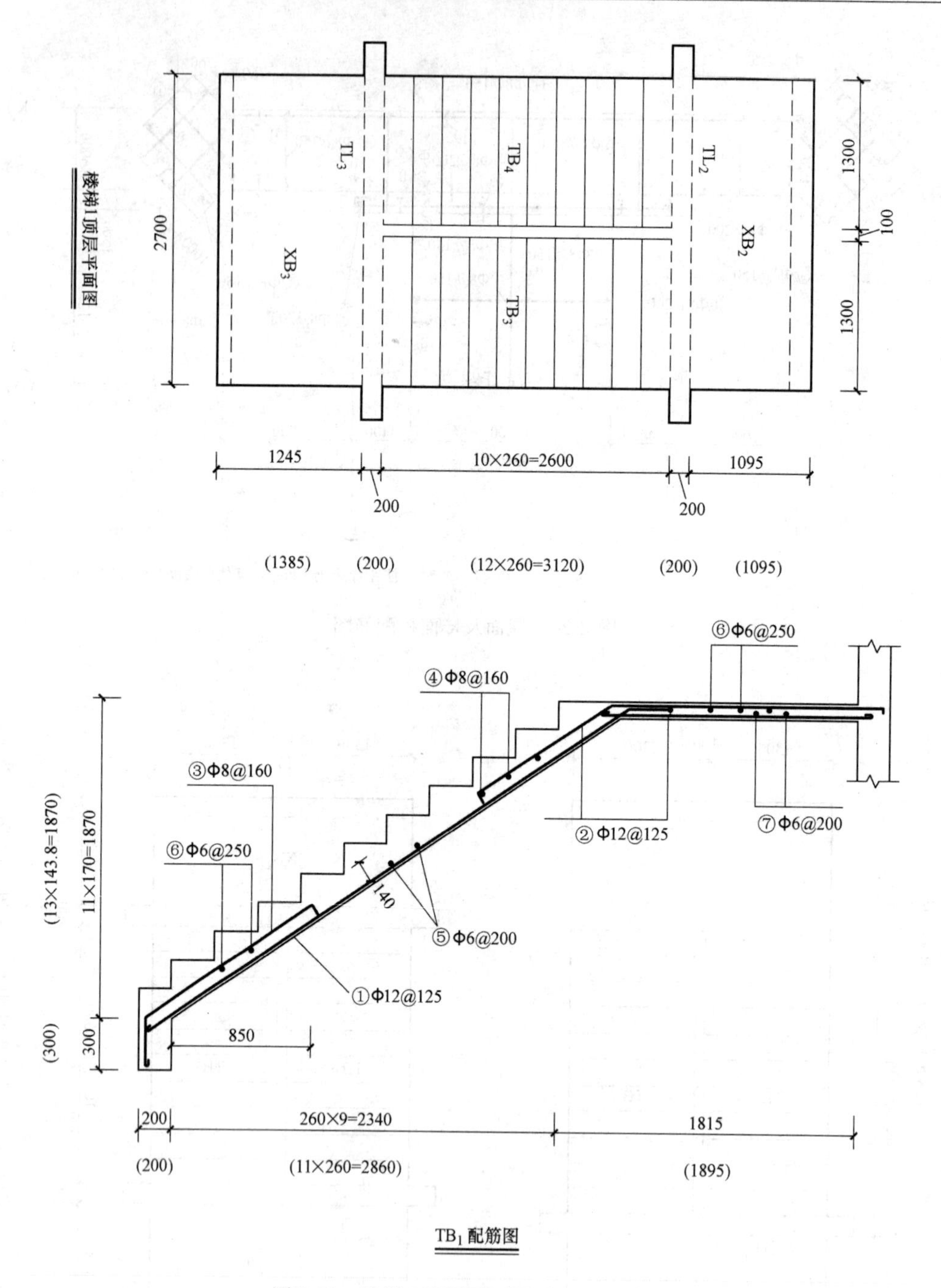

图 2-22　楼梯 1 顶层平面图及 TB_1 配筋图

读图要点：

（1）屋顶排水方向、坡度、水落管等的布置；

（2）有女儿墙的，了解女儿墙的构造及其做法。

3. 立面图

立面图是房屋各个方向外墙面的视图，主要表示建筑物层高、门窗尺寸、门窗位置及形式等。

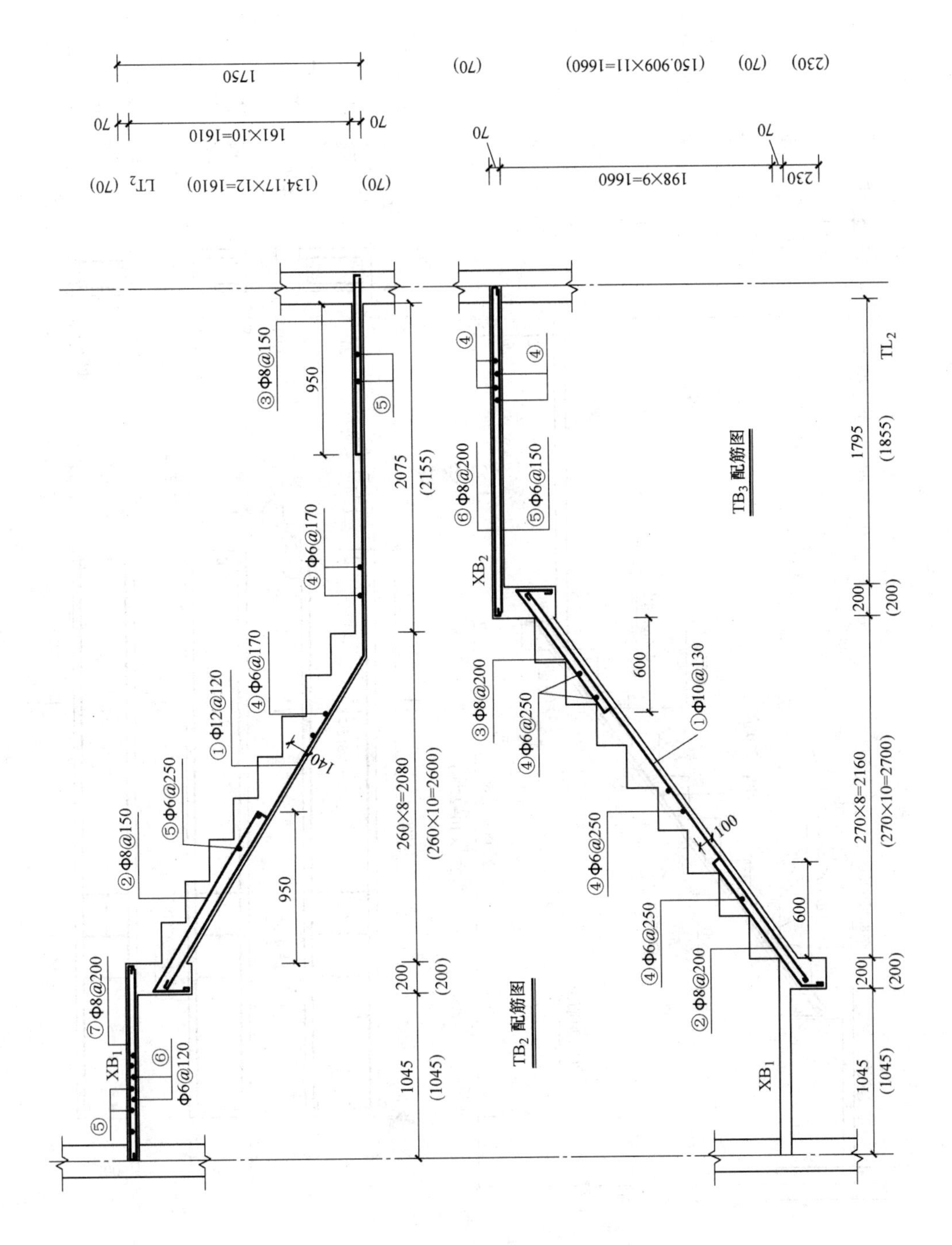

图 2-23　TB_2、TB_3配筋图

读图要点：

（1）查看建筑立面外形，门窗形式及位置；

（2）查看建筑物的总高以及各层的层高；

（3）查看室内外标高及各部位标高。

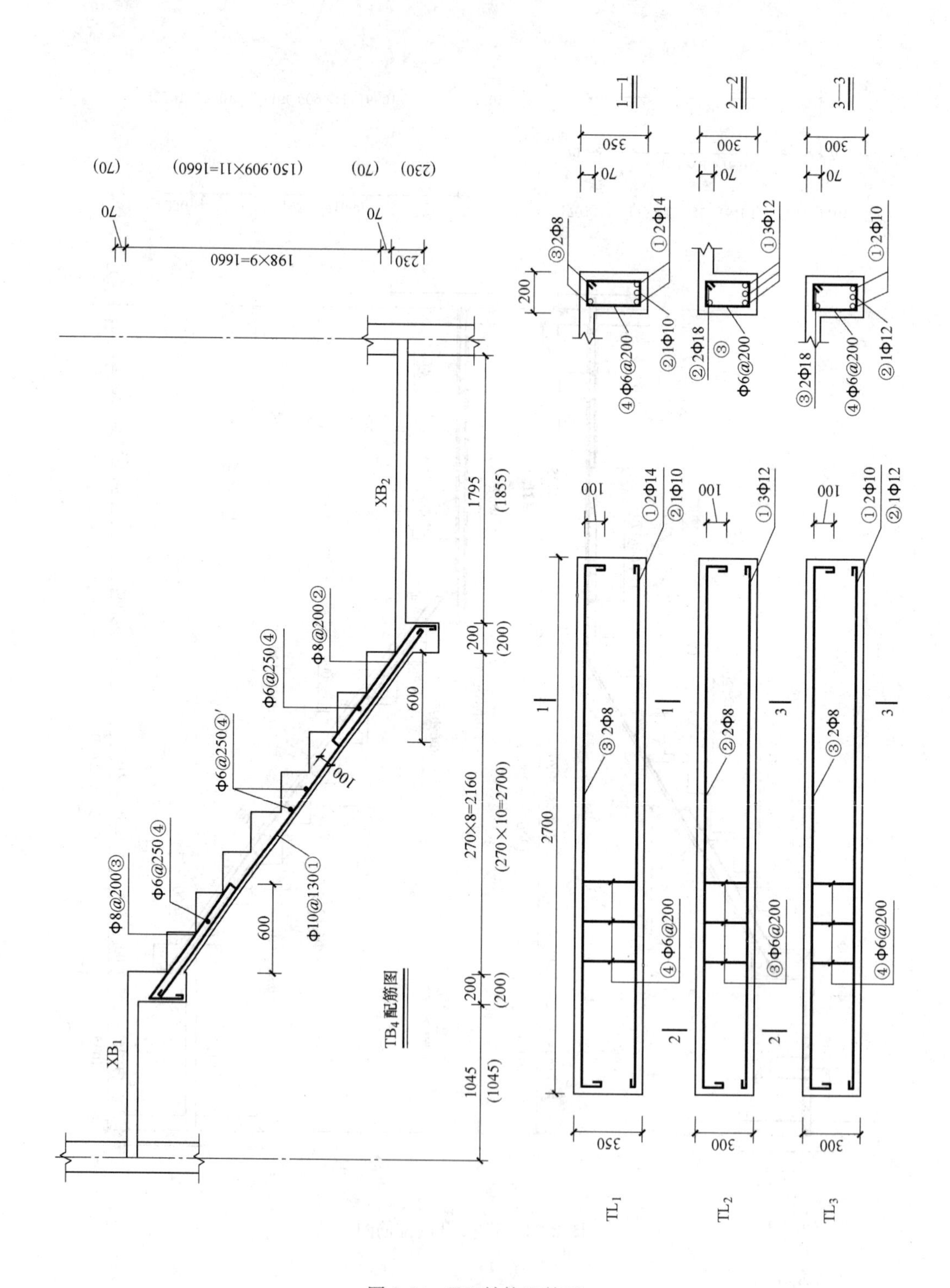

图 2-24　TB4结构配筋图

4. 剖面图

剖面图是垂直于外墙的方向将房屋剖开，作出的正投影，主要用来表示房屋内部的构造、各部分之间的标高、各承重构件的位置及相互关系、屋顶形式等。剖切的位置一般选择在室内结构复杂的部位，并应通过门窗洞口及主要出入口、楼梯间或高度有特殊变化的部位。

读图要点：

（1）看房屋各部位的标高，了解建筑层数、建筑总高、层高、室内外地面高差等；

（2）看屋面、散水、排水沟等做成斜面时的坡度；

（3）看建筑构配件之间的搭接关系。

5. 建筑详图

建筑详图是使用比较小的比例绘制的建筑细部施工图。建筑详图可分为构造节点详图和构配件详图两类，构造节点详图主要是表明建筑物的局部构造、尺寸和材料的详图；构配件详图主要是表明构配件本身构造的详图。

常见的施工详图主要有外墙详图、楼梯详图、门窗详图及其他节点详图。

1）墙身详图的识读要点：

（1）查看图所表示的建筑部位，要和平面图、立面图及剖面图结合起来看；

（2）读图时一般由下到上阅读；

（3）查看各部位的详细做法和构造尺寸。

2）楼梯是每一个多层建筑必不可少的部分，也是非常重要的一个部分，楼梯大样又分为楼梯各层平面及楼梯剖面图，结构师也需要仔细分析楼梯各部分的构成，是否能够构成一个整体，在进行楼梯计算的时候，楼梯大样图就是唯一的依据，所有的计算数据都是取之于楼梯大样图，所以在看楼梯大样图时也必须将梯梁、梯板厚度及楼梯结构形式考虑清晰。楼梯详图的识读要点：

（1）查清楼梯在建筑物的位置关系；

（2）查看楼梯的尺寸、有无防潮层及其位置；

（3）查清楼梯间门窗、洞及圈梁的位置和标高；

（4）预制钢筋混凝土楼梯标准构件的型号、特点和节点构造做法。

3）门窗详图及其他节点详图：

在建筑施工图中，门窗和其他一些构配件和构造做法一般都采用标准图，在建筑、结构设计中，对大量重复出现的构配件如门窗、台阶、面层做法等，通常采用由国家或地方编制的一般建筑常用的构、配件详图。在读图时，应按照索引查阅标准图集。

6. 建筑施工图的识读举例

图 2-4 所示是某小高层的首层平面图，通过此平面图可以了解以下内容：

此楼层共有六户，左右各一户，户型都是三室两厅一卫一厨两阳台，每一户都有一部电梯和楼梯；中间有四户，户型均是两室两厅一卫一厨两阳台，四户共用一部电梯和一个楼梯。

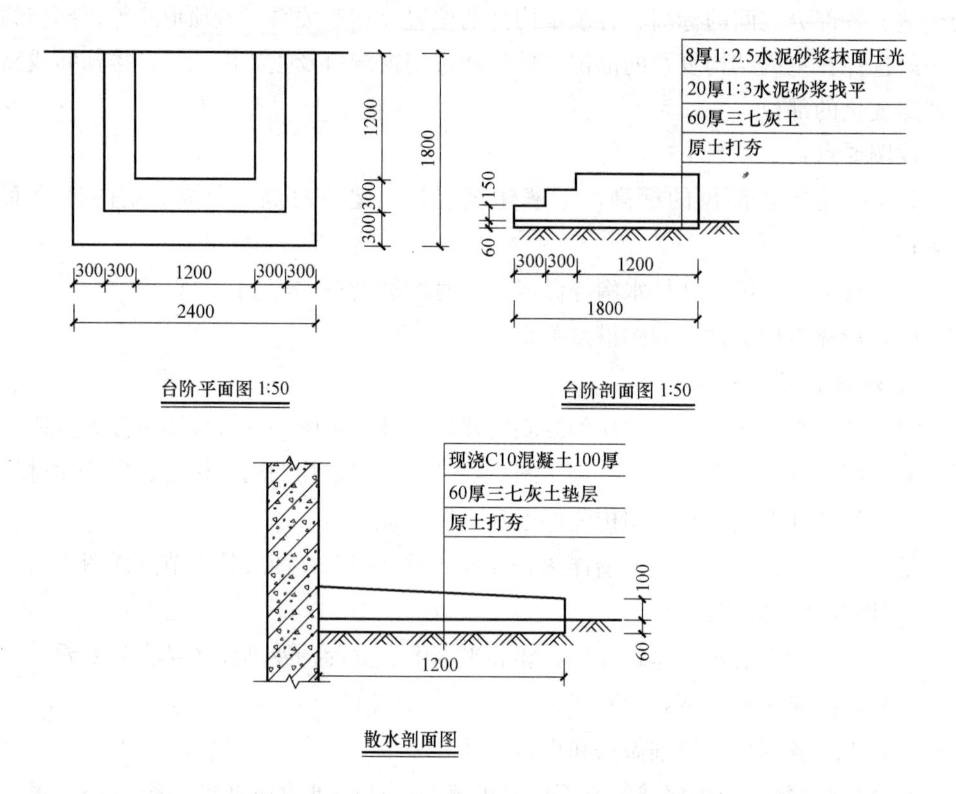

图 2-25　台阶平面图、剖面图及散水剖面图

左右两户是相同的，以左户为例进行说明，户门是 M－1，起居室 A 和餐厅是一体的，尺寸为 6000mm×4200mm，进户的右手边是阳台 4，有门 M－2；③′、④′轴是厨房，厨房有门 M－4 和窗 C－5；②′、③′轴是小卧室，有门 M－3 和窗 C－4，其尺寸为 3300mm×2400mm；①′、②′轴也是卧室，有进卧室门 M－3、进阳台门 M－2 和阳台 6，①′、1/1′轴和Ⓓ′、Ⓑ′轴之间的尺寸为 3900mm×1800mm，1/1′、②′轴和Ⓓ′、Ⓑ′轴之间的尺寸为 4500mm×1500mm，阳台 6 的尺寸为 3300mm×1200mm；Ⓐ′、1/B轴是主卧，有进卧推拉门、卫生间、阳台门 M－2、阳台 7，卫生间有洗涤盆、坐便器、浴盆各一个，1/1′轴和Ⓐ′、1/B轴之间的尺寸为 3900mm×1800mm，阳台 7 宽 1500mm。

①、⑨轴和Ⓓ之间的一户与⑪、⑮轴和Ⓓ之间的一户是相同的，以①、⑨轴和Ⓓ之间的一户为例进行说明。进户门是 M－1，起居室 B 和餐厅是一体的，其尺寸为 7500mm×4200mm；有阳台 1 和阳台门 M－2；⑤、⑦轴之间的卧室有卧室门 M－3、窗 C－6，其尺寸为 3260mm×3150mm；④、⑤轴和Ⓗ轴之间是主卧室，有进卧门 M－3、窗 C－1、门 M－4、卫生间，卫生间有洗涤盆、坐便器、浴盆各一个，主卧的尺寸为 4500mm×3300mm；⑤轴上的卧室有门 M－3、窗 C－2；⑤、⑦轴卫生间有门 M－4、窗 C－8，卫生间有洗涤盆、坐便器、浴盆各一个；⑦轴上的厨房有进厨房门 M－4、窗 C－5、阳台 5、阳台门 M－5，厨房尺寸为 2640mm×2200mm。

⑥、⑩轴和Ⓐ、Ⓓ轴之间的一户与⑩、⑭和Ⓐ、Ⓓ轴之间的一户是相同的，以⑩、⑭轴和Ⓐ、Ⓓ轴之间的一户为例进行说明。进户门是 M－1，起居室 C 和餐厅是

一体的，其尺寸为7600mm×4000mm；有阳台2和阳台门M—2；⑫、⑭轴和Ⓐ、Ⓑ轴之间是卧室，有进卧门M—3、窗C—1，其尺寸为4500mm×3600mm；⑫、⑭轴和Ⓑ、1/B轴之间是卫生间，卫生间有门M—4、洗涤盆、坐便器、浴盆各一个，其尺寸为3600mm×1800mm；⑫、⑭轴和1/B、Ⓒ轴之间是卧室，有进卧门M—4、窗C—4，其尺寸为3600mm×2200mm；Ⓒ、Ⓓ轴之间是厨房，有进厨门M—4、阳台3、阳台，厨房尺寸为2640mm×2100mm。阳台1、阳台2及阳台4的圆弧部分的半径均为6000mm，角度均为30°。楼梯有进梯门M—7，⑮、⑯轴之间楼梯及③、④轴之间楼梯尺寸为2400mm；③、④轴之间电梯的尺寸均为3000mm×2700mm×1800mm。

2.5　结构施工图

结构施工图主要表明结构的类型，建筑物各承重构件的布置、形状尺寸、大小材料及构造做法等。主要包括基础图、结构平面布置图、钢筋混凝土构件详图、节点构造详图等。

1. 基础图

基础图是表示建筑物基础的平面布置和详图构造的图样。一般包括基础平面图和基础详图。

1）基础平面图

在基础平面图中一般只画出基础墙、基础梁、柱及基础底面的轮廓线。

基础平面图的读图要点：

（1）基础墙、柱的平面布置，基础底面形状、大小，基础垫层的平面布置、形状、尺寸等；

（2）基础梁、柱的位置及代号；

（3）注重文字说明，在基础平面图中，常用文字表明基础的用料、基础的埋置深度、基础施工的注意事项等情况。

2）基础详图

基础详图主要反映单个基础的形状、尺寸、材料、构造及基础的埋置深度等详细情况。

基础详图的读图要点：

（1）基础断面的形状、尺寸、材料及配筋；

（2）室内外地面标高及基础底面的标高；

（3）基础墙的厚度、防潮层的位置和做法；

（4）基础梁或圈梁的尺寸及配筋；

（5）垫层的尺寸及做法。

2. 结构平面图

楼层的结构平面图是用一个假想的水平剖切平面从各层楼板层中间剖切楼板层，

得到的水平剖面图，主要表示各楼层结构构件的平面位置。

结构平面图的读图要点：

（1）预制板的跨度方向、板号、数量、预留孔洞位置及其尺寸；

（2）现浇板的板号、板厚、预留孔洞位置及其尺寸，钢筋平面布置、板面标高；

（3）圈梁平面布置，标高，过梁的位置及其编号。

3. 钢筋混凝土构件详图

钢筋混凝土构件详图通常包括模板图、配筋图和钢筋表三部分。模板图表示构件的外表形状、大小及预埋件的位置等；配筋图主要表示钢筋的形状、直径、位置、长度、数量、间距等；钢筋表主要包括钢筋名称、钢筋规格、钢筋简图、长度、数量和质量等。

钢筋混凝土构件详图读图要点：

（1）查看钢筋的位置、规格、编号、根数、间距、截断位置等；

（2）在钢筋表中查看钢筋的数量、长度及质量等。

4. 节点构造详图

预制框架或装配整体框架的连接部分、楼层构件或柱与墙的锚接等，均应有节点构造详图。

5. 结构施工图识读举例

图 2-7 是某小高层的基础平面布置图，通过此图可以了解以下内容：

在基础平面布置图中，除了定位尺寸外，可以看出，在①、⑱轴上黑粗实线旁标注 Az_1，表示 1 号非边缘暗柱。在①'轴上黑粗实线旁标注 GJz_1，表示 1 号构造边缘转角墙柱，其余标注有 GJz_1 与此表达含义一样。在②轴和Ⓚ轴的交会处黑粗实线旁标注 GYz_1，表示 1 号构造边缘翼墙柱。③、④轴和Ⓙ、Ⓗ轴之间的黑粗实线旁标注 Q_1，表示 1 号剪力墙墙身。⑫轴和(1/A)轴、Ⓐ轴的交会处黑粗实线旁标注 GAz_1，表示构造边缘暗柱。⑩轴和(1/A)轴交会处黑粗实线旁标注 YYz_1，表示 1 号结束边缘翼墙柱。标注相同的见以上表示含义。

在基础平面布置图中，结合平面图还可以看出，⑨、⑪轴之间的电梯的尺寸为 2700mm×2700mm。

第3章　某12层小高层建筑工程清单工程量计算

工程计量是编制建筑工程施工图预算和工程量清单计价的基础工作，是预算文件和工程量清单文件的重要组成部分，工程量计算是否准确，直接影响到整个工程造价。工程量是根据设计图纸，以物理计量单位或自然计量单位表示的各分项工程或结构构件的数量。清单工程量是根据建设工程设计文件、《房屋建筑与装饰工程工程量计算规范》GB 50854—2013、国家或省级行业建设主管部门颁发的计价依据和办法等对建筑物进行计量分析。在计算工程量时要按照工程量计算规范中规定的计量单位、计算规则和方法进行工程量计算。

3.1　房屋建筑工程部分

1. 010101001001，场地平整，Ⅰ、Ⅱ类土

$S=S_{首层面积}=611.33m^2$

注：见定额部分首层建筑面积的计算。

2. 010101002001，挖土方，Ⅰ、Ⅱ类土，挖深3.15m，以挖作填，边距50m

挖深h=[3－0.45＋0.1（垫层厚）＋0.5m（筏板厚）]＝(2.65＋0.5)m＝3.15m

【注释】 3.0m为基础底深，0.45m为室内外地坪高差，0.5m为筏板的厚度。

挖基础底面积：Ⓐ、Ⓕ轴与⑥、⑭轴之间：

S_1＝[(15.2＋0.25＋0.2)×(12.8＋0.1)－2.05×4.3×2(Ⓕ间)]m^2

＝(201.885－17.63)m^2＝184.255m^2

【注释】 (15.2＋0.25＋0.2) m为该处建筑基础的水平长度，(12.8＋0.1) m为该处建筑基础的竖直长度，2.05m为该处多出部分的宽度，4.3m为多出部分的长度，2为该部分的个数。

①、⑧轴与Ⓕ、Ⓚ轴间：

S_2＝[(24＋9.9×2)×(3＋2.7＋1.8＋0.2)－3×(3－0.25)×2(③、④、⑮、⑯轴间)－1.5×(4.2＋2.7)×2(①、③、⑯、⑱轴间)－(4.2×2＋2.7)×0.1(F轴⑦～⑬轴间)(垫层宽)]m^2

＝(43.8×7.7－16.5－20.70－1.11)m^2

＝(337.26－16.5－20.70－1.11)m^2

＝298.95m^2

【注释】 (24＋9.9×2)m为该处建筑基础的水平长度，(3＋2.7＋1.8＋0.2)m

为该处建筑基础的竖直长度，3×（3－0.25）×2m^2 为③、④、⑮、⑯轴间空出部分的面积，其中 3m 为其长度，（3－0.25）m 为宽度，2 为其空出的个数，1.5×（4.2＋2.7）×2m^2 为①、③、⑯、⑱轴间空出部分的面积，其中 1.5m 为其宽度，（4.2＋2.7）m 为其长度，2 为其个数，（4.2×2＋2.7）×0.1m 为Ⓕ轴⑦～⑬轴间垫层宽，其中（4.2×2＋2.7）m 为该处垫层的长度，0.1m 为垫层的宽度。

斜轴线基础面积：S_3＝[(3.3×2＋1.2＋0.25＋0.2)×(1.8＋1.5×2＋2.4＋0.25＋0.2)－1/2×(3.3×2＋1.2－1.8＋0.1＋0.125)×(1.5×2＋1.8＋2.4－4.5＋0.1＋0.125)(缺角面积)]m^2
＝(8.25×7.65－1/2×6.225×2.925)m^2
＝(63.113－8.54)m^2
＝54.009m^2

【注释】（3.3×2＋1.2＋0.25＋0.2）m 为该处基础的长度，其中 0.25m 为两边两半墙的厚度，0.2m 为基础垫层外延的宽度，（1.8＋1.5×2＋2.4＋0.25＋0.2）m 为该处基础的宽度，后边减去的式子为缺角三角形的面积，其中（3.3×2＋1.2－1.8＋0.1＋0.125）m 为三角形的一直角边的长度，其中 0.1m 为垫层的宽度，0.125m 为半墙的厚度，（1.5×2＋1.8＋2.4－4.5＋0.1＋0.125）m 为另一直角边的长度，其中 0.1m 为垫层的外延宽度，0.125m 为半墙的厚度，具体尺寸可参看基础平面布置图。

则人工挖土方底面积：$S＝S_1＋S_2＋2S_3$
＝(184.255＋298.95＋2×54.009)m^2
＝591.223m^2

【注释】184.255m^2 为Ⓐ、Ⓕ轴与⑥、⑭轴之间基础的底面积，298.95m^2 为①、⑱轴与Ⓕ、Ⓚ轴间的基础面积，2×54.009m^2 为两角处斜轴线基础的面积。

挖土工程量：$V＝Sh$＝591.223×3.15m^2＝1862.352m^3

【注释】591.223m^2 为基础的总面积，3.15m 为挖土的深度。

3. 010501004001，现浇混凝土，筏板基础，C25 混凝土 500mm 厚

基础底面积

Ⓐ、Ⓕ轴与⑥、⑭轴间：S_1＝[(15.2＋0.25)×12.8－2.05×4.3×2)]m^2
＝(197.76－17.63)m^2
＝180.13m^2

【注释】（15.2＋0.25）m 为该处筏板基础的水平长度，12.8m 为其竖直宽度，2.05m 为空出部分的宽度，4.3m 为空出部分的长度，2 为其数量。

①、⑧轴与Ⓕ、Ⓚ轴间：S_2＝[(24＋9.9×2)×(3＋2.7＋1.8)－3×(3－0.25)×2(②、④、⑮、⑯轴间)－1.5×(4.2＋2.7)×2(①、③及⑯、⑱轴之间)]m^2
＝(43.8×7.5－16.5－1.5×6.9×2)m^2
＝(328.5－16.5－20.70)m^2
＝291.30m^2

【注释】（24＋9.9×2）m^2 为该处筏板基础的水平长度，（3＋2.7＋1.8）m 为该处筏板基础的竖直宽度，3×(3－0.25)×2m^2 为③、④、⑮、⑯轴间空余部分的土地面积，其中 3m 为其长度，（3－0.25)m 为其宽度，2 为其个数，0.25m 为两边两半墙的厚度，1.5×（4.2＋2.7）×2 为①、③及⑯、⑱轴之间的空余土地的面积 m^2，其中 1.5m 为其宽度，(4.2＋2.7）m 为其长度，2 为其个数。

斜轴线处基础面积：S_3＝[(3.3×2＋1.2＋0.25)×(1.8＋1.5×2＋2.4＋0.25)－1/2×(3.3×2＋1.2－1.8＋0.125)×(1.5×2＋1.8＋2.4－4.5＋0.125)(缺角面积)]m^2

＝(8.05×7.45－1/2×6.125×2.825)m^2

＝(59.973－8.652)m^2

＝51.321m^2

【注释】（3.3×2＋1.2＋0.25）m 为斜轴线处基础的长度，（1.8＋1.5×2＋2.4＋0.25）m 为斜轴线基础的宽度，其中 0.25m 为两边两半墙的厚度，后边减去的式子为缺角三角形的面积，其中（3.3×2＋1.2－1.8＋0.125)m 为轴线④′处三角形一直角边的长度，(1.5×2＋1.8＋2.4－4.5＋0.125)m 为轴线Ⓐ′处三角形的另一直角边的长度，式子中 0.125m 为半墙的厚度，具体尺寸参看基础平面布置图。

$S=S_1+S_2+2S_3$＝(291.30＋180.13＋2×51.321)m^2＝582.272m^2

【注释】 291.30m^2 为①、⑱与Ⓕ、Ⓚ轴间基础的面积，180.13m^2 为Ⓐ、Ⓕ与⑥、⑭轴间的基础面积，2×51.321m^2 为两斜轴线处基础的面积。

则基础工程量：$V=Sh$＝582.272×0.5m^3＝291.136m^3

【注释】 582.272m^2 为筏板基础的总面积，0.5m 为 C25 混凝土的厚度。

4. 01050100101，现浇混凝土垫层，C10 混凝土 100mm 厚

$S=S_{基础挖土底面积}$＝591.223m^2（摘自 2）

$V=Sh$＝（591.223×0.1）m^3＝59.122m^3

【注释】 591.223m^2 为基础挖土底面积，0.1m 为垫层的厚度。

5. 010103001，土石方回填，夯实，以挖作填，Ⅰ、Ⅱ类普通土

$V=V_{挖土}-V_{垫层}-V_{基础}-V_{\pm0.000以下每一层面积}$，则±0.000m 以下地下室结构外边线所围体积：

$V=Sh=S_{基础底}h$ ＝582.272×（13－0.45）m^3＝（578.172×2.55）m^3

＝1484.794m^3

【注释】 582.272m^2 为筏板基础底面积，（13－0.45）m 为回填土的深度，其中 0.45m 为室内外高差。

则基础回填土：V＝（1862.352－59.122－291.136－1484.794）×1.15m^3＝31.395m^3

余土外运工程量：$V=V_{挖土}-V_{回填土}$＝(1862.352－32.279)m^3＝1830.073m^3

【注释】 1862.352m^3 为挖土的体积，32.279m^3 为回填土的体积。

6. 010502003，混凝土异形柱，C30 混凝土，Y 形柱，翼缘宽 300mm

H=(3.6×11+3)m=(39.6+3)m=42.6m，层高 3.6m，地下室 3m。

【注释】 3.6m 为地上楼层的高度，11 为地上楼层的数量，3m 为地下室的高度。

① Az_1 Y 形柱截面积 S_1，共四根（基础平面布置图）

S_1=[0.25×(0.55+0.3+0.3)−1/2×0.12×0.25]m^2

=(0.1375+0.15−0.015)m^2

=0.2725m^2

【注释】 0.25m 为异形柱的截面宽度，0.55m 为异形柱的截面长度，（0.3+0.3）m 为两头翼缘的长度，(0.12×0.15)/2m^2 为重合部分的面积，其中 0.12m 为重合部分的宽度，0.25m 为重合部分的长度。

$V=S_1h$×4=（0.2725×42.6×4）m^3=46.434m^3

【注释】 0.2725m^2 为该异形柱的截面面积，42.6m 为异形柱的高度，4 为该异形柱的个数。

扣除所有 Az 洞口即 C−8 及 C−9

$V_扣$=[0.3×0.5×11(C−8)+1.8×1.5×11(C−9)×2×0.25]m^3

=(1.65+4.95)×2×0.25m^3

=3.3m^3

【注释】 参看图 2-5 标准层平面图所示，0.3×0.5×11m^2 为窗 C−8 的面积，其中 0.3m 为该窗的宽度，0.5m 为该窗的高度，11 为层数，1.8×1.5×11m^2 为窗 C−9 的面积，其中 1.8m 为该窗的宽度，1.5m 为该窗的高度，11 为层数，2 为每层窗的扇数，0.25m 为窗的厚度。

综上所述 Az 的体积 V=（46.434−3.3）m^3=43.134m^3

【注释】 46.434m^3 为该异形柱的总体积，3.3m^3 为扣除所穿该柱子洞口的体积。

其中，地下部分 $V_下$=0.2725×4×3m^3=3.27m^3

注：地下层未设窗 C−8、9。

【注释】 0.2725m^2 为 Az_1 的截面面积，4 为柱子的数量，3m 为地下一层的高度。

±0.000 以上部分 $V_上$=（43.134−3.27）m^3=39.864m^3

【注释】 43.134m^3 为柱子的体积，3.27m^3 为地下部分柱子的体积。

② YYz×1 根

S_2=0.25×(1.75+1.45−0.25)m^2=0.25×2.95m^2=0.7375m^2

【注释】 0.25m 为该柱子的截面宽度，（1.75+1.45）m 为柱子的截面长度，0.25×2.95m^2 为重合部分的面积。

YYz 的量 $V=S_2h$=0.7375×42.6×1m^3=31.418m^3

【注释】 0.7375m^2 为柱子的截面面积，42.6m 为该柱子的高度，1 为柱子的个数。

其中，±0.000m 以下体积 $V_下$=0.7375×3m^3=2.213m^3

【注释】 0.7375m² 为该柱子的截面面积，3m 为地下部分柱子的高度。

±0.000 以上体积 $V_{上}$ =（31.418－2.213）m³ =29.205m³

【注释】 31.418m³ 为该柱子的体积，2.213m³ 为柱子地面以下部分的体积。

③GJz（14 根）

S=[(0.6+0.3+0.25)×0.25－1.15×0.2]m² =0.2875m²

【注释】（0.6+0.3+0.25）m 为柱子的截面长度，0.25mm 为柱子的截面宽度，其中 0.3m 为翼缘的宽度，V=0.2875×14×42.6m³ =12.248×14m³ =171.465m³

【注释】 0.2875m² 为柱子的截面面积，14 为该柱子的根数，42.6m² 为柱子的高度。

其中，±0.000 以上部分 $V_{上}$ =0.2875×14×3.96m³ =159.39m³

【注释】 0.2875m² 为该柱子的截面面积，14 为该柱子的数量，3.96m 为地面以上柱子的高度。

±0.000 以下部分 $V_{下}$ =0.2875×14×3m³ =12.075m³

【注释】 0.2875m² 为该柱子的截面面积，14 为柱子的根数，3m 为地下部分柱子的高度。

④ GJz_2（6 根）

S=（0.55+0.3）×0.25m² =0.85×0.25m² =0.2125m²

【注释】（0.55+0.3）m 为该柱子的截面宽度，其中 0.3m 为翼缘的宽度，0.25m 为柱子的截面宽度。

$V=Sh$×6=0.2125×42.6×6m³ =9.0525×6m³ =54.315m³

【注释】 0.2125m² 为该柱子的截面面积，42.6m 为该柱子的高度，6 为该柱子的根数。

其中，±0.000 以上体积 $V_{上}$ =0.2125×39.6×6m³ =50.49m³

【注释】 0.2125m² 为 GJz_2 的截面面积，39.6m 为地面以上柱子的高度，6 为柱子的根数。

±0.000 以下体积 $V_{下}$ =0.2125×3×6m³ =3.82m³

【注释】 0.2125m² 为 GJz_2 的截面面积，3m 为地面以下该柱子的高度，6 为柱子的根数。

⑤ GYz_1（4 根）

S=(1.15+0.6)×0.25m² =1.75×0.25m² =0.4375m²

【注释】（1.15+0.6)m 为柱子的截面长度，0.6m 为纵向的长，1.15m 为水平长，0.25m 为柱子的截面宽度。

$V=Sh$×4=0.4375×42.6×4m³ =8.637×4m³ =74.55m³

【注释】 0.4375m² 为 GYz_1 的截面面积，42.6m 为该柱子的高度，4 为该柱子的根数。

其中，±0.000 以上体积 $V_{上}$ =0.4375×39.6×4m³ =69.3m³

【注释】 0.4375m² 为 GYz_1 的截面面积，39.6m 为地面以上柱子的高度，4 为该柱子的根数。

±0.000 以下体积 $V_{下}=0.4375\times3\times4m^3=5.25m^3$

【注释】 $0.4375m^2$ 为 GYz_1 的截面面积，3m 为地面以下柱子的高度，4 为柱子的根数。

⑥ GYz_2（4 根）

$S=(0.85+0.3)\times0.25m^2=1.15\times0.25m^2=0.2875m^2$

【注释】 (0.85+0.3)m 为该柱子的截面长度，其中 0.3m 为翼缘的宽，0.25m 为柱子的截面宽度。

$V=Sh\times4=0.2875\times42.6\times4m^3=12.248\times4m^3=48.99m^3$

【注释】 $0.2875m^2$ 为 GYz_2 的截面面积，42.6m 为该柱子的高度，4 为柱子的根数。

其中，±0.000 以上体积 $V_{上}=0.2875\times39.6\times4m^3=45.54m^3$

【注释】 $0.2875m^2$ 为 GYz_2 的截面面积，39.6m 为±0.000 以上柱子的高度，4 为柱子的根数。

±0.000 以下体积 $V_{下}=0.2875\times3\times4m^3=3.45m^3$

【注释】 $0.2875m^2$ 为 GYz_2 的截面面积，3m 为±0.000 以下柱子的高度，4 为该柱子的根数。

⑦ GAz_1（2 根）

$S=0.3\times0.25m^2=0.075m^2$

【注释】 0.3m 为该柱子的截面长，0.25m 为该柱子的截面宽。

$V=Sh\times2=0.075\times42.6\times2m^3=3.195\times2m^3=6.39m^3$

【注释】 $0.075m^2$ 为 GAz_1 的截面面积，42.6m 为该柱子的总高度，2 为该柱子的根数。

其中，±0.000 以上体积 $V_{上}=0.075\times39.6\times2m^3=5.94m^3$

【注释】 $0.075m^2$ 为 GAz_1 的截面面积，39.6m 为±0.000 以上柱子的高度，2 为该柱子的根数。

±0.000 以下体积 $V_{下}=0.075\times3\times2m^3=0.45m^3$

【注释】 $0.075m^2$ 为 GAz_1 的截面面积，3m 为±0.000 以下柱子的高度，2 为柱子的根数。

综上所述柱（混凝土）工程量：

$$V=V_1+V_2+V_3+V_4+V_5+V_6+V_7$$
$$=(43.134+31.418+171.465+54.315+74.55+48.99+6.39)m^3$$
$$=430.262m^3$$

【注释】 $43.134m^3$ 为 Az_1 的总体积，$31.418m^3$ 为 YYz 的总体积，$171.465m^3$ 为 GJz_1 的总体积，$54.315m^3$ 为 GJz_2 的总体积，$74.55m^3$ 为 GYz_1 的总体积，$48.99m^3$ 为 GYz_2 的总体积，$6.39m^3$ 为 GAz_1 的总体积。

其中，±0.000 以上体积：

$V_{上}=V_{1上}+V_{2上}+V_{3上}+V_{4上}+V_{5上}+V_{6上}+V_{7上}$

$=(159.39+50.49+69.3+45.54+5.94+39.864+29.205)\ m^3$

$=399.729m^3$

【注释】 159.39m^3 为 GJz_1±0.000 以上柱子的体积，50.49m^3 为 GJz_2±0.000 以上柱子的体积，69.3m^3 为 GYz_1±0.000 以上柱子的体积，45.54m^3 为 GYz_2±0.000 以上柱子的体积，5.94m^3 为 GAz_1±0.000以上柱子的体积，39.864m^3 为 Az_1±0.000 以上柱子的体积，29.205m^3 为 YYz±0.000 以上柱子的体积。

$V_{下}=(430.26-399.729)\ m^3=30.531m^3$

【注释】 430.26m^3 为柱子的总体积，399.729m^3 为±0.000 以上柱子的体积。

7. 010503002，矩形梁，C30 混凝土

(1) LL_1的长度（1～10 层）

L ={[(7.2−0.3−0.25)①+(4−0.3−0.3−0.25)②+(4.2−0.3−0.3−0.25)×2③+(3.3+3.15+0.3−0.25)⑤+(4.2−0.6−0.3−0.25)⑥+(2.1+2.2−0.125)⑦+(0.9+3.6+1.8+2.2−0.6−0.3−0.25)⑧+(3.6−0.3×2−0.25)⑨+(4−0.3−0.6−0.25)⑩]×2+(2.7+0.25)⑫} m

=[(6.69+3.15+6.70+5.90+3.05+3.175+7.35+2.75+2.85)×2+2.95] m

=(41.575×2+2.95)m

=(83.15+2.95)m

=86.10m

【注释】 参看图 2-8 普通层剪力墙梁布置图所示，(7.2−0.3−0.25) m 为斜轴线处 LL_1−①的长度，其中 0.3m 为翼缘的宽度，0.25m 为两边两半墙的厚度，(4−0.3−0.3−0.25) m 为斜轴线处 LL_1−②的长度，其中 0.25m 为两边两半墙的厚度，(4.2−0.3−0.3−0.25)×2m 为轴线①至轴线②处 LL_1−③的长度，0.3m 为轴线③至轴线④处 LL_1−4 的长度，(3.3+3.15−0.3−0.25) m 为轴线④至轴线 5 处 LL_1−⑤的长度，(4.2−0.6−0.3−0.25) m 为轴线⑦至轴线⑨处 LL_1−⑥的长度，(2.1+2.2−0.125) m 为轴线Ⓒ至轴线Ⓕ处 LL_1−⑦的长度，其中 0.125m 为半墙的厚度，(0.9+3.6+1.8+2.2−0.6−0.3−0.25) m 为轴线Ⓐ至轴线Ⓒ处 LL_1−⑧的长度，其中 0.25m 为两半墙的厚度，(3.6−0.3×2−0.25) m 为轴线⑥至轴线⑧处 LL_1−⑨的长度，其中 0.3×2m 为两边翼缘的宽度，(4−0.3−0.6−0.25) m 为轴线⑧至轴线⑩处 LL_1−⑩的长度，中括号外乘以 2 表示各梁都是左右对称的，(2.7+0.25) m 为轴线⑨至轴线⑪处 LL_1−⑫的长度，其中 0.25m 为两边两半墙的厚度。

LL_1的截面积尺寸为 250mm×2100mm，其中 2100mm＝3600mm（层高）−1500mm（窗高）

LL_1的毛体积=86.10×0.25×2.1×10m^3=45.2025×10m^3=452.028m^3

【注释】 86.10m 为 LL_1 的长度，0.25m 为该梁的宽度，2.1m 为梁的高度，10 为层数。

门边扣除高度（3.6－2.1）m＝1.5m，（2.1－1.5）m＝0.6m

统计 LL_1下门洞口个数（每层）

LL_1－①m－4×2　　LL_1－②m－②×2

LL_1－③m－2×2　　LL_1－⑥m－2×2

LL_1－⑦m－5×2×2　　LL_1－⑩m－2×2

LL_1－⑪　M－1×2

合计：M－4（2个）　M－2（8个）　M－5（4个）　M－1（2个）

$S_{门}$＝(2×0.8＋8×1.2＋4×0.78＋2×1.2)×0.6×10（层）m^2

＝(1.6＋9.6＋3.12＋2.4)×0.6×10m^2

＝16.72×0.6×10m^2

＝10.032×10m^2

＝100.32m^2

【注释】 2×0.8m为门M－4的宽度，其中0.8m为单个门的宽度，2为该门的个数；8×1.2m为门M－2的宽度，其中1.2m为单个门的宽度，8为门的个数；4×0.78m为门M－5的宽度，其中4为该门的数，0.78m为单个门的宽度；2×1.2m为门M－1的宽度，其中1.2m为其单个门的宽度，2为其个数，0.6m为门的高度，10为层数。

应扣门体积：V＝(100.32×0.2) m^3＝25.08m^3

【注释】 100.32m^2为该处门的面积，0.25m为门的厚度。

则 LL_1的体积 V_{LL1}＝(452.025－25.08)m^3＝426.945m^3

【注释】 452.025m^3为 LL_1的总体积，25.08m^3为应扣门的体积。

(2) AL_1的长度（1～10层）

L＝[(3.3＋3.15＋0.25)×2①＋(4.2－0.3×2－0.25)×2②＋(3.6＋0.25)×2③]m

＝(6.7＋3.6＋3.6)×2m＝13.9×2m＝27.8m

【注释】 (3.3＋3.15＋0.25)×2m为轴线④、⑦和轴线⑬、⑮处 AL_1－①的长度，其中0.25m为两边两半墙的厚度，(4.2－0.3×2－0.25)×2m为轴线⑦、⑨和轴线⑪、⑬处 AL_1－②的长度，0.3×2m为两边翼缘的宽度，(3.6＋0.25)×2m为轴线⑥、⑧和轴线⑫、⑭处 AL_1－③的长度。

AL_1的截面尺寸为250mm×500mm

V＝27.8×0.25×0.5×10（层）m^3＝3.475×10m^3＝34.75m^3

【注释】 27.8m为 AL_1的长度，0.25m为该梁的截面宽度，0.5m为梁的截面高度，10为层数。

(3) 地下室剪力墙梁 LL_2

LL_2长 l＝{[(7.2－0.3－0.125)＋(4－0.3－0.3－0.25)＋(4.2－0.3×2－0.25)×2＋(3＋0.25)＋(3.3＋3.15－0.3－0.25)＋(3－0.6－0.25)＋(4.2－0.6－0.3－0.25)＋(2.1＋2.2)＋(0.9＋3.6＋1.8＋2.2－0.6－0.3－0.25)＋(6.45

$-0.3-0.6-0.25)+(3.6-0.3\times2-0.25)+(4-0.3-0.6-0.25)]\times2+$
$(2.7-0.6-0.3-0.25)\times2+(2.7\times2)\}$ m
$=[(6.775+3.15+6.70+3.25+6.20+3.05+4.3+7.35+3+2.85+$
$2.15+5.90)\times2+3.1+5.4]$m
$=(54.55\times2+8.5)$m$=117.6$m

【注释】 参看图2-8普通层剪力墙梁布置图所示，(7.2−0.3−0.125) m为轴线①′至轴线④′处LL_2的长度，其中0.3m为翼缘的宽度，0.125m为半墙的宽度，(4−0.3−0.3−0.25) m为轴线①′至轴线②′处LL_2的长度，其中0.25m为两边两半墙的厚度，(4.2−0.3×2−0.25)×2m为轴线①至轴线②处LL_2的长度，(3+0.25) m为轴线③至轴线④处LL_2的长度，(3.3+3.15−0.3−0.25) m为轴线④至轴线⑦处LL_2的长度，(4.2−0.6−0.3−0.25) m为轴线⑦至轴线⑨处LL_2的长度，(2.1+2.2) m为轴线Ⓒ至轴线Ⓕ处LL_2的长度，(0.9+3.6+1.8+2.2−0.6−0.3−0.25) m为轴线Ⓐ至轴线Ⓒ和轴线⑥处LL_2的长度，(3.6−0.3×2−0.25) m为轴线⑥至轴线⑧处LL_2的长度，(4−0.3−0.6−0.25) m为轴线⑧至轴线⑩处LL_2的长度，中括号外乘以2表示各梁左右对称，(2.7−0.6−0.3−0.25)×2m为轴线⑨至轴线⑪处LL_2的长度，2.7×2m为轴线②、③和轴线⑰、⑱处LL_2的长度，(6.45−0.3−0.6−0.25) m为轴线④至轴线⑦处LL_2的长度，(3−0.6−0.25) m为轴线③至轴线④处LL_2的长度。

LL_2的截面积尺寸为250mm×1030mm

则$V'=117.6\times0.25\times1.03\times1$（层）$m^3=30.282m^3$

【注释】 117.6m为地下室LL_2的长度，0.25m为该梁截面宽度，1.03m为其截面高度，1为层数。

LL_2洞口扣门、窗无

∴　LL_2工程量$V=V'=30.282m^3$

（4）地下室剪力墙中AL_2的体积

AL_2长度$l=[(3.3+3.15+0.25)\times2+(1.8+2.7-0.6\times2-0.25)\times2+(3.6+0.25)\times2]$m
$=(6.7\times2+3.05\times2+3.85\times2)$m
$=13.6\times2$m$=27.2$m

【注释】 (3.3+3.15+0.25)×2m为轴线④至轴线⑦和轴线⑬至轴线⑮处AL_2的长度，其中0.25m为两边两半墙的厚度，(1.8+2.7−0.6×2−0.25)×2m为轴线⑤至轴线⑬处AL_2的长度，(3.6+0.25)×2m为轴线⑥、⑧和轴线⑫、⑭处AL_2的长度。

AL_2的截面尺寸为250mm×500mm

AL_2的体积：$V=0.25\times0.5\times27.2\times1$（层）$m^3=3.40m^3$

【注释】 0.25m为该梁的截面宽度，0.5m为其截面高度，27.2m为其梁的长度，1为层数。

（5）顶层LL_3的工程量

LL_3的长度 $L=L_{LL1}=86.10m$

LL_3的截面尺寸为250mm×1200mm，1200mm=(3600−900−1500)mm

LL_3的体积=86.10×0.25×1.2×1（层）m^3=25.83m^3

【注释】 86.10m为LL_3的长度，0.25m为该梁的截面宽度，1.2m为其截面高度，1为层数。

应扣门洞口体积同LL_1，$V_{扣}=2.508m^3$

LL_3工程量V_{LL3}=(25.83−2.508) m^3=23.322m^3

【注释】 25.83m^3为LL_3的体积，2.508m^3为扣除门洞的体积。

（6）顶层楼AL_3的工程量

AL_3的工程量同AL_1的工程量：V_{AL3}=34.75÷10m^3=3.475m^3

综上所述：C25现浇混凝土剪力墙梁

LL_1梁底标高 2.4m，6m，9.6m，13.2m，16.8m，20.4m，24m，27.6m，31.2m，34.8m

截面 250mm×2100mm， C25混凝土

LL_2	梁底标高	−0.13m	250mm×1030mm	C25混凝土
LL_3	梁底标高	38.4m	250mm×1200mm	C25混凝土
AL_2	梁底标高	−0.9m	250mm×500mm	C25混凝土
AL_3	梁底标高	38.1m	250mm×500mm	C25混凝土

AL_1 梁底标高 2.1m，5.7m，9.3m，12.6m，16.2，19.8m，23.4m，27m，30.6m，34.3m

尺寸250mm×500mm，C25混凝土

8. 010503005，过梁，C25混凝土

（1）普通楼层（加气混凝土块墙内洞口上方过梁）

洞口统计：斜轴线处	M−3×6	M−4×2	
Ⓕ、Ⓚ间	M−3×2×2		
Ⓐ、Ⓕ间	M−4×2	M−3×2	M−4×2

M−3的数量为：(2+2+4+2)个=10个

M−4的数量为：(2+2+2)个=6个

GL_1 M−3上过梁 尺寸250mm×200mm，l=(1+0.25×2)m=1.5m

【注释】 l为门的宽度，0.25×2m为过梁两边多加的宽度。

GL_2 M−4上过梁 尺寸250mm×200mm，l=(0.8+0.25×2)m=1.3m

【注释】 0.8m为该门的宽度，0.25×2m为过梁两边多加的宽度。

V_{GL1}=0.25×0.2×1.5×10m^3=0.75m^3

【注释】 0.25m为该门过梁的截面宽度，0.2m过梁的截面高度，1.5m为该门过梁的长度，10为数量。

V_{GL2}=0.25×0.2×1.3×6m^3=0.39m^3

【注释】 0.25m为该门过梁的截面宽度，0.2m为其截面高度，1.3m为门过梁

的长度，6为数量。

GL_1 11层楼总量　　$V_{总GL1}=0.75\times11m^3=8.25m^3$

【注释】0.75m^3 为门过梁1的单层体积，11为层数。

GL_2 11层楼总量　　$V_{总GL2}=0.39\times11m^3=4.29m^3$

【注释】0.39m^3 为门过梁2的单层体积，11为层数。

（注：其中标高分别为：2.30m，5.90m，9.50m，13.10m，16.70m，20.30m，23.90m，27.50m，31.10m，34.70m，38.30m）

（2）地下室加砌混凝土块内洞口上方过梁，GL_3，标高－1.5m

洞口统计：（10×2＋5×2）个＝30个（M－9）

过梁截面尺寸：250mm×200mm，$l=(0.78+0.25\times2)$ m＝1.28m

【注释】0.78m为该门的宽度，0.25×2m为过梁两边多加的宽度。

$V_{过梁}=0.25\times0.2\times1.28\times30m^3=0.05\times1.28\times30m^3=1.92m^3$

【注释】0.25m为该门过梁的截面宽度，0.2m为其截面高度，1.28m为该门过梁的长度，30为数量。

9. 现浇混凝土剪力墙010404001，250mm厚，C30混凝土

计算规定：按设计图示尺寸以体积计算，不扣除构件内钢筋、预埋铁件所占体积，扣除门窗洞口及单个面积0.3m^2以外的孔洞所占体积，墙梁及突出墙面部分并入墙体体积内计算。

（1）地下室剪力墙（Q_1）长度

斜轴线：$l_1=[(7.2-0.3-0.125)+(1.8-0.25-0.3)+(7.8-0.6\times2-2\times0.25)]m$

$=(6.775+1.25+6.1)m=14.125m$

【注释】参看图2-9墙体平面布置图所示，（7.2－0.3－0.125）m为轴线①'至轴线④'处剪力墙的长度，其中0.3m为翼缘的宽度，0.125m为半墙的厚度，（1.8－0.25－0.3）m为轴线④'处纵向剪力墙的长度，0.25m为两边两半墙的厚度，（7.8－0.6×2－2×0.25）m为轴线Ⓐ'至轴线Ⓓ'处剪力墙的长度。

Ⓕ、Ⓚ轴线间：

$l_{2水平}=\{[(4.2-0.3\times2-0.25)\times2+(2.7-0.6-0.3-0.25)+(3-0.3\times2-0.25)+(3-0.25)\times2-1+(3.3+3.15-0.3\times2-0.25)+(3.3+3.15-0.25-0.3)+(4.2-0.6-0.3-0.25)]\times2+(2.7-0.25)\}m$

$=[(6.7+1.55+2.15+4.5+5.85+5.775+3.05)\times2+2.45]m$

$=(29.575\times2+2.45)m$

$=(59.15+2.45)m$

$=61.6m$

【注释】参看图2-9墙体平面布置图所示，（4.2－0.3×2－0.25）×2m为轴线①至轴线②处两道剪力墙的长度，其中0.3×2m为两边翼缘的宽度，0.25m为两边两半墙的厚度，（2.7－0.6－0.3－0.25）m为轴线②至轴线③处剪力墙的长度，其中

0.6m 为左边多出的宽度，0.3m 为右边多出的宽度，0.25m 为两边两半墙的厚度，(3－0.3×2－0.25) m 为轴线③至轴线④处上部剪力墙的长度，其中 0.3×2m 为两边翼缘的宽度，0.25m 为两边两半墙的厚度，[(3－0.25)×2－1] m 为轴线③至轴线④处中间与下部剪力墙的长度，(3.3＋3.15－0.3×2－0.25) m 为轴线④至轴线⑦处上部剪力墙的长度，其中 0.3×2m 为两边翼缘的宽度，0.25m 为两边两半墙的厚度，(3.3＋3.15－0.25－0.3) m 为轴线④至轴线⑦处下部剪力墙的长度，其中 0.25m 为两边两半墙的厚度，0.3m 为左边一个翼缘的宽度，(4.2－0.6－0.3－0.25) m 为轴线⑦至轴线⑨处剪力墙的长度，中括号外乘以 2 表示该水平剪力墙左右两边对称，(2.7－0.25) m 为轴线⑨至轴线⑪处剪力墙的长度。

$b_{纵向}=\{[(1.8+2.7+1.5)-0.6-0.25]\times2+(1.8+2.7+3-0.6\times2-0.25)\}\times2\text{m}$

$=(5.15\times2+6.05)\times2\text{m}$

$=(10.30+6.05)\times2\text{m}$

$=16.35\times2\text{m}$

$=32.70\text{m}$

【注释】 [(1.8＋2.7＋1.5)－0.6－0.25] ×2m 为轴线②和轴线③处剪力墙的长度，(1.8＋2.7＋3－0.6×2－0.25) m 为轴线④处剪力墙的长度，其中 0.25m 为两边两半墙的厚度，乘以 2 表示左右两边对称。

Ⓐ、Ⓕ间：$l_{3水平}=\{(2.7+0.25\times2)+(2.7-0.25)+[(4-0.6-0.3-0.25)+(3.6-0.3\times2-0.25)]\times2\}\text{m}$

$=[3.2+2.45+(2.85+2.75)\times2]\text{m}$

$=(5.65+11.2)\text{m}$

$=16.85\text{m}$

【注释】 (2.7＋0.25×2) m 为轴线⑨至轴线⑪处下部剪力墙的长度，(2.7－0.25) m 为轴线⑨至轴线⑪处上部剪力墙的长度，(4－0.6－0.3－0.25) m 为轴线⑧至轴线⑩处该水平剪力墙的长度，其中 0.6m 为剪力墙右边多出的宽度，0.3m 为左边多出的宽度，0.25m 为两边两半墙的厚度，(3.6－0.3×2－0.25) m 为轴线⑥至轴线⑧处该水平剪力墙的长度，0.3×2m 为两边翼缘的宽度，0.25m 为两边两半墙的厚度，括号外乘以 2 表示该剪力墙左右对称。

$l_{纵向}=[(2.2+2.1-0.25+1)+(2.7-0.25)+(2.2+1.8+3.6+0.9-0.6-0.3-0.25)]\times2\text{m}$

$=(5.05+2.45+7.35)\times2\text{m}$

$=14.85\times2\text{m}$

$=29.7\text{m}$

【注释】 (2.2＋2.1－0.25＋1) m 为轴线⑦处竖直剪力墙的长度，其中 1m 为纵墙上突出的横剪力墙的长度，0.25m 为两边两半墙的厚度，(2.7－0.25) m 为轴线⑨处纵向剪力墙的长度，(2.2＋1.8＋3.6＋0.9－0.6－0.3－0.25) m 为轴线⑥处纵向剪力墙的长度，其中0.6m为墙下端多出的宽度，0.3m为墙上端多出的宽度，0.25m为两边两半墙的厚度，中括号外乘以2表示该剪力墙左右对称。

∴　地下室剪力墙（Q）的长度为

$L=2l_1+l_2+l_3=[14.125+(61.6+32.70)+(16.80+29.7)]\text{m}=169.05\text{m}$

【注释】14.125m为两边斜轴线处剪力墙的长度，61.6m为Ⓕ、Ⓚ轴线间水平剪力墙的长度，32.70m为Ⓕ、Ⓚ轴线间纵向剪力墙的长度，16.80m为Ⓐ、Ⓕ间水平剪力墙的长度，29.7m为Ⓐ、Ⓕ间纵向剪力墙的长度。

墙高 $h=3\text{m}$

剪力墙的毛体积　$V_{地下室}=169.05\times0.25\times3\text{m}^3=126.788\text{m}^3$

【注释】169.05m为地下室剪力墙的总长度，0.25m为地下室剪力墙的截面宽度，3m为地下室剪力墙的高度。

地下室剪力墙（Q_1）洞口统计如下：

LL_2—①	M—8×2	C—10×4	
LL_2—②	C—10×2×2		
LL_2—③	C—10×2×2	M—8×2	
LL_2—⑬	C—10×2		
LL_2—④	LL_2—⑫	LL_2—⑪	LL_2—⑨
LL_2—⑭	C—10×2×2		
LL_2—⑤	C—10×2×2	M—8×2	
LL_2—⑥	C—10×2		
LL_2—⑦	C—10×2×2		
LL_2—⑧	C—10×3×2	M—8×2	
LL_2—⑩	C—10×2		

应扣门洞口面积 $S_门=8\times1\times2.1\times1$（层）$\text{m}^2=16.8\text{m}^2$

【注释】8表示每层该门的数量，1m为该门的宽度，2.1m为该门的高度，1为层数。

应扣窗洞口面积 $S_窗=(4+4+4+2+4+4+2+4+6+2+2)\times0.3\times0.6\text{m}^2$

$=38\times0.3\times0.6\text{m}^2$

$=6.84\text{m}^2$

【注释】38为窗的数量，0.3m为窗的截面高度，0.6为该窗的宽度。

应扣门窗洞口体积 $V=(S_门+S_窗)\times0.25=(6.84+16.8)\times0.25\text{m}^3=(1.71+4.2)\text{m}^3=5.91\text{m}^3$

【注释】6.84m² 为窗洞口的面积，16.8m² 为门洞口的面积，0.25m为门窗洞口的厚度。

规定：暗梁并入墙体积，LL按梁体积。

地下室连梁体积：$V_{LL2地下室}=117.6\times0.25\times1.03\text{m}^3=31.15\times1.03\text{m}^3=30.282\text{m}^3$

【注释】 117.6m 为地下室连梁的长度，0.25m 为其宽度，1.03m 为连梁的高度。

综上所述，地下室剪力墙（Q_1）的工程量

$V_{Q1}=V'-V_{洞口}-V_{LL2地下室}+V_{暗拉}$

$=[126.788-5.91-30.282+3.488（暗拉）]m^3$

$=94.084m^3$

【注释】 126.788m^3 为剪力墙的总体积，5.91m^3 为剪力墙中门窗洞口的体积，30.282m^3 为 LL_2 地下室的体积，3.488m^3 为暗梁的体积。

（2）地下室剪力墙（Q_2）

Ⓕ、Ⓚ之间

$L_1=\{[(3.32+0.82-0.3)+(1.8+2.7+3-0.6\times2-0.25)+(3.3+3.15-0.25)+(1.8+2.7+3-0.6-0.3-1.5+0.25)+(4.2-0.6-0.3-0.25)]\times2-(1+0.25\times2)\times2\}m$

$=[(3.84+6.35+6.2+5.35+3.05)\times2-3]m$

$=(24.79\times2-3)m=(49.58-3)m$

$=46.58m$

【注释】 (3.32+0.82−0.3) m 为轴线①处纵向剪力墙的长度，0.3m 为一边翼缘的宽度，(1.8+2.7+3−0.6×2−0.25) m 为轴线②处纵向剪力墙的长度，0.6×2m 为两边多出的长度，0.25m 为两边两半墙的厚度，(4.2−0.6−0.3−0.25) m 为轴线⑦至轴线⑨处水平方向剪力墙的长度，0.3m 为左边空出的长度，0.6m 为右边空出的长度，中括号外乘以 2 表示该剪力墙左右对称，(1+0.25×2) m 为轴线①处纵向剪力墙多加的长度，乘以 2 为左右两边。

Ⓐ、Ⓕ之间

$L_2=\{(2.64+1+0.3)+3.6+[(3.6+0.9)-0.9-0.3-0.25]\}\times2m+(2.2+1.8+3.6-0.6-0.125)m$

$=[(3.94+3.6+3.05)\times2+6.875]m$

$=(10.59\times2+7)m$

$=(21.18+7)m$

$=28.18m$

【注释】 (2.64+1+0.3) m 为轴线⑦至轴线⑨处剪力墙的长度，3.6m 为轴线⑥至轴线⑧处水平剪力墙的长度，[(3.6+0.9)−0.9−0.3−0.25] m 为轴线⑧、轴线⑭处竖直剪力墙的长度，大括号外乘以 2 表示该处剪力墙左右对称，(2.2+1.8+3.6−0.6−0.125) m 为轴线⑩处竖直剪力墙的长度，其中 0.125m 为半墙的厚度，0.25m 为两边两半墙的厚度。

则地下室剪力墙（Q_2）长 $L=L_1+L_2=(46.58+28.18)\ m=74.76m$

【注释】 45.58m 为Ⓕ、Ⓚ之间该剪力墙的长度，28.18m 为Ⓐ、Ⓕ之间该剪力

墙的长度。

剪力墙（Q_2）的毛体积　$V'=74.76\times0.25\times3\text{m}^3=56.07\text{m}^3$

【注释】 74.76m 为地下室剪力墙（Q_2）的长度，0.25m 为剪力墙的厚度，3m 为地下室剪力墙的高度。

AL_2—④　　M—9×2×2　　AL_2—①　　M—9×2×2

AL_2—③　　M—9×2×2

应扣除门洞口体积　$V=0.78\times1.8\times12\times0.25\text{m}^3=4.212\text{m}^3$

【注释】 0.78m 为门洞的宽度，1.8m 为门洞的高度，12 为门洞的数量，0.25m 为门洞的厚度。

AL_2体积并入墙体内

$V_{Q_2地下室}=(54.45-4.212)\ \text{m}^3=50.238\text{m}^3$

【注释】 54.45m^3 为剪力墙（Q_2）的毛体积，4.212m^3 为该剪力墙中门洞的体积。

（3）普通层剪力墙（Q_1）工程量，高为 3.6m

$L=L_{Q_1地下室}=电梯洞口=（169.05-3）\text{m}=166.05\text{m}$

【注释】 169.05m 为地下室（Q_1）的长度，3m 为电梯洞口的长度。

剪力墙（Q_1）毛体积 $V'=166.05\times0.25\times3.6\text{m}^3=149.445\text{m}^3$

【注释】 166.05m 为普通层剪力墙的长度，0.25m 为剪力墙的厚度，3.6m 为普通层剪力墙的高度。

剪力墙（Q_1）上洞口统计如下：

LL_1—①　　M—4×2　　C—4×2　　C—5×2

LL_1—②　　M—4×2

LL_1—③　　M—2×2　　C—9 宽 [(1.8—0.3)m=1.5]m×2

LL_1—⑤　　M—3×2　　C—2×2　　C—8×2

LL_1—⑥　　M—2×2

LL_1—⑦　　M—5×2×2　　C—5×2（门连窗）

LL_1—⑧　　M—3×2　　C—4×2

LL_1—⑨　　C—1×2

LL_1—⑩　　M—2×2

LL_1—⑪　　M—2×2

LL_1—⑫　　C—7×1

综上：M—1×2　M—2×6　M—3×4　M—5×4

$$\begin{aligned}S_门&=(2\times1.2\times2.1+6\times1.2\times2.1+0.8\times4\times2.1+0.78\times2.1\times4)\text{m}^2\\&=(5.04+15.12+6.552+5.04)\text{m}^2\\&=32.592\text{m}^2\end{aligned}$$

【注释】 2×1.2×2.1m^2 表示门 M—1 的面积，其中 2 为门的数量，1.2m 为门的宽度，2.1m 为门的高度；6×1.2×2.1m^2 为门 M—2 的面积，其中 6 为该门的数

量，1.2m 为门的宽度，2.1m 为门的高度；0.8×4×2.1m 为门 M—4 的面积，其中 4 为门的数量，0.8m 为门的宽度，2.1m 为门的高度；$0.78\times2.1\times4m^2$ 为门 M—5 的面积，其中 0.78m 为该门的宽度，2.1m 为该门的高度，4 为该门的数量。

$V_{门}=32.592\times0.25m^3=8.148m^3$

【注释】 $32.592m^2$ 为普通层剪力墙（Q_1）的门洞的面积，0.25m 为门洞的厚度。

C—1×2　　C—2×2　　C—3×2×2　　C—4×2×2

C—5×2×2　　C—7×1　　C—8×2　　C—9×2

则 $S_{窗}$＝[1.8×1.5×2（C—1）＋1.8×1.5×2（C—2）＋0.6×1×4（C—3）＋1.5×1.5×4（C—4）＋0.6×1.5×4（C—5）＋1.8×1.5×1（C—7）＋0.3×0.5×2（C—8）＋1.8×1.5×2（C—9）] m^2

＝(5.4＋5.4＋2.4＋9＋3.6＋2.7＋0.3＋5.4) m^2

＝$34.2m^2$

【注释】 $1.8\times1.5\times2m^2$ 为窗 C—1 的面积，其中 1.8m 为该窗的宽度，1.5m 为该窗的高度，2 为窗的个数；$1.8\times1.5\times2m^2$ 为窗 C—2 的面积，其中 1.8m 为该窗的宽度，1.5m 为该窗的高度，2 为窗的个数；$0.6\times1\times4m^2$ 为窗 C—3 的面积，其中 0.6m 为该窗的宽度，1m 为该窗的高度，4 为窗的个数；$1.5\times1.5\times4m^2$ 为窗 C—4 的面积，其中 1.5m 为该窗的宽度及高度，4 为该窗的数量；$0.6\times1.5\times4m^2$ 为窗 C—5 的面积，其中 0.6m 为该窗的宽度，1.5m 为该窗的高度，4 为窗的数量；$1.8\times1.5\times1m^2$ 为窗 C—7 的面积，其中 1.8m 为该窗的宽度，1.5m 为该窗的高度，1 为该窗的个数；$0.3\times0.5\times2m^2$ 为窗 C—8 的面积，其中 0.3m 为该窗的宽度，0.5m 为该窗的高度，2 为该窗的个数；$1.8\times1.5\times2m^2$ 为窗 C—9 的面积，其中 1.8m 为该窗的宽度，1.5m 为该窗的高度，2 为该窗的个数。

$V_{窗}=34.2\times0.25m^3=8.55m^3$

【注释】 $34.2m^2$ 为剪力墙（Q_1）的窗的面积，0.25m 为窗的厚度。

$V_{Q1}=V_{LL1体积}+V_{暗拉}$

＝(149.445－8.148－8.55－495.87÷10) m^3

＝(83.16＋4.150) m^3

＝$87.31m^3$

【注释】 $149.445m^3$ 为剪力墙（Q_1）的毛体积，$8.148m^3$ 为该剪力墙中门洞的体积，$8.55m^3$ 为该剪力墙上窗洞口的体积，$4.150m^3$ 为暗柱的体积。

（4）普通层剪力墙（Q_2）工程量：$H=3.6m$

$L=L_{Q地下室}+(1.8-0.25)\times2=75.70m$

注：普通层增加（Q_2）部分在⑦、⑬轴。

$V_{毛'}=75.70\times0.25\times3.6m^3=68.13m^3$

【注释】 75.70m 为普通层剪力墙（Q_2）的长度，0.25m 为剪力墙的厚度，3.6m 为普通层剪力墙的高度。

AL_2下洞口统计：

AL_2－④　M－4×2×2　AL_2－②　M－4×2　AL_2－③　M－3×2

M－3×1×2　M－1×2

洞口面积 $S=(0.8\times6+1\times1\times4+1.2\times2)\times2.1m^2=23.52m^2$

【注释】 0.8×6m为门洞口M—4的宽度，其中0.8m为单个门洞口的宽度，6为洞口的数量；1×4m为门洞口M—3的宽度，其中1m为单个门洞口的宽度，4为洞口的个数；1.2×2m为门洞口M—1的宽度，其中1.2m为单个门洞口的宽度，2为洞口的数量；2.1m为门洞口的高度。

洞口所占体积　$V_{洞}=23.52\times0.25m^3=588m^3$

【注释】 $23.52m^2$ 为门洞口的面积，0.25m为门洞的厚度。

AL_2并入墙体体积

故 $V_{Q_2}=V'-V_{洞}=(68.13-5.88)\ m^3=62.25m^3$

【注释】 $68.13m^3$ 为剪力墙（Q_2）的毛体积，$5.88m^3$ 为该剪力墙的门洞所占的体积。

(5) 顶层剪力墙（Q_1），$H=3.6m$

$V=V_{普通层}=149.45m^3$

$V_{应扣洞口面积}=V_{普通层洞口}=(8.148+8.55)m^3=16.698m^3$

【注释】 $8.148m^3$ 为门洞口的体积，$8.55m^3$ 为窗洞口的体积。

$V_{LL3}=V_{LL1}=23.322m^3$

$\therefore\quad V_{Q1}+V_{暗拉}=(149.45-8.148-8.55-23.322+4.150)m^3$

$=(109.43+4.150)m^3$

$=113.58m^3$

【注释】 $149.45m^3$ 为顶层剪力墙的毛体积，$8.148m^3$ 为该层剪力墙中门洞口的体积，$8.55m^3$ 为该层剪力墙中窗洞口的体积，$23.322m^3$ 为梁的体积，$4.150m^3$ 为暗柱的体积。

(6) 顶层剪力墙（Q_2）工程量（同普通层剪力墙（Q_2））

$V=62.25m^3$

剪力墙工程量：

$V=(94.084+50.238)$（地下室）$+(87.31+62.25)\times10+(113.58+62.25)$（顶）

$=1696.345m^3$

【注释】 $94.084m^3$ 为地下室剪力墙（Q_1）的体积，$50.238m^3$ 为地下室剪力墙（Q_2）的体积，$87.31m^3$ 为普通层剪力墙（Q_1）的体积，$62.25m^3$ 为普通层剪力墙（Q_2）的体积，10为普通层的层数，$113.58m^3$ 为顶层剪力墙（Q_1）的体积，$62.25m^3$ 为顶层剪力墙（Q_2）的体积。

10. 010402001，砌块墙

清单计算规则：内墙位于屋架下弦者，算至主屋架下弦底，无屋架者算至主顶棚底另加100mm；有钢筋混凝土板隔层者算至主楼板顶；有框架梁时算至梁底。

(1) 地下室加气混凝土块墙高 $h=(3-0.1)\text{m}=2.9\text{m}$

墙长：斜轴线处 $L_1=[(7.2+0.6-0.25\times2)+(3.3+2.4+1.5-0.25)+(3.3-0.25)+(3.3-0.25)]\times2\text{m}$

$=(7.3+6.95+3.05\times2)\times2\text{m}$

$=20.35\times2\text{m}=40.7\text{m}$

【注释】 参看图2-3地下室平面布置图所示，(7.2+0.6−0.25×2) m为轴线①'至轴线④'和轴线Ⓑ至轴线⑴/Ⓑ处砌块墙的长度，其中7.2m为该砌块墙的水平长度，0.6m为该处竖直砌块墙的长度，0.25m为墙的厚度，(3.3+2.4+1.5−0.25) m为轴线Ⓐ'至轴线⑴/Ⓑ砌块墙的长度，其中3.3m为竖直段砌块墙的长度，(3.3−0.25) m为轴线②'处该砌块墙的长度，第二个 (3.3−0.25) m为轴线③'处竖直砌块墙的长度，最后乘以2为斜轴线有两部分。

Ⓕ、Ⓚ轴间：

$L_2=[(1.8+2.7+1.5-0.25)+(2.7-0.25)\times2+(3.3+3.15-0.25)+(2.7-0.25)+(3-0.25)\times2+(4.2-0.25)\times2]\times2\text{m}$

$=(5.75+4.9+6.2+2.45+2.75\times2+3.95\times2)\times2\text{m}$

$=32.7\times2\text{m}=65.4\text{m}$

【注释】 参看图2-3地下室平面布置图所示，(1.8+2.7+1.5−0.25) m为轴线①至轴线②之间竖直砌块墙的长度，(2.7−0.25)×2m为轴线①、②和轴线②、③之间水平砌块墙的长度，(3.3+3.15−0.25) m为轴线④至轴线⑦处水平砌块墙的长度，(2.7−0.25) m为轴线Ⓕ至轴线Ⓚ之间竖直砌块墙的长度，(3−0.25)×2m为轴线③至轴线④处水平墙的长度，(4.2−0.25)×2m为轴线⑦至轴线⑨处两道水平砌块墙的长度，最后乘以2表示该砌块墙以轴线⑩为中心左右对称。

Ⓐ、Ⓕ之间：

$L_3=[(2.7+2.1-0.3-0.125)+(1.8-0.25-0.3-0.125)+3.6+(2.2-0.125)+(3.6-0.25)+(2.4-0.25)+(2.2+1.8+3.6-0.25)+(4-0.25-1.6)]\times2\text{m}$

$=(4.375+1.125+3.6+2.075+3.35+2.15+7.35+2.15)\times2\text{m}$

$=26.175\times2\text{m}=52.35\text{m}$

【注释】 (2.7+2.1−0.3−0.125) m为轴线⑦至轴线⑨之间砌块墙的长度，(1.8−0.25−0.3−0.125) m为轴线Ⓑ至轴线⑴/Ⓑ之间竖直砌块墙的长度，其中0.25m为两边两半墙的厚度，0.125m为半墙的厚度，3.6m为轴线⑥至轴线⑧之间水平砌块墙的长度，(2.2−0.125) m为轴线⑴/Ⓑ至轴线Ⓒ处竖直砌块墙的长度，(3.6−0.25) m为轴线⑥至轴线⑧处砌块墙的长度，(2.2+1.8+3.6−0.25) m为轴线⑥处砌块墙的长度，(4−0.25−1.6) m为轴线⑧至轴线⑩处砌块墙的长度，乘以2表示该墙以轴线⑪为中心左右对称。

综上所述，地下室加气混凝土块砌体体积（毛体积）

$V'=(l_1+l_2+l_3)\times0.25\times2.90$

$=(40.7+65.4+52.35)\times0.25\times2.90m^3$

$=158.45\times0.25\times2.90m^3$

$=114.876m^3$

【注释】 40.7m为斜轴线处砌块墙的长度，65.4m为Ⓕ、Ⓚ轴间砌块墙的长度，52.35m为Ⓐ、Ⓕ之间砌块墙的长度，0.25m为砌块墙的厚度，2.90m为地下室砌块墙的高度。

应扣洞口个数，摘自地下室过梁统计数，即：M－9×30

$V_{扣}=0.78\times1.8\times30\times0.25m^3=10.53m^3$

【注释】 0.78m为门M－9的宽度，1.8m为该门的高度，30为该门的数量，0.25m为该门的厚度。

则地下室加气混凝土砌块工程量：

$V=V'-V_{扣洞}-V_{过梁}=(114.876-10.53-1.92)\ m^3=111.426m^3$

【注释】 $114.876m^3$为地下室加气砌块墙的毛体积，$10.53m^3$为该砌块墙中门洞的体积，$1.92m^3$为过梁的体积。

(2) 普通楼层加气混凝土砌块工程量

加气砌块墙高度 $H=(3.6-0.1)\ m=4.59m$

斜轴线上砌块墙长 $L_1=[(7.2+0.6-0.25\times2)+(2.4+1.5-0.25)+(3.3-0.25)+(3.3-0.25+1.2)]\times2m$

$=(7.3+3.65+3.05+4.25)\times2m$

$=18.25\times2m=36.50m$

【注释】 参看图2-9墙体平面布置图所示，(7.2+0.6－0.25×2) m为轴线①'至轴线④处，该砌块墙的长度，其中7.2m为该处水平墙的长度，0.6m为竖直段墙的长度，0.25m为墙的厚度，(2.4+1.5－0.25) m为轴线②'至轴线④'处水平段砌块墙的长度，(3.3－0.25) m为轴线③'处竖直砌块墙的长度，(3.3－0.25+1.2) m为轴线②'处竖直砌块墙的长度，最后中括号外乘以2表示斜轴线处有左右两部分。

Ⓕ、Ⓚ轴间

$L_2=[(1.8+2.7-0.25-0.3)+(3.15-0.25)+(3-0.25)\times2]\times2m$

$=(3.95+2.9+5.5)\times2m$

$=12.35\times2m=24.70m$

【注释】 (1.8+2.7－0.25－0.3) m为轴线⑤处竖直砌块墙的长度，其中0.25m为两边两半墙的厚度，0.3m为一个翼缘的宽度，(3.15－0.25) m为轴线⑤至轴线⑦之间水平砌块墙的长度，(3－0.25)×2m为轴线④至轴线⑦之间两道竖直砌块墙的长度，最后中括号外边乘以2表示该处砌块墙以轴线⑩为中心左右对称。

Ⓐ、Ⓕ轴间

$L_3=[(2.2+2.1-0.3-0.125)+(2.64-0.25)+1.2+(1.8-0.25)+3.6+(2.2-0.125)]\times2m$

=(3.875+3.59+1.55+3.6+2.075)×2m

=14.69×2m=29.38m

【注释】（2.2+2.1−0.3−0.125）m 为轴线Ⓒ至轴线Ⓔ处竖直砌块墙的长度，其中 0.125m 为半墙的厚度，（2.64−0.25）m 为轴线⑦至轴线⑨之间水平砌块墙的长度，（1.8−0.25）m 为轴线Ⓑ至轴线⑴Ⓑ之间水平砌块墙的长度，3.6m 为轴线⑥至轴线⑧之间水平砌块墙的长度，（2.2−0.125)m 为轴线⑴Ⓑ至轴线Ⓒ之间竖直砌块墙的长度，最后中括号外乘以 2 表示该处砌块墙以轴线⑩为中心左右对称。

则加气混凝土块普通内墙长 l=(29.38+24.70+36.50）m=90.58m

普通楼层加气混凝土块体积（毛体积）

$V'=90.58\times0.25\times3.59m^3=81.296m^3$

【注释】 90.58m 为普通层砌块墙的总长度，0.25m 为砌块墙的厚度，3.59m 为普通层砌块墙的高度。

应扣洞口：M−3×10　　　M−4×6（摘自过梁）

$V_{扣}=(1\times2.1\times10+0.8\times2.1\times6)\times0.25m^3=(21+10.08)\times0.25m^3$

$=31.08\times0.25m^3=7.77m^3$

【注释】 $1\times2.1\times10m^2$ 为门 M−3 的面积，其中 1m 为该门的宽度，2.1m 为该门的高度，10 为该门的数量；$0.8\times2.1\times6m^2$ 为门 M−4 的面积，其中 0.8m 为该门的宽度，2.1m 为该门的高度，6 为该门的数量。

综上所述，普通加气混凝土块墙工程量：

$V=V'=V_{扣洞}-V_{过梁}=(81.296-7.77-1.14)m^3=72.386m^3$

【注释】 $81.296m^3$ 为普通层加气混凝土块墙的毛体积，7.77 体为该砌块墙中门洞的体积，$1.14m^3$ 为该砌块墙中过梁的体积。

汇总：$V_L=(111.426+72.386\times11)m^3=907.672m^3$

【注释】 $111.426m^3$ 为地下室砌块墙的体积，$72.386m^3$ 为普通层砌块墙的体积，11 为层数。

11. 010505003 现浇钢筋混凝土楼板，C25 现浇板，厚 100mm

规定：各类板伸入墙体内的板头并入板体积计算。

普通层板工程量计算如下：(包括地下室顶层)

Ⓐ、Ⓕ轴间：

S_1=[(12.8−0.25)×(15.2+0.25)−2.05×3.3×2(Ⓒ、Ⓕ轴间)−0.9×8(Ⓐ、Ⓐ轴间)]m^2

=(12.8−0.25×15.45−4.1×3.3−7.2)m^2

=(187.623−13.53−7.2)m^2

=$166.893m^2$

【注释】（12.8−0.25）m 为该处板的纵向宽度，（15.2+0.25）m 为该处板的水平长度，其中 0.25m 为两边两半墙的厚度，$2.05\times3.3\times2m^2$ 为Ⓒ、Ⓕ间两边多出的面积，其中 2.05m 为其宽度，3.3m 为其长度，$0.9\times8m^2$ 为Ⓐ、⑴Ⓐ间多出的面积，其中0.9m为其宽度，8m为其长度。

Ⓕ、Ⓚ与④、⑮轴间

S_2＝[(7.5＋0.25)×24－(2.7－0.25)×(4.5－1.36)(⑨、⑪轴间)]m^2

＝(7.75×24－2.45×3.14)m^2

＝(186.00－7.693)m^2

＝178.307m^2

【注释】 (7.5＋0.25)m为该处板的宽度，24m为板的长度，(2.7－0.25)×(4.5－1.36)m^2为⑨、⑪间空余的面积，其中(2.7－0.25)m为其宽度，(4.5－1.36)m为其长度，其中0.25m为两边两半墙的厚度。

Ⓖ、Ⓚ与①、④轴间

S_3＝[9.9×(6－0.25)－1.5×(3－0.25)(Ⓖ、Ⓗ轴间)]m^2

＝(9.9×5.75－1.5×2.75)m^2

＝(56.925－4.1)m^2

＝52.825m^2

【注释】 9.9m为该处板的长度，(6－0.25)m为该处板的宽度，1.5×(3－0.25)m^2为Ⓖ、Ⓗ轴间空余部分的面积，其中1.5m为其宽度，(3－0.25) m为其长度，0.25m为两边两半墙的厚度。

⑤′、⑧′与Ⓐ′、Ⓓ′轴间

S_4＝[(7.8－0.25)×(7.2－0.125)－1/2×(6－0.25)×tan30°×(6－0.24)(缺口)]m^2

＝(7.55×7.075－1/2×5.75×$3^{1/3}$/3×5.76) m^2

＝(53.416－9.578) m^2

＝43.838m^2

【注释】 (7.8－0.25)m为该处板的长度，(7.2－0.125)m为该处板的宽度，其中0.25m为两边两半墙的厚度，0.125m为半墙的厚度，后边减去的为缺口三角形的面积，其中(6－0.25)m为三角形的一直角边的长度，tan30°×(6－0.24)m为另一直角边的长度。

综上所述：钢筋混凝土现浇楼板体积（工程量）：(单层)

V＝(S_1＋S_2＋2S_3＋2S_4)×0.1（板厚）

＝ (166.893＋178.307＋2×52.825＋2×43.838)×0.1m^3

＝538.526×0.1m^3

＝53.853m^3

【注释】 166.893m^2为Ⓐ、Ⓕ轴线间板的面积，178.307m^2为Ⓕ、Ⓚ轴与④、⑮轴线间板的面积，52.825m^2为Ⓖ、Ⓚ与①、④轴间板的面积，乘以2表示两部分，43.838m^2为斜轴线⑤′、⑧′与Ⓐ′、Ⓓ′间板的面积，乘以2为该处有两部分，0.1为现浇混凝土楼板的厚度。

$V_{总}$＝53.853×12m^3＝646.236m^3

板底标高：3.47m，7.07m，10.67m，14.27m，17.87m，21.47m，25.07m，28.67m，32.27m，35.87m，29.47－0.13m

12. 010505008001 阳台板，C25 混凝土

阳台 1　$S_1=[1.2\times(4.2-0.24)\times2+1/6\times3.14\times6^2-1/2\times6\times\sqrt{3}]m^2$

$=[(1.2\times3.96\times2)+0.84]m^2$

$=10.344m^2$

【注释】 $1.2\times(4.2-0.24)\times2m^2$ 为阳台 1 处矩形部分的面积，其中 1.2m 为矩形部分的宽度，(4.2－0.24)m 为矩形部分的长度，$1/6\times3.14\times6m^2$ 为两边半圆的面积，其中 1/6 为圆形的六分之一，6m 为圆形的半径，后边减去的式子为多算的两个三角形的面积，其中 3m 为一直角边的长，$6\times\sqrt{3}m$ 为另一直角边的长度。

阳台 2　$S_2=[(0.9+0.3)\times(8-0.48)+(1/6\times\pi\times6^2-6\times3^{1/3}\times1/2)]m^2$

$=9.864m^2$

【注释】 $(0.9+0.3)\times(8-0.48)m^2$ 为阳台 2 处矩形部分的面积，其中 (0.9＋0.3)m 为其宽度，(8－0.48)m 为该矩形阳台的长度，$1/6\times3.14\times6^2m^2$ 为两边半圆的面积，其中 1/6 为圆形的六分之一，6m 为圆形的半径，后边减去的式子为多算的两个三角形的面积，其中 3m 为一直角边的长，$6\times\sqrt{3}m$ 为另一直角边的长度。

阳台 3、阳台 5　$S_3=(3.3-0.48)\times2m^2=2.82\times2m^2=5.64m^2$

【注释】 (3.3－0.48)m 为阳台的长度，2m 为阳台的宽度。

阳台 4　$S_4=(10.344+1/2\times1.6\times1.38)\ m^2=11.448m^2$

【注释】 $10.344m^2$ 为同阳台 1 处相同部分的面积，后边式子为两边两个三角形的面积，1.6、1.38m 为其三角形的两直角边的长度。

阳台 6　$S_6=(1.5+1.8)\times1.2\times2m^2=3.3\times2.4m^2=7.92m^2$

【注释】 (1.8＋1.5) m 为阳台 5 的长度，1.2m 为阳台 5 的宽度，2 为阳台 5 的个数。

阳台 7　$S_7=(4+3.25)\times1.5\times1/2\times2m^2=10.875m^2$

【注释】 该阳台平面图为梯形，根据梯形的面积公式可知：3.25m 为阳台的上底宽，4m 为阳台的下底宽，1.5m 为该阳台的高度，乘以 2 表示该阳台的数量。

阳台板面积 $S=S_1+S_2+S_3+S_4+S_6+S_7$

$=(10.344+9.864+5.64+11.448+7.92+10.875)\ m^2$

$=56.091m^2$

【注释】 $10.344m^2$ 为阳台 1 板的面积，$9.864m^2$ 为阳台 2 板的面积，$5.64m^2$ 为阳台 3、阳台 5 板的面积，$11.448m^2$ 为阳台 4 板的面积，$7.92m^2$ 为阳台 6 板的面积，$10.875m^2$ 为阳台 7 板的面积。

阳台板的工程量　$V_1=56.091\times0.07m^3=3.9264m^3$

【注释】 $56.091m^2$ 为阳台板的面积，0.07m 为阳台板的厚度。

阳台板下翻 0.28m，工程量（70mm 厚）

阳台总长：l＝{(3.3－0.25)×2(阳台3、5)阳台＋[(8－0.25－6)＋1/2×6×π/3(纸长)](阳台2)＋[(8.4－0.25－6)＋1/2×6×π/3(纸长)](阳台1)＋[(8.4－0.25－6)＋1/2×6×π/3(纸长)](阳台6)＋(1.5＋1.8－0.25)×2(阳台6)＋3.25×2(阳台7)}m

＝[3.05×2＋(1.75＋3.14)＋(2.15＋3.14)×2＋3.05×2＋3.25×2]m

＝(6.1＋4.89＋10.58＋6.1＋6.5)m

＝34.17m

【注释】(3.3－0.25×2) m为阳台3、阳台5的长度，(8－0.25－6) m为阳台2的水平长度，1/2×6×3.14×1/3m为阳台2的弧长，(8.4－0.25－6) m为阳台1的水平长度，1/2×6×3.14×1/3m为阳台1的弧长，(8.4－0.25－6) m为阳台4水平段的长度，1/2×6×3.14×1/3m为阳台4的弧长，(1.5＋1.8－0.25)×2m为两边阳台6的水平长度，3.25×2m为阳台7的水平长度。

S＝34.17×0.28m^2＝9.568m^2

翻沿体积V_2＝9.568×0.07m^3＝0.6697m^3

【注释】34.17m为阳台的总长度，0.28m为阳台板下翻的高度。

综上所述，阳台板体积（工程量）：V＝11×(3.9264＋0.6697)＝50.560m^3

【注释】11为层数，3.9264m^3为阳台板的总体积，0.6697m^3为阳台翻沿板的总体积。

13. 010510002002，异形梁

(1) 阳台1：边挑梁，C25混凝土，250mm×350mm－450mm

短边梁长l=1.2m，长边梁长m=[1.2+(6−5.196)]m=(1.2+0.804) m=2.004m

【注释】1.2m为短边梁的长度，{1.2+[6−$(6^2+3^2)^{1/2}$]} m为长边梁的长度。

BTL_2×1根，L_1＝2.00m

BTL_1的工程量：S_1=0.25×0.35m^2=0.0875m^2，S_2=0.25×0.45m^2=0.1125m^2

【注释】0.25m为该边挑梁的截面宽度，0.35、0.45m为梁的截面高度。

V_{BTL1}＝(S_1＋S_2)×1.2/2＝[(0.0875＋0.1125)×1.2]/2＝0.12m^3

【注释】0.0875m^2为S_1的值，0.1125m^2为S_2的值，1.2m为短边梁的长度，除以2表示该处梁的平均体积。

BTL_2的工程量：S_1＝0.25×0.35m^2＝0.0875m^2，S_2＝0.25×0.45m^2＝0.1125m^2

【注释】0.25m为该边挑梁的截面宽度，0.35、0.45m为梁的截面高度。

V_{BTL2}＝(S_1＋S_2)×2.004/2＝(0.0875＋0.1125)×2.004/2＝0.2004m^3

【注释】0.0875m^2为S_1的值，0.1125m^2为S_2的值，2.004m为长边梁的长度，除以2表示该处梁的平均体积。

(2) 阳台2：同阳台1，BTL_1×1根

V_{BTL1}＝0.12m^3，另一长端支撑于剪力墙梁上。

(3) 阳台3：BTL_3截面同上

$l=1m$，$BTL_3\times 2$ 根

$S_1=0.25\times 0.35m^2=0.0875m^2$，$S_2=0.25\times 0.45m^2=0.1125m^2$

【注释】 0.25m 为该边挑梁的截面宽度，0.35、0.45m 为梁的截面高度。

$V_{BTL3}=(0.0875+0.1125)\times 1\times 1/2m^3=0.1m^3$

【注释】 $0.0875m^2$ 为 S_1 的值，$0.1125m^2$ 为 S_2 的值，1m 为该处梁的长度，除以 2 表示该处梁的平均体积。

（4）阳台 4：$BTL_1\times 1$ 根，长边 $l=1.8m$，梁为 BTL_4

$S_1=0.0875m^2$，$S_2=0.1125m^2$

$V_{BTL4}=(0.0875+0.1125)\times 1.8/2m^3=0.18m^3$

$V_{BTL1}=0.12m^3$，同阳台 1

【注释】 $0.0875m^2$ 为 S_1 的值，$0.1125m^2$ 为 S_2 的值，1.8m 为该处梁长度，除以 2 表示该处梁的平均体积。

（5）阳台 6：$l=1.2m\times 2$ 根，即 $BTL_1\times 2$ 根

$V_{BTL1}=0.12m^3$

（6）阳台 7：$l=1.5m$，$l_{长}=1.5\div \cos 30°\quad m=1.732m$

$BTL_5\times 1$ 根，$S_1=0.0875m^2$，$S_2=0.1125m^2$

$V_{BTL5}=(0.0875+0.1125)\times 1.5/2m^3=0.15m^3$

【注释】 $0.0875m^2$ 为 S_1 的值，$0.1125m^2$ 为 S_2 的值，1.5m 为该处梁长度，除以 2 表示该处梁的平均体积。

$BTL_6\times 1$ 根，$S_1=0.087m^2$，$S_2=0.1125m^2$

$V_{BTL1}=(0.0875+0.1125)\times 1.732/2m^3=0.1732m^3$

【注释】 $0.0875m^2$ 为 S_1 的值，$0.1125m^2$ 为 S_2 的值，1.732m 为该处梁长度，除以 2 表示该处梁的平均体积。

综上所述：C25 混凝土，梁截面（350m～450)mm×250mm

BTL_1：$l=1.2m$，10 根，$V_{BTL1}=0.12\times 1m^3=1.2m^3$

【注释】 $0.12m^3$ 为边挑梁 1 的体积，10 为根数。

BTL_2：$l=2.004m$，2 根，$V_{BTL2}=0.2004\times 2m^3=0.40m^3$

【注释】 $0.2004m^3$ 为边挑梁 2 的体积，2 为其根数。

BTL_3：$l=1m$，4 根，$V_{BTL3}=0.1\times 4m^3=0.40m^3$

【注释】 $0.1m^3$ 为边挑梁 3 的体积，4 为其根数。

BTL_4：$l=1.8m$，2 根，$V_{BTL4}=0.18\times 2m^3=0.36m^3$

【注释】 $0.18m^3$ 为边挑梁 4 的体积，2 为其根数。

BTL_5：$l=1.5m$，2 根，$V_{BTL5}=0.15\times 2m^3=0.30m^3$

【注释】 $0.15m^3$ 为边挑梁 5 的体积，2 为其根数。

BTL_6：$l=1.732m$，2 根，$V_{BTL6}=0.732\times 2m^3=1.464m^3$

【注释】 $0.732m^3$ 边挑梁 6 的体积，2 为其根数。

BTL的单层工程量为：$V=$（1.2+0.40+0.40+0.36+0.30+1.464）$m^3=4.124m^3$

【注释】 1.2m^3为边挑梁1的总体积，0.40m^3为边挑梁2的总体积，0.40m^3为边挑梁3的总体积，0.36m^3为边挑梁4的总体积，0.30m^3为边挑梁5的总体积，1.464m^3为边挑梁6的总体积。

注：BTL底标高：−0.38m，3.22m，6.82m，10.42m，14.02m，17.62m，21.22m，24.82m，28.42m，32.02m，35.62m。

则$V=4.124\times11m^3=45.364m^3$

【注释】 4.124m^3为边挑梁单层的总体积，11为层数。

清单规定：梁与柱连接时，采长算至柱侧面，主梁与次梁连接时，次梁长算至主梁侧面。

本题中阳台边梁与剪力墙梁相连，应算主外墙外边。

14. 010512001001，雨篷板，C25混凝土

规则：以立方米计量，按设计图示尺寸以体积计算。不扣除单个面积不大于300mm×300mm的孔洞所占体积，扣除空心板空洞体积。

3个XYPB（悬挑雨篷板），根部厚120mm，端部厚90mm，上翻沿高240mm。

90mm厚的端部高$h_1=(0.24+0.09)$ m=0.33m

【注释】 0.24m为上翻沿的高度，0.09m为端部的高度，其余90～120mm均匀增厚放坡，$h_{平均}=\frac{90+120}{2}mm=105mm$。

$V_1=0.09\times2.4\times0.33=0.0713m^3$

【注释】 0.09m为雨篷板端部的厚度，2.4m为雨篷板的长度，0.33m为雨篷端部的高度。

$V_2=(0.09+0.12)/2\times2.4\times(1.8-0.09)m^3=0.105\times2.4\times1.71=0.4309m^3$

【注释】 0.09、0.12m为端部的厚度，除以2表示雨篷板端部的平均厚度，2.4m为雨篷板的长度，（1.8−0.09）m为雨篷板的宽度，其中0.09m为雨篷板端部的厚度。

$V=V_1+V_2=(4.309+0.0713)\ m^3=4.380m^3$

【注释】 4.309m^3为雨篷板2的体积，0.0713m^3为雨篷板1的体积，根底标高3.45m。

三个雨篷板$V_{总}=3\times V=4.380\times3m^3=13.14m^3$

15. 010403002，矩形雨篷梁，C25混凝土，标高2.97m，250mm×600mm

$V_{单根}=0.6\times3.12\times0.25m^3=0.468m^3$

【注释】 0.6m为矩形雨篷梁的截面高度，3.12m为该矩形雨篷梁的长度，0.25m为矩形雨篷梁的截面宽度。

$V_{总}=3_{根}\times V_{单}=3\times0.468m^3=1.404m^3$

16. 010407001，C20 混凝土台阶，踏步宽 300mm，踢步高 150mm

定额工程量：$S=(2.4\times1.8-0.6\times0.9)m^2=3.78m^2$

【注释】 $2.4\times1.8m^2$ 为台阶的水平投影面积，其中 2.4m 为台阶的水平投影长度，1.8m 为台阶的水平投影宽度，$0.6\times0.9m^2$ 为中间占据部分的面积，其中 0.6m 为其宽度，0.9m 为其长度。

$S_{总}=3.78\times3m^2=11.34m^2$

17. 010407002，混凝土散水，外墙外边线的长度

$L_1=(7.2+0.25+7.8+0.25+4.5+0.25+1.8)\times2m=44.1m$

【注释】 该处为斜轴线处散水的长度，7.2m 为轴线①'至轴线④'处散水的长度，0.25m 为主墙间两边两半墙的厚度，7.8m 为轴线Ⓐ'至轴线Ⓓ'处散水的长度，4.5m 为轴线①'至轴线②'处散水的长度，1.8m 为轴线Ⓒ'至轴线Ⓓ'处散水的长度，乘以 2 表示斜轴线处有两部分。

$L_2=(43.8+3.14\times2)m=50.08m$

【注释】 43.8m 为轴线①至轴线⑱、轴线Ⓚ处散水的长度，$3.14\times2m$ 为该处两边多出部分散水的宽度。

$L_3=(9.9+6.3+3.15+1.5+3.0)\times2m=47.7m$

【注释】 9.9m 为轴线①至轴线④处南面散水的长度，(6.3+3.15)m 为轴线④至轴线⑦处南面散水的长度，乘以 2 表示左右两部分。

$L_4=(12.8+0.25)\times2m=26.10m$

【注释】 12.8m 为轴线Ⓐ至轴线Ⓕ处竖直散水的长度，0.25m 为两边两半墙的厚度，乘以 2 表示左右两部分。

$L_5=[(3.6+4.0)\times2+0.25]m=15.45m$

【注释】 (3.6+4.0)m 为轴线⑥至轴线⑩处南面散水的长度，乘以 2 表示左右两部分，0.25m 为两边两半墙的厚度。

$L=L_1+L_2+L_3+L_4+L_5=183.43m$

所以，散水长度 $l=(183.43-7.2)m=176.23m$

【注释】 183.43m 为散水的总长度，7.2m 为三个台阶处散水的长度。

散水工程量 $S=(176.23\times1.2+1.2\times1.2\times4\times2)\ m^2$

$=(211.48+11.52)m^2$

$=223.00m^2$

【注释】 176.23m 为散水的长度，1.2m 为散水的宽度。

18. 010406001，现浇钢筋混凝土整体楼体，C30

两侧：$\angle T_1$，$S_{单个}=(2.7-0.25)\times6m^2=2.45\times6m^2=14.7m^2$

楼梯 $S=14.7\times2\times10m^2=294m^2$

【注释】 (2.7－0.25) m 为单个楼梯的水平投影宽度，6m 为其水平投影长度，

14.7m² 为单个楼梯的水平投影面积，2 为两侧楼梯，10 为层数。

中间：∠T_2，$S_{单个}=(2.7-0.25)\times5.4m^2=2.45\times5.4m^2=13.23m^2$

楼梯 $S=13.23\times10m^2=132.3m^2$

【注释】(2.7－0.25)m 为中间楼梯的水平投影宽度，5.4m 为中间楼梯的水平投影长度，13.23m² 为楼梯的水平投影面积，10 为层数。

19. 010416001，现浇混凝土钢筋

(1) 基础内钢筋，摘自柱钢筋工程量（表 3-1）

注：计算过程见定额工程量计算部分。

基础内钢筋用量表　　**表 3-1**

编号	直径	根数	单根长度(m)	总长度(m)	总质量(kg)
①	ϕ20	62	50.201	3112.462	7687.781
②	ϕ20	204	6.43	1311.72	3239.948
③	ϕ20	94	7.93	745.42	1841.187
④	ϕ20	158	23.472	3708.576	9160.183
⑤	ϕ20	18	27.728	499.104	1232.787
⑥	ϕ20	130	17.74	2306.20	5696.314
⑦	ϕ20	104	341	971.464	2399.516
⑧	ϕ20	40	7.63	305.20	753.844
⑨	ϕ20	124	6.23	772.52	1908.124
⑩	ϕ20	68	5.23	355.64	878.43
⑪	ϕ12	124	1.672	207.328	184.107

综上所述得筏板基础内钢筋量：

ϕ12：总质量 $G=184.107kg$

总质量 $G=(7687.781+3239.948+1841.187+9160.183+1232.787+5696.314+2399.516+753.844+1908.124+878.43)kg$

$=32638.114kg$

【注释】7687.781kg 为①号钢筋的总质量，3239.948kg 为②号钢筋的总质量，1841.187kg 为③号钢筋的总质量，9160.183kg 为④号钢筋的总质量，1232.787kg 为⑤号钢筋的总质量，5696.314kg 为⑥号钢筋的总质量，2399.516kg 为⑦号钢筋的总质量，753.844kg 为⑧号钢筋的总质量，1908.124kg 为⑨号钢筋的总质量，878.43kg 为⑩号钢筋的总质量。

（2）剪力墙柱内钢筋（表 3-2）

剪力墙柱内钢筋用量表　　表 3-2

构件	钢筋编号	直径	根数	单根长度(m)	总长(m)	总质量(kg)
GJz_1X14	①—a	ϕ10	6048	1.67	10100.16	6231.799
	①—b	ϕ10	6048	2.27	13728.96	8470.768
	①—C	ϕ10	6048	0.32	1935.36	1194.117
	②	ϕ20	294	50.054	14715.729	36347.851
GJz_2X4	③	ϕ10	3456	1.67	5771.52	3561.029
	④	ϕ20	64	48.862	3127.168	7724.105
GYz_1X4	⑤—⑥	ϕ10	1728	2.87	4959.36	3059.925
	⑤—a	ϕ10	1728	2.27	3922.56	2420.229
	⑤—c	ϕ10	3456	0.32	1105.92	682.352
	⑥	ϕ20	112	48.862	5472.544	13517.184
GJz_2X4	⑦—a	ϕ10	1728	1.67	2885.76	1780.514
	⑦—b	ϕ10	1728	2.27	3922.56	2420.220
	⑧	ϕ20	80	48.862	3908.96	9655.131
GAz_1X2	⑨	ϕ10	864	1.17	1010.88	623.713
	⑩	ϕ20	16	48.862	781.792	1931.026
Az_1X2	⑪	ϕ10	2592	1.17	3032.64	1871.139
	⑫	ϕ22	40	49.508	1980.30	5901.294
YYzX1	⑬—a	ϕ10	432	4.07	1758.24	1084.834
	⑬—b	ϕ10	432	1.77	764.64	471.783
	⑬—o	ϕ10	2160	0.32	691.2	426.470
	⑭	ϕ22	44	49.508	2178.352	6491.489

综上所述：剪力墙柱中各种钢筋汇总如下：

总质量：G＝[(6231.799＋8470.768＋1194.117)(GJz_1)＋3561.029(GJz_2)＋(3059.925＋2420.229＋682.352)(GYz_2)＋(1780.514＋2420.220)(GYz_2)＋623.713(GAz_1)＋1871.139(Az_1)＋(1084.834＋471.783＋426.470)(YYz)]kg

＝(15896.684＋3561.029＋6162.506＋4200.734＋623.713＋1871.139＋1983.087)kg

＝34298.892kg

【注释】 6231.799kg 为 GJz_1 中①—a 号钢筋的总质量，8470.768kg 为 GJz_1 中①—b 号钢筋的总质量，1194.117kg 为 GJz_1 中①—c 号钢筋的总质量，3561.029kg 为 GJz_2 ③号钢筋的总质量，3059.925kg 为 GYz_2 ⑤—⑥号钢筋的总质量，2420.229kg 为 $GYz_2$⑤—a 号钢筋的总质量，682.352kg 为 $GYz_2$⑤—c 号钢筋的总质量，1780.514kg 为 $GYz_2$⑦—a 号钢筋的总质量，2420.220kg 为 $GYz_2$⑦—b 号钢筋

的总质量，623.713kg 为 $GYz_2$⑤－c 钢筋的总质量，1871.139kg 为 Az_1⑪号钢筋的总质量，1084.834kg 为 YYz 中⑬－a 号钢筋的总质量，471.783kg 为 YYz 中⑬－b 号钢筋的总质量，426.470kg 为 YYz 中⑬－c 号钢筋的总质量。

$\phi20$ 总质量：G＝(36347.851＋7724.105＋13517.184＋9655.131＋1931.026)kg
＝69175.297kg

【注释】 36347.851kg 为 GJz_1 中②号钢筋的总质量，7724.105kg 为 $GJz_2$④号钢筋的总质量，13517.184kg 为 $GYz_2$⑥号钢筋的总质量，9655.131kg 为 GYz_2 中⑧号钢筋的总质量，1931.026kg 为 GAz_1⑩号钢筋的总质量。

$\phi22$ 总质量 G＝(5901.294＋6491.489) kg＝12392.783kg

【注释】 5901.294kg 为 Az_1 中⑫号钢筋的总质量，6491.489kg 为 YYz 中⑭号钢筋的总质量。

(3) 剪力墙采用的钢筋（表 3-3）(摘自剪力墙钢筋抽取量)

综上所述，各直径钢筋长度及用量汇总如下：

$\phi10$：G＝[(2119.025＋352.430)(LL_1)＋1909.93(LL_2)＋(1319.393＋174.734)(LL_3)＋275.108(AL_1)＋286.732(AL_2)＋275.108(AL_3)]kg
＝6712.46kg

【注释】 2119.025kg 为 LL_1 中③号钢筋的质量，352.430kg 为 LL_1 中③′号钢筋的质量，1909.93kg 为 LL_2 中⑥号钢筋的质量，1319.393kg 为 LL_3 中⑨号钢筋的质量，174.734kg 为 LL_3 中⑨′号钢筋的质量，275.108kg 为 AL_1 中⑫号钢筋的质量，286.732kg 为 AL_2 中⑮号钢筋的质量，275.108kg 为 kgAL_1 中⑫号钢筋的质量。

剪力墙钢筋用量表　　表 3-3

构件	编号	直径	根数	单根长度(m)	总长度(m)	总质量(kg)
LL_1	①	ϕ22	8	70.13	561.04	1671.899
	②	ϕ20	18	70.13	1262.34	3117.98
	③	ϕ10	720	4.77	3434.4	2119.025
	①′	ϕ22	8	15.87	126.96	2119.025
	②′	ϕ20	12	15.87	190.44	470.387
	③′	ϕ10	160	3.57	571.2	352.430
LL_2	④	ϕ22	8	117.55	940.4	2802.392
	⑤	ϕ20	8	117.55	940.4	2322.788
	⑥	ϕ10	1177	2.63	3095.51	1909.93
LL_3	⑦	ϕ22	8	70.13	561.04	1671.93
	⑧	ϕ20	10	70.13	701.3	1732.211
	⑨	ϕ10	720	2.97	2138.4	1319.393

续表

构件	编号	直径	根数	单根长度(m)	总长度(m)	总质量(kg)
LL_3	⑦′	ϕ22	8	15.87	126.96	378.341
	⑧′	ϕ20	4	15.87	63.48	156.796
	⑨′	ϕ10	160	1.77	283.2	174.734
AL_1	⑩	ϕ22	8	27.75	222	661.56
	⑪	ϕ18	2	27.75	55.5	111
	⑫	ϕ10	284	1.57	445.88	275.108
AL_2	⑬	ϕ25	8	28.95	231.6	891.66
	⑭	ϕ18	2	28.95	57.9	115.8
	⑮	ϕ10	296	1.57	464.72	286.732
AL_3	⑯	ϕ22	8	27.75	222	661.56
	⑰	ϕ16	2	27.75	55.5	87.9
	⑱	ϕ10	284	1.57	445.88	275.108

ϕ16：$G=87.848\text{kg}$

【注释】 87.848为AL_3中⑰号钢筋的质量。

ϕ18：$G=[111.0\ (AL_1)+115.8\ (AL_2)]\ \text{kg}=226.8\text{kg}$

【注释】 111.0kg为AL_1中⑪号钢筋的质量，115.8kg为AL_2中⑭号钢筋的质量。

ϕ20：$G=[(3117.98+470.387)(LL_1)+2322.788(LL_2)+(1732.221+156.796)(LL_3)]\ \text{kg}$
$=5710\text{kg}$

【注释】 3117.98kg为LL_1中②号钢筋的质量，470.387kg为LL_1中②′号钢筋的质量，2322.788kg为LL_2中⑤号钢筋的质量，1732.221kg为LL_3中⑧号钢筋的质量，156.796kg为LL_3中⑧′号钢筋的质量。

ϕ22：$G=[(1671.899+378.341)(LL_1)+2802.392(LL_2)+(1671.899+378.341)(LL_3)+661.56\ (AL_1)+661.56\ (AL_3)]\ \text{kg}$
$=8171.992\text{kg}$

【注释】 1671.899kg为LL_1中①号钢筋的质量，378.341kg为LL_3中⑦′号钢筋的质量，2802.392kg为LL_2中④号钢筋的质量，1671.899kg为LL_3中⑦号钢筋的质量，661.56kg为AL_1中⑩号钢筋的质量，第二个661.56kg为AL_3中⑯号钢筋的质量。

ϕ25：$G=891.66\text{kg}$

【注释】 891.66kg为AL_3中⑬号钢筋的质量。

(4) 加气混凝土块洞口上方现浇混凝土过梁中钢筋（表3-4）

综上所述，现浇钢筋混凝土过梁中钢筋用量：

ϕ6：$G=[271.306(GL_1)+133.333(GL_2)+60.606(GL_3)]\text{kg}=465.242\text{kg}$

加气混凝土块洞口上方钢筋用量表　　表3-4

构件	编号	直径	根数	单根长度(m)	总长度(cm)	总质量(kg)
GL_1	①	ϕ10	880	1.55	1364	841.588
	②	ϕ6	1210	1.01	1222.1	271.306
GL_2	③	ϕ10	264	1.37	361.68	223.157
	④	ϕ8	264	1.35	356.4	140.778
	⑤	ϕ6	660	0.91	600.16	133.333
GL_3	⑥	ϕ8	240	1.33	319.2	126.084
	⑦	ϕ6	300	0.91	273	60.606

【注释】 271.306kg为GL_1中②号钢筋的质量，133.333kg为GL_2中⑤号钢筋的质量，60.606kg为GL_3中⑦号钢筋的质量。

ϕ8：G=[140.778(GL_2)+126.084(GL_3)]kg=266.862kg

【注释】 140.778kg为GL_2中④号钢筋的质量，126.084kg为GL_3中⑥号钢筋的质量。

ϕ10：G=[841.588(GL_1)+223.157(GL_2)]kg=1064.745kg

【注释】 841.588kg为GL_1中①号钢筋的质量，223.157kg为GL_2中③号钢筋的质量。

（5）现浇钢筋混凝土雨篷板及雨篷梁中钢筋用量（表3-5）

雨篷板及雨篷梁钢筋用量表　　表3-5

构件	编号	直径	根数	单根长度(m)	总长度(m)	总质量(kg)
雨篷板	①	ϕ10	51	1.81	92.31	56.955
	②	ϕ8	51	0.66	33.66	13.296
	③	ϕ6	48	2.43	116.64	25.894
雨篷梁	④	ϕ22	21	3.34	10.14	209.017
	⑤	ϕ20	6	3.05	64.05	158.204
	⑥	ϕ8	63	1.71	107.73	42.553

各型式钢筋长度及质量汇总如下：

ϕ6：G=25.894kg

【注释】 25.894kg为雨篷板中③号钢筋的质量。

ϕ8：G=(13.296+42.553) kg=61.786kg

【注释】 13.296kg为雨篷板中②号钢筋的质量，42.553为雨篷板中⑥号钢筋的质量。

ϕ10：G=56.955kg

【注释】 56.955kg为雨篷板中①号钢筋的质量。

ϕ20：G=158.204kg

【注释】 158.204kg为雨篷板中⑤号钢筋的质量。

$\phi 22$：G=209.017kg

【注释】 209.017kg为雨篷板中④号钢筋的质量。

（6）现浇混凝土阳台及阳台梁中钢筋量（表3-6）

阳台及阳台梁钢筋用量表 表3-6

构件	编号	直径	根数	单根长度(m)	总长度(m)	总质量(kg)
阳台板1	①$_1$	$\phi 12$	374	4.15	1552.1	1378.265
	②$_1$	$\phi 12$	902	1.852	1670.504	1483.408
	③$_1$	$\phi 8$	44	0.39	17.16	6.778
阳台板2	①$_1$	$\phi 12$	374	3.95	1477.3	1341.842
	②$_2$	$\phi 12$	858	1.852	1589.016	14121.046
	③$_2$	$\phi 8$	44	0.39	17.16	6.778
阳台板3、5	①$_3$	$\phi 12$	242	3.25	786.5	698.412
	②$_3$	$\phi 12$	704	1.25	880	781.44
	③$_3$	$\phi 8$	44	0.39	17.16	6.778
阳台板4	①$_4$	$\phi 12$	352	4.90	1724.8	1531.622
	②$_4$	$\phi 12$	1708	1.75	1886.5	1675.212
	③$_4$	$\phi 8$	44	0.39	17.16	6.778
阳台板6	①$_6$	$\phi 12$	286	3.15	900.9	799.999
	②$_6$	$\phi 12$	682	1.45	988.9	878.143
	③$_6$	$\phi 8$	44	0.39	17.16	6.778
阳台板7	①$_7$	$\phi 12$	352	4.45	1566.4	1390.963
	②$_7$	$\phi 12$	968	1.75	1694	1504.272
	③$_7$	$\phi 8$	44	0.39	17.16	6.778
BTL_1	④$_1$	$\phi 20$	220	1.87	411.4	1016.158
	⑤$_1$	$\phi 20$	220	1.899	417.78	1031.917
	⑥$_1$	$\phi 6$	330	1.277	422.727	93.845
	⑦$_1$	$\phi 6$	220	1.22	268.4	59.585
	⑧$_1$	$\phi 8$	220	0.99	217.8	86.031
	⑨$_1$	$\phi 8$	220	1.75	385	152.075
	⑩$_1$	$\phi 8$	1320	1.34	1768.80	698.676
	⑪$_1$	$\phi 8$	660	1.44	950.4	375.408
BTL_2	④$_2$	$\phi 20$	44	2.699	178.756	293.327
	⑤$_2$	$\phi 20$	44	2.701	118.844	293.545
	⑥$_2$	$\phi 6$	66	1.31	86.46	19.194
	⑦$_2$	$\phi 6$	44	1.22	53.68	11.917
	⑧$_2$	$\phi 8$	44	0.99	43.56	17.206

续表

构件	编号	直径	根数	单根长度(m)	总长度(m)	总质量(kg)
BTL$_2$	⑨$_2$	ϕ8	44	1.75	77	30.415
	⑩$_2$	ϕ8	440	1.26	554.4	218.988
	⑪$_2$	ϕ8	154	1.36	209.44	82.729
BTL$_3$	④$_3$	ϕ20	88	1.695	149.16	368.425
	⑤$_3$	ϕ20	88	1.70	149.6	369.512
	⑥$_3$	ϕ6	132	1.26	166.32	36.923
	⑦$_3$	ϕ6	88	1.22	107.36	23.834
	⑧$_3$	ϕ8	88	0.99	97.12	34.412
	⑨$_3$	ϕ8	88	1.75	154	60.83
	⑩$_3$	ϕ8	528	1.26	665.28	262.786
	⑪$_3$	ϕ8	308	1.36	418.88	165.458
BTL$_4$	④$_4$	ϕ20	44	2.495	109.78	271.157
	⑤$_4$	ϕ20	44	2.495	109.912	271.483
	⑥$_4$	ϕ6	66	1.3040	86.064	19.106
	⑦$_4$	ϕ6	44	1.22	53.68	11.917
	⑧$_4$	ϕ8	44	0.99	43.56	17.206
	⑨$_4$	ϕ8	44	1.75	77	30.415
	⑩$_4$	ϕ8	396	1.26	498.96	197.089
	⑪$_4$	ϕ8	154	1.36	209.44	82.729
BTL$_5$	④$_5$	ϕ20	44	2.195	96.58	238.553
	⑤$_5$	ϕ20	44	2.198	96.727	238.916
	⑥$_5$	ϕ6	66	1.294	85.404	18.960
	⑦$_5$	ϕ6	44	1.22	53.68	11.917
	⑧$_5$	ϕ8	44	0.99	43.56	17.206
	⑨$_5$	ϕ8	44	1.75	77	30.415
	⑩$_5$	ϕ8	330	1.26	415.8	164.241
	⑪$_5$	ϕ8	154	1.36	209.44	82.729
BTL$_6$	④$_6$	ϕ20	44	2.427	106.788	263.766
	⑤$_6$	ϕ20	44	2.430	106.92	264.092
	⑥$_6$	ϕ6	66	1.302	85.932	19.077
	⑦$_6$	ϕ6	44	1.22	53.68	11.917
	⑧$_6$	ϕ8	44	0.99	43.56	17.206
	⑨$_6$	ϕ8	44	1.75	77	30.415
	⑩$_6$	ϕ8	396	1.26	498.96	197.089
	⑪$_6$	ϕ8	154	1.36	209.44	82.729

综上所述，阳台及边梁钢筋用量汇总如下：

$\phi6$：G =[(19.194+11.917)(BGL_2)+(193.845+57.534)(BTL_1)+(36.923+23.834)(BTL_3)+(19.106+11.917)(BTL_4)+(18.960+11.917)(BTL_5)+(19.077+11.917)(BTL_6)]kg
=(31.111+151.379+60.757+31.023+30.877+26.764)kg
=331.911kg

【注释】 19.194kg为BTL_2中⑥$_2$号钢筋的质量，11.917kg为BTL_2中⑦$_2$号钢筋的质量，193.845kg为BTL_1中⑥$_1$号钢筋的质量，57.534kg为BTL_1中⑦$_1$号钢筋的质量，36.923kg为BTL_3中⑥$_3$号钢筋的质量，23.834kg为BTL_3中⑦$_3$号钢筋的质量，19.106kg为BTL_4中⑥$_4$号钢筋的质量，11.917kg为BTL_4中⑦$_4$号钢筋的质量，18.960kg为BTL_5中⑥$_5$号钢筋的质量，11.917kg为BTL_5中⑦$_5$号钢筋的质量，19.077kg为BTL_6中⑥$_6$号钢筋的质量，11.917kg为BTL_6中⑦$_4$号钢筋的质量。

$\phi8$：G =[6.778×6（阳台板）+（81.686+152.075+656.964+375.408）(BTL_1)+(17.206+30.415+218.988+87.595)（BTL_2）+(34.412+60.83+262.786+165.458)（BTL_3）+(17.206+30.415+197.089+87.595)（BTL_4）+(17.206+30.415+164.241+82.729)（BTL_5）+(17.206+30.415+197.089+82.729)（BTL_6)] kg
=3180.538kg

【注释】 6.778kg为阳台板2③$_2$号钢筋的质量，6为阳台板2的个数，81.686kg为BTL_1中⑧$_1$号钢筋的质量，152.075kg为BTL_1中⑨$_1$号钢筋的质量，656.964kg为BTL_1中⑩$_1$号钢筋的质量，375.408kg为BTL_1中⑪$_1$号钢筋的质量，17.206kg为BTL_2中⑧$_2$号钢筋的质量，30.415kg为BTL_2中⑨$_2$号钢筋的质量，218.988kg为BTL_2中⑩$_2$号钢筋的质量，87.595kg为BTL_2中⑪$_2$号钢筋的质量，34.412kg为BTL_3中⑧$_3$号钢筋的质量，60.83kg为BTL_3中⑨$_3$号钢筋的质量，262.786kg为BTL_3中⑩$_3$号钢筋的质量，165.458kg为BTL_3中⑪$_3$号钢筋的质量，17.206kg为BTL_4中⑧$_4$号钢筋的质量，30.415kg为BTL_4中⑨$_4$号钢筋的质量，197.089kg为BTL_4中⑩$_4$号钢筋的质量，87.595kg为BTL_4中⑪$_4$号钢筋的质量，17.206kg为BTL_5中⑧$_5$号钢筋的质量，30.415kg为BTL_5中⑨$_5$号钢筋的质量，164.241kg为BTL_5中⑩$_5$号钢筋的质量，82.729kg为BTL_5中⑪$_5$号钢筋的质量，17.206kg为BTL_6中⑧$_6$号钢筋的质量，30.415kg为BTL_6中⑨$_6$号钢筋的质量，197.089kg为BTL_6中⑩$_6$号钢筋的质量，82.729kg为BTL_6中⑪$_6$号钢筋的质量。

$\phi12$：G =[(1378.265+1483.408)(阳台板1)+(1311.842+1411.046)(阳台板2)+(698.412+781.44)(阳台板3、阳台板5)+(1531.622+1675.212)(阳台板4)+(799.999+878.143)(阳台6)+(1390.963+1504.272)(阳台7)]kg
=(2895.235+1678.142+3206.834+1479.852+2722.888+2861.673)kg
=14844.624kg

【注释】 1378.265kg为阳台板1中①$_1$号钢筋的质量，1483.408kg为阳台板1中②$_1$号钢筋的质量，1311.842kg为阳台板2中$①_2$号钢筋的质量，1411.046kg为阳台板2中$②_2$号钢筋的质量，698.412kg为阳台板3、阳台板5中$①_3$号钢筋的质量，781.44kg为阳台板3、阳台板5中$②_3$号钢筋的质量，1531.622kg为阳台板4中$①_4$号钢筋的质量，1675.212kg为阳台板4中$②_4$号钢筋的质量，799.999kg为阳台板6中$①_6$号钢筋的质量，878.143kg为阳台板6中$②_6$号钢筋的质量，1390.963kg为阳台板7中$①_7$号钢筋的质量，1504.272kg为阳台板7中$②_7$号钢筋的质量。

$\phi 20$：$G = [(1016.158+1031.917)(BTL_1)(293.327+293.545)(BTL_2)+(368.425+369.512)(BTL_3)+(271.157+271.483)(BTL_4)+(238.553+238.916)(BTL_5)+(263.766+264.092)(BTL_6)]kg$

$=(2048.075+586.872+737.937+542.64+477.469+527.858)kg$

$=4920.851kg$

【注释】 1016.158kg为BTL_1中$④_1$号钢筋的质量，1031.917kg为BTL_1中$⑤_1$号钢筋的质量，293.327kg为BTL_2中$④_2$号钢筋的质量，293.545kg为BTL_2中⑤2号钢筋的质量，368.425kg为BTL_3中$④_3$号钢筋的质量，369.512kg为BTL_3中$⑤_3$号钢筋的质量，271.157kg为BTL_4中$④_4$号钢筋的质量，271.483kg为BTL_4中$⑤_4$号钢筋的质量，238.553kg为BTL_5中$④_5$号钢筋的质量，238.916kg为BTL_5中$⑤_5$号钢筋的质量，263.766kg为BTL_6中$④_6$号钢筋的质量，264.092kg为BTL_6中$⑤_6$号钢筋的质量。

（7）钢筋混凝土剪力墙中钢筋用量（表3-7）

剪力墙钢筋用量表　　　　表3-7

构件	编号	直径	根数	单根长度(cm)	总长度(m)	总质量(kg)
地下室剪力墙(Q_1)(3m高)	①	ϕ20	516	3.12	1609.92	3976.502
	②	ϕ20	32	51.40	1644.8	4062.656
	③	ϕ8	2322	0.32	743.04	293.501
地下室剪力墙(Q_1)(2.8m高)	①	ϕ20	1178	2.94	3463.32	8554.40
	②	ϕ20	30	117.55	3526.50	8710.455
	③	ϕ8	4984	0.32	1594.88	629.978
Q_1中应扣除窗洞口钢筋	①	ϕ20	230	0.3	69	170.43
	②	ϕ20	16	22.9	137.4	339.378
	③	ϕ8	232	0.32	74.24	29.325
Q_1中应扣门洞口钢筋量	①	ϕ20	80	2.1	168	414.96
	②	ϕ20	24	8	192	474.24
	③	ϕ8	240	0.32	76.8	30.336
小结：Q_1中钢筋量	①	ϕ20			4144.44	11945.512
	②	ϕ20			3947.6	11959.493
	③	ϕ8			1739.52	863.818
地下室剪力墙(Q_2)中3m钢筋	①	ϕ18	438	3.07	1344.66	2689.32
	②	ϕ18	32	43.55	1393.6	2787.2
	③	ϕ8	1971	0.32	630.72	249.134

续表

构件	编号	直径	根数	单根长度(cm)	总长度(m)	总质量(kg)
地下室剪力墙(Q_2)中2.87m钢筋	①	ϕ18	292	2.94	858.48	1716.96
	②	ϕ18	30	28.95	868.5	1737
	③	ϕ8	1168	0.32	373.76	147.635
Q_2中应扣洞口占钢筋	①	ϕ18	94	1.75	164.5	329
	②	ϕ18	18	9.31	167.58	335.16
	③	ϕ8	288	0.32	92.16	36.403
小结:地下室剪力墙(Q_2)中钢筋	①	ϕ18			2120.36	4077.28
	②	ϕ18			2144.72	4189.04
	③	ϕ8			879.68	370.368
1~11层剪力墙(Q_1)中钢筋用量(39.6m高)	①	ϕ20	802	45.025	36110.05	89191.824
	②	ϕ20	298	79.9	23825.1	58847.997
	③	ϕ8	37000	0.32	11840	4674.8
1~11层剪力墙(Q_1)中钢筋用量(28.27m高)	①	ϕ20	392	16.57	14316.48	35361.706
	②	ϕ20	166	86.05	14284.3	35282.221
	③	ϕ8	30156	0.32	9649.92	3811.718
1~11层应扣洞口钢筋	①				3828	9455.16
	②				4527.6	11183.172
	③				2823.04	1115.136
1~11层剪力墙(Q_1)中应扣洞口占钢筋	①	ϕ20	1752	2.05	3679.2	8871.252
	②	ϕ20	22	175.07	3852.64	9516.021
	③	ϕ8	5256	0.32	1681.92	664.358
小结:1~11层Q_1钢筋用量	①	ϕ20				115682.278
	②	ϕ20				84614.19
	③	ϕ8				7824.16
普通层剪力墙(Q_2)高39.6m,钢筋量(1~11层)	①	ϕ18	496	45.082	22360.771	44721.542
	②	ϕ18	398	47.85	19044.3	38088.6
	③	ϕ8	24200	0.32	7744	3058.88
普通层剪力墙(Q_2)高27.8m,1~11层钢筋用量	①	ϕ18	280	34.17	9567.6	19135.2
	②	ϕ18	342	27.75	9490.5	1898.10
	③	ϕ8	12040	0.32	3852.8	1521.856
普通层应扣门洞口占钢筋	①	ϕ18	74	2.05	151.7	303.4
	②	ϕ18	22	7.15	157.3	314.6
	③	ϕ8	222	0.32	71.04	28.061
小结:Q_2 1~11层钢筋	①	ϕ18			31786.971	63553.342
	②	ϕ18			28970.6	56755.0
	③	ϕ8			11717.76	4628.515

综上所述，剪力墙中各型号钢筋用量汇总如下：

ϕ20：G =[(11945.512+9455.16)($Q_1$①)+(11959.493+84614.19)($Q_1$②)]kg

=(118172.63+85390.511)kg

=203563.141kg

【注释】 11945.512kg 为 $Q_1$①号钢筋的总质量，9455.16kg 为 $Q_1$①号中应扣门窗洞口钢筋的质量，11959.493kg 为 $Q_1$②号钢筋的总质量，84614.19kg 为其门窗洞口的钢筋质量。

ϕ18：G =[(4189.04+63553.342)(Q_2—①)+(4189.04+56755)(Q_2—②)]kg

=(67742.382+60944.04)kg

=130045.302kg

【注释】 4189.04kg 为地下室 Q_2—①号钢筋的总质量，63553.342kg 为普通层 Q_2—①号钢筋的质量，4189.04kg 为地下室剪力墙 Q_2—②号钢筋的总质量，56755kg 为普通层剪力墙 Q_2—②号钢筋的质量。

ϕ8：G =[863.818(地下室 Q_1)+7824.19(普通 Q_1)+370.366(地下室 Q_2)+4628.515(普通 Q_2)]kg

=(8688.008+4998.881)kg

=13686.889kg

【注释】 863.818kg 为地下室 Q_1 钢筋的总质量，7824.19kg 为普通层 Q_1 钢筋的总质量，370.366kg 为地下室 Q_2 号钢筋的总质量，4628.515kg 为普通层 Q_2 号钢筋的总质量。

(8) 现浇钢筋混凝土楼面板及屋顶板中钢筋用量如表 3-8 所示。

楼面板及屋顶板钢筋用量表　　表 3-8

构件	编号	直径	根数	单根长度(m)	总长度(m)	总质量(kg)
钢筋混凝土屋面板及楼面板中钢筋	①	ϕ8	492	43.87	21584.04	8525.696
	②	ϕ8	132	24.07	3181.2	1256.574
	③	ϕ8	1044	15.27	15941.88	6297.043
	④	ϕ8	1584	6.07	9662.4	3816.648
	⑤	ϕ8	708	7.57	5380.8	2125.416
	⑥	ϕ8	1224	20.4	24969.6	9862.992
	⑦	ϕ8	528	7.87	4155.36	1641.367
	⑧	ϕ8	312	7.27	2277.6	898.652
	⑨	ϕ8	648	5.0	3240	1279.8
	⑩	ϕ8	1128	5.654	6367.56	2515.189
	⑪	ϕ6	6900	1.166	8045.4	1716.079
	⑫	ϕ8	204	0.828	168.912	66.720
	⑬	ϕ8	2376	1.148	2727.648	1077.421
	⑭	ϕ6	2280	1.036	2511.264	557.501
	⑮	ϕ8	744	1.568	1166.592	460.804

综上所述：钢筋混凝土屋面及楼面板中钢筋用量如下：

ϕ8：G =(8525.696＋1256.574＋6297.043＋3816.648＋2125.416＋9862.992＋1641.367＋898.652＋1279.8＋2515.189＋66.720＋1077.421＋460.804)kg
=39824.352kg

【注释】 8525.696kg为混凝土楼面板及屋顶板中①号钢筋的总质量，1256.574kg为混凝土楼面板及屋顶板中②号钢筋的总质量，6297.043kg为楼面板及屋顶板中③号钢筋的总质量，3816.648kg为楼面板及屋顶板中④号钢筋的总质量，2125.416kg为楼面板及屋顶板中⑤号钢筋的总质量，9862.992kg为楼面板及屋顶板中⑥号钢筋的总质量，1641.367kg为楼面板及屋顶板中⑦号钢筋的总质量，898.652kg为楼面板及屋顶板中⑧号钢筋的总质量，1279.8kg为楼面板及屋顶板中⑨号钢筋的总质量，2515.189kg为楼面板及屋顶板中⑩号钢筋的总质量，66.720kg为楼面板及屋顶板中⑫号钢筋的总质量，1077.421kg为楼面板及屋顶板中⑬号钢筋的总质量，460.804kg为楼面板及屋顶板中⑮号钢筋的总重量。

ϕ6：G=(1716.079+524.382) kg=2240.461kg

【注释】 1716.079kg为楼面板及屋顶板中⑪号钢筋的总质量，524.382kg为楼面板及屋顶板中⑫号钢筋的总质量。

(9) 现浇混凝土楼梯的钢筋用量汇总（LT_1）（表3-9）

楼梯钢筋用量表 **表3-9**

构件	编号	直径	根数	单根长度(m)	总长度(m)	总质量(kg)
$TB_1\times1$	①	ϕ12	12	4.61	55.32	49.124
	②	ϕ8	10	1.642	16.42	6.486
	④	ϕ8	7	1.37	9.59	3.788
	⑤	ϕ6	18	1.35	24.30	5.395
	⑥	ϕ6	7	1.35	9.45	2.098
$TB_2\times1$	①	ϕ12	12	5.23	66.84	59.354
	④	ϕ6	17	1.35	22.95	5.095
	②	ϕ8	10	1.642	16.42	6.486
	⑤	ϕ6	7	1.35	9.45	2.098
$TB_3\times9$	①	ϕ10	99	3.145	311.355	192.106
	②	ϕ8	72	1.267	91.224	36.033
	③	ϕ8	72	1.322	95.184	37.598
	④	ϕ6	207	1.35	206.55	45.854
$TB_4\times9$	①	ϕ10	99	3.43	339.57	209.515
	②	ϕ8	72	1.281	92.232	36.432
	③	ϕ8	72	1.78	128.16	50.623
	④	ϕ6	126	1.35	170.10	37.762

续表

构件	编号	直径	根数	单根长度(m)	总长度(m)	总质量(kg)
B′×1	②′	ϕ12	23	1.775	40.825	36.253
	②″	ϕ12	23	2.568	59.064	52.449
	⑥	ϕ6	8	2.37	18.96	4.209
	⑦	ϕ6	7	2.37	16.59	3.683
B″×1	③	ϕ8	19	1.223	23.237	9.179
	④	ϕ6	13	2.706	35.178	7.81
	⑤	ϕ6	6	2.706	16.236	3.604
XB_1×9	⑤	ϕ6	250	2.53	632.5	140.415
	⑥	ϕ6	220	1.545	339.9	75.458
	⑦	ϕ8	140	1.513	211.82	83.667
XB_2×9	④″	ϕ6	171	2.53	432.63	96.044
	⑤	ϕ6	162	2.295	371.79	82.537
	⑥	ϕ8	126	2.263	285.138	112.630
TL_1×1	①	ϕ14	2	3.32	6.64	8.034
	②	ϕ10	1	3.27	3.27	2.018
	③	ϕ8	2	3.45	6.90	2.726
	④	ϕ6	16	1.07	17.12	3.801
TL_2×1	①	ϕ12	51	1.365	69.615	61.818
	②	ϕ8	34	3.45	117.3	46.334
	③	ϕ6	272	0.97	263.84	58.572
TL_3×2	①	ϕ10	4	3.27	13.08	8.07
	②	ϕ12	2	3.3	6.6	5.861
	③	ϕ8	4	3.45	13.80	5.451
	④	ϕ6	32	0.97	31.04	6.891

综上所述，楼梯1中各类钢筋用量汇总如下：

ϕ14：G=8.034kg

【注释】 8.034kg为$TL_1$①号钢筋的质量。

ϕ12：G=[49.124(TB_1)+55.731(TB_2)+36.253+52.449(B′)+61.818(TL_2)+5.861(TL_3)]kg

=(49.124+55.731+88.702+61.818+5.861)kg

=261.236kg

【注释】 49.124kg为TB_1中①号钢筋的质量，55.731kg为TB_2中①号钢筋的质量，36.253kg为B′中②′号钢筋的质量，52.449kg为B′中②″号钢筋的质量，61.818kg为TL_2中①号钢筋的质量，5.861kg为TL_3中②号钢筋的质量。

ϕ10：G=[192.106(TB_3)+209.515(TB_4)+2.018(TL_1)+8.07(TL_3)]kg

=411.709kg

【注释】 192.106kg 为 TB_3 中①号钢筋的质量，209.515kg 为 TB_4 中①号钢筋的质量，2.018kg 为 TL_1 中②号钢筋的质量，8.07kg 为 TL_3 中①号钢筋的质量。

ϕ8：G=[(6.486+3.788)(TB_1)+7.4(TB_2)+(36.033+37.598)(TB_3)+(36.432+50.623)(TB_4)+9.179(B″)+83.667(XB_1)+112.630(XB_2)+2.726(TL_1)+46.334(TL_2)+5.451(TL_3)]kg

=(10.274+7.462+73.631+87.055+9.179+83.667+112.630+2.726+46.334+5.451)kg

=438.409kg

【注释】 6.486kg 为 TB_1 中③号钢筋的质量，3.788kg 为 TB_1 中④号钢筋的质量，7.4kg 为 TB_2 中②号钢筋的质量，36.033kg 为 TB_3 中②号钢筋的质量，37.598kg 为 TB_3 中③号钢筋的质量，36.432kg 为 TB_4 中②号钢筋的质量，50.623kg 为 TB_4 中③号钢筋的质量，9.179kg 为 B″中③号钢筋的质量，83.667kg 为 XB_1 中⑦号钢筋的质量，112.630kg 为 XB_2 中⑥号钢筋的质量，2.726kg 为 TL_1 中③号钢筋的质量，46.334kg 为 TL_2 中②号钢筋的质量，5.451kg 为 TL_3 中③号钢筋的质量。

ϕ6：G=[(5.395+2.098)(TB_1)+(5.095+2.098)(TB_2)+45.854(TB_3)+37.762(TB_4)+(5.495+4.884)(B′)+(7.81+3.604)(B″)+(140.415+75.458)(XB_1)+(96.044+82.537)(XB_2)+3.801(TL_1)+58.572(TL_2)+6.891(TL_3)]kg

=(7.493+7.193+37.762+62.040+10.379+11.414+215.873+178.581+3.801+58.572+6.891)kg

=583.813kg

【注释】 5.395kg 为 TB_1 中⑤号钢筋的质量，2.098kg 为 TB_1 中⑥号钢筋的质量，5.095kg 为 TB_2 中④号钢筋的质量，2.098kg 为 TB_2 中⑤号钢筋的质量，45.854kg 为 TB_3 中④′号钢筋的质量，37.762kg 为 TB_4 中④′号钢筋的质量，5.495kg 为 B′中⑥号钢筋的质量，4.884kg 为 B′中⑦号钢筋的质量，7.81kg 为 B″中④号钢筋的质量，3.604kg 为 B″中⑤号钢筋的质量，140.415kg 为 XB_1 中⑤号钢筋的质量，75.458kg 为 XB_1 中⑥号钢筋的质量，96.044kg 为 XB_2 中④″号钢筋的质量，82.537kg 为 $XB_2$⑤号钢筋的质量，3.801kg 为 TL_1 中④号钢筋的质量，58.572kg 为 TL_2 中③号钢筋的质量，6.891kg 为 TL_3 中④号钢筋的质量。

(10) 楼梯 2 中钢筋用量（表 3-10）

综上所述，楼梯 2 中钢筋汇总（型号、长度、质量）如下：

ϕ14：G=16.068kg

【注释】 16.068kg 为 TL_1X2 中①号钢筋的质量。

楼梯 2 钢筋用量表 **表 3-10**

构件	编号	直径	根数	单根长度(m)	总长度(m)	总质量(kg)
TB_1 X2	①	ϕ12	24	4.821	115.704	102.745
	②	ϕ8	20	1.642	32.84	12.972
	④	ϕ8	14	1.37	19.18	7.576
	⑤	ϕ6	38	1.35	51.3	11.389
	⑥	ϕ6	12	1.35	16.20	3.596
TB_2 X2	①	ϕ12	24	5.846	140.304	124.590
	④	ϕ6	38	1.35	51.3	11.389
	②	ϕ8	20	1.755	35.10	13.865
	⑤	ϕ6	14	1.35	18.90	4.196
TB_3 X8	①	ϕ10	198	3.611	714.978	441.141
	②	ϕ8	144	1.267	182.448	72.067
	③	ϕ8	144	1.322	190.368	75.195
	④′	ϕ6	216	1.35	291.6	64.735
TB_4 X18	①	ϕ10	198	3.866	765.468	472.294
	②	ϕ8	144	1.016	146.304	57.79
	③	ϕ8	144	1.78	256.32	101.246
	④′	ϕ6	252	1.35	340.2	75.524
XB B′X2	②′	ϕ12	46	2.005	92.23	81.90
	②″	ϕ12	46	2.648	121.808	108.166
	⑥	ϕ6	18	2.75	49.50	10.989
	⑦	ϕ6	22	2.75	60.8	13.434
B″X2	③	ϕ8	38	1.223	46.474	18.357
	④	ϕ6	28	2.706	75.768	16.820
	⑤	ϕ6	12	2.706	32.472	7.209
XB_1X20	⑤	ϕ6	500	2.53	1265	280.830
	⑥	ϕ6	440	1.545	679.8	150.916
	⑦	ϕ8	280	1.513	423.64	167.338
XB_2X18	④″	ϕ6	360	2.53	910.8	202.198
	⑤	ϕ6	324	2.355	763.02	169.390
	⑥	ϕ8	252	2.323	585.396	231.231
TL_1X2	①	ϕ14	4	3.32	13.28	16.068
	②	ϕ10	2	3.27	6.54	4.036
	③	ϕ8	4	3.45	13.8	5.452
	④	ϕ6	32	1.07	34.24	7.602
TL_3X4	①	ϕ10	8	3.27	26.16	16.14
	②	ϕ12	4	3.3	13.2	11.722
	③	ϕ8	8	3.45	27.6	10.902
	④	ϕ6	64	0.941	60.224	13.37

ϕ12：G =[102.745(TB_1)+124.59(TB_2)+(81.90+108.166)(B')+123.636(TL_2)+11.722(TL_3)]kg=(102.745+124.59+177.73+123.636+11.722)kg
=540.336.kg

【注释】 102.745kg 为 TB_1 中①号钢筋的质量，124.59kg 为 TB_2 中①号钢筋的质量，81.90kg 为 B' 中②′号钢筋的质量，108.166kg 为 B' 中②″号钢筋的质量，123.636kg 为 TL_2 中①号钢筋的质量，11.722kg 为 TL_3 中①号钢筋的质量。

ϕ10：G = [441.141 (TB_3) + 472.294 (TB_4) + 4.036 (TL_1) + 16.14 (TL_3)] kg=933.61kg

【注释】 441.141kg 为 TB_3 中①号钢筋的质量，472.294kg 为 TB_4 中①号钢筋的质量，4.036kg 为 TL_1 中②号钢筋的质量，16.14kg 为 TL_3 中①号钢筋的质量。

ϕ8：G =[(32.84+7.576)(TB_1)+35.10(TB_2)+(72.067+75.195)(TB_3)+(57.79+101.246)(TB_4)+18.357(B'')+167.338(XB_1)+231.231(XB_2)+5.452(TL_1)+92.668(TL_2)+10.902(TL_3)]kg
=(40.416+35.10+147.262+159.036+18.357+167.338+231.231+5.452+92.668+10.902) kg
=907.762kg

【注释】 32.84kg 为 TB_1 中②号钢筋的质量，7.576kg 为 TB_1 中④号钢筋的质量，35.10kg 为 TB_2 中②号钢筋的质量，72.067kg 为 TB_3 中②号钢筋的质量，75.195kg 为 TB_3 中③号钢筋的质量，57.79kg 为 TB_4 中②号钢筋的质量，101.246kg 为 TB_4 中③号钢筋的质量，18.357kg 为 B'' 中③号钢筋的质量，167.338kg 为 XB_1 中⑦号钢筋的质量，231.231kg 为 XB_2 中⑥号钢筋的质量，5.452kg 为 TL_1 中③号钢筋的质量，92.668kg 为 TL_2 中②号钢筋的质量，10.902kg 为 TL_3 中③号钢筋的质量。

ϕ6：G =[(11.389+3.596)(TB_1)+(11.389+4.196)(TB_2)+64.735(TB_3)+75.524(TB_4)+(10.989+13.431)(B')+(16.82+7.209)(B'')+(280.830+150.916)(XB_1)+(202.198+169.390)(XB_2)+7.602(TL_1)+113.643(TL_2)+13.37(TL_3)]kg
=(14.985+15.585+64.735+75.524+24.411+24.029+431.746+371.588+7.602+113.643+13.37)kg
=1157.218kg

【注释】 11.389kg 为 TB_1 中⑤号钢筋的质量，3.596kg 为 TB_1 中⑥号钢筋的质量，11.389kg 为 TB_2 中④号钢筋的质量，4.196kg 为 TB_2 中⑤号钢筋的质量，64.735kg 为 TB_3 中④′号钢筋的质量，75.524kg 为 TB_4 中④′号钢筋的质量，10.989kg 为 B' 中⑦号钢筋的质量，13.431kg 为 B' 中⑦号钢筋的质量，16.82kg 为 B'' 中④号钢筋的质量，7.209kg 为 B'' 中⑤号钢筋的质量，280.830kg 为 XB_1 中⑤号钢筋的质量，150.916kg 为 XB_1 中⑥号钢筋的质量，202.198kg 为 XB_2 中④″号钢筋的质

量，169.390kg为XB_2中⑤号钢筋的质量，7.602kg为TL_1中④号钢筋的质量，113.643kg为TL_2中③号钢筋的质量，13.37kg为TL_3中④号钢筋的质量。综合第26项抽钢筋（1）～（10），各类钢筋长度及质量汇总如表3-11所示。

各类钢筋用量表　　表3-11

编号	构　件	直径	总长度(m)	总质量(kg)
（1）	钢筋混凝土筏板基础	ϕ12	207.328	184.107
		ϕ20	13169.263	32638.114
		ϕ10	55589.76	34298.892
（2）	剪力墙柱	ϕ20	2834.849	69175.297
		ϕ22	4260.06	12392.783
（3）	钢筋混凝土剪力墙梁中钢筋	ϕ25	232	891.66
		ϕ22	3025.6	8171.992
		ϕ20	3577.76	5710.172
		ϕ18	113.6	226.8
		ϕ16	55.6	87.69
		ϕ10	12127.74	6712.46
（4）	加气混凝土砌块墙洞口上过梁钢筋	ϕ10	1725.68	1064.745
		ϕ8	675.6	266.862
		ϕ6	1974.7	465.242
（5）	钢筋混凝土雨篷板及雨篷梁中钢筋	ϕ22	70.14	209.017
		ϕ20	64.05	158.204
		ϕ10	121.11	56.955
		ϕ8	156.42	55.849
		ϕ6	151.20	25.894
（6）	钢筋混凝土阳台板及阳台边挑梁中钢筋	ϕ20	1997.747	4920.851
		ϕ12	16716.92	14844.624
		ϕ8	8279.48	3180.538
		ϕ6	1504.335	333.962
（7）	钢筋混凝土剪力墙中钢筋用量	ϕ20	64235.6	203563.41
		ϕ18	65022.65	128686.422
		ϕ8	26125.12	12571.682
（8）	屋面板及楼面板中钢筋	ϕ8	105476.952	41662.396
		ϕ6	10407.48	2310.461
（9）	楼梯1中钢筋用量	ϕ14	6.64	8.034
		ϕ12	280.02	261.236
		ϕ10	712.617	438.409
		ϕ8	1108.56	438.409
		ϕ6	2800.49	583.813

续表

编号	构　　件	直径	总长度(m)	总质量(kg)
(10)	楼梯 2 中钢筋用量	ϕ14	13.28	16.068
		ϕ12	577.54	540.336
		ϕ10	1558.884	933.611
		ϕ8	2232.44	887.586
		ϕ6	6078.4	1157.218

总结上表，汇总如下（整幢楼钢筋型号、长度、质量）：

ϕ6：G =[465.242(过梁)+25.894(雨篷)+333.911(阳台)+2310.461(板)+583.813(楼梯1)+1157.218(楼梯2)]kg
=4876.539kg

【注释】 465.242kg 为砌块墙洞口上过梁处该钢筋的质量，25.894kg 为雨篷板及雨篷板梁中该钢筋的质量，333.911kg 为阳台边挑梁中该钢筋的质量，2310.461kg 为屋面板及楼面板中该钢筋的质量，583.813kg 为楼梯 1 中该钢筋的质量，1157.218kg 为楼梯 2 中该钢筋的质量。

ϕ8：G =[266.862(过梁)+5.5849(雨篷)+3180.538(阳台)+12571.682(剪力墙)+39824.352(板)+438.409(楼梯 1)+887.586(楼梯 2)]kg
=57225.278kg

【注释】 266.862kg 为加气混凝土砌块墙洞口上过梁处该钢筋的质量，55.849kg 为雨篷板处该钢筋的质量，3180.538kg 为阳台处该钢筋的质量，12571.682kg 为钢筋混凝土剪力墙中该钢筋的质量，39824.352kg 为屋面板及楼面板中该钢筋的质量，438.409kg 为楼梯 1 处该钢筋的质量，887.586kg 为楼梯 2 处该钢筋的质量。

ϕ10：G =[34298.892(筏基)+6712.46(剪力墙梁)+1064.745(过梁)+56.955(雨篷)+438.409(楼梯1)+933.611(楼梯2)]kg
=44275.278kg

【注释】 34298.892kg 为钢筋混凝土筏板基础内该钢筋的质量，6712.46kg 为剪力墙处该钢筋的质量，1064.745kg 为砌块墙洞口上过梁处该钢筋的质量，56.955kg 为雨篷板及雨篷梁中该钢筋的质量，438.409kg 为楼梯 1 处该钢筋的质量，933.611kg 为楼梯 2 处该钢筋的质量。

ϕ12：G = [14844.624（阳台）+ 261.238（楼梯 1）+ 540.336（楼梯 2）]kg=15646.196kg

【注释】 14844.624kg 为阳台板及阳台边挑梁中该钢筋的质量，261.238kg 为楼梯 1 处该钢筋的质量，540.336kg 为楼梯 2 处该钢筋的质量。

ϕ12：G=184.107kg

【注释】 184.107kg 为筏板基础内该钢筋的质量。

ϕ14：G= [8.034（楼梯1）+16.068（楼梯2）] kg=24.102kg

【注释】 8.034kg 为楼梯1处该钢筋的质量，16.068kg 为楼梯2处该钢筋的质量。

ϕ16：G=87.69kg

【注释】 87.69kg 为剪力墙梁中该钢筋的质量。

ϕ18：G=[226.8(剪力墙梁)+128686.442(剪力墙)]kg=128913.242kg

【注释】 226.8kg 为剪力墙梁中该钢筋的质量，128686.442kg 为钢筋混凝土剪力墙中该钢筋的质量。

ϕ20：G =[32638.114(筏基)+69175.297(剪力墙柱)+5710.172(剪力墙梁)+158.204(雨篷)+4920.851(阳台)+263563.41(剪力墙)]kg
=316166.048kg

【注释】 32638.114kg 为筏板基础内该钢筋的质量，69175.297kg 为剪力墙柱中该钢筋的质量，5710.172kg 为剪力墙梁中该钢筋的质量，158.204kg 为雨篷板及雨篷梁中该钢筋的质量，4920.851kg 为阳台板及阳台边挑梁中该钢筋的质量，263563.41kg 为剪力墙中该钢筋的质量。

ϕ22：G =[12392.783(剪力墙柱)+8171.992(剪力墙梁)+209.017(雨篷)]kg
=20773.792kg

ϕ25：G=891.66kg（剪力墙梁）

则Ⅱ号筋：ϕ10以外：G =[891.66(ϕ25)+20773.792(ϕ22)+316166.048(ϕ22)+128913.242(ϕ18)+87.69(ϕ16)+184.107(ϕ12)]kg
=467016.532kg

【注释】 891.66kg 为剪力墙梁中ϕ25钢筋的质量，20773.792kg 为剪力墙柱、剪力墙梁、雨篷中该钢筋的总质量，316166.048kg 为筏板基础、剪力墙柱、剪力墙梁、雨篷、阳台、剪力墙中该钢筋的总质量，128913.242kg 为剪力墙梁、剪力墙中该钢筋的质量，87.69kg 为剪力墙梁中该钢筋的质量，184.107kg 为筏板基础内该钢筋的质量。

Ⅰ号筋：ϕ10以内：G =[44275.278(ϕ10)+57225.278(ϕ8)+4876.539(ϕ6)]kg
=106377.086kg

【注释】 44275.278kg 为筏板基础、剪力墙梁、过梁、雨篷、楼梯1、楼梯2处该钢筋的总质量，57225.278kg 为过梁、雨篷、阳台、剪力墙、屋面板、楼梯1、楼梯2处该钢筋的总质量，4876.539kg 为过梁、雨篷、阳台、屋面板及楼面板、楼梯1及楼梯2处该钢筋的总质量。

ϕ10以外：G=[15646.196(ϕ12)+24.102(ϕ14)]kg=15670.298kg

【注释】 15646.196kg为筏板基础、阳台板、楼梯1和楼梯2处该钢筋的总质量，24.102kg为楼梯1、楼梯2处该钢筋的总质量。

20. 010902002，屋面防水，屋面涂膜防水

- 40mm厚C20细石混凝土掺10%硅质密实剂刚柔防水层（37mm厚）。
- 20mm厚水泥砂浆结合层。
- 聚氨酯防水涂膜防水层三道（16mm厚）。
- 水泥聚苯板（保护层）。

（1）清单工程量 S ={12.8×(15.2−0.25)−2.05×3.3×2(Ⓒ、Ⓕ间)−0.9×8(Ⓐ、⑴Ⓐ轴)+1×(3.3−0.48)×2(阳台3、5)+[(0.9+0.3)×(8−0.25)+1/6×π×6²−6×3$\sqrt{3}$×1/2圆弧](阳台2)}(Ⓐ、Ⓕ轴线间)m² +{(7.5−0.25)×24−(2.7−0.25)×(4.5−1.36)(⑨、⑮间)+[1.2×(4.2−0.25)×2+0.84](阳台1)}(Ⓚ、Ⓕ轴与④、⑮之间)m² +{9.9×(6−0.25)−1.5×(3−0.25)(Ⓖ、Ⓗ轴)+5.172(阳台3)+(1/2×1.6×1.38)阳台4}×2(Ⓖ、Ⓚ与①、④轴间)m² +{(183.78−0.25×4)+[(3+0.25)+(2.7+0.25)]×2×3}×0.25(女儿墙上翻250mm)m² +[(7.8−0.25)×7.2−1/2×(6−0.25)×tan30°×(6−0.25)(缺口)+(1.5+1.8)×1.2(阳台6)+(4+3.25)×1.5×1/2(阳台7)](斜轴线间面积)m²

=(186.11+176.627+59.076×2+54.995+52.232×2)m²

=640.348m²

【注释】 12.8×(15.2−0.25)m² 为轴线⑥至轴线⑭和轴线Ⓐ至轴线Ⓕ处屋面防水的总面积，其中12.8m为其宽度，(15.2−0.25)m为其长度，2.05×3.3×2m² 为Ⓒ、Ⓕ间两处空余的矩形面积，其中2.05m为其宽度，3.3m为其长度，0.9×8m² 为轴线Ⓐ至轴线⑴Ⓐ之间空余部分的面积，其中0.9m为其宽度，8m为其长度，1×(3.3−0.48)×2m² 为阳台3、5处屋面防水的面积，其中1m为其宽度，(3.3−0.48)m为其长度，(0.9+0.3)×(8−0.25)m² 为阳台2处矩形的面积，其中(0.9+0.3)m为其宽度，(8−0.25)m为其长度，1/6×3.14×6²m² 为半径为6m的圆形面积的1/6，后边减去的表示多出三角形的面积，(7.5−0.25)×24m² 为轴线Ⓕ至轴线Ⓚ和轴线④至轴线⑮处屋面防水的总面积，其中(7.5−0.25)m为其宽度，24m为其长度，0.25m为主墙间两半墙的厚度，(2.7−0.25)×(4.5−1.36)m² 为⑨、⑪间楼梯间的面积，其中(2.7−0.25)m为其宽度，(4.5−1.36)m为其长度，[1.2×(4.2−0.25)×2+0.84]m² 为阳台1处防水的面积，其中1.2m为阳台的宽度，(4.2−0.25)×2m为其长度，0.84m² 为圆弧的面积，9.9×(6−0.25)m² 为轴线Ⓖ、Ⓚ与轴线①、④处屋面防水的面积，其中9.9m为其屋面长度，(6−0.25)m为其屋面宽度，1.5×(3−0.25)m² 为Ⓖ、Ⓗ轴空余部分的面积，其中1.5m为其宽度，(3−0.25)m为其长度，5.172m² 为阳台3的面积，1/2×1.6×1.38m² 为阳台4的面积，大括号外乘以2表示左右两部分，183.78m为女儿墙的总长度，0.25m为两半墙的厚度，[(3+0.25)+(2.7+0.25)]m为电梯井的长度，乘以2表示电梯井的四周墙长，3为电梯井的个数，(7.8−0.25)×7.2m^{2}为斜轴线处屋面防水的面积，其中(7.8−0.25)m为其长度，7.2m为其宽度，1/2×(6−0.25)×tan30°×(6−0.25)m^{2}为缺口三角形的面积，(1.5+1.8)×1.2m^{2}为阳台6的面积，其中(1.5+1.8)m^{2}为阳台的长度，1.2m为阳台的宽度，(4+3.25)×1.5×1/2m^{2}为阳台7的面积，其中(4+3.25)m为其阳台的上下底之和，1.5m为梯形阳台的高度。

(2) 刚性防水工程量 S=585.353m^2

21. 011001001001 隔热，保温层面，

屋顶保温层，外保温，做法如下：

- 20mm厚1∶2.5水泥砂浆找平。
- 150mm厚沥青珍珠岩保温层。
- 加气混凝土碎块找坡2%，最低处30mm厚，振捣密实。

清单保温层工程量如下：

S={[12.8×(15.2−0.25)−2.05×3.3×2−0.9×8](Ⓐ、Ⓕ轴线间)+[(7.5−0.25)×24−(2.7−0.25)×(4.5−1.36)(⑨、⑪之间)](Ⓕ、Ⓚ轴线间)+[9.9×(6−0.25)−1.5×(3−0.25)(Ⓖ、Ⓗ间)](Ⓖ、Ⓚ与①、④轴间)×2+[(7.8−0.25)×7.2−1/2×(6−0.25)×tan30°×(6−0.25)(缺口)]×2(斜轴线间)}m^2

=(166.53+166.307+52.8×2+48.272×2)m^2

=534.981m^2

【注释】 12.8×(15.2−0.25)m^{2}为轴线⑥至轴线⑭和轴线Ⓐ至轴线Ⓕ处屋顶保温层的总面积，其中12.8m为该处屋面的宽度，(15.2−0.25)m为该处屋面的长度，2.05×3.3×2m^{2}为Ⓒ、Ⓕ间两处空余的矩形面积，其中2.05m为其宽度，3.3m为其长度，0.9×8m^{2}为轴线Ⓐ至轴线1/A之间空余部分的面积，其中0.9m为其宽度，8m为其长度，(7.5−0.25)×24m^{2}为Ⓚ、Ⓕ轴和④、⑮轴线间屋顶保温层的总面积，其中(7.5−0.25)m为其屋顶的宽度，24m为其屋顶的长度，(2.7−0.25)×(4.5−1.36)m^{2}为⑨、⑪之间楼梯间的面积，其中(2.7−0.25)m为其宽度，(4.5−1.36)m为其长度，9.9×(6−0.25)m^{2}为轴线Ⓖ、Ⓚ与轴线①、④处屋顶保温层的面积，其中9.9m为其屋顶的长度，(6−0.25)m为其屋顶的宽度，1.5×(3−0.25)m^{2}为Ⓖ、Ⓗ间空余部分的面积，其中1.5m为其空余部分的宽度，(3−0.25)m为其空余部分的长度，最后中括号外乘以2表示该处有两部分，(7.8−0.25)×7.2m^{2}为斜轴线处屋顶保温层的面积，其中(7.8−0.25)m为该处屋顶保温层的长度，7.2m为该处屋顶保温层的宽度，1/2×(6−0.25)×tan30°×(6−0.25)m^{2}为缺口处三角形的面积，最后乘以2表示斜轴线处屋顶保温层有两部分。

$V=Sh$=534.981×0.15m^3=80.247m^3

【注释】 534.981m^{2}为屋顶保温层的面积，0.15m为沥青珍珠岩保温层的厚度。

22. 010801001001，门窗工程，镶板木门，刷调合漆两遍，磁漆罩面

洞口：1200mm×2100mm

工程量：$S=1.2\times2.1\times66m^2=166.32m^2$

【注释】 1.2m为镶板木门的宽度，2.1m为镶板木门的高度，66为该门的数量。

23. 010801001001，胶合板木门，刷三遍调合漆，磁漆罩面

洞口：1200mm×2100mm

工程量：$S=1.2\times2.1\times88m^2=221.76m^2$

【注释】 1.2m为胶合板木门的宽度，2.1m为胶合板木门的高度，88为门的数量。

010801001002，胶合板木门，刷调合漆三遍，磁漆罩面

洞口：780mm×1800mm

工程量：$S=0.78\times1.8\times42m^2=58.968m^2$

【注释】 0.78m为该木门的宽度，1.8m为该木门的高度，42为该木门的数量。

24. 010801004001，木质防火门，刷封闭漆一遍，聚氨酯漆两遍

洞口：1200mm×2100mm

工程量：$S=1.2\times2.1\times22m^2=55.44m^2$

【注释】 1.2m为该木质防火门的宽度，2.1m为木质防火门的高度，22为该门的数量。

010801004002，木质防火门，刷封闭漆一遍，聚氨酯漆两遍。

洞口：1500mm×2100mm

工程量：$S=1.5\times2.1\times3m^2=9.45m^2$

【注释】 1.5m为该木质防火门的宽度，2.1m为该门的高度，3为该门的数量。

010801004003，木质防火门，刷封闭漆一遍，聚氨酯漆两遍。

洞口：1000mm×2100mm

工程量：$S=1\times2.1\times8m^2=16.8m^2$

【注释】 1m为该门的宽度，2.1m为该门的高度，8为该门的数量。

25. 010802001001，金属推拉门，1200mm×2100mm

工程量：$S=(1.2\times2.1\times66)m^2=166.32m^2$

【注释】 1.2为该金属推拉门的宽度，2.1为该金属推拉门的高度，66为该门的数量。

010802001002　金属推拉门　800×2100

工程量：$S=(0.8\times2.1\times154)m^2=258.72m^2$

【注释】 0.8为金属推拉窗的宽度，2.1为该金属推拉窗的高度，154为该窗的数量。

26. 010802001001，金属平开门（百叶），780mm×2100mm

工程量：$S=(0.78\times2.1\times44)m^2=72.072m^2$

【注释】 0.78为该金属平开门的宽度，2.1为该金属平开门的高度，44为该门

的数量。

27. 010807001001，金属推拉窗，1800mm×1500mm

工程量：$S=1.8\times1.5\times44m^2=118.8m^2$

【注释】 1.8m为该金属推拉窗的宽度，1.5m为该金属推拉窗的高度，44为该窗的数量。

010807001002，金属推拉窗，600mm×1000mm

工程量 $S=0.6\times1\times66m^2=39.6m^2$

【注释】 0.6m为该金属推拉窗的宽度，1m为该金属推拉窗的高度，66为该窗的数量。

010807001003，金属推拉窗，600mm×1500mm

工程量：$S=0.6\times1.5\times22m^2=19.8m^2$

【注释】 0.6m为该窗的宽度，1.5m为该窗的高度，22为该窗的数量。

010807001004，金属推拉窗，300mm×500mm

工程量：$S=0.3\times0.5\times22m^2=3.3m^2$

【注释】 0.3m为该窗的宽度，0.5m为该窗的高度，22为窗的数量。

010807001005，金属推拉窗，600mm×300mm

工程量：$S=0.6\times0.3\times36m^2=6.48m^2$

【注释】 0.6为该窗的宽度，0.3为该窗的高度，36为该窗的数量。

28. 010807001001，金属平开窗，1500mm×1500mm（外飘窗）

工程量：$S=(1.5\times1.5+0.2\times2\times1.5+0.2\times2\times1.5)\times44m^2$
$=(2.25+0.6\times2)\times44m^2$
$=3.45\times44m^2$
$=151.8m^2$

【注释】 $1.5\times1.5m^2$为金属平开窗的面积，$0.2\times2\times1.5m^2$为外飘窗的面积，44为该金属平开窗的数量。

010807001002，金属平开窗，1800mm×1500mm（外飘窗）

工程量：$S=[(1.8+0.2\times2)\times(1.5+0.2\times2)-0.2\times0.2\times4]\times22m^2$
$=(2.2\times1.9-0.16)\times22m^2$
$=(4.18-0.16)\times22m^2$
$=88.44m^2$

【注释】 $(1.8+0.2\times2)\times(1.5+0.2\times2)m^2$为金属平开窗的面积，其中$(1.8+0.2\times2)m$为窗的宽度，$(1.5+0.2\times2)m$为窗的高度。

020406002003，金属平开窗，1800mm×1500mm

工程量：$S=1.8\times1.5\times32m^2=86.4m^2$

【注释】 1.8m为该金属平开窗的宽度，1.5m为该金属平开窗的高度，32为该窗的数量。

010807001004，金属平开窗，1800mm×1500mm（弧形）

工程量：$S=QR\times1.5\times22=1.8\times\pi/3\times1.5\times22m^2=62.212m^2$

【注释】 1.8×3.14×1/3m 为该弧形窗的宽度，1.5m 为该窗的高度，22 为该窗的数量。

29. 010807003001，金属百叶窗，1800mm×1500mm

工程量：$S=1.8\times1.5\times22m^2=59.4m^2$

【注释】 1.8m 为该金属百叶窗的宽度，1.5m 为该金属百叶窗的高度，22 为该窗的数量。

3.2 装饰装修工程部分

1. 011101001001，水泥地面

素土夯实，60mm 厚 C10 混凝土垫层，素水泥结合层一道，20mm 厚 1：2.5 的水泥砂浆抹面压光。

则清单水泥地面工程量：

(1) Ⓐ、Ⓕ轴间

S_1'=(15.2−0.25)×(12.8−0.25)−2.05×4.3×2(Ⓒ、Ⓕ间)−0.9×8(Ⓐ、1/A间)−(2.7−0.25)×(2.7−0.5)(中楼)m^2

=(14.95×12.55−4.1×4.3−7.2−5.39)m^2

=(187.62−17.63−7.2−5.39)m^2

=157.4m^2

【注释】 (15.2−0.25)×(12.8−0.25)m^2 为Ⓐ、Ⓕ轴间与轴线⑥、⑭处水泥地面的总面积，其中 (15.2−0.25)m 为该处地面的长度，(12.8−0.25)m 为该处地面的宽度，0.25m 为两边两半墙的厚度，2.05×4.3×2m^2 为Ⓒ、Ⓕ间空余两部分的面积，其中 2.05m 为其宽度，4.3m 为其长度，0.9×8m^2 为轴线Ⓐ至轴线1/A间空余部分的面积，其中 0.9m 为其宽度，8m 为其长度，(2.7−0.25)×(2.7−0.5)m^2 为中楼的面积，其中 (2.7−0.25)m 为其边长。

Ⓐ、Ⓕ间内墙净长线长：

l_1=[(2.2+2.1−0.25)×2+(7.6−4.69)×2+(2.64−0.25)×2+(2.7−0.25)×2+(2.7−0.5)+(2.2+1.8+3.6)×3+(1.8−0.25)×2+(2.4−0.25)×2+2.2×2+(3.6−0.25)×6+3.6×2]m

=(8.1+5.82+4.78+4.9+2.65+22.8+3.1+4.3+4.4+20.1+7.2)m

=68.05m

【注释】 (2.2+2.1−0.25)×2m 为轴线Ⓒ至轴线Ⓕ之间两道纵向内墙的长度，0.25m 为两边两半墙的厚度，(7.6−4.69)×2m 为轴线⑥至轴线⑭之间两道内墙的长度，(2.64−0.25)×2m 为轴线Ⓒ至轴线Ⓕ处水平内墙的长度，(2.2+1.8+3.6)×3m 为轴线Ⓐ至轴线Ⓒ之间三道纵向内墙的长度，其中 3 为数量，(1.8−0.25)

×2m为轴线Ⓑ至轴线⑴Ⓑ处内墙的长度，其中2为数量，(2.4－0.25)×2m为轴线Ⓑ上两道水平内墙的长度，其中2表示数量，2.2×2m为轴线⑴Ⓑ至轴线Ⓒ之间纵向内墙的长度，其中2表示数量，(3.6－0.25)×6m为轴线⑥、⑧和轴线⑫、⑭处水平内墙的长度，其中6为墙的数量，3.6×2m为轴线⑴Ⓐ至轴线Ⓑ之间纵向内墙的长度，2为该墙的数量。

应扣内墙面积 $S_{扣}=68.05\times0.25(墙厚)m^2=17.013m^2$

【注释】 68.05m为Ⓐ、Ⓕ间内墙净长线长，0.25m为内墙的墙厚。

则Ⓐ、Ⓕ轴间水泥地面面积：

$S_1=S'_1-S_{扣}=(161.14-17.013)m^2=144.127m^2$

【注释】 161.14m² 为Ⓐ、Ⓕ轴间水泥地面的总面积，17.013m² 为该处内墙的面积。

(2) Ⓖ、Ⓚ与①、④轴线间

$S'_2=[9.9\times(6-0.25)-1.5\times(3-0.25)(Ⓖ、Ⓗ轴间)-(3-0.25)\times2.7]m^2$

$=(9.9\times5.75-1.5\times2.75-2.75\times2.7)m^2$

$=(56.925-4.125-7.425)m^2$

$=(52.8-7.425)m^2$

$=45.375m^2$

【注释】 9.9×(6－0.25)m² 为轴线Ⓖ、Ⓚ与轴线①、④间水泥地面的总面积，其中9.9m为其地面的长度，(6－0.25)m为其地面的宽度，1.5×(3－0.25)m² 为Ⓖ、Ⓗ轴间为该部分空余地面的面积，其中1.5m为该部分地面的宽度，(3－0.25)m为该部分地面的长度，(3－0.25)×2.7m² 为该部分电梯间的面积，其中(3－0.25)m为电梯间的长度，2.7m为电梯间的宽度，其中0.25m为两边两半墙的厚度。

应扣内墙长：

$l_2=[(2.7-0.25)\times2+(6-0.25)\times2+(3-0.25)]m$

$=(4.9+11.5+2.75)m$

$=19.15m$

【注释】 (2.7－0.25)×2m为轴线③至轴线④处纵向内墙的长度，2为墙的数量，(6－0.25)×2m为轴线①至轴线②处纵向内墙的长度，2为墙的数量，(3－0.25)m为轴线③至轴线④处水平内墙的长度，0.25m为主墙间两边两半墙的厚度。

$S_{2应扣}=l_2\times0.25=19.15\times0.25m^2=4.788m^2$

【注释】 19.15m为轴线Ⓖ、Ⓚ与①、④轴线处内墙的总长度，0.25m为内墙的厚度。则Ⓖ、Ⓚ与①④轴线间：

$S_2=S'_2-S_{2应扣}=(45.375-4.788)m^2=40.587m^2$

【注释】 45.375m² 为轴线Ⓖ、Ⓚ与轴线①、④间水泥地面的总面积，4.788m² 为该处内墙的面积。

(3) Ⓕ、Ⓚ轴与④、⑮轴间

$S'_3=[(7.5-0.25)\times24-(2.7-0.25)\times(4.5-1.36)](⑨、⑪之间)m^2$

$=(7.25\times24-2.45\times3.14)\text{m}^2$

$=(174-7.693)\text{m}^2$

$=166.307\text{m}^2$

【注释】 $(7.5-0.25)\times24\text{m}^2$ 为轴线Ⓕ、Ⓚ与轴线④、⑮间水泥地面的面积，其中 $(7.5-0.25)$m 为其宽度，24m 为其地面的长度，$(2.7-0.25)\times(4.5-1.36)\text{m}^2$ 为⑨、⑮之间空余地面的面积，其中 $(2.7-0.25)$m 为其宽度，$(4.5-1.36)$m 为其长度，0.25m 为两边两半墙的厚度。

Ⓕ、Ⓚ轴与④、⑮轴间内墙净长线长：

$l_3=[(3.3+3.15+4.2-0.25)\times2\times2+(2.7-0.25)\times2\times2+(3-0.25)\times3\times2+4.2\times2+(1.8+3)\times2]\text{m}$

$=(10.4\times4+2.45\times4+2.75\times6+8.4+4.8\times2)\text{m}$

$=(41.6+9.8+16.5+8.4+9.6)\text{m}$

$=85.9\text{m}$

【注释】 $(3.3+3.15+4.2-0.25)\times2\times2\text{m}$ 为轴线④至轴线⑨和轴线⑪至轴线⑮处水平内墙的长度，2×2 为该内墙的数量。

应扣除内墙所占的面积 $S_{扣}=l_3\times0.25=85.9\times0.25\text{m}^2=21.475\text{m}^2$

【注释】 85.9m 为Ⓕ、Ⓚ轴与④、⑮轴间内墙净长线长，0.25m 为内墙的厚度。

则Ⓕ、Ⓚ轴与④、⑮轴间面积

$S_3=S'_3-S_{扣}=(166.307-21.475)\text{m}^2=144.832\text{m}^2$

【注释】 166.307m^2 为Ⓕ、Ⓚ轴与④、⑮轴水泥地面的总面积，21.475m^2 为该处内墙所占的面积。

（4）斜轴线间面积

$S'_4=[(7.8-0.25)\times7.2-1/2\times(6-0.25)\times\tan30°\times(6-0.25)]\text{m}^2$

$=(7.55\times7.2-1/2\times5.75\times3^{1/3}/3\times5.75)\text{m}^2$

$=(54.36-9.544)\text{m}^2$

$=44.816\text{m}^2$

【注释】 $(7.8-0.25)\times7.2\text{m}^2$ 为斜轴线间水泥地面的总面积，其中 $(7.8-0.25)$m 为其水泥地面的长度，7.2m 为其水泥地面的宽度，后边的式子为斜轴线处缺口三角形的面积，$(6-0.25)\times\tan30°$、$(6-0.25)$m 分别为缺口三角形两直角边的长度。

斜轴线处内墙净长线长：$l_4=[(7.2-0.25)+0.6+(7.8-1.2-0.25)+(3.3-0.25)+(2.4+1.5-0.25)]\text{m}$

$=(6.95+0.6+6.35+3.05+3.65)\text{m}$

$=20.60\text{m}$

【注释】 $(7.2-0.25)$m 为轴线①′至轴线④′之间水平内墙的长度，0.6m 为轴线Ⓑ′至轴线⑩Ⓑ之间竖直内墙的长度，$(7.8-1.2-0.25)$m 为轴线②′至轴线③′之间竖直内墙的长度，$(3.3-0.25)$m 为轴线Ⓐ′至轴线Ⓑ′之间纵向内墙的长度，(2.4+1.5−

0.25)m 为轴线②′至轴线④′水平内墙的长度，其中 0.25m 为主墙间两半墙的厚度。

斜轴线处应扣除内墙所占面积：$S_{4扣}=l_4\times0.25=20.60\times0.25m^2=5.15m^2$

【注释】 20.60m 为斜轴线处内墙的总长度，0.25m 为内墙的厚度。

则斜轴线处地面面积：$S_4=S'_4-S_{4扣}=(44.816-5.15)m^2=39.666m^2$

【注释】 44.816m^2 为斜轴线处水泥地面的总面积，5.15m^2 为该斜轴线处内墙所占的面积。

（5） 台阶内侧地面面积

$S_单=(2.4-0.3\times3)\times(1.8-0.3\times3)m^2=1.5\times0.9m^2=1.35m^2$

【注释】 (2.4－0.3×3)m 为台阶内侧地面的水平投影长度，(1.8－0.3×3)m 为台阶内侧地面的水平投影宽度，3 为台阶的个数，0.3m 为台阶的宽度。

三个台阶总面积：$S_{5台阶}=3\times S_单=3\times1.35m^2=4.05m^2$

【注释】 3 为台阶的个数，1.35m^2 为单个台阶的面积。

综上所述，水泥地面的清单工程量：

$$S=S_1+2S_2+S_3+2S_4+S_5$$
$$=(148.228+2\times40.587+144.832+2\times39.666+4.05)m^2$$
$$=457.616m^2$$

【注释】 148.228m^2 为Ⓐ、Ⓕ间水泥地面的面积，2×40.587m^2 为Ⓖ、Ⓚ与①、④轴线间水泥地面的面积，144.832m^2 为Ⓕ、Ⓚ轴与④、⑮轴间水泥地面的面积，2×39.666m^2 为两边斜轴线处水泥地面的面积，4.05m^2 为台阶处水泥地面的面积。

2. 011101001002，水泥地面（电梯间）

$$S=[(3-0.25)\times(2.7-0.25)\times2+(2.7-0.5)\times(2.7-0.25)]m^2$$
$$=(13.475+5.39)m^2$$
$$=18.865m^2$$

【注释】 (3－0.25)×(2.7－0.25)×2m^2 为轴线③至轴线④和轴线⑮至轴线⑯处电梯间的水泥地面的面积，其中 (3－0.25)m 为该处电梯间的长度，(2.7－0.25)m 为该处电梯间的宽度，2 为电梯间的数量，(2.7－0.5)×(2.7－0.25)m^2 为轴线⑨至轴线⑪处电梯间的水泥地面面积，其中 (2.7－0.25)m 为其边长，0.25m 为主墙间两半墙的厚度。

做法：素土夯实，80mm 厚 C10 混凝土垫层，素水泥浆结合层一道，20mm 厚 1∶2.5 水泥砂浆抹面压洗。

3. 011102003001，块料楼地面（除电梯、楼梯、卫生间）

做法：8～120mm 厚地砖，600mm×600mm，素水泥擦缝，3～4mm 厚水泥胶结合层一道，20mm 厚 1∶3 水泥砂浆找平层。

清单工程量：

（1） Ⓐ、Ⓕ轴

$S_1=\{(2.2+1.8+3.6-0.25)\times(4-0.25)\times2+(2.2-0.25)\times(3.6-0.25)\times2+(1.8-0.25)\times(3.6-0.25)\times2+(3.6+0.9-0.25)\times(3.6-0.25)\times2+(2.2-$

0.25)×(2.64−0.25)×2+(2.1−0.25)×(2.64−0.25)×2+(2.7−0.25)×(1.8−0.25)×2+(1.6−0.25)×8+(4.3−0.5)×1×2(阳台)+[(0.9+0.3)×(8−0.5)+1/6×π×6^2−6×$3^{1/3}$/3×1/2(圆弧)](阳台2)}m^2

=[7.25×3.75×2+1.95×3.35×2+1.55×3.35×2+4.25×3.35×2+1.95×2.39×2+1.85×2.39×2+2.45×1.55×2+1.35×8+3.8×2+(1.2×7.5+0.84)]m^2

=160.299m^2

【注释】 (2.2+1.8+3.6−0.25)×(4−0.25)×2m^2 为轴线⑧至轴线⑫处两个餐厅的楼地面的面积，其中 (2.2+1.8+3.6−0.25)m 为餐厅的长度，(4−0.25)m 为餐厅的宽度，2 为餐厅的个数；(2.2−0.25)×(3.6−0.25)×2m^2 为轴线⑥、⑧和轴线⑫、⑭处卧室的面积，其中 (2.2−0.25)m 为卧室的宽度，(3.6−0.25)m 为卧室的长度，2 为卧室的个数；(1.8−0.25)×(3.6−0.25)×2m^2 为轴线Ⓑ至轴线1/B之间两卫生间的面积，其中 (1.8−0.25)m 为卫生间的宽度，(3.6−0.25)m 为卫生间的长度，2 为卫生间的个数；(3.6+0.9−0.25)×(3.6−0.25)×2m^2 为轴线Ⓐ至轴线Ⓑ之间两卧室的面积，其中 (3.6+0.9−0.25)m 为该卧室的长度，(3.6−0.25)m 为该卧室的宽度，2 为卧室的个数；(2.2−0.25)×(2.64−0.25)×2m^2 为轴线Ⓓ至轴线Ⓕ之间卧室的面积，其中 (2.2−0.25)m 为该卧室的宽度，(2.64−0.25)m 为该处卧室的长度；(2.1−0.25)×(2.64−0.25)×2m^2 为轴线Ⓒ至轴线Ⓓ之间两个卧室的面积，其中 (2.1−0.25)m 为卧室的宽度，(2.64−0.25)m 为该处卧室的长度；(2.7−0.25)×(1.8−0.25)×2m^2 为轴线Ⓒ至轴线Ⓕ之间电梯间两边地面的面积，其中(2.7−0.25)m 为其长度，(1.8−0.25)m 为其宽度，2 为数量；(1.6−0.25)×8m^2 为轴线Ⓓ至轴线Ⓕ之间楼梯间和电梯间部分地面的面积，其中 (1.6−0.25)m 为其宽度，8m 为其长度；(4.3−0.5)×1×2m^2 为轴线Ⓒ至轴线Ⓕ之间阳台 3、5 的楼地面面积，其中 (4.3−0.25)m 为其长度，1m 为其宽度，2 为其数量；(0.9+0.3)×(8−0.5)m^2 为阳台 2 矩形部分的面积，其中 (0.9+0.3)m 为该阳台的宽度，(8−0.5)m 为该阳台的长度；后边减去的为阳台 2 中圆弧部分的面积，0.25m 为主墙间两半墙的厚度，1/6×3.14×6^2 为以 6m 为直径的圆形面积的 1/6。

(2) ①、④与Ⓖ、Ⓚ间

S_2=[(4.2−0.25)×(6−0.25)+(1.8−0.25)×(3−0.25)+(5.172+1/2×1.6×1.38)×2(阳台4)]m^2

=(3.95×5.75+1.55×2.75+12.552)m^2

=(12.552+22.713+4.263)m^2

=(26.976+12.552)m^2

=39.528m^2

【注释】 (4.2−0.25)×(6−0.25)m^2 为轴线①至轴线②之间餐厅起居室的面积，其中 (4.2−0.25)m 为其宽度，(6−0.25)m 为其长度，0.25m 为主墙间两半墙的厚度，(1.8−0.25)×(3−0.25)m^2 为轴线③至轴线④处电梯间门口前房间地面的面积，其中

(1.8－0.25)m 为其宽度，(3－0.25)m 为其长度，后边括号的式子为该处阳台 4 的面积，其中 5.172m^2 为该阳台矩形部分的面积，1/2×1.6×1.38m^2 为圆弧部分的面积。

(3) ④、⑮与Ⓕ、Ⓚ之间

S_3'＝[(4.2－0.25)×(7.5－0.25)×2＋(3.3－0.25)×(2.7＋1.8－0.25)×2＋(3.15－0.25)×(1.8＋2.7－0.5)×2＋(3.3＋3.15－0.25×3)×(3－0.25)×2]m^2

＝(3.95×7.25×2＋3.05×4.25×2＋2.9×4×2＋5.7×2.75×2)m^2

＝(57.275＋25.925＋23.2＋31.35)m^2

＝137.75m^2

【注释】 (4.2－0.25)×(7.5－0.25)×2m^2 为轴线⑦、⑨和轴线⑪、⑬处起居室、餐厅的面积，其中 (4.2－0.25)m 为其宽度，(7.5－0.25)m 为其长度，2 为房间的数量，0.25m 为房间主墙间两半墙的厚度；(3.3－0.25)×(2.7＋1.8－0.25)×2m^2 为轴线④、⑤和轴线⑬、⑮之间主卧室的面积，其中 (3.3－0.25)m 为主卧室的宽度，(2.7＋1.8－0.25)m 为主卧室的长度，2 为主卧室的数量；[(3.15－0.25)×(1.8＋2.7－0.5)]×2m^2 为轴线Ⓗ至轴线Ⓚ之间卧室的面积，其中 (3.15－0.25)m 为卧室的宽度，(1.8＋2.7－0.25)m 为卧室的长度，2 为卧室的数量；[(3.3＋3.15－0.25×3)＋(3－0.25)×2]m^2 为轴线④、⑦和轴线⑬、⑮之间两个卧室和四个卫生间的面积，其中 (3－0.25)m 为其宽度，(3.3＋3.15－0.25×3)m 为其长度，0.25m 为主墙间两半墙的厚度。

S_3''＝$S_{阳台1}$＝[1.2×(4.2－0.25)×2＋0.84]×2m^2＝20.64m^2

【注释】 1.2m 为阳台矩形部分的宽度，(4.2－0.25)m 为其矩形部分的长度，0.84m^2 为阳台圆弧部分的面积，乘以 2 表示阳台 1 有两部分。

S_3＝S_3'＋S_3''＝(137.75＋20.64)m^2＝158.39m^2

【注释】 137.75m^2 为④、⑮与Ⓕ、Ⓚ之间楼地面的面积，20.64m^2 为该处阳台 1 的楼地面面积。

(4) 斜轴线的面积

S＝{[(3.25－0.25)＋(7.2－0.25)]×(7.8－1.8)/2＋1.8×(7.2－0.25)＋3.96＋5.438－[(7.2－0.25)/2＋(3.25－0.25)/2＋0.6＋2.4＋1.5＋(3.3－0.25)×2](内墙净长)×0.25(内墙占据面积)}m^2

＝[(29.85＋12.51＋9.398－(4.975＋0.6＋3.9＋6.1)×0.25]m^2

＝(42.36＋9.398＋15.575×0.25)m^2

＝(42.36＋9.398－3.894)m^2

＝(38.466＋9.398)m^2

＝47.864m^2

【注释】 斜轴线处楼地面可看成一个梯形和一个矩形来求面积，梯形面积公式：(上底＋下底)×高×1/2，(3.25－0.25)m 为该梯形截面的上底宽度，(7.2－0.25)m 为该梯形的下底宽度，(7.8－1.8)m 为梯形的高度；矩形面积公式：长×宽，1.8×

(7.2−0.25)m² 为该处矩形部分的面积，其中 1.8m 为矩形的宽，(7.2−0.25)m 为矩形的长，3.96、5.438m² 分别为阳台 6 与阳台 7 的面积，[(7.2−0.25)/2+(3.25−0.25)/2]m 为轴线Ⓐ至轴线Ⓑ′处内墙的平均长度，0.6m 为轴线Ⓑ至轴线1/B处竖直内墙的长度，2.4m 为轴线②′至轴线③′处水平内墙的长度，1.5m 为轴线①至轴线②′处水平内墙的长度，(3.3−0.25)×2m 为轴线Ⓒ至轴线Ⓓ之间竖直内墙的长度，2 为该内墙的数量，0.25m 为内墙的厚度。

综上所述，地砖楼面单层工程量：

$S'=S_1+2S_2(\text{扣阳台})+S'_3+2S_4+S''_3(\text{阳台1})+S(\text{阳台4})$

$=(160.299+2\times26.976+137.75+2\times47.864+20.64+12.552)\text{m}^2$

$=480.921\text{m}^2$

【注释】 160.299m² 为Ⓐ、Ⓕ轴线间块料楼地面的面积，2×26.976m² 为①④、⑮⑱轴线和轴线Ⓖ、Ⓚ间块料楼地面的面积，137.75m² 为④、⑮与Ⓕ、Ⓚ轴线间块料楼地面的面积，2×47.864m² 为两斜轴线处块料楼地面的面积，20.64m² 为阳台 1 的面积，12.552m² 为阳台 4 的面积。

则 1～11 层地砖楼地面工程量：

$S_{\text{总}}=11\times S'=11\times480.921-S(\text{卫生间})=(5290.131-354.398)\text{m}^2=4935.732\text{m}^2$

【注释】 480.921m² 为块料楼地面的单层总面积，11 为层数，354.398m² 为卫生间的面积。

4. 011102003002，块料楼地面，用于卫生间

钢筋混凝土板，上素水泥砂浆结合层，50mm 厚（最高处）1∶2.5 细石混凝土从门口向地漏找泛水，最低处不小于 30mm 厚，兼作找平层，四周抹小人字角，3mm 厚建胶胶粉防水层，撒素水泥面（洒适量清水），10mm 厚防滑地砖，干水泥擦缝。

$S_1=1/2\times(7.2-3.25-1.0-0.25)\times(3.3-0.25)\times2(\text{斜轴处卫生间})\text{m}^2$

$=1/2\times2.65\times3.05\times2\text{m}^2=8.083\text{m}^2$

【注释】 斜轴线处卫生间为三角形，根据三角形面积公式计算，(7.2−3.25−1.0−0.25)m 为三角形的一直角边长，(3.3−0.25)m 为三角形的另一直角边长，2 表示斜轴线处卫生间的个数。

$S_2=(1.5-0.25)\times(3-0.25)\times2\times2\text{m}^2=1.25\times2.75\times4\text{m}^2=13.75\text{m}^2$

【注释】 该处为Ⓕ、Ⓖ轴线处卫生间的面积，其中 (1.5−0.25)m 为该处卫生间的宽度，(3−0.25)m 为卫生间的长度，2×2 为卫生间的数量。

$S_3=(1.8-0.25)\times(3.6-0.25)\times2\text{m}^2=1.55\times3.35\times2\text{m}^2=10.385\text{m}^2$

【注释】 该处为轴线Ⓑ至轴线1/B之间卫生间的面积，其中 (1.8−0.25)m 为该处卫生间的宽度，(3.6−0.25)m 为卫生间的长度，2 为卫生间的数量。

则清单卫生间贴地面砖工程量（单层）：

$S=S_1+S_2+S_3=(8.083+13.75+10.385)\text{m}^2=32.218\text{m}^2$

【注释】 8.083m² 为斜轴线处卫生间的面积，13.75m² 为Ⓕ、Ⓖ轴线间卫生间的面积，10.385m^2 为轴线Ⓑ至轴线⑴Ⓑ之间卫生间的面积。

综上，1～11层，块料楼地面，用于卫生间工程量：

$S'=11\times S=11\times 32.218m^2=354.398m^2$

【注释】 11为建筑的层数，32.218m^2 为单层建筑卫生间的面积。

5. 011106004001，水泥砂浆楼梯面层

做法：素水泥结合层一道，20mm厚1∶3水泥砂浆找平层，8mm厚1∶2.5的水泥砂浆抹面压光。

$LT_1=S_1=(2.7-0.25)\times 6m^2=2.45\times 6m^2=14.7m^2$

【注释】 (2.7－0.25)m为该处楼梯的水平投影宽度，6m为楼梯的水平投影长度。

$LT_2=S_2=(2.7-0.25)\times 5.4m^2=2.45\times 5.4m^2=3.23m^2$

【注释】 (2.7－0.25)m为该处楼梯的水平投影宽度，5.4m为该处楼梯的水平投影长度。

1～11层楼梯水泥面工程量（清单）：

$S=(S_1\times 2+S_2)\times 10=10\times(14.7\times 2+13.23)m^2=426.3m^2$

【注释】 10为楼梯的层数，14.7×2m^2 为单层建筑两边楼梯的面积，13.23m^2 为单层中间楼梯的面积。

6. 011107004001，水泥砂浆台阶面

做法：素水泥结合层一道，20mm厚1∶3水泥砂浆找平层，8mm厚1∶2.5水泥砂浆抹面压光。

清单工程量计算如下：

台阶踏步300mm，踏步高150mm，则踏步长为：

$L=[(2.4+1.8+1.2)+(1.5+1.2+0.9)\times 2]m=(5.4+3.6\times 2)m=12.6m$

【注释】 2.4m为一层台阶的长，1.8m为一层台阶的宽，1.2m为三层台阶的边长，1.5m为二层台阶的宽度，1.2m为三层台阶的长，0.9m为上层台阶的宽度。

$S=12.6\times 0.3m^2=3.78m^2$

【注释】 12.6m为台阶的总长度，0.3m为台阶踏步的宽度。

三个台阶总清单工程量：$S_{总}=3.78\times 3m^2=11.34m^2$

【注释】 3.78m^2 为台阶的面积，3为台阶的个数。

7. 011105003001，块料踢脚线

做法：15mm厚1∶3水泥砂浆找平层，刷素水泥浆一道，3～4mm厚水泥胶结合层，5mm厚釉面砖，白水泥勾缝（150mm高）。

清单工程量计算如下：（踢脚线长）

斜轴线户处：

$l_1=\{[(7.2-0.25)+(0.6-0.25)+(3.3+1.2-0.25)+(3.3-0.25)+(1.8+1.5-0.5)]\times 2$(两侧)$+[(7.8-0.25\times 2)+3.25+(7.2-0.25\times 3)+(1.8-0.25)+(6-0.25)\times 3+(4.2-0.25)\times 2]\times 1$(单侧)$-[(1.5-0.25)\times 2+$

(3.3－0.25)×2](厨房)－(3.25＋7.2)/2－3.25＋3.3÷tan30°}(卫生间)m
＝[(6.95＋0.35＋4.25＋3.05＋2.8)×2＋(7.3＋3.25＋6.45＋1.55＋17.25＋7.9)－(2.5＋6.1)－(1.975＋3.811)]m
＝(17.4×2＋43.7－8.6－5.786)m
＝64.114m

【注释】 前面中括号的式子表示该处内墙的踢脚线的长度，(7.2－0.25)m 为轴线①′至轴线④′处水平内墙踢脚线的长度，(0.6－0.25)m 为轴线Ⓑ′至轴线⑴Ⓑ处踢脚线的长，(3.3＋1.2－0.25)m 为轴线Ⓑ′至轴线Ⓓ′处内墙踢脚线的长度，(3.3－0.25)m 为轴线③′踢脚线的长度，乘以 2 表示两侧，(7.8－0.25×2)m 为轴线Ⓐ′至轴线Ⓓ′处外墙内侧踢脚线的长度，3.25m 为轴线Ⓐ′处主卧室外墙踢脚线的长度，(7.2－0.25×3)m 轴线Ⓓ′处外墙内侧踢脚线的长度，0.25m 为墙的厚度，(1.8－0.25)m 为轴线Ⓒ′至轴线Ⓓ′处厨房内墙踢脚线的长度，(4.2－0.25)×2m 为轴线Ⓐ′内墙两侧踢脚线的长度，(1.5－0.25)×2m 为厨房水平方向踢脚线的长度，(3.3－0.25)×2m 为厨房竖直方向踢脚线的长度，后边减去的为卫生间踢脚线的长度。

Ⓓ、Ⓚ轴间户：

l_2＝{[(6＋1.5－0.25)×4－1.5×2－0.25]＋(3.15－0.25)×3＋(4＋0.25)×3＋1.5×2＋[(3.3＋3.15－0.25)×3－0.25×4]＋(3－0.25)×6＋(3.3－0.25)＋(2.2－0.25)×2＋(2.64－0.25)×2－[(3－0.25)×4＋(1.5－0.25)×4](卫生间)－[(2.2－0.25)×2＋(2.64－0.25)×2](厨房)}m
＝[(7.25×4－3－0.25)＋2.9×3＋4.25×3＋3＋(6.2×3－1)＋2.75×6＋3.05＋1.95×2＋2.39×2－(2.75×4＋1.25×4)－(1.95×2＋2.39×2)]m
＝(25.75＋8.7＋12.75＋3＋17.6＋16.5＋3.05＋3.9＋4.78－16－8.68)m
＝(96.03－24.68)m
＝71.35m

【注释】 [(6＋1.5－0.25)×4－1.5×2－0.25]m 为轴线Ⓕ至轴线Ⓚ和轴线⑪至轴线⑮之间纵向内墙踢脚线的长度，其中 1.5×2m 为该处卫生间踢脚线所占的长度，0.25m 为墙的厚度，(3.15－0.25)×3m 为轴线⑬至轴线⑴⑬处水平墙踢脚线的长度，(4＋0.25)×3m 为轴线⑪至轴线⑬处踢脚线的长度，(3.3＋3.15－0.25)×3m^2 为轴线⑬至轴线⑮处内墙踢脚线的长度，(3－0.25)×6m 为轴线⑮至轴线⑯处踢脚线的长度，(3.3－0.25)m 为轴线⑴⑬至轴线⑮处内墙踢脚线的长度，(2.2－0.25)×2m 为轴线Ⓓ至轴线Ⓕ处内墙踢脚线的长度，(2.64－0.25)×2m 为轴线⑫至轴线⑭处内墙踢脚线的长度，(3－0.25)×4m 为该处卫生间竖直方向踢脚线的长度，(1.5－0.25)×4m 为该处卫生间水平方向墙踢脚线的长度，(2.2－0.25)×2m 为该处厨房竖直方向内墙踢脚线的长度，(2.64－0.25)×2m 为该处厨房水平方向墙踢脚线的长度。

Ⓐ、Ⓓ间轴户：l_3＝{2.7×2＋(2.64－0.25)×2＋(2.1－0.25)×2＋[(2.2＋1.8＋3.6＋0.9－0.25)×4－0.9×2－(1.8－0.25)×2－0.25×4]＋(3.6－0.25)×6＋(4－0.25)×2－[(2.64－0.25)×2＋(2.1－0.25)×2]

(厨房)－[(3.6－0.25)×2＋(1.8－0.25)×2](卫生间)}m

＝[5.4＋4.78＋3.7＋(33－1.8－3.1－1)＋20.1＋7.5－(4.78＋3.7)－(6.7＋3.1)]m

＝(5.4＋4.78＋3.7＋27.1＋20.1＋7.5－8.48－9.8)m

＝(68.58－18.28)m

＝50.3m

【注释】 2.7×2m 为轴线⑨至轴线⑪处水平内墙踢脚线的长度，(2.64－0.25)×2m 为轴线Ⓒ至轴线Ⓕ处竖直内墙踢脚线的长度，(2.1－0.25)×2m 为轴线Ⓒ至轴线Ⓓ处竖直内墙踢脚线的长度，(2.2＋1.8＋3.6＋0.9－0.25)×4m 为轴线Ⓐ至轴线Ⓒ处竖直内墙踢脚线的长度，0.9×2m 为轴线Ⓐ至轴线⑴Ⓐ处外墙的长度，(1.8－0.25)×2m 为该处门洞的宽度，(3.6－0.25)×6m 为轴线⑫至轴线⑭处水平内墙踢脚线的长度，(4－0.25)×2m 为轴线⑩至轴线⑫处水平内墙踢脚线的长度，后边减去的为该处厨房、卫生间的踢脚线的长度，(2.64－0.25)×2m 为厨房水平方向墙的长度，(2.1－0.25)×2m 为厨房竖直方向墙的长度，(3.6－0.25)×2m 为卫生间水平方向踢脚线的长度，(1.8－0.25)×2m 为卫生间竖直方向踢脚线的长度，0.25m 为墙的厚度。

内墙踢脚线总长：$L=2(l_1+l_2+l_3)=2\times(64.114+71.35+50.3)$m

$=2\times185.764$m$=371.528$m

【注释】 64.114m 为斜轴线户处踢脚线的长度，71.35m 为Ⓓ、Ⓚ轴间户踢脚线的长度，50.3m

为Ⓐ、Ⓓ轴间户踢脚线的长度。

清单踢脚线工程量：$S=Lh=371.528\times0.15\text{m}^2=55.729\text{m}^2$

【注释】 371.528m 为单层踢脚线的总长度，0.15m 为踢脚线的高度。

则 1～11 层内墙踢脚线工程量：$S_{总}=11\times Lh=11\times55.729\text{m}^2=613.021\text{m}^2$

【注释】 11 为建筑的地面以上的层数，55.729m² 为单层踢脚线的面积。

8. 011503002，硬木扶手带栏杆栏板，栏杆高 1m

(1) 栏杆、栏板长度（LT_1，楼梯 1）

L_1＝{[(8×0.260＋11×0.260)＋10×0.260×9]×5/4＋1.3＋21×0.1(水平横档)}m

＝{[(2.08＋2.86)＋23.4]×5/4＋3.4}m

＝58.229m

【注释】 0.260m 为栏杆的间距，8、9 为栏杆的数量，10×0.260×9m 为标准层栏板、栏杆的长度，1.3m 为顶层栏杆、栏板的长度，21×0.1m 为水平横档的长度。

(2) 栏杆、栏板长度（LT_2，楼梯 2，2 个）

L_2＝(2×3.41＋2×3.058＋3.169×18＋3.169×18＋1.3×2＋21×0.1×2)m＝133.28m

【注释】 2 为楼梯 2 的个数，3.41m 为地下室栏杆、栏板的长度，3.058m 为首层栏杆、栏板的长度，3.169m 为标准层栏杆栏板的长度，18 为栏杆、栏板的数量，1.3×2 为顶层栏杆、栏板的长度，21×0.1×2m 为水平横档的长度。

综上，扶手、栏杆工程量：$L=L_1+L_2$＝(58.229＋133.28)m＝191.509m

【注释】 58.229m 为楼梯 1 处栏杆、栏板的长度，133.28m 为楼梯 2 处栏杆、栏板的长度。

其中，清单工程量计算规则：按设计图示尺寸以扶手中心线长度，包括弯头长度计算，计算单位为 m。

9. 011201002001，外墙脚，斩假石，高 1.35m

外墙外边线长 l'=189.52m

扣台阶处门长度 l''=1.0×3m=3.0m

【注释】 1.0m 为台阶处门的长度，3 为台阶的个数。

则外墙勒脚毛面积 $S'=(l'-l'')\times h$=(189.52－3.0)×1.35m^2＝186.52×1.35m^2＝251.802m^2

【注释】 189.52m 为外墙外边线的长度，3m 为台阶处门的长度，1.35m 为勒脚的高度。

应扣地下室窗口及入地下室门洞口面积：

C－10×36 扇　M－8×6 扇

$S_{窗}$＝0.6×0.3×36m^2＝6.84m^2

【注释】 0.6m 为该窗的宽度，0.3m 为该窗的高度，36 为该窗的数量。

$S_{门}$＝1.00×0.45(室内外高差)×6m^2＝2.7m^2

【注释】 1.00m 为该门的宽度，0.45m 为室内外的高差，6 为门的数量。

综上所述，外墙勒脚清单工程量：

$S=S'-S_{窗}-S_{门}$＝(251.802－6.84－2.7)m^2＝242.262m^2

【注释】 251.802m^2 为外墙勒脚的总面积，6.84m^2 为外墙勒脚处窗的面积，2.7m^2 为外墙勒脚处门的面积。

10. 011201002002，装饰抹灰

做法：15mm 厚 1∶3 水泥砂浆，8mm 厚 1∶2.5 水泥砂浆面层，喷塑丙烯酸弹性高级涂料。

外墙外边线长 L＝189.52m

外墙勒脚以上高 h＝[3.6×11－0.9＋0.2(檐口中挑200mm 高)]m＝(39.6－0.9＋0.2)＝38.9m

【注释】 3.6m 为地面以上建筑的层高，11 为地面以上建筑的层数，0.9m 为外墙勒脚的高度，0.2m 为檐口上挑的高度。

则外墙装饰毛面积 $S'=Lh$＝189.52×38.9m^2＝7372.328m^2

【注释】 189.52m 为外墙外边线的长度，38.9m 为外墙勒脚以上的高度。

应扣外墙上门、窗洞口面积如下：

单层：M－2×10 扇　M－5×4 扇　C－1×4 扇　C－2×2 扇

C－3×6 扇　C－4×4 扇　C－8×2 扇　C－5×2 扇

C－9×2 扇　C－6×2 扇

底层：M－7×3 扇

S_{M-7}扣＝1.5×3×［2.1－0.9（勒脚高）］m^2＝1.5×3×1.2m^2＝5.4m^2

【注释】 1.5m为门M－7的宽度，3为单层该门的数量，2.1m为该门的高度，0.9m为勒脚的高度。

S_{M-2}扣＝1.2×2.1×10×11(层)m^2＝277.2m^2

【注释】 1.2m为门M－2的宽度，2.1m为该门的高度，10为单层该门的数量，11为层数。

S_{M-5}扣＝0.78×2.1×4×11(层)m^2＝72.072m^2

【注释】 0.78m为门M－5的宽度，2.1m为该门的高度，4为单层该门的数量，11为地面以上建筑的层数。

S_{C-1}扣＝1.8×1.5×4×11(层)m^2＝118.8m^2

【注释】 1.8m为窗C－1的宽度，1.5m为该窗的高度，4为单层该窗的数量，11为层数。

S_{C-2}扣＝1.8×1.5×2×11(层)m^2＝59.4m^2

【注释】 1.8m为窗C－2的宽度，1.5m为该窗的高度，2为单层该窗的数量，11为层数。

S_{C-3}扣＝0.6×1×6×11(层)m^2＝39.6m^2

【注释】 0.6m为窗C－3的宽度，1m为该窗的高度，6为单层该窗的数量，11为层数。

S_{C-4}扣＝1.5×1.5×4×11(层)m^2＝99m^2

【注释】 1.5m为窗C－4的宽度及高度，4为单层该窗的个数，11为层数。

S_{C-8}扣＝0.3×0.5×2×11(层)m^2＝3.3m^2

【注释】 0.3m为窗C－8的宽度，0.5m为该窗的高度，2为单层该窗的数量，11为层数。

S_{C-5}扣＝0.6×1.5×2×11(层)m^2＝19.8m^2

【注释】 0.6m为窗C－5的宽度，1.5m为该窗的高度，2为单层该窗的数量，11为层数。

S_{C-9}扣＝1.8×1.5×2×11(层)m^2＝59.4m^2

【注释】 1.8m为该窗的宽度，1.5m为该窗的高度，2为单层该窗的数量，11为层数。

S_{C-6}扣＝1.8×1.5×2×11(层)m^2＝59.4m^2

【注释】 1.8m为窗C－6的宽度，1.5m为该窗的高度，2为单层该窗的个数，11为层数。

$S_{应扣}$＝(5.4＋277.2＋72.072＋118.8＋59.4×3＋39.6＋99＋3.3＋19.8)m^2

＝813.372m^2

【注释】 5.4m^2为门M－7的面积，277.2m^2为门M－2的面积，118.8m^2为窗C－1的面积，59.4×3m^2为窗C－2、窗C－9及窗C－6的面积，39.6m^2为窗C－3的面积，99m^2为窗C－4的面积，3.3m^2为窗C－8的面积，19.8m^2为窗C－5的面积。

则外墙塑性涂料装饰清单工程量：$S=S'-S_{扣}=(7372.328-813.372)m^2=6558.956m^2$

【注释】 $7372.328m^2$ 为外墙装饰的毛面积，$813.372m^2$ 为外墙上门窗洞口的面积。

11. 011503001001，阳台扶手栏杆、栏板量，金属扶手栏杆、栏板，高 1.2m

单层：阳台 1：$l_1=\{1.2\times2+(8.2-6)+[1.2+6-(6^2-3^2)^{1/2}]\times2+6\times\pi/3$（弧段长）$\}m$

$=\{2.4+2.2+[1.2+(6-5.196)]\times2+3.142\times2\}m$

$=(2.4+2.2+2.004\times2+6.284)m$

$=14.892m$

【注释】 $1.2\times2m$ 为阳台外侧边栏杆、栏板的长度，$(8.2-6)m$ 为阳台北面水平段栏杆、栏板的长度，后边中括号的式子表示阳台内侧边栏杆、栏板的长度，$6\times3.14\times1/3m$ 为阳台圆弧段栏杆、栏板的长度。

阳台 2：$l_2=[0.3\times2+(8.0-6)+6\times\pi/3$（弧段长）$]$

$=(2.4+2.0+3.142\times2)m$

$=10.684m$

【注释】 $0.3\times2m$ 为阳台外侧栏杆、栏板的长度，$(8.0-6)m$ 为阳台南面水平段栏杆、栏板的长度，$6\times3.14\times1/3m$ 为阳台 2 圆弧段栏杆、栏板的长度。

阳台 3、阳台 5：$l_3=(2.2+2.1-0.25)\times2m=4.05\times2m=9.1m$

【注释】 $(2.2+2.1-0.25)\times2m$ 为阳台栏杆、栏板的长度，乘以 2 表示阳台的数量。

阳台 4：$l_4=[1.2\times2+(8.2-6)\times2+6\times\pi/2\times2$（QR 算弧长）$]m$

$=(2.4+4.4+6\times3.14\times2)m$

$=25.652m$

【注释】 $1.2\times2m$ 为阳台水平段栏杆、样板的长度，$[(8.2-6)\times2+6\times3.14]m$ 为阳台圆弧段栏杆、栏板的长度。

阳台 6：$l_5=[1.2\times2+(1.5+1.8-0.25)]\times2m=(2.4+3.05)\times2m=10.9m$

【注释】 $1.2\times2m$ 为阳台外侧边栏杆、栏板的长度，$(1.5+1.8-0.25)m$ 为阳台水平段栏杆、栏板的长度，最后乘以 2 表示阳台的数量。

阳台 7：$l_6=(3.25+1.5+1.5\div\cos30°)\times2m=(4.75+1.732)\times2m=12.964m$

【注释】 3.25m 为阳台水平段栏杆、栏板的长度，1.5m 为阳台竖直段栏杆、栏板的长度，$1.5\div\cos30°$ 为阳台斜段栏杆、栏板的长度，最后乘以 2 表示阳台 7 的个数。

综上所述，阳台栏杆、栏板（金属）工程量：

$L=(l_1+l_2+l_3+l_4+l_5+l_6)\times11$层

$=(14.892+10.684+9.1+25.652+10.9+12.964)\times11m$

$=84.192\times11m$

$=926.112m$

【注释】 14.892m为单层阳台1栏杆、栏板的长度，10.684m为单层阳台2栏杆、栏板的长度，9.1m为阳台3、5栏杆、栏板的长度，25.652m为阳台4栏杆、栏板的长度，10.9m为阳台6栏杆、栏板的长度，12.964m为阳台7栏杆、栏板的长度，11为建筑的层数。

12. 011201001001，墙面一般抹灰

250mm厚墙，15mm厚1∶2水泥砂浆刷素水泥浆一道，3～4mm厚水泥胶结合层，8～10mm厚地砖，水泥浆擦缝（计算规则同定额，扣除内墙裙高，不扣除踢脚线和0.3m^{2}以内洞口面积）。

1）除卫生间、楼梯间、厨房、电梯间外内墙净长

（1）斜轴线处户

l_1＝{[(7.2－0.25)＋(0.6－0.25)＋(3.3＋1.2－0.25)＋(3.3－0.25)＋(1.8＋1.5－0.5)]×2(双侧)＋[(7.8－0.25×2)＋3.25＋(7.2－0.25×3)＋(1.8－0.25)＋(6－0.25)×3＋(4－0.25)×2]×1(单侧)－[(1.5－0.25)×2＋(3.3－0.25)×2](厨房)－[7.2＋3.25)/2－3.25＋3.3÷cos30°](卫生间)}m

＝[(6.95＋0.35＋4.25＋3.05＋2.8)×2＋(7.3＋3.25＋6.45＋1.55＋17.25＋7.5)－(2.5＋6.1)－(1.975＋3.811)]m

＝(17.4×2＋43.7－8.6－5.786)m

＝64.114m

【注释】 (7.2－0.25)m为轴线①'至轴线④'水平内墙的长度，其中0.25m为两边两半墙的厚度，(0.6－0.25)m为轴线Ⓑ'至轴线1/B之间竖直内墙的长度，(3.3＋1.2－0.25)m为轴线1/B至轴线Ⓓ'间竖直内墙的长度，(3.3－0.25) m为轴线Ⓓ'至轴线Ⓓ间竖直内墙的长度，(1.8＋1.5－0.5)m为轴线①'至轴线②'处内墙的长度，乘以2表示双侧抹灰，(7.8－0.25×2)m为轴线Ⓐ'至轴线Ⓓ'间内墙抹灰的长度，3.25m为轴线①'至轴线②'间内墙抹灰的长度，(7.2－0.25×3)m为轴线Ⓓ'处内墙抹灰的长度，0.25m为墙的厚度，(1.8－0.25)m为轴线①'至轴线1/1'间内墙抹灰的长度，乘以1表示单侧抹灰，(1.5－0.25)×2m为该处厨房的两道宽，(3.3－0.25)×2m为厨房的两道墙的两道长，后边减去的为卫生间墙的长度。

（2）Ⓕ、Ⓚ轴线处户

l_2＝{[(6＋1.5－0.25)×4－1.5×2－0.25]＋(3.15－0.25)×3＋(4＋0.25)×3＋1.5×2＋[(3.3＋3.15－0.25)×3－0.25×4]＋(3－0.25)×6＋(3.3－0.25)＋(2.2－0.25)×2＋(2.64－0.25)×2－[(3－0.25)×4＋(1.5－0.25)×4](卫生间)－[(2.2－0.25)×2＋(2.64－0.25)×2](厨房)}m

＝[(7.25×4－3－0.25)＋2.9×3＋4.25×3＋3＋(6.2×3－1)＋2.75×6＋3.05＋1.95×2＋2.39×2－(2.75×4＋1.25×4)－(1.95×2＋2.39×2)]

＝[25.75＋8.7＋12.75＋3＋17.6＋16.5＋3.05＋3.8＋4.78－16－8.68]m

＝(95.93－24.68)m

＝71.25m

【注释】 (6+1.5−0.25)×4m为轴线④至轴线⑨处纵向内墙的长度，1.5×2m为该处内墙中空口的长度，0.25m为墙的厚度，(3.15−0.25)×3m为轴线⑤至轴线⑦间水平内墙抹灰的长度，1.5×2m为轴线Ⓖ至轴线Ⓗ间内墙的长度，(3.3+3.15−0.25)×3m为轴线④至轴线⑦间水平内墙的长度，(3−0.25)×6m为轴线③至轴线④处内墙抹灰的长度，(3.3−0.25)m为轴线④至轴线⑤处内墙抹灰的长度，(2.2−0.25)×2m为轴线Ⓓ至轴线Ⓕ处内墙抹灰的长度，(2.64−0.25)×2m为阳台处内墙抹灰的长度，(3−0.25)×4m为卫生间内墙的长度，(1.5−0.25)×4m为卫生间内墙的宽度，(2.2−0.25)×2m为厨房内墙的宽度，(2.64−0.25)×2m为厨房内墙的长度，其中0.25m为墙的厚度。

(3) Ⓐ、Ⓓ轴线处户

l_3={2.7×2+(2.64−0.25)×2+(2.1−0.25)×2+[(2.2+1.8+3.6+0.9−0.25)×4−0.9×2−(1.8−0.25)×2−0.25×4]+(3.6−0.25)×6+(4−0.25)×2−[(2.64−0.25)×2+(2.1−0.25)×2](厨房)−[(3.6−0.25)×2+(1.8−0.25)×2](卫生间)}m

=[5.4+4.78+3.7+(33−1.8−3.1−1)+20.1+7.5−(4.78+3.7)−(6.7+3.1)]m

=(68.58−18.28)m

=50.3m

【注释】 2.7×2m为轴线⑨至轴线⑪间内墙抹灰的长度，(2.64−0.25)×2m为电梯间纵向内墙的长度，(2.1−0.25)×2m为轴线Ⓒ至轴线Ⓓ间内墙的长度，(2.2+1.8+3.6+0.9−0.25)×4m为轴线Ⓐ至轴线Ⓒ间内墙抹灰的长度，(1.8−0.25)×2m为该处内墙中门洞口的长度，(3.6−0.25)×6m为轴线⑥至轴线⑧间水平内墙的长度，(4−0.25)×2m为轴线⑧至轴线⑩间水平内墙的长度，(2.64−0.25)×2m为该处厨房内墙的长度，(2.1−0.25)×2m为该处厨房内墙的宽度，(3.6−0.25)×2m为该处卫生间内墙的长度，(1.8−0.25)×2m为卫生间内墙的宽度。

则内墙抹灰总长 $L'=2(l_1+l_2+l_3)$=2×(64.114+71.25+50.3)m

=2×185.764m=371.528m

【注释】 64.114m为斜轴线处内墙的长度，71.25m为Ⓓ、Ⓚ轴间内墙的长度，50.3m为Ⓐ、Ⓓ轴间内墙的长度，乘以2表示该建筑左右对称。

内墙抹灰高度：h'=(3.6−0.13)×11(层)m=3.47×11m=38.17m

【注释】 (3.6−0.13)m为内墙抹灰的高度，其中0.13m为内墙裙的高度，11为建筑层。

抹灰面积 $S'=L'h'$=371.528×38.17m^2=14181.224m^2

【注释】 371.528m为内墙的总长度，38.17m为内墙的高度。

(4) 应扣除洞口面积

单侧：C−1×4扇×11层　　C−2×2扇×11层　　C−4×4扇×11层

C−5×2扇×11层　　C−9×2扇×11层　　C−9×2扇×11层

M—2×10扇×11层　　M—5×2扇×11层　　M—6×2扇×11层

$S_{单侧}$＝(1.8×1.5×4×11＋1.8×1.5×2×11＋1.5×1.5×4×11＋1.2×2.1×2×11＋1.8×1.5×2×11＋1.8×1.5×2×11＋1.2×2.1×10×11＋1.2×2.1×211)m^2

＝(55.44×2＋99＋59.4＋118.8＋59.4×2＋277.2)m^2

＝784.08m^2

【注释】 1.8×1.5×4×11m^2为窗C—1的面积，其中1.8m为窗的宽度，1.5m为窗的高度，4为单层该窗的数量，11为建筑层数，1.8×1.5×2×11m^2为窗C—2的面积，其中1.8m为窗的宽度，1.5m为窗的高度，2为单层该窗的数量，11为地上建筑的层数，1.5×1.5×4×11m^2为窗C—4的面积，其中1.5m为窗的宽度及高度，4为单层该窗的数量，11为地面以上该建筑的层数，1.2×2.1×2×11m^2为窗C—6的面积，其中1.2m为该窗的宽度，2.1m为该窗的高度，2为单层该窗的数量，11为地面以上该建筑的层数，1.8×1.5×2×11m^2为窗C—9的面积，其中1.8m为该窗的宽度，1.5m为该窗的高度，2为单层该窗的数量，11为地面以上建筑的层数，1.2×2.1×10×11m^2为门M—2的面积，其中1.2m为该门的宽度，2.1m为该门的高度，10为单层该门的数量，11为地面以上建筑的层数，1.2×2.1×2×11m^2为门M—6的面积，其中1.2m为该门的宽度，2.1m为该门的高度，2为单层建筑该门的数量，11为建筑的层数。

双侧：M—1×4扇×11层　　M—3×16扇×11层

$S_{双侧}$＝(1.2×2.1×4＋1.0×2.1×16)×11×2(侧)m^2

＝(10.08＋33.6)×11×2(侧)m^2

＝43.68×2×11m^2

＝960.96m^2

【注释】 1.2×2.1×4m^2为门M—1的面积，其中1.2m为该门的宽度，2.1m为该门的高度，4为该门的数量，1.0×2.1×16m^2为门M—3的面积，其中1.0m为该门的宽度，2.1m为该门的高度，16为该门的数量，11为地面以上建筑的层数，2为双侧。

综上所述，内墙（除卫、厨、楼梯、电梯外）抹灰工程量：

S_1＝[14181.224－(960.96＋784.08)]m^2

＝(14181.224－1745.04)m^2

＝12436.184m^2

【注释】 14181.224m^2为内墙抹灰的总面积，960.96m^2为内墙中双侧门的面积，784.08m^2为内墙中门窗洞口的面积。

2）卫生间、厨房长

(1) 斜轴线户

l_1＝{[(1.5－0.25)×2＋(3.3－0.25)×2](厨房)＋(3.25＋7.2)/2－3.25＋3.3÷cos30°(卫生间)}m

＝[(2.5＋6.1)＋(1.975＋3.811)]m

$=(8.6+5.786)m=14.386m$

【注释】 $(1.5-0.25)\times2$ 为厨房短边内墙的长度，$(3.3-0.25)\times2$ 为厨房长边内墙的长度，3.25、$(3.25+7.2)/2$ 为卫生间两边墙的长度，$3.3\div\cos30^\circ$ 为卫生间斜边墙的长度。

(2) Ⓕ、Ⓚ轴间户

$l_2=\{[(2.2-0.25)\times2+(2.64-0.25)\times2]$(厨房)$+[(3-0.25)\times4+(1.5-0.25)\times4]$(卫生间)

$=(1.9\times2+2.39\times2)+(2.75\times4+1.25\times4)\}m$

$=(16+8.58)m=24.58m$

【注释】 $(2.2-0.25)\times2$ 为该处厨房短边内墙的长度，$(2.64-0.25)\times2$ 为厨房长边内墙的长度，$(3-0.25)\times4$ 为卫生间长边内墙的长度，$(1.5-0.25)\times4$ 为卫生间短边内墙的长度，其中 0.25 为主墙间两半墙的厚度。

(3) Ⓐ、Ⓓ轴间户

$l_3=\{[(2.64-0.25)\times2+(2.1-0.25)\times2]$(厨房)$-[(3.6-0.25)\times2+(1.8-0.25)\times2]$(卫生间)$\}m$

$=[(4.78+3.7)+(6.7+3.1)]m$

$=18.28m$

【注释】 $(2.64-0.25)\times2m$ 为该处厨房长边内墙的长度，$(2.1-0.25)\times2m$ 为厨房短边内墙的长度，$(3.6-0.25)\times2m$ 为该处卫生间长边内墙的长度，$(1.8-0.25)\times2m$ 为该处卫生间短边内墙的长度，0.25m 为主墙间两半墙的厚度。

厨房、卫生间 1.8m 以上内墙抹灰高度，$h_{2'}=(3.6-0.13-1.8)\times11m=18.37m$

$S'_2=(l_1+l_2+l_3)\times2\times h_2'$

$=[(14.386+24.58+18.28)\times2\times18.37]m^2$

$=(57.246\times2\times18.37)m^2$

$=2103.218m^2$

【注释】 14.386m 为斜轴线处厨房、卫生间的抹灰长度，24.58m 为Ⓕ、Ⓚ轴间户厨房、卫生间的抹灰长度，18.28m 为Ⓐ、Ⓓ轴间户厨房、卫生间的抹灰长度，18.37m 为厨房、卫生间 1.8m 以上内墙的抹灰高度。

厨房、卫生间应扣门洞口面积

单侧：C−3×6 扇×11 层　　C−5×2 扇×11 层　　C−8×4 扇×11 层

M−4×12 扇×11 层/内墙上　　M−5×4 扇×11 层

$S_扣=\{[0.6\times0.1(高)\times6+0.6\times0.6(高)\times2+0.3\times0.3(高)\times4+0.8\times0.3(高)\times12+0.78\times0.3(高)\times4]\times11层\}m^2$

$=(0.36+0.72+0.36+2.88+0.936)\times11m^2$

$=5.256\times11m^2$

$=57.816m^2$

【注释】 0.6×0.1 (高)$\times6m^2$ 为窗 C−3 的面积，其中 0.6m 为窗的宽度，0.1m

为高度，6为窗的数量；0.6×0.6（高）×2m为窗C—5的面积，其中0.6m为该窗的宽度及高度，2为窗的数量；0.3×0.3（高）×4m^{2}为窗C—8的面积，其中0.3m为窗的宽度及高度，4为窗的数量；0.8×0.3（高）×12m^{2}为门M—4的面积，其中0.8m为该窗的宽度，0.3m为其高度，12为窗的数量；0.78×0.3（高）×4m^{2}为门M—5的面积，其中0.78m为门的宽度，0.3m为门的高度，4为门的数量，11为层数。

综上所述，厨房、卫生间内墙抹灰的工程量：

S_2＝(1051.609×2－57.816)m^2＝993.793m^2

【注释】 1051.609×2m^{2}为厨房、卫生间内墙抹灰的总面积，57.816m为厨房、卫生间应扣门洞口的面积。

3）楼梯间内墙抹灰工程量

（1）楼梯间抹灰长

L＝{[(6－0.25)＋(2.7－0.25)]×2×2＋[5.4×2＋(2.7－0.25)]}m

＝[(5.75＋2.45)×4＋(10.8＋2.45)]m

＝(8.2×4＋13.25)m＝46.05m

【注释】 [(6－0.25)＋(2.7－0.25)]×2×2m为单层两侧楼梯间的抹灰长度，其中（6－0.25)×2m为楼梯间长边内墙抹灰的长度，(2.7－0.25)×2m为楼梯间短边内墙抹灰的长度，最后再乘以2表示两侧楼梯间，[5.4×2＋(2.7－0.25)]m为单层中间楼梯间的内墙抹灰的长度，其中5.4×2m为该楼梯间长边抹灰的长度，(2.7－0.25)m为该楼梯间短边抹灰的长度。

总高：h＝3.6×11m＝39.6m

【注释】 3.6m为地面以上建筑的层高，11为层数。

楼梯间内墙毛面积：S'＝Lh＝46.05×39.6m^2＝1823.58m^2

【注释】 46.05m为单层楼梯间抹灰的长度，39.6m为楼梯间内墙的高度。

（2）扣除楼梯板厚（0.07m）所占面积

斜板相对于水平柱形的长度：

l'_{LT1}＝[(2.34÷4/5－2.34)＋(2.08÷4/5－2.08)＋(2.16÷4/5－2.16)×18]m

＝(0.585＋0.52＋0.5×18)m＝10.825m

l'_{LT2}＝[(2.86÷4/5－2.86)＋(2.6÷4/5－2.6)＋(2.7÷4/5－2.7)×18]×2m

＝(0.715＋0.65＋0.675＋18)×2m

＝13.515×2m＝27.03m

则梯板厚所占抹灰工程量：S''＝(L＋l'_{LT1}＋l'_{LT2})×0.07(厚)×10层

＝(46.05＋10.825＋27.03)×10层×0.07(厚)m^2

＝83.905×10×0.07m^2

＝58.734m^2

【注释】 46.05m为楼梯间抹灰的长度，10.825m为楼梯1处斜板的水平投影长度，27.03m为楼梯2处斜板的水平投影长度，10为层数，0.07m为楼梯板的厚度。

则楼梯间扣除门窗前毛面积：S'''＝S'－S'＝(1823.58－58.734)m^2＝1764.846m^2

【注释】 1823.58m² 为楼梯间内墙抹灰的总面积，58.734m² 为楼梯板所占的面积。

(3) 楼梯间应扣门窗洞口面积

单侧：M—7×1 扇　　C—7×(11 层×2+10 层)　　M—1×22/内墙　　M—6×22/内墙上

$S_{扣洞口}$＝[1.5×2.1×1+1.8×1.5×(11×2+10)+1.2×2.1×2×11+1.2×2.1×2×11]m²

＝(3.15+86.4+55.44+55.44)m²

＝200.43m²

【注释】 1.5×2.1×1m² 为门 M—7 的面积，其中 1.5m 为该门的宽度，2.1m 为该门的高度，1 为门的数量；1.8×1.5×(11×2+10)m² 为窗 C—7 的面积，其中 1.8m 为该窗的宽度，1.5m 为该窗的高度，11 为层数，2 为单层的数量；1.2×2.1×2×11m² 为门 M—1 的面积，其中 1.2m 为该门的宽度，2.1m 为该门的高度，2 为单层该门的个数，11 为层数；1.2×2.1×2×11m² 为门 M—6 的面积，其中 1.2m 为该门的宽度，2.1m 为该门的高度，2 为单层该门的数量，11 为层数。

综合 (1)、(2)、(3) 得，楼梯间抹灰工程量

S_3＝(1764.846－200.43)m²＝1564.416m²

【注释】 1764.846m² 为楼梯间抹灰的总工程量，200.43m² 为楼梯间扣除门窗洞口的面积。

4) 地下室内墙抹灰工程量

(1) Ⓐ、Ⓕ轴间

$l_{单侧}$＝{[(2.2－0.25)+(2.1－0.25)+(2.2+1.8+3.6+0.9－4×0.25)](竖直)+[(4+3.6－0.25×3)+(2.05－0.25)+(0.9－0.25)](水平)}×2(对称两侧)m

＝(1.95+1.85+7.5+6.85+1.8+0.65)×2m

＝20.6×2m＝41.2m

【注释】 (2.2－0.25)m 为轴线Ⓓ至轴线Ⓕ间厨房竖直单侧墙的抹灰长度，(2.1－0.25)m 为轴线Ⓒ至轴线Ⓓ间厨房竖直单侧墙的抹灰长度，(2.2+1.8+3.6+0.9－4×0.25)m 为轴线Ⓐ至轴线Ⓒ间卧室竖直单侧墙的抹灰长度，(4+3.6－0.25×3)m 为轴线⑥至轴线⑩单侧水平墙的抹灰长度，(2.05－0.25)m 为轴线⑥至轴线⑦间单侧水平墙的抹灰长度，(0.9－0.25)m 为轴线Ⓐ至轴线1/A间墙的抹灰长度，乘以 2 表示对称两侧，0.25m 为主墙间两半墙的厚度。

$l_{双侧}$(内墙净长抹灰长)＝{(2.2+2.1－0.25×2)×2+(7.6－4.69－0.25×2)+(2.64－0.25)×2+(2.7－0.25)+(2.7－0.5)+[(2.2+1.8+3.6)－0.25×2]×3+(1.8－0.25)×2+(2.4－0.25)×2+2.2×2+(3.6－0.25)×6+3.6×2}×2(侧抹灰)m

＝(7.1+2.41+4.78+2.45+2.2+21.3+3.1+4.3+

4.4＋20.1＋7.2)×2m

＝79.34×2m＝158.68m

【注释】　(2.2＋2.1－0.25×2)×2m为轴线Ⓒ至轴线Ⓕ间竖直内墙双面抹灰的长度，其中0.25m为主墙间两半墙的厚度，(7.6－4.69－0.25×2)m为轴线Ⓒ至轴线Ⓕ间内墙抹灰的长度，(2.64－0.25)×2m为轴线Ⓒ至轴线Ⓕ处竖直内墙的长度，(2.7－0.25)m、(2.7－0.5)m为轴线⑨至轴线⑩间水平内墙的长度，[(2.2＋1.8＋3.6)－0.25×2]×3m为轴线1/A至轴线Ⓒ间纵向内墙抹灰的长度，(1.8－0.25)×2m为轴线Ⓑ至轴线1/B间内墙抹灰的长度，(2.4－0.25)×2m为轴线⑧至轴线⑩间水平内墙双面抹灰的长度，2.2×2m为轴线1/B至轴线Ⓒ间纵向内墙双面抹灰的长度，(3.6－0.25)×6m为轴线⑥至轴线⑧间内墙抹灰的长度，3.6×2m为轴线1/A至轴线Ⓑ间内墙抹灰的长度，2表示两侧抹灰。

(2) Ⓖ、Ⓚ与①、④轴之间

$l_{单侧}$＝{[(4.2＋2.7＋3－0.25×3)×2－0.25](水平)＋(1.5－0.25)}m

＝(18.05＋1.25)m＝19.30m

【注释】　(4.2＋2.7＋3－0.25×3)×2m为轴线①至轴线④处水平段单侧内墙抹灰的长度，0.25m为两边两半墙的厚度，(1.5－0.25)m为轴线Ⓖ至轴线Ⓗ间纵向墙抹灰的长度。

$l_{双侧}$(内墙净长抹灰长)＝[(2.7－0.25)×2＋(6－0.25×2)×2＋(3－0.25)]×2m

＝(2.45×2＋5.5×2＋2.75)×2m

＝18.65×2m＝37.2m

【注释】　(2.7－0.25)×2m为轴线②至轴线③间内墙双面抹灰的长度，(6－0.25×2)×2m为轴线Ⓖ至轴线Ⓚ间内墙双面抹灰的长度，(3－0.25)×2m为轴线③至轴线④间内墙双面抹灰的长度，最后乘以2表示内墙双侧抹灰。

(3) Ⓕ、Ⓚ与④、⑮轴间

$l_{单侧}$＝[3×2＋(3.3＋3.15－0.25×3)×2＋(3.3＋3.15＋4.2－0.25×3)×2＋2.7×2＋(2.7－0.25)]m

＝(6＋5.7×2＋19.8＋5.4＋2.45)m

＝45.05m

【注释】　3×2m为轴线Ⓕ至轴线Ⓗ间单侧墙抹灰的长度，(3.3＋3.15－0.25×3)×2m为轴线④至轴线⑦间单侧墙抹灰的长度，2.7×2m为轴线Ⓕ至轴线Ⓖ间纵向内墙抹灰的长度，(2.7－0.25)m为轴线⑨至轴线⑪间水平内墙抹灰的长度。

$l_{双侧}$＝{[(3.3＋3.15＋4.2－0.25×3)×2－0.25]×2＋(2.7－0.25)×2×2＋(3－0.25)×3×2＋4.2×2＋(1.8＋3)×2}×2(侧抹灰)m

＝(19.8＋9.8＋16.5＋8.4＋9.6)×2

＝64.1×2m＝128.2m

【注释】　[(3.3＋3.15＋4.2－0.25×3)×2－0.25]×2m为轴线④至轴线⑨间水平内墙双面抹灰的长度，0.25m为两半墙的厚度，(2.7－0.25)×2×2m为轴线Ⓗ

至轴线Ⓙ间纵向内墙双面抹灰的长度，(3－0.25)×3×2m 为轴线Ⓕ、Ⓗ间纵向内墙双面抹灰的长度，4.2×2m 为轴线⑦至轴线⑨间水平内墙的抹灰长度，(1.8＋3)×2m 为轴线Ⓕ、Ⓙ间纵向内墙的长度，2 表示双侧抹灰。

(4) 斜轴线处

$l_{单侧}$＝[(7.2－0.25×3)＋(7.8－0.25×2)＋(3.25－0.25×2)＋1.8]m
＝(6.45＋7.3＋2.75＋1.8)m＝18.3m

【注释】 (7.2－0.25×3)m 为轴线①'至轴线④'间水平墙抹灰的长度，(7.8－0.25×2)m 为轴线Ⓐ'至轴线Ⓓ'间竖直墙抹灰的长度，(3.25－0.25×2)m 为轴线①'至轴线1/1'间墙抹灰的长度，1.8m 为轴线Ⓒ'至轴线Ⓓ'间墙抹灰的长度。

$l_{双侧}$＝{(7.2－0.25×2)＋(0.6－0.25)＋(7.8－1.2－0.25×3)＋(3.3－0.25×2)＋(2.4＋1.5－0.25×2)＋(6－0.25×2)}×2(侧抹面)m
＝(6.7＋0.35＋5.85＋2.8＋3.4＋5.5)×2m
＝24.6×2m＝49.2m

【注释】 (7.2－0.25×2)m 为轴线①'至轴线④'间水平内墙抹灰的长度，0.25m 为墙的厚度，(0.6－0.25)m 为轴线Ⓑ'至轴线1/B'间竖直内墙抹灰的长度，(7.8－1.2－0.25×3)m 为轴线②'上内墙抹灰的长度，(3.3－0.25×2)m 为轴线③'上竖直内墙抹灰的长度，(2.4＋1.5－0.25×2)m 为轴线②'至轴线④'间水平内墙抹灰的长度，(6－0.25×2)m 为轴线①上纵向内墙抹灰的长度，最后乘以 2 表示双侧抹灰。

① 地下室内墙抹灰净长

L＝[(41.2＋158.68)＋(19.3＋37.3)×2(对称)＋(45.05×128.2)＋(18.3＋49.2)×2(对称)]m
＝(199.88＋56.6×2＋173.25＋67.5×2)m
＝621.33m

【注释】 41.2m 为Ⓐ、Ⓕ轴间单侧内墙抹灰的长度，158.68m 为Ⓐ、Ⓕ间双侧内墙抹灰的长度，19.3m 为Ⓖ、Ⓚ与①、④轴之间单侧内墙抹灰的长度，37.3m 为Ⓖ、Ⓚ与①、④轴之间双侧内墙抹灰的长度，乘以 2 为左右对称，45.05m 为Ⓕ、Ⓚ与④、⑮轴间单侧内墙的抹灰长度，128.2m 为Ⓕ、Ⓚ与④、⑮轴间双侧内墙抹灰的长度，18.3m 为斜轴线处单侧内墙抹灰的长度，49.2m 为斜轴线处双侧内墙抹灰的长度，乘以 2 表示斜轴线处左右对称的两部分。

地下室内墙高：h＝(3－0.13)m＝2.87m

毛面积：$S'=Lh$＝2.87×621.33m^2＝1783.217m^2

【注释】 2.87m 为地下室内墙的高度，621.33m 为地下室内墙抹灰的净长度。

② 地下室洞口扣面积（汇总如下）：

单侧：C－10×38 扇　　M－8×8 扇

$S_{单侧}$＝(0.6×0.3×38＋1×2.1×8)m＝(6.84＋16.8)m^2＝23.64m^2

【注释】 0.6×0.3×38m^2 为窗 C－10 的面积，其中 0.6m 为该窗的宽度，0.3m 为窗的高度，38 为窗的扇数，1×2.1×8m^2 为门 M－8 的面积，其中 1m 为该门的宽度，2.1m为该门的高度，8为该门的数量。

双侧洞口汇总：M－9×42扇

$S_{双侧}=0.78\times1.8\times42\times2\text{m}^2=117.936\text{m}^2$

【注释】0.78m为门M－9的宽度，1.8m为该门的高度，42为该门的数量，2为双侧。

综合①、②得地下室内墙抹灰工程量：

$S_4=[1783.217-(117.936+23.64)]\text{m}^2=1641.641\text{m}^2$

【注释】1783.217m^2为地下室内墙的毛面积，117.936m^2为地下室双侧洞口的面积，23.64m^2为地下室单侧洞口的面积。

(5) 综合 (1) ～ (4) 可得内墙一般抹灰工程量为：

$S=(1641.641+926.457+993.793+12436.184)\text{m}^2=15998.075\text{m}^2$

【注释】12436.184m^2为地面以上11层内墙抹灰的总面积，993.793m^2为地面以上11层厨房、卫生间内墙抹灰的总面积，1641.641m^2为地下室内墙抹灰的总面积，926.457m^2为楼梯间内墙抹灰的总面积。

13. 011204003，厨房、卫生间内1.8m高贴釉面砖墙裙（8～10mm厚地砖面）

做法：15mm厚1∶2水泥砂浆，刷素水泥浆一道，3～4mm厚水泥胶结合层，8～10mm厚地砖，水泥浆擦缝或1∶1水泥砂浆勾缝。

厨房、卫生间内墙长$l=57.246\text{m}$

扣洞口前毛面积$S'=Lh=57.246\times1.8\times11$（层）$\text{m}^2=1133.471\text{m}^2$

【注释】57.246m为厨房、卫生间内墙的长度，1.8m为该内墙的高度，11为地面以上建筑的层数。

应扣除洞口面积（汇总如下）：

单侧：C－3×6×11层　　C－5×2×11层　　C－8×4×11层

　　　M－4×12×11层　　M－5×4×11层

$$
\begin{aligned}
S_{单侧扣}&=[0.6\times0.9(高)\times6+0.6\times0.9(高)\times2+0.3\times0.2(高)\times4+0.8\times1.8(高)\\
&\quad\times12+0.78\times1.8(高)\times4]\times11(层)\text{m}^2\\
&=(3.24+1.08+0.24+17.28+5.616)\times11\text{m}^2\\
&=27.456\times11\text{m}^2\\
&=302.016\text{m}^2
\end{aligned}
$$

【注释】0.6×0.9（高）×6m^2为窗C－3的面积，其中0.6m为窗的宽度，0.9m为该窗的高度，6为单层该窗的数量，0.6×0.9（高）×2m^2为窗C－5的面积，其中0.6m为该窗的宽度，0.9m为该窗的高度，2为该窗单层的数量，0.3×0.2（高）×4m^2为窗C－8的面积，其中0.3m为该窗的宽度，0.2m为该窗的高度，4为单层该窗的数量，0.8×1.8（高）×12m^2为门M－4的面积，其中0.8m为该门的宽度，1.8m为该门的高度，12为单层该门的数量，0.78×1.8（高）×4m^2为门M－5的面积，其中0.78m为该门的宽度，1.8m为该门的高度，4为单层该门的数量，11为地面以上建筑的层数。

则厨房、卫生间内墙裙工程量：

$S=S'-S_{单侧扣}=(1133.471-302.016)m^2=831.455m^2$

【注释】 1133.471m² 为地面以上厨房、卫生间的内墙抹灰的总面积，302.016m² 为扣除门窗洞口的面积。

14. 011301001，顶棚抹灰

1）地下室顶棚抹灰工程量

$S_1=S_{地下室地面}-S_{台阶地面}=(464.528-4.05)m^2=460.478m^2$

【注释】 464.528m² 为地下室地面的面积，4.05m² 为台阶地面的面积。

2）普通层顶棚抹灰工程量

$S_2=S_{普通楼地面}=11层\times S_{单层}=11\times443.213m^2=4875.343m^2$

【注释】 11 为普通层的层数，443.213m² 为单层顶棚抹灰的面积。

3）楼梯间抹灰工程量

（1）楼梯间顶层顶棚工程量

$S_1=[(2.7-0.25)\times5.4+(2.7-0.25)\times(6-0.25)\times2]m^2$

$=(13.23+28.175)m^2$

$=41.405m^2$

【注释】 (2.7−0.25)×5.4m² 为顶层中间楼梯顶棚的投影面积，其中（2.7−0.25)m 为其楼梯间顶棚的宽度，5.4m 为其长度，（2.7−0.25)×(6−0.25)×2m² 为顶层两侧边楼梯间顶棚的面积，其中（2.7−0.25)m 为其宽度，(6−0.25)m 为其楼梯间顶棚的长度，2 为个数。

（2）楼梯间底板工程量

$S_{LT1}=\{[(2.7-0.25)\times(1.815+0.2+1.045)+(2.7-0.25)\times(2.34\div4/5)](底层)+[(2.7-0.25)\times(1.095+0.2\times2+1.245)+(2.7-0.25)\times(2.6\div4/5)]\times9(层)\}m^2$

$=[(2.45\times3.06+2.45\times2.925)+(2.45\times2.74+2.45\times3.25)\times9]m^2$

$=[(7.497+7.166)+(6.713+7.963)\times9]m^2$

$=(14.663+14.676\times9)m^2$

$=146.747m^2$

【注释】 (2.7−0.25)m 为底层楼梯间的宽度，(1.815+0.2+1.045)m 为底层 XB_1、TL_1 的长度，2.34÷4/5m 为楼梯踏步的长度，(1.095+0.2×2+1.245) 为九层 $XB_{2、3}$ 及 TL_2 的长度，2.6÷4/5m 为九层楼梯踏步的长度。

$S_{LT2}=\{[(2.7-0.25)\times(1.045+0.2+1.895)+(2.7-0.25)\times(2.86\div4/5)](底层)+[(2.7-0.25)\times(1.095+0.2\times2+1.385)+(2.7-0.25)\times(3.12\div4/5)]\times9(层)\}m^2$

$=[(2.45\times3.14+2.45\times3.575)+(2.45\times2.88+2.45\times3.9)\times9]m^2$

$=(7.693+26.442\times9)m^2$

$=(7.693+237.978)m^2$

$=245.671m^2$

【注释】 (2.7－0.25)m 为楼梯间的宽度，(1.045＋0.2＋1.895)m 为楼梯2的XB及TL底层的宽度，$(2.7-0.25)\times2.86\div4/5m^2$ 为楼梯2中踏步的底板的面积，其中 (2.7－0.25)m 为底板的宽度，2.86÷4/5m 为底层踏步的宽度；$(2.7-0.25)\times(1.095+0.2\times2+1.385)m^2$ 为楼梯2标准层楼梯 $XB_{2、3}$ 的面积，其中 (2.7－0.25)m 为其宽度，(1.095＋0.2×2＋1.385)m 为其长度，(2.7－0.25)×3.12÷4/5m 为该楼梯2踏步底板的面积，其中 (2.7－0.25)m 为其宽度，3.12÷4/5m 为其长度。

楼梯间底板抹灰工程量：

$S_2=S_{LT1}+2\times S_{LT2}=(146.747+2\times245.671)m^2=638.089m^2$

【注释】 $146.747m^2$ 为楼梯1的底板工程量，$245.671\times2m^2$ 为两个楼梯2底板的工程量。

注：清单楼梯底板工程量计算规则中规定，板式楼梯底面抹灰按斜面积计算，锯齿形楼梯底板抹灰按展开面积计算。

综上所述，顶棚抹灰工程量为：

$S=S_1+S_2+S_3$

$=[460.478+4875.343+638.089(底板)+41.405(顶层顶棚)]m^2$

$=[460.478+4875.343+679.494(楼梯间)]m^2$

$=6015.315m^2$

【注释】 $460.478m^2$ 为地下室顶棚抹灰的工程量，$4875.343m^2$ 为普通层顶棚抹灰的工程量，$638.089m^2$ 为楼梯间底板的抹灰工程量，$41.405m^2$ 为顶层顶棚抹灰的工程量。

15. 011302001，顶棚吊顶、卫生间、U形轻钢龙骨，PVC防水面板

工程量 $S_{单层}=S_{卫生间地面}$

$=S_{斜轴处}+S_{FG间}+S_{RB间}$

$=(8.083+13.75+10.385)m^2$

$=32.218m^2$

【注释】 $8.083m^2$ 为斜轴线处卫生间顶棚吊顶的工程量，$13.75m^2$ 为Ⓕ、Ⓖ间卫生间顶棚吊顶的工程量，$10.385m^2$ 为Ⓑ、⑴Ⓑ间卫生间顶棚吊顶的工程量。

1～11层，卫生间吊顶工程量：

$S=11\times S_{单层}=11\times32.218m^2=354.398m^2$

【注释】 11为层数，$32.218m^2$ 为卫生间顶棚吊顶的工程量。

16. 011302002，金属格栅吊顶

贴玻璃棉毡吸声顶棚，板底贴玻璃棉毡外包玻璃丝布并钉铝合金网贴至距板底1m墙面处。

工程量：$S_1=(2.7-0.25)\times(2.7-0.25)m^2=2.45\times2.45m^2=6.0025m^2$

【注释】 该式子为轴线⑨至轴线⑪间电梯间金属格栅吊顶的面积，0.25m 为主墙间两半墙的厚度。

$S_2=(2.7-0.25)\times(3-0.25)\times2\text{m}^2=(2.45\times2.75)\times2\text{m}^2=13.475\text{m}^2$

【注释】 该式子为轴线③、④和轴线⑮、⑯间电梯间金属格栅吊顶的面积，其中(2.7－0.25)m为电梯间顶棚吊顶的宽度，(3－0.25)m为电梯间顶棚吊顶的长度，2为单层该电梯的数量。

则电梯间吊顶工程量：

$S=S_1+S_2=(6.0025+6.7375\times2)\text{m}^2=(6.0025+13.475)\text{m}^2=19.4775\text{m}^2$

【注释】 6.0025m^2为轴线⑨至轴线⑪间电梯顶棚吊顶的面积，13.475m^2为轴线③、④和轴线⑮、⑯间电梯顶棚吊顶的面积。

3.3 清单工程量计算表

清单工程量表见表3-12。

清单工程量计算表　　表3-12

序号	项目编号	项目名称	项目特征描述	计量单位	工程量
1	010101001001	平整场地	A.1 土(石)方工程 A.1.1 土方工程 Ⅰ、Ⅱ类土，以挖作填	m^3	611.33
2	010101002001	挖土方	Ⅰ、Ⅱ类土，挖深3.35m，以挖作填，运距50m	m^3	1875.267
3	010103001001	土(石)方加填	A.1.3 土石方加填夯填，Ⅰ、Ⅱ类普通土以挖作填	m^3	60.157
4	010304001001	砌块墙	A.3 砌筑工程，250厚墙体，加气混凝土块，M_5水泥砂浆；A.4 混凝土工程及钓船工程；A.4.1 现浇混凝土基础	m^3	907.672
5	010401003001	满堂基础	现浇筏板基础，C25混凝土，500mm高	m^3	289.086
6	010401006001	垫层	现浇C25混凝土垫层，厚100mm	m^3	59.532
7	010402002001	异形柱	C25混凝土，翼像厚250mm，宽300mm模数	m^3	31.418
8	010102002002	异形柱	C25混凝土构造柱，宽250mm；A、4.3 现浇混凝土梁	m^3	330.765
9	010403003001	异形梁	C25混凝土	m^3	480.549
10	010403003002	异形梁	C25阳台边梁，标高－0.38m	m^3	3.007
11	010403003003	异形梁	C25阳台边梁，标高3.22m	m^3	3.007
12	0104003003004	异形梁	C25阳台边梁，标高6.82m	m^3	3.007
13	010403003005	异形梁	C25阳台边梁，标高10.42m	m^3	3.007
14	010503003006	异形梁	C25阳台边梁，标高14.02m	m^3	3.007
15	010503003007	异形梁	C25阳台边梁，标高17.62m	m^3	3.007

续表

序号	项目编号	项目名称	项目特征描述	计量单位	工程量
16	010503003008	异形梁	C25 阳台边梁,标高 21.20m	m^3	3.007
17	010503003009	异形梁	C25 阳台边梁,标高 24.82m	m^3	3.007
18	010503003010	异形梁	C25 阳台边梁,标高 28.42m	m^3	3.007
19	010503003011	异形梁	C25 阳台边梁,标高 32.02m	m^3	3.007
20	010503003012	异形梁	C25 阳台边梁,标高 35.62m	m^3	3.007
21	010503002001	矩形梁	C25 雨篷，250mm ～ 600mm，标高 2.97m	m^3	1.404
22	010503005001	过梁	C25 混凝土过梁，标高 — 1.5m，250mm～200mm	m^3	1.92
23	010503005002	过梁	C25 混凝土过梁，标高 2.3m，250mm×200mm	m^3	1.14
24	010503005003	过梁	C25 混凝土过梁，标高 5.90m，250mm×200mm	m^3	1.14
25	010503005004	过梁	C25 混凝土过梁，标高 9.50m，250mm×200mm	m^3	1.14
26	010503005005	过梁	C25 混凝土过梁，标高 13.10m，250mm×200mm	m^3	1.14
27	010503005006	过梁	C25 混凝土过梁，标高 16.7m，250mm×200mm	m^3	1.14
28	010503005007	过梁	C25 混凝土过梁，标高 20.30m，250mm×200mm	m^3	1.14
29	010503005008	过梁	C25 混凝土过梁，标高 23.90m，250mm×200mm	m^3	1.14
30	010503005009	过梁	C25 混凝土过梁，标高 27.50m，250mm×200mm	m^3	1.14
31	010503005010	过梁	C25 混凝土过梁，标高 3.10m，250mm×200m	m^3	1.14
32	010503005011	过梁	C25 混凝土过梁，标高 34.70m，250mm×200m	m^3	1.14
33	010503005012	过梁	C25 混凝土过梁，标高 38.30m，250mm×200m	m^3	1.14
			A.4.5 现浇混凝土板		
34	010505003001	平板	C25 混凝土平板,板底标高—0.13m,100mm 厚	m^3	53.848
35	010505003002	平板	C25 混凝土平板,板底标高 3.47m,100mm 厚	m^3	53.848
36	010505003003	平板	C25 混凝土平板,板底标高 7.07m,100mm 厚	m^3	53.848
37	010505003004	平板	C25 混凝土平板,板底标高 10.67m,100mm 厚	m^3	53.848

续表

序号	项目编号	项目名称	项目特征描述	计量单位	工程量
38	010505003005	平板	C25 混凝土平板，板底标高 14.27m，100mm 厚	m^3	53.848
39	010505003006	平板	C25 混凝土平板，板底标高 17.87m，100mm 厚	m^3	53.848
40	010505003007	平板	C25 混凝土平板，板底标高 21.47m，100mm 厚	m^3	53.848
41	010505003008	平板	C25 混凝土平板，板底标高 25.07m，100mm 厚	m^3	53.848
42	010505003009	平板	C25 混凝土平板，板底标高 28.67m，100mm 厚	m^3	53.848
43	0105050030010	平板	C25 混凝土平板，板底标高 32.27m，100mm 厚	m^3	53.848
44	0105050030011	平板	C25 混凝土平板，板底标高 35.87m，100mm 厚	m^3	53.848
45	0105050030012	平板	C25 混凝土平板，板底标高 39.47m，100mm 厚	m^3	53.848
46	010505008001	雨篷板	C25 混凝土雨篷板	m^3	13.14
47	010505008002	阳台板	C25 混凝土阳台板	m^3	50.560
			A.4.4 现浇混凝土墙		
48	011702011001	直形墙	250mm 厚 C30 混凝土墙，标是 Q_1，高 3m	m^3	94.084
49	011702011002	直形墙	250mm 厚，C30 混凝土墙，标是 Q_2，高 3m	m^3	50.238
50	011702011003	直形墙	250mm 厚，C30 混凝土墙，标是 Q_3，高 3m	m^3	873.10
51	011702011004	直形墙	250mm 厚，C30 混凝土墙，标是 Q_2，高 3.6m	m^3	622.5
52	011702011005	直形墙	250mm 厚，C30 混凝土墙，标是 Q_1，高 3.6m 顶层	m^3	113.58
53	011702011006	直形墙	250mm 厚，C30 混凝土墙，标是 Q_2，高 3.6m 顶层	m^3	62.25
			A.4.6 现浇钢筋混凝土楼梯		
54	010506001001	直形楼梯	C25 混凝土	m^3	426.30
			A.4.7 现浇混凝土其他构件		
55	010507007001	其他构件	C20 混凝土台阶，底 3∶7 灰土垫层	m^2	11.34
56	010507001001	混凝土散水	C10 混凝土散水，宽 1.2m，8mm 厚散水面层	m^2	223.00
			A.4.16 钢筋工程		
57	010515001001	现浇混凝土钢筋	HPB235 级钢筋，ϕ10 以内	t	106.311
58	010515001002	现浇混凝土钢筋	HPB235 级钢筋，ϕ10 以外	t	15.67
59	010515001003	现浇混凝土钢筋	HRB335 级钢筋，ϕ10 以外	t	467.017

续表

序号	项目编号	项目名称	项目特征描述	计量单位	工程量
			A.7 屋面防水 A.7.2 屋面防水		
60	010902002001	屋面涂膜防水	聚氨酯防水涂膜防水三道16mm厚水泥聚苯板保护层	m^2	640.348
61	010902003001	屋面刚性防水	40mm厚细石混凝土掺10%硅质密实剂刚性防水	m^2	585.353
			A.8 防腐、隔热、保温工程 A.8.3 隔热、保温		
62	011001001001	保温、隔热屋面	屋顶外保温，150mm厚沥青珍珠岩保温层，加气混凝土碎石找2%坡	m^2	80.862
			B. 装饰工程 B.1 楼地面工程 B.1.1 整体面层		
63	01101001001	水泥砂浆楼地面	60mmC10混凝土垫层，20mm厚1∶2.5水泥砂浆抹面	m^2	457.616
64	01101001002	水泥砂浆楼地面	80mm厚C10混凝土垫层，20mm厚1∶2.5水泥砂浆抹面	m^2	18.865
			B.1.2 块料面层		
65	01102003001	块料楼地面	8～10mm厚地砖，600mm×600mm，3～4mm厚胶结合层，素水泥浆擦缝	m^2	4875.343
66	011102003002	块料楼地面	50mm厚1∶2.5细石混凝土找泛水坡，3mm厚建筑防水层，10mm厚防滑地砖，干水泥擦缝	m^2	354.398
			B.1.5 踢脚线		
67	011105003001	块料踢脚线	3～4mm厚水泥胶结合层，5mm厚釉面砖，白水泥勾缝，高150mm	m^2	613.021
			B.1.6 楼梯装饰		
68	011106004001	水泥砂浆楼梯面	20mm厚1∶3水泥砂浆结合层，8mm厚1∶2.5水泥砂浆抹面压光	m^2	426.30
			B.1.7 扶手、栏杆、栏板装饰		
69	011503002001	硬木扶手带栏杆	硬木扶手，刷清漆两遍，不锈钢栏杆高1m	m	191.509
70	011503001001	金属扶手带栏杆	阳台铜管扶手，烤漆钢管栏杆，高1.2m	m	168.384
			B.1.8 台阶装饰		
71	011107004001	水泥砂浆台阶面	三七灰土垫层，20mm厚1∶3水泥砂浆找平层，8mm厚1∶2.5水泥砂浆抹面压光	m^2	11.34
			B.2 墙柱面装饰 B.2.1 墙面抹灰		
72	011201002001	墙面装饰抹灰	斩假石外墙勒脚，高1.35m，青水泥	m^2	242.262
73	011201002002	墙面装饰抹灰	1.5mm厚1∶3水泥砂浆找平，8mm厚1∶2.5砂浆面层，喷塑性丙烯酸及弹性涂料	m^2	6558.956

续表

序号	项目编号	项目名称	项目特征描述	计量单位	工程量
74	011201001001	墙面一般抹灰	250mm厚墙，石灰砂浆抹灰，石膏拉毛	m^2	15998.075
			B.2.4 块料镶贴墙面		
75	011204003001	块料墙面	15mm厚1：2水泥砂浆，3～4mm厚水泥胶结合层，8～10mm厚地砖地面1：1水泥砂浆勾缝	m^2	831.455
			B.3 顶棚工程 B.3.1 顶棚抹灰		
76	011301001001	顶棚抹灰	混合砂浆抹顶棚合成树脂乳液涂料	m^2	6015.315
			B.3.2 顶棚吊顶		
77	011302001001	顶棚吊顶	U形轻钢龙骨，PVC板面层$S(0.16m^2)$	m^2	354.398
78	011302002001	格栅吊顶	金属格栅吸声板吊顶，袋装玻璃丝保温吸声顶棚	m^2	19.4775
			B.4 门窗工程 B.4.1 木门		
79	010801001001	镶板木门	镶板成品木，刷调合漆两遍，磁漆罩面，1200mm×2100mm	m^2	166.32
80	010801001001	胶合板门	胶合板成品木，刷调合漆两遍，磁漆罩面，1000mm×2100mm	m^2	184.8
81	010801001002	胶合板门	胶合板成品木，刷调合漆两遍，磁漆罩面，780mm×1800mm	m^2	58.968
82	010801004001	木质防火门	成品自由木门，刷封闭漆，聚氨酯漆两遍，1200mm×2100mm	m^2	55.44
83	010801004002	木质防火门	成品自由木门，刷封闭漆，聚氨酯漆两遍，1500mm×2100mm	m^2	9.45
84	010801004003	木质防火门	成品自由木门，刷封闭漆，聚氨酯漆两遍，1000mm×2100mm	m^2	16.8
85	010802001001	金属推拉门	成品铝合金推拉门，1200mm×2100mm	m^2	166.32
86	010802001002	金属推拉门	成品铝合金推拉门，800mm×2100mm	m^2	258.72
87	010802001001	金属平开门	成品铝合金平开门加百叶，780mm×2100mm	m^2	72.072
			B.4.6 金属窗		
88	010807001001	金属推拉窗	双玻铝合金成品窗，1800mm×1500mm	m^2	118.8
89	010807001002	金属推拉窗	双玻铝合金成品窗，600mm×1000mm	m^2	39.6
90	010807001003	金属推拉窗	双玻铝合金成品窗，600mm×1500mm	m^2	19.8
91	010807001004	金属推拉窗	双玻铝合金成品窗，300mm×500mm	m^2	3.3
92	010807001005	金属推拉窗	双玻铝合金成品窗，600mm×300mm	m^2	6.48
93	010807003001	金属百叶窗	铝合金平开窗，外飘窗，1500mm×1500mm	m^2	151.80
94	010807001001	金属平开窗	铝合金平开窗，外飘窗，1800mm×1500mm	m^2	88.44
95	010807001002	金属平开窗	铝合金平开窗，成品，1800mm×1500mm	m^2	86.40
96	0108007001003	金属平开窗	铝合金平开窗 1800mm×1500mm（弧形）	m^2	62.212

第4章　某12层小高层建筑工程定额工程量计算

定额工程量是根据建设工程设计文件、《全国统一建筑工程预算工程量计算规则》土建工程 GJD_{GZ}—101—95、国家或省级行业建设主管部门颁发的计价依据和办法等对建筑物进行计量分析。在计算定额工程量时要按照工程量计算规则中规定的计量单位、计算规则和方法进行工程量计算。

4.1　房屋建筑工程部分

1. 建筑面积

首层：Ⓐ、Ⓕ轴线间与⑥、⑭轴间：

S_1＝{(12.8＋0.125)×(15.2＋0.25)－2.05×(4.3－0.25)×2(Ⓒ、Ⓕ间)－0.9×8－0.48－0.5(Ⓐ、1/A间)＋1/2×1×(4.3－0.25)×2(阳台3、阳台5)＋[(0.9＋0.3)×(8－0.25)＋(1/6×π×6^2－$3^{1/2}$/3×6×1/2)(圆弧)]×1/2}m^2

＝[12.925×15.45－4.1×4.05－8.18＋1/2×4.05×2＋(1.2×7.75＋8.555)×1/2]m^2

＝(199.69－16.605－2.11＋8.93)m^2

＝189.905m^2

【注释】　(12.8＋0.125)×(15.2＋0.25) m^2 为Ⓐ、Ⓕ轴线间与⑥、⑭轴间建筑的总面积，其中 (12.8＋0.125)m 为该处建筑的宽度，(15.2＋0.25)m 为该处建筑的长度，其中 0.125m 为半墙的厚度，0.25m 为墙的厚度；2.05×(4.3－0.25)×2m^2 为Ⓒ、Ⓕ间空余部分的面积，其中 2.05m 为其宽度，(4.3－0.25)m 为其长度，0.25m 为主墙间两半墙的厚度，2 为左右两部分；0.9×8m^2、0.48m^2、0.5m^2 为轴线Ⓐ至轴线1/A间空余部分的面积，其中 0.9m 为其宽度，8m 为其长度；1/2×1×(4.3－0.25)×2m^2 为阳台3、阳台5的半个面积，其中 1m 为阳台的宽度，(4.3－0.25)m 为阳台的长度；(0.9＋0.3)×(8－0.25) m^2 为阳台2处矩形部分的面积，其中 (0.9＋0.3)m 为其宽度，(8－0.25)m 为其长度，0.25m 为主墙间两半墙的厚度，(1/6×3.14×6^2－$\sqrt{3}$/3×6×1/2)m^2 为阳台2圆弧部分的面积，最后乘以 1/2 为算阳台2面积的一半。

Ⓕ、Ⓚ轴与④、⑮轴线间

S_2＝[(7.5＋0.25)×(24＋0.25)－(2.7－0.25)×(4.5－1.36)(⑨、⑪间)＋(1.2×4.2×2＋1/6×3.14×6^2－1/2×6×$3^{1/2}$/3)×1/2×(2×阳台1)]m^2

$=[7.75\times24.25-2.45\times3.14+(1.2\times4.2\times2+17.11)\times1/2]m^2$

$=(187.94-7.69+27.19\times1/2)m^2$

$=193.845m^2$

【注释】 $(7.5+0.25)\times(24+0.25)m^2$ 为Ⓕ、Ⓚ轴与④、⑮轴线间建筑的面积，其中 $(7.5+0.25)m$ 为该处建筑的宽度，$(24+0.25)m$ 为该处建筑的长度，0.25m 为主墙两边两半墙的厚度，$(2.7-0.25)\times(4.5-1.36)m^2$ 为⑨、⑪间空余部分的面积，其中 $(2.7-0.25)m$ 为其宽度，$(4.5-1.36)m$ 为其长度，$1.2\times4.2\times2m^2$ 为阳台 2 矩形部分的面积，其中 1.2m 为矩形部分的宽度，4.2m 为其长度，2 为两部分，后边的部分为阳台 1 圆弧部分的面积，最后乘以 1/2 为阳台 2 面积的一半。

Ⓖ、Ⓚ与①、④轴间

$S_3=\{9.9\times(6+0.25)-1.5\times(3-0.25)$(Ⓐ、Ⓗ间)$+[6.126$(同阳台1)$+1/2\times1.6\times1.38]$(阳台4)$\times1/2\}m^2$

$=(9.9\times6.25-1.5\times2.75+7.23\times1/2)m^2$

$=(61.875-4.125+3.615)m^2$

$=61.365m^2$

【注释】 $9.9\times(6+0.25)m^2$ 为Ⓖ、Ⓚ与①、④轴间建筑的总面积，其中 9.9m 为该部分的长度，$(6+0.25)m$ 为该部分的宽度，0.25m 为主墙两边两半墙的厚度，$1.5m\times(3-0.25)m^2$ 为Ⓐ、Ⓗ间空余部分的面积，其中 1.5m 为其部分的宽度，$(3-0.25)$ m 为其部分的长度；$6.126m^2$ 为阳台 4 矩形部分的面积，$1/2\times1.6\times1.38m^2$ 为阳台 4 圆弧部分的面积，最后乘以 1/2 为阳台 4 面积的一半。

⑤′、⑧′与Ⓐ′、Ⓓ间

$S_4=[(7.8+0.25)\times(7.2+0.25)-1/2\times(6-0.25)\times\tan30^\circ\times(6-0.25)$(缺口)$+(1.5+1.8)\times1.2\times1/2+(4+3.25)\times1.5\times1/2\times1/2$(阳台)$]m^2$

$=(8.05\times7.45-1/2\times5.75\times3^{1/2}/3\times5.75+1.98+2.719)m^2$

$=(59.973-9.544+4.699)m^2$

$=55.128m^2$

【注释】 $(7.8+0.25)\times(7.2+0.25)m^2$ 为该斜轴线处建筑的面积，其中 $(7.8+0.25)m$ 为其长度，$(7.2+0.25)m$ 为该部分的宽度，$1/2\times(6-0.25)\times\tan30^\circ\times(6-0.25)m^2$ 为该部分三角缺口的面积，其中 $(6-0.25)m$ 为三角形较长直角边的长度，$\tan30^\circ\times(6-0.25)m$ 为三角形缺口另一直角边的长度，0.25m 为主墙间两半墙的厚度，$(1.5+1.8)\times1.2\times1/2$ 为阳台 6 面积的一半，其中 $(1.5+1.8)m$ 为阳台 6 的长度，1.2m 为阳台 6 的宽度，$(4.5+3.25)\times1.5\times1/2\times1/2m^2$ 为阳台 7 的面积，阳台 7 的面积按梯形的面积公式计算，3.25m 为该梯形阳台的上底宽，4m 为梯形阳台的下底宽，1.5m 为该阳台的宽度。

综合以上得：

首层建筑面积 $S=S_1+S_2+2S_3+2S_4$

$=(189.905+193.845+2\times61.365+2\times55.128)\mathrm{m}^2$

$=616.736\mathrm{m}^2$

【注释】 189.905m² 为Ⓐ、Ⓕ轴线间与⑥、⑭轴间建筑的面积，193.845m² 为Ⓕ、Ⓚ轴与④、⑮轴线间建筑的面积，2×61.365m² 为Ⓖ、Ⓚ与①④、⑮⑱轴间建筑的面积，2×55.128m² 为两斜轴线间建筑的面积。

注：独立柱的雨篷按其水平投影的一半面积计算，无柱雨篷计算建筑面积。

地下室建筑面积为首层建筑面积扣除阳台面积：

$S=S_{首层}-S_{阳台}=616.736-(6.126+5.46+7.23+5.438)=587.067\mathrm{m}^2$

【注释】 616.736m² 为建筑的首层面积，6.126m² 为阳台1、2半个的面积，5.46m² 为两边阳台6半个阳台的面积，7.23m² 为阳台4半个的面积，5.438m² 为两边阳台7半个的面积。

标准层及顶层建筑面积（每一层）：$S=S_{首层}=616.73\mathrm{m}^2$

综上所述，该建筑的建筑面积：$S=S_{地下室}+S_{首层}+10\times S_{标准层}$

$=587.076+616.736\times11=7371.172\mathrm{m}^2$

【注释】 587.076m² 为地下室建筑的面积，616.736m² 为首层建筑的面积，11为层数。

2. 外墙边长

1/A、Ⓐ轴：$[L_1=(3.6+4)\times2+0.25+0.9\times4]\mathrm{m}=19.05\mathrm{m}$

【注释】 (3.6+4)×2m 为该处水平外墙的长度，0.25m 为主墙两边两半墙的厚度，0.9×4m 为该处纵向四段外墙的长度。

⑥、⑭轴：$L_2=(8.5-0.25)\times2\mathrm{m}=8.25\times2\mathrm{m}=16.5\mathrm{m}$

【注释】 (8.5－0.25)×2m 为轴线1/A至轴线Ⓒ间竖直段外墙的长度，其中0.25m 为主墙间两半墙的厚度，2表示两段墙。

⑦、⑬轴：$L_3=[(4.3-0.25)\times2+1\times4]\mathrm{m}=12.1\mathrm{m}$

【注释】 (4.3－0.25)×2m 为该处两段竖直外墙的长度，1×4m 为该处水平段外墙的长度，其中0.25m 为主墙间两半墙的厚度。

Ⓒ轴：$L_4=2.05\times2\mathrm{m}=4.1\mathrm{m}$

【注释】 2.05m 为该处水平段外墙的长度，2为墙的数量。

Ⓕ轴：$L_5=(3.3+3.15)\times2\mathrm{m}=6.45\times2\mathrm{m}=12.9\mathrm{m}$

【注释】 (3.3+3.15)m 为该处水平段外墙的长度，2为墙的数量。

④、⑮轴：$L_6=3\times2\mathrm{m}=6\mathrm{m}$

【注释】 3×2m 为轴线Ⓕ、Ⓗ间两段竖直外墙的长度。

Ⓖ轴：$L_7=(4.2+2.7+0.125)\times2\mathrm{m}=7.025\times2\mathrm{m}=14.05\mathrm{m}$

【注释】 (4.2+2.7+0.125)×2m 为该处两段水平外墙的长度，其中0.125m 为半墙的厚度。

Ⓗ轴：$L_8=(3-0.25)\times2\mathrm{m}=2.75\times2\mathrm{m}=5.5\mathrm{m}$

【注释】 (3－0.25)×2m 为该轴线处两段水平外墙的长度，其中0.25m 为主墙间两半墙的厚度。

Ⓐ'轴：L_9=(2.4+1.5+1.8+0.12)×2m=5.82×2m=11.64m

【注释】(2.4+1.5+1.8+0.12)×2m为该处轴线两段水平外墙的长度。

①'、⑧'轴：L_{10}=(3.3+0.6×2+3.3+0.25)×2m=8.05×2m=16.1m

【注释】该处为轴线Ⓐ'、Ⓓ'两段竖直外墙的长度，其中0.25m为两边两半墙的厚度。

Ⓓ'轴：L_{11}=(1.5+2.4+1.5+1.8+0.25)×2m=7.45×2m=14.9m

【注释】(1.5+2.4+1.5+1.8+0.25)×2m为该处轴线①'、④'间两段水平外墙的长度。

④'、⑤'轴：L_{12}=1.8×2m=3.6m

【注释】1.8×2m为该处轴线Ⓒ'、Ⓓ'间两段竖直外墙的长度。

Ⓚ轴：L_{13}=[(4.2+2.7+3+3.3+3.15+4.2+0.125)×2+3.14×2]m=47.63m

【注释】(4.2+2.7+3+3.3+3.15+4.2+0.125)×2m为轴线①至轴线⑱处水平外墙的长度，3.14×2m为两边圆弧部分的外墙的长度。

③、⑱轴：L_{14}=1.5×2m=3m　　$L_{轴}$：L_{15}=(2.7−0.25)m=2.45m

【注释】1.5×2m为轴线Ⓖ、Ⓗ间两段竖直外墙的长度，(2.7−0.25)m为轴线⑨至轴线⑪间水平外墙的长度，0.25m为主墙间两半墙的厚度。

综上所述，外墙外边线长：

$L=L_1+L_2+L_3+L_4+L_5+L_6+L_7+L_8+L_9+L_{10}+L_{11}+L_{12}+L_{13}+L_{14}+L_{15}$
=(19.05+16.5+12.1+4.1+12.9+6+14.05+5.5+11.64+16.1+14.9+3.6+47.63+3+2.45)m
=189.52m

【注释】19.05m为①/Ⓐ至Ⓐ轴线处外墙的长度，16.5m为⑥、⑭轴间外墙的长度，12.1m为⑦、⑬轴间外墙的长度，4.1m为Ⓒ轴间外墙的长度，12.9m为Ⓕ轴间外墙的长度，6m为④、⑮轴处外墙的长度，14.05m为Ⓖ轴处外墙的长度，5.5m为Ⓗ轴处外墙的长度，11.64m为A′处外墙的长度，16.1m为①'至⑧'处外墙的长度，14.9m为Ⓓ'处外墙的长度，3.6m为④'、⑤'处外墙的长度，47.63m为Ⓚ轴处外墙的长度，3m为③、⑬轴处外墙的长度，2.45m为轴线⑨至轴线⑪处外墙的长度。

3. 外墙中心线长

①/Ⓐ、Ⓐ轴：L_1=[(3.6+4)×2+0.9×3]m=(15.2+2.7)m=17.9m

【注释】(3.6+4)×2m为该处水平外墙的长度，0.9×3m为该处纵向三段外墙的长度。

⑥、⑭轴：L_2=8.5×2m=17m

【注释】8.5×2m为轴线①/Ⓐ至轴线Ⓒ间竖直段外墙的长度，2表示两段墙。

⑦、⑬轴：L_3=(4.3×2+1×2)m=10.6m

【注释】4.3×2m为该处两段竖直外墙的长度，1×2m为该处水平段外墙的长度。

Ⓒ轴：L_4＝2.05×2m＝4.1m

【注释】 2.05m为该处水平段外墙的长度，2为墙的数量。

Ⓕ轴：L_5＝(3.3＋3.15)×2m＝6.45×2m＝12.9m

【注释】 (3.3＋3.15)m为该处水平段外墙的长度，2为墙的数量。

④、⑮轴：L_6＝3×2m＝6m

【注释】 3×2m为轴线Ⓕ、Ⓗ间两段竖直外墙的长度。

Ⓖ轴：L_7＝(4.2＋2.7)×2m＝6.9×2m＝13.8m

【注释】 (4.2＋2.7)×2m为该处两段水平外墙的长度。

Ⓐ'轴：L_8＝3×2m＝6m

【注释】 3×2m为轴线Ⓕ、Ⓗ间两段竖直外墙的长度。

Ⓐ'轴：L_9＝(2.4＋1.5＋1.8)×2m＝5.7×2m＝11.4m

【注释】 (2.4＋1.5＋1.8)×2m为该处两段水平外墙的长度。

①'、⑧'轴：L_{10}＝(3.3＋0.6×2＋3.3)×2m＝7.8×2m＝15.6m

【注释】 (3.3＋0.6×2＋3.3)×2m为该处两段水平外墙的长度。

Ⓓ'轴：L_{11}＝(1.5＋2.4＋1.5＋1.8)×2m＝7.2×2m＝14.4m

【注释】 (1.5＋2.4＋1.5＋1.8)×2m为该处轴线①'、④'间两段水平外墙的长度。

④'、⑤'轴：L_{12}＝1.8×2m＝3.6m

【注释】 1.8×2m为该处轴线Ⓒ'、Ⓓ'间两段竖直外墙的长度。

Ⓚ轴：L_{13}＝[(4.2＋2.7＋3＋3.3＋3.15＋4.2)×2＋3.14×2]m＝47.38m

综上所述，外墙中心线的长度：

$L = L_1+L_2+L_3+L_4+L_5+L_6+L_7+L_8+L_9+L_{10}+L_{11}+L_{12}+L_{13}$

＝(17.9＋17＋10.6＋4.1＋12.9＋6＋13.8＋6＋11.4＋15.6＋14.4＋3.6＋47.38)m

＝180.68m

【注释】 17.9m为Ⓐ/Ⓐ、Ⓐ轴间外墙中心线的长度，17m为⑥、⑰轴处外墙中心线的长度，10.6m为⑦、⑬轴处外墙中心线的长度，4.1m为Ⓒ轴处外墙中心线的长度，12.9m为Ⓕ轴处外墙中心线的长度，6m为④、⑮轴处外墙中心线的长度，11.4m为Ⓐ'处外墙中心线的长度，15.6m为轴线①'至⑧'处外墙中心线的长度，14.4m为轴线Ⓓ'处外墙中心线的长度，3.6m为轴线④'至轴线⑤'处外墙中心线的长度，47.38m为轴线Ⓚ处外墙中心线的长度。

4. 内墙净长线长

①轴：L_1＝(1.8＋2.7＋1.5－0.25)m＝5.75m

②轴：L_2＝(1.8＋2.7＋1.5－0.25)m＝5.75m

③轴：L_3＝(1.8＋2.7＋1.5－0.25)m＝5.75m

【注释】 (1.8＋2.7＋1.5－0.25)m为该处轴线Ⓖ、Ⓚ及①轴间竖直内墙的长度，其中0.25m为主墙间两半墙的厚度。

④轴：L_4＝(1.8＋2.7－0.25)m＝4.25m

【注释】 (1.8+2.7−0.25)m 为该处轴线Ⓗ、Ⓚ及④轴间竖直内墙的净长度，0.25m 为主墙间两半墙的厚度。

⑭轴：L'_4=(3−0.25)m=2.75m

⑤轴：L_5=(1.8+2.7−0.25)m=4.25m

【注释】 (1.8+2.7−0.25)m 为该处轴线Ⓗ、Ⓚ及⑤轴间纵向内墙的净长度，0.25m 为主墙间两半墙的厚度。

⑮轴：L'_5=(3−0.25)m=2.75m

⑦轴：L_7=(1.8+3+2.7−0.25)m=(7.5−0.25)m=7.25m

⑧轴：L_8=(2.2+3.6)m=5.8m

⑱轴：L'_8=(2.2+2.1−0.25)m=4.05m

⑨轴：L_9=(3+2.7+1.8−3.14−0.25)m=4.11m

【注释】 (3+2.7+1.8−3.14−0.25)m 为该处纵向内墙的净长度，0.25m 为主墙间两半墙的厚度。

⑲轴：L'_9=(2.7−0.25m)=2.45m

⑩轴：L_{10}=(2.2+1.8+3.6−0.25)m=7.35m

【注释】 (2.2+1.8+3.6−0.25)m 为该处轴线⑭至轴线Ⓒ和轴线⑩间内墙的净长度，其中 0.25m 为主墙间两半墙的厚度。

纵向：$L_{纵}=(L_1+L_2+\cdots+L_9)\times2+L_{10}$

=[(5.75×3+4.25×2+2.75×2+7.25+5.8+4.05+4.11+2.45)×2+7.35]m

=115.57m

【注释】 5.75×3m 为①、②、③轴线处内墙的净长度，4.25×2m 为④、⑤轴线处内墙的净长度，2.75×2m 为轴线⑭和轴线⑮处内墙的净长度，7.25m 为轴线⑦处内墙的净长度，5.8m 为轴线⑧处内墙的净长度，4.05m 为轴线⑱处内墙的净长度，4.11m 为轴线⑨处内墙的净长度，2.45m 为轴线⑲处内墙的净长度，乘以 2 表示左右对称，7.35m 为轴线⑩处内墙的净长度。

Ⓑ轴：L_1=(3.6−0.25)×2m=6.7m

【注释】 该处为轴线⑥、⑧和轴线⑫、⑭处横向内墙的净长度，其中 0.25m 为主墙间两半墙的厚度。

⑱轴：L_2=(3.6+1.8−0.25−0.25)×2m=9.8m

【注释】 (3.6+1.8−0.25−0.25)×2m 为该处纵横向内墙的净长度，0.25m 为主墙间两半墙的厚度。

Ⓒ轴：L_3=[(2.64−0.25)×2+(2.7−0.50)]m=(4.78+2.20)m=6.98m

【注释】 (2.64−0.25)×2m 为左右两边横向内墙的长度，(2.7−0.5)m 为中间电梯间横向内墙的长度。

Ⓕ轴：L_4=2×(2.64−0.25)m=2.39×2m=4.78m

【注释】 2×(2.64−0.25)m 为该处轴线⑦、⑨和轴线⑪、⑬处横向内墙的长度，0.25m为主墙间两半墙的厚度。

⑴/D轴：L_5=(8.4+2.7−2.64×2−0.25×2)m=(11.1−5.28−0.50)m=5.32m

【注释】　(8.4+2.7−2.64×2−0.25×2)m为电梯门口处内墙的净长度，0.25×2m为两边墙的厚度。

Ⓕ轴：L_6=(4.2×2+2.7)m=11.1m

【注释】　(4.2×2+2.7)m为餐厅楼梯处内墙的净长度。

Ⓗ轴：L_7=(3.3+3.15−0.25)×2m=6.2×2m=12.4m

【注释】　(3.3+3.15−0.25)×2m为主卧室与卧室处内墙的净长度，0.25m为主墙间两半墙的厚度。

⑵/H轴：L_8=(3.15−0.25)×2m=5.8m

【注释】　(3.15−0.25)×2m为②、⑦轴和⑬、⑴/13轴间卧室横向内墙的长度，0.25m为主墙间两半墙的厚度。

Ⓙ轴：L_9=(3−0.25)×2m=5.5m

【注释】　(3−0.25)×2m为轴线②、③和轴线⑮、⑯间电梯间横向内墙的净长度，0.25m为主墙间两半墙的厚度。

横向：$L_模=L_1+L_2+\cdots+L_9$

=(6.7+9.8+6.98+4.78+5.32+11.1+12.4+5.8+5.5)m

=68.38m

【注释】　6.7m为轴线Ⓑ处横向内墙的净长度，9.8m为轴线⑴/B处横向内墙的净长度，6.98m为轴线Ⓒ处内墙的净长度，4.78m为轴线Ⓓ处内墙的净长度，5.32m为轴线⑴/D处内墙的净长度，11.1m为轴线Ⓕ处内墙的净长度，12.4m为轴线Ⓗ处内墙的净长度，5.8m为轴线⑵/H处内墙的净长度，5.5m为轴线Ⓙ处内墙的净长度。

斜轴线：$L_斜$=[3.3×2+(1.8+1.5+2.4+1.5)+2.4+0.6−0.46+(1.5−0.25)]m

=(6.6+7.2+2.4+0.6−0.46+1.25)m

=17.59m

【注释】　3.3×2m为轴线Ⓒ′至轴线Ⓓ′间两端纵向内墙的长度，(1.8+1.5+2.4+1.5)m为轴线①′至轴线④′横向内墙的净长度，2.4m为轴线②′至轴线③′间横向内墙的净长度，1.5m为轴线③′至轴线④′间横向内墙的长度，0.6m为轴线Ⓑ′至轴线⑴/B间纵向内墙的净长度。

综上所述，内墙净长线长：

$L_{内净}=L_纵+L_模+2L_斜$=(115.57+68.38+2×17.59)m=219.13m

【注释】　115.57m为纵向内墙的净长度，68.38m为横向内墙的净长度，2×17.59m为两斜轴线处内墙的净长度。

5. 场地平整

$S=S_{标准层}+2L_{外墙外边线}+16$=(616.736+2×189.52+16)m^2=1011.776m^2

【注释】　616.736m^2为标准层的建筑面积，189.52m为外墙外边线的长度。

6. 挖土方

定额中，挖土 5m 以内，放坡土方增量折算厚度为 0.7m。

开挖深度 h =[(3－0.45)(室内外高差)＋0.7(折算厚度)＋0.1(垫层厚)＋0.5(基础厚)]m

=(3.35＋0.5)m=3.85m

【注释】 3m 为挖土的深度，0.45m 为室内外高差，0.7m 为放坡土方增量折算厚度，0.1m 为基础垫层的厚度，0.5m 为基础的厚度，基础挖槽宽应外加 300mm (每边)。

挖基础底面积：S_1 =[(15.2＋0.25＋0.2＋0.6)×(12.8＋0.1＋0.3＋0.125)(Ⓐ、Ⓕ与⑥、⑯间)－2.05×4.3×2(Ⓒ、Ⓕ间)]m²

=(16.25×13.35－17.63)m²

=(216.53－17.63)m²

=198.9m²

【注释】 (15.2＋0.25＋0.2＋0.6)×(12.8＋0.1＋0.3＋0.125)m² 为Ⓐ、Ⓕ与⑥、⑭间基础的底面积，其中 (15.2＋0.25＋0.2＋0.6)m 为该处基础的长度，(12.8＋0.1＋0.3＋0.125)m 为该处基础的宽度，其中 0.25m 为墙的厚度，0.2m 为两边垫层的外延宽度，0.6m 为两边工作面的宽度，0.3m 为一个工作面的宽度，0.1m 为垫层的厚度，0.125m 为半墙的厚度，2.05×4.3×2m² 为Ⓒ、Ⓕ间空余部分的面积，其中 2.05m 为其宽度，4.3m 为其长度，2 为空余部分的数量。

S_2 为①、⑱轴与Ⓕ、Ⓚ轴间底面积

S_2 =[(24＋9.9×2)×(3＋2.7＋1.8＋0.2＋0.6)－3×(3－0.25)×2(③、④间)－1.5×(4.2＋2.7)×2(①、③间)－(4.2×2＋2.7)×(0.1＋0.3)(⑦、⑬间外扩宽面积)]m²

=(43.8×8.3－3×2.75×2－1.5×6.9×2－(11.1×0.4)m²

=(363.54－16.5－20.7－4.44)m²

=321.9m²

【注释】 (24＋9.9×2)×(3＋2.7＋1.8＋0.2＋0.6)m² 为①、⑱轴与Ⓕ、Ⓚ轴间基础的总面积，其中 (24＋9.9×2)m 为该处基础的长度，(3＋2.7＋1.8m²＋0.2＋0.6)m 为该处基础的宽度，0.2m 为基础垫层的外延宽度，0.6m 为两边两个工作面的宽度，3×(3－0.25)×2m² 为③④、⑮⑯间空余部分的面积，其中 3m 为其长度，(3－0.25)m 为其宽度，0.25m 为主墙间两半墙的厚度，2 为该处有两部分；1.5×(4.2＋2.7)×2 为①③、⑯⑱间空余部分的面积，其中 1.5m 为其宽度，(4.2＋2.7)m 为其长度，2 表示该部分有两部分，(4.2×2＋2.7)×(0.1＋0.3)m² 为⑦、⑬间外扩宽面积，其中 (4.2×2＋2.7)m 为其长度，(0.1＋0.3)m 为其宽度。

斜轴线基础面积：S_3 =[(3.3×2＋1.2＋0.25＋0.2＋0.6)×(1.8＋1.5×2＋2.4＋0.25＋0.2＋0.6)－1/2×(3.3×2＋1.2－1.8＋0.1＋0.3)×(1.5×2＋1.8＋2.4－4.5＋0.1＋0.3)(缺角面积)]m²

$=(8.85\times8.25-1/2\times6.4\times4.1)m^2$
$=(73.013-13.12)m^2$
$=59.893m^2$

【注释】(3.3×2+1.2+0.25+0.2+0.6)×(1.8+1.5×2+2.4+0.25+0.2+0.6)m^2 为斜轴线基础的底面积，其中 (3.3×2+1.2+0.25+0.2+0.6)m 为该部分基础的长度，(1.8+1.5×2+2.4+0.25+0.2+0.6)m 为该部分基础的宽度，其中 0.25m 为墙的厚度，0.2m 为两边垫层的外延宽度，0.6m 为两边工作面的宽度，后边减去的部分为缺口三角形的面积，其中 (3.3×2+1.2−1.8+0.1+0.3)m 为轴线Ⓐ'至轴线Ⓒ间该缺口三角形的一直角边的长度，(1.5×2+1.8+2.4−4.5+0.1+0.3)m为轴线②至轴线④'间该缺口三角形的另一直角边的长度，其中 0.1m 为垫层的外延宽度，0.3m 为一个工作面的宽度。

综上所述，挖基坑底面积：$S=S_1+S_2+2S_3$
$=(198.9+321.9+59.893\times2)m^2$
$=640.586m^2$

【注释】198.9m^2 为Ⓐ、Ⓕ轴与⑥、⑯轴间基础的底面积，321.9m^2 为①、⑱轴与Ⓕ、Ⓚ轴间基础底面积，59.893×2m^2 为两斜轴线处基础面积。

挖土工程量：$V=sh=640.586\times3.85m^3=2471.62m^3$

【注释】640.586m^2 为挖土的总面积，3.85m 为挖土的深度。

7. 基础（C25 混凝土）工程量

基础底面积：

Ⓐ、Ⓕ轴与⑥、⑭轴间：$S_1=[(15.2+0.25)\times(12.8+0.125)-2.05\times3.3\times2]m^2$
$=(199.69-13.53)m^2=186.16m^2$

【注释】(15.2+0.25)×(12.8+0.125)m^2 为该处基础的底面积，其中 (15.2+0.25)m 为该基础的长度，(12.8+0.125)m 为该基础的宽度，0.25m 为主墙两边两半墙的厚度，0.125m 为半墙的厚度，2.05×3.3×2m^2 为Ⓒ、Ⓕ间空余部分的面积，其中 2.05m 为空余部分的宽度，3.3m 为空余部分的长度，2 为空余部分的数量。

①、⑧轴与Ⓕ、Ⓚ轴之间：$S_2=[(20+9.9\times2)\times(3+2.7+1.8)-3\times(3-0.25)\times2$(③、④间)$-1.5\times(4.2+2.7)$(①、③之间)$]m^2$
$=(39.8\times7.5-16.5-1.5\times6.9)m^2$
$=(298.5-16.5-10.35)m^2$
$=271.65m^2$

【注释】(20+9.9×2)×(3+2.7+1.8)m^2 为①、⑱与Ⓕ、Ⓚ间基础的底面积，其中 (20+9.9×2)m 为其长度，(3+2.7+1.8)m 为该处基础的宽度，3×(3−0.25)×2m^2 为③④、⑮⑯间空余部分的面积，其中 3m 为空余部分的长度，(3−0.25)m 为空余部分的宽度，2 为空余部分的数量；1.5×(4.2+2.7)m^2 为①、③之间空余部分的面积，其中 1.5m 为该处空余部分的宽度，(4.2+2.7)m 为该处空余部分的长度。

斜轴线基础面积：

S_3＝[(3.3×2＋1.2＋0.25)×(1.8＋1.5×2＋2.4＋0.25)－1/2×(3.3×2＋1.2－1.8)×(1.5×2＋1.8＋2.4－4.5)(缺角面积)]m^2

＝(8.05×7.45－1/2×6×2.7)m^2

＝(59.973－8.1)m^2＝51.873m^2

【注释】 (3.3×2＋1.2＋0.25)×(1.8＋1.5×2＋2.4＋0.25)m^2 为斜轴线处基础的总面积，其中 (3.3×2＋1.2＋0.25)m 为该处基础的长度，(1.8＋1.5×2＋2.4＋0.25)m 为该处基础的宽度，其中 0.25m 为墙的厚度，后边减去的部分为斜轴线处缺口三角形部分的面积，其中 (3.3×2＋1.2－1.8)m 为轴线Ⓐ'至轴线Ⓒ'间三角形一直角边的长度，(1.5×2＋1.8＋2.4－4.5)m 为轴线②'至轴线③'间三角形缺口的另一直角边的长度。

则基础底面积：$S=S_1+S_2+2S_3$＝(186.16＋271.65＋2×51.873)m^2＝561.556m^2

【注释】 186.16m^2 为Ⓐ、Ⓕ与⑥、⑭间基础的底面积，271.65m^2 为①、⑱与Ⓕ、Ⓚ间基础的底面积，2×51.873m^2 为两斜轴线处基础底面积。

基础工程量：$V=sh$＝561.556×0.5m^3＝280.778m^3

【注释】 561.556m^2 为基础底面积，0.5m 为基础的高度。

8. 基础垫层工程量 (3∶7 灰土垫层)

h＝0.1m

垫层底面积：

Ⓐ、Ⓕ与⑥、⑭间：S_1＝[(15.2＋0.25＋0.2)×(12.8＋0.1)－2.05×3.3×2(Ⓒ、Ⓕ之间)]m^2

＝(199.305－13.53)m^2＝185.775m^2

【注释】 (15.2＋0.25＋0.2)×(12.8＋0.1)m^2 为该处基础垫层的面积，其中 (15.2＋0.25＋0.2)m 为该处基础垫层的长度，(12.8＋0.1)m 为该处基础垫层的宽度，其中 0.25m 为墙的厚度，0.1m 为垫层的外延宽度，2.05×3.3×2m^2 为Ⓒ、Ⓕ之间空余部分的面积，其中 2.05m 为空余部分的宽度，3.3m 为空余部分的长度，2 为空余部分的数量。

①、⑧轴与Ⓕ、Ⓚ间：S_2＝[(20＋9.9×2)×(3＋2.7＋1.8＋0.2)－3×(3－0.25)×2(③、④间)－1.5×(4.2＋2.7)(①、③间)－(4.2×2＋2.7)×0.1(垫层宽)]m^2

＝(39.8×7.7－16.5－10.35－1.11)m^2

＝(306.46－16.5－10.35－1.11)m^2

＝278.5m^2

【注释】 (20＋9.9×2)×(3＋2.7＋1.8＋0.2)m^2 为①、⑱与Ⓕ、Ⓚ间基础垫层的面积，其中 (20＋9.9×2)m 为该处基础垫层的长度，(3＋2.7＋1.8＋0.2)m 为该处基础垫层的宽度，0.2m 为基础垫层的外延宽度，3×(3－0.25)×2m^2 为③④、⑮

⑯间空余部分的面积，其中3m为该处空余部分的长度，(3－0.25)m为该处空余部分的宽度，2为其数量；1.5×(4.2＋2.7)m² 为①、③间空余部分的面积，其中1.5m为该处空余部分的宽度，(4.2＋2.7)m为该处空余部分的长度，(4.2×2＋2.7)×0.1m² 为轴线⑦、⑬处垫层的面积。

斜轴线垫层面积：S_3＝[(3.3×2＋1.2＋0.25＋0.2)×(1.8＋1.5×2＋2.4＋0.25＋0.2)－1/2×(3.3×2＋1.2－1.8＋0.1)×(1.5×2＋1.8＋2.4－4.5＋0.1)]m²

＝(8.25×7.65－1/2×6.1×2.8)m²

＝(63.113－8.54)m²

＝54.573m²

【注释】(3.3×2＋1.2＋0.25＋0.2)×(1.8＋1.5×2＋2.4＋0.25＋0.2)m² 为斜轴线处基础垫层的总面积，其中(3.3×2＋1.2＋0.25＋0.2)m为该处基础垫层的长度，(1.8＋1.5×2＋2.4＋0.25＋0.2)m为该处基础垫层的宽度，0.25为墙的厚度，0.2m为垫层的外延宽度，后边减去的为斜轴线处三角形缺口处的面积，其中(3.3×2＋1.2－1.8＋0.1)m为轴线Ⓐ'至轴线Ⓒ间三角形一直角边的长度，(1.5×2＋1.8＋2.4－4.5＋0.1)m² 为轴线②'至轴线③'间三角形缺口的另一直角边的长度。

则垫层底面积：$S=S_1+S_2+2S_3$＝(185.775＋278.5＋2×54.573)m²＝573.42m²

【注释】185.775m² 为Ⓐ、Ⓕ与⑥、⑭间基础垫层的面积，278.5m² 为①、⑱与Ⓕ、Ⓚ间基础垫层的面积，2×54.573m² 为两斜轴线处基础垫层的面积。

垫层工程量：$V=sh$＝573.42×0.1m³＝57.34m³

【注释】573.42m² 为垫层的总面积，0.1m为基础垫层的厚度。

9. 原土打夯工程量

$S=S_{垫层底面积}$＝573.42m²

10. 回填土

负一层结构外边线底面积：$S=S_{基础底面积}$＝561.556（摘自第7项）

则室外地坪以下负一层体积：$V=sh$＝561.556×(3－0.45)m³

＝561.556×2.55m³

＝1431.968m³

【注释】561.556m² 为基础的底面积，(3－0.45)m为室外地坪以下负一层的高度。

则回填土工程量：$V=V_{挖土}-V_{垫层}-V_{基础}-V_{\pm0.000以下负一层体积}$

＝(2471.26－57.34－280.778－1431.968)×1.15m³

＝701.174×1.15m³

＝806.35m³

【注释】2471.26m³ 为挖土的总体积，57.34m³ 为基础垫层的体积，280.778m³

为基础的体积，1431.968m³ 为±0.000 以下负一层的体积。

11. 余土外运工程量

$V=V_{挖土}-V_{回填土}=(2471.26-806.35)m^3=1664.91m^3$

【注释】 2471.26m³ 为挖土的总体积，806.35m³ 为回填土的体积。

12. (1) 柱工程量

高 $H=(3.6\times11+3)m=42.6m$

【注释】 3.6m 为地面以上层高，11 为地面以上的层数，3m 为地下一层柱的高度。

①AZ_1 (4 根)

$S_1=(0.25\times0.55+0.3\times0.25+0.3\times0.25-1/2\times0.12\times0.25)m^2$

$=(0.1375+0.15-0.015)m^2$

$=0.2725m^2$

【注释】 $0.25\times0.55m^2$ 为该柱的截面面积，其中 0.25m 为该柱的截面宽度，0.55m 为该柱的截面长度，$(0.3\times0.25+0.3\times0.25)m^2$ 为该柱两边翼缘的截面面积，其中 0.3m 为翼缘的截面长度，0.25m 为其截面宽度，$1/2\times0.12\times0.25m^2$ 为重合部分的面积，其中 0.12m 为重合部分的宽度，0.25m 为重合部分的长度。

AZ_1 的工程量：$V=S_1h\times4$(根)$=0.2725\times42.6\times4m^3=46.434m^3$

【注释】 $0.2725m^2$ 为 AZ_1 的截面面积，42.6m 为该柱的高度，4 为该柱的根数。

扣除 AZ_1 穿过窗洞口即 C—8、C—9

$V_{扣}=[0.3\times0.5\times11$(11个 C—8)$+1.8\times1.5\times11$(11个 C—9)$]\times2$(两侧)$\times0.25m^3$

$=(1.65+29.7)\times2\times0.25m^3$

$=15.675m^3$

【注释】 $0.3\times0.5\times11m^2$ 为窗 C—8 的面积，其中 0.3m 为该窗的宽度，0.5m 为该窗的高度，11 为该窗的个数；$1.8\times1.5\times11m^2$ 为窗 C—9 的面积，其中 1.8m 为该窗的宽度，1.5m 为该窗的高度，11 为该窗的数量，乘以 2 表示两侧，0.25m 为窗洞口的厚度。

综上，AZ_1 体积 $V=(46.434-15.675)m^3=30.759m^3$

【注释】 46.434m³ 为柱 AZ_1 的总体积，15.675m³ 为该柱穿过窗洞口的体积。

其中，±0.000 以下体积：$V_{下}=0.2725\times4\times3m^3=3.27m^3$

【注释】 $0.2725m^2$ 为单根柱 AZ_1 的截面面积，4 为该柱的根数，3m 为±0.000 以下该柱的高度。

±0.000 以上体积：$V_{上}=V-V_{下}=(30.759-3.27)m^3=27.489m^3$

【注释】 30.759m³ 为柱 AZ_1 的总体积，3.27m³ 为±0.000 以下该柱的体积。

②YY_2(1根)

$S_2=0.25\times(1.75+1.45-0.25)m^2=0.25\times2.95m^2=0.7375m^2$

【注释】 0.25m 为该柱的截面宽度，(1.75+1.45−0.25)m 为该柱截面长度。

YY_2的工程量：$V=S_2h=0.7375\times42.6\times1$（根）$m^3=31.418m^3$

【注释】 $0.7375m^2$ 为 YY_2单根的截面面积，42.6m 为该柱的高度，1 为该柱的根数。

其中，±0.000 以下体积 $V_下=0.7375\times3m^3=2.213m^3$

【注释】 $0.7375m^2$ 为 YY_2单根的截面面积，3m 为±0.000 以下该柱的高度。

±0.000 以上体积：$V_上=(31.418-2.213)m^3=29.205m^3$

【注释】 $31.418m^3$ 为 YY_2的总体积，$2.213m^3$ 为±0.000 以下该柱的体积。

合计（1）柱工程量：$V=V_{AZ1}+V_{YY2}=(30.759+31.418)m^3=62.177m^3$

【注释】 $30.759m^3$ 为柱 AZ_1的总体积，$31.418m^3$ 为 YY_2的总体积。

±0.000 以上体积：$V_上=(2.213+3.27)m^3=5.483m^3$

【注释】 $2.213m^3$ 为柱 AZ_1±0.000 以上的体积，$3.27m^3$ 为 YY_2±0.000 以上的体积。

±0.000 以下体积：$V_下=(29.205+27.489)m^3=56.694m^3$

【注释】 $29.205m^3$ 为柱 AZ_1±0.000 以下的体积，$27.489m^3$ 为 YY_2±0.000 以下的体积。

(2) 剪力构造柱工程量 $H=(3.6\times11+3)m=42.6m$

① GJZ_1（14 根）

$S=(0.6+0.3+0.25)\times0.25m^2=1.15\times0.25m^2=0.2875m^2$

【注释】 (0.6+0.3+0.25)m 为 GJZ_1的截面长度，0.25m 为 GJZ_1的截面宽度。

$V=0.2875\times14\times42.6m^3=12.248\times14m^3=171.465m^3$

【注释】 $0.2875m^2$ 为单根 GJZ_1的截面面积，14 为 GJZ_1的根数，42.6m 为该柱的高度。

其中，±0.000 以上部分体积：$V_上=0.2875\times14\times3.6\times11m^3=159.39m^3$

【注释】 $0.2875m^2$ 为 GJZ_1的截面面积，14 为 GJZ_1的根数，3.6m 为层高，11 为层数。

±0.000 以下部分体积：$V_下=0.2875\times14\times3m^3=12.075m^3$

【注释】 $0.2875m^2$ 为 GJZ_1单根的截面面积，14 为该柱的根数，3m 为±0.000 以下部分该柱的高度。

② GJZ_2（6 根）

$S=(0.55+0.3)\times0.25m^2=0.85\times0.25m^2=0.2125m^2$

【注释】 (0.55+0.3)m 为 GJZ_2的截面长度，0.25m 为 GJZ_2 的截面宽度。

$V=sh\times4=0.2125\times42.6\times6m^3=9.0525\times6m^3=54.315m^3$

【注释】 $0.2125m^2$ 为 GJZ_2单根的截面面积，42.6m 为该剪力柱的高度，6 为该柱的根数。

其中，±0.000 以上部分体积：$V_上=0.2125\times39.6\times6m^3=50.49m^3$

【注释】 $0.2125m^2$ 为单根 GJZ_2的截面面积，39.6m 为该柱±0.000 以上部分的

高度，6 为该剪力柱的根数。

±0.000 以下部分体积：$V_{下}=0.2125\times3\times6m^3=3.82m^3$

【注释】 $0.2125m^2$ 为单根 GJZ_2 的截面面积，3m 为该柱±0.000 以下部分的高度，6 为该柱的根数。

③ GYZ_1（4 根）

$S=(1.15+0.6)\times0.25m^2=1.75\times0.25m^2=0.4375m^2$

【注释】 (1.15+0.6)m 为 GYZ_1 的截面长度，0.25m 为 GYZ_1 的截面宽度。

$V=sh\times4=0.4375\times42.6\times4m^3=18.6375\times4m^3=74.55m^3$

【注释】 $0.4375m^2$ 为单根 GYZ_1 的截面面积，42.6m 为该柱的总高度，4 为该柱的根数。

其中，±0.000 以上部分体积：$V_{上}=0.4375\times39.6\times4m^3=69.3m^3$

【注释】 $0.4375m^2$ 为单根 GYZ_1 的截面面积，39.6m 为±0.000 以上部分该柱的高度，4 为该柱的根数。

±0.000 以下部分体积：$V_{下}=0.4375\times3\times4m^3=5.25m^3$

【注释】 $0.4375m^2$ 为单根 GYZ_1 的截面面积，3m 为该柱±0.000 以下部分的高度，4 为该柱的根数。

④ GYZ_2（4 根）

$S=(0.85+0.3)\times0.25m^2=1.15\times0.25m^2=0.2875m^2$

【注释】 (0.85+0.3)m 为 GYZ_2 的截面长度，0.25m 为该柱的截面宽度。

$V=sh\times4$ 根$=0.2875\times42.6\times4m^3=12.248\times4m^3=48.99m^3$

【注释】 $0.2875m^2$ 为单根 GYZ_2 的截面面积，42.6m 为该柱的总高度，4 为该柱的根数。

其中，±0.000 以上部分体积：$V_{上}=0.2875\times39.6\times4m^3=45.54m^3$

【注释】 $0.2875m^2$ 为该柱的截面面积，39.6m 为该柱±0.000 以上部分的高度，4 为该柱的根数。

±0.000 以下部分体积：$V_{下}=0.2875\times3\times4m^3=3.45m^3$

【注释】 $0.2875m^2$ 为该柱的截面面积，3m 为该柱±0.000 以下部分的高度，4 为该柱的根数。

⑤ GAZ_1（2 根）

$S=0.3\times0.25m^2=0.075m^2$

【注释】 0.3m 为该柱的截面长度，0.25m 为该柱的截面宽度。

$V=sh\times2$ 根$=0.075\times42.6\times2m^3=3.195\times2m^3=6.39m^3$

【注释】 $0.075m^2$ 为该柱的截面面积，42.6m 为该柱的高度，2 为该柱的根数。

其中，±0.000 以上部分体积：$V_{上}=0.075\times39.6\times2m^3=5.94m^3$

【注释】 $0.075m^2$ 为 GAZ_1 的截面面积，39.6m 为该柱±0.000 以上部分的高度，2 为该柱的根数。

±0.000 以下部分体积：$V_{下}=0.075\times3\times2m^3=0.45m^3$

【注释】 0.075m^2 为GAZ_1的截面面积，3m为该柱±0.000以下部分的高度，2为该柱的根数。

综上所述，构造柱体积：$V=V_{GJZ_1}+V_{GJZ2}+V_{GYZ_1}+V_{GYZ_2}+V_{GAZ_1}$

$=(171.465+54.315+74.55+48.99+6.39)m^3$

$=355.71m^3$

【注释】 171.465m^3 为GJZ_1的总体积，54.315m^3 为GJZ_2的总体积，74.55m^3 为GYZ_1的总体积，48.99m^3 为GYZ_2的总体积，6.39m^3 为GAZ_1 的总体积。

±0.000以上部分体积：$V_{上}=V_{GJZ_1上}+V_{GJZ_2上}+V_{GYZ_1上}+V_{GYZ_2上}+V_{GAZ_1上}$

$=(159.39+50.49+69.3+45.54+5.94)m^3$

$=330.66m^3$

【注释】 159.39m^3 为 GJZ_1 ±0.000以上部分的体积，50.49m^3 为 GJZ_2，69.3m^3 为GYZ_1±0.000以上部分的体积，45.54m^3 为GYZ_2±0.000以上部分的体积，5.94m^3 为GAZ_1±0.000以上部分的体积。

±0.000以下体积：$V_{下}=V-V_{上}=(355.71-330.66)m^3=25.05m^3$

【注释】 355.71m^3 为构造柱的总体积，330.66m^3 为构造柱±0.000以上部分的体积。

13. 剪力墙梁

剪力墙暗柱：$V=(30.759+6.39)m^3=37.149m^3$

【注释】 30.759m^3 为AZ_1的体积，6.39m^3 为GAZ_1的体积。

其他柱$V=[31.418+(355.71-6.39)]m^3=(31.418+349.32)m^3=380.738m^3$

【注释】 31.418m^3 为 YY_2 的体积，355.71m^3 为构造柱的体积，6.39m^3 为GAZ_1的体积。

(1) LL_1的长度，暗柱并入墙工程量

$L=\{[(7.2-0.3-0.25)$(①号)$+(4-0.3-0.3-0.25)$(②号)$+(4.2-0.3-0.3-0.25)\times2$(③号)$+(3.3+3.15-0.3-0.25)$(⑤号)$+(4.2-0.6-0.3-0.25)$(⑥号)$+(2.1+2.2-0.125)$(⑦号)$+(0.9+3.6+1.8+2.2-0.6-0.3-0.25)+(3.6-0.3\times2-0.25)$(⑨号)$+(4-0.3-0.6-0.25)$(⑩号)$]\times2+(2.7+0.25)$(⑫号)$\}m$

$=[(6.65+3.15+6.30+5.90+3.05+4.175+7.35+2.75+2.85)\times2+2.95]m$

$=(42.175\times2+2.95)m$

$=87.3m$

【注释】 参看图2-8普通层剪力墙梁布置图所示，(7.2−0.3−0.25)m为轴线①′至轴线④′①号梁的长度，(4−0.3−0.3−0.25)m为轴线Ⓐ处②号梁的长度，(4.2−0.3−0.3−0.25)×2m为轴线①、②和轴线⑰、⑱处③号梁的长度，(3.3+3.15−0.3−0.25)m为轴线④至轴线⑦间⑤号梁的长度，(4.2−0.6−0.3−0.25)m为轴线⑦至轴线⑨处⑥号梁的长度，(2.1+2.2−0.125)m为轴线Ⓒ、Ⓕ间⑦号梁的长度，(0.9+3.6+1.8+2.2−0.6−0.3−0.25)m为轴线Ⓐ、Ⓒ间⑧号梁的长度，(3.6−

0.3×2−0.25)m 为轴线⑥至轴线⑧间⑨号梁的长度，(4−0.3−0.6−0.25)m 为轴线⑧至轴线⑩间⑩号梁的长度，中括号外面乘以 2 表示梁左右对称，(2.7+0.25)m 为轴线⑨至轴线①处⑫号梁的长度。

LL_1的截面积为 250mm×2100mm。

则 V'=87.3×0.25×2.1×10（层）m^3=458.325m^3

【注释】 87.3m 为 LL_1的总长度，0.25m 为该梁的截面宽度，2.1m 为该梁的截面高度，10 为层数。

LL_1下洞口应扣面积：

门应扣除高度：(3.6−2.1)m=1.5m，(2.1−1.5)m=0.6m

门框顶标高 2.1m，每框顶相对楼面标高 2.4m。

统计 LL_1下门窗洞口个数：(单层)

LL_1−①　M−4×2　C−4×2　C−5×2

LL_1−②　M−2×2

LL_1−③　M−2×2　C−9（1800−0.3）宽×2

LL_1−④　扣洞空 1.00m，高至顶层×2

LL_1−⑤　C−3×2　C−2×2　C−8×2

LL_1−⑥　M−2×2

LL_1−⑦　M−5×2×2　C−5×2 门连窗

LL_1−⑧　C−3×2　C−4×2

LL_1−⑨　C−1×2

LL_1−⑩　M−2×2

LL1−⑪　M−1×2 扣洞口宽 1.00m，通高

LL1−⑫　C−7×1

$S_门$=(2×0.8+8×1.2+4×0.78+2×1.2)×0.6×10（层）m^2

=(1.6+9.6+3.12+2.4)×0.6×10m^2

=16.72×0.6×10m^2

=10.032×10m^2

=100.32m^2

【注释】 2×0.8m 为门 M−4 的宽度，其中 0.8m 为单个门的宽度，2 为门的数量；8×1.2m 为门 M−2 的宽度，其中 8 为门的数量，1.2m 为单个门的宽度，4×0.78m 为门 M−5 的宽度，其中 4 为该门的数量，0.78m 为单个门的宽度，2×1.2m 为门 M−1 的宽度，其中 2 为该门的数量，1.2m 为单个门的宽度，0.6m 为应扣门的高度，10 为层数。

应扣门洞口体积：V=100.32×0.25m^3=25.08m^3

【注释】 100.32m^2 为 LL_1处应扣门的面积，0.25m 为应扣门的厚度。

则 LL_1的体积：V_{LL1}=458.325−25.08m^3=433.245m^3

【注释】 458.325m^3 为 LL_1的总体积，25.08 为应扣门的总体积。

（2）AL_1的长度

L＝[（3.3＋3.15＋0.25）×2（①号）＋（4.2－0.3×2－0.25）×2（②号）＋（3.6＋0.25）×2（③号）]m

＝（6.7＋3.35＋3.85）×2m

＝13.9×2m＝27.8m

【注释】（3.3＋3.15＋0.25）×2m为轴线④、⑦和轴线⑬、⑯间$AL_1$①号梁的长度，（4.2－0.3×2－0.25）×2m为轴线⑦、⑨和轴线⑪、⑬间$AL_1$②号梁的长度，（3.6＋0.25）×2m为轴线⑥、⑧和轴线⑫、⑭间$AL_1$③号梁的长度。

AL_1截面积为250mm×500mm。

V'_{AL1}＝27.8×0.25×0.5×10（层）m^3＝3.475×10m^3＝34.75m^3

【注释】27.8m为AL_1的长度，0.25m为该梁的截面宽度，0.5m为该梁的截面高度，10为层数。

（3）地下室剪力墙梁LL_2

LL_2长　l＝{[（7.2－0.3－0.25）＋（4－0.3－0.3－0.25）＋（4.2－0.3×2－0.25）×2＋（3＋0.25）＋（3.3＋3.15－0.3－0.25）＋（3－0.6－0.25）＋（4.2－0.6－0.3－0.25）＋（2.1＋2.2）＋（0.9＋3.6＋1.8＋2.2－0.6－0.3－0.25）＋（6.45－0.3－0.6－0.25）＋（3.6－0.3×2－0.25）＋（4－0.3－0.6－0.25）]×2＋（2.7－0.6－0.3－0.25×2＋2.7×2）}m

＝[（6.65＋3.15＋6.70＋3.25＋5.9＋2.15＋3.05＋4.3＋7.35＋5.3＋2.75＋2.85）×2＋3.1＋5.4]m

＝115.3m

【注释】（7.2－0.3－0.25）m为轴线①′至轴线④间LL_2的长度，（4.2－0.3－0.3－0.25）m为轴线Ⓐ′上LL_2的长度，（4.2－0.3×2－0.25）×2m为轴线①至轴线②处LL_2的长度，（3＋0.25）m为轴线③至轴线④间水平LL_2的长度，（3.3＋3.15－0.3－0.25）m为轴线④至轴线⑦间LL_2的长度，（3－0.6－0.25）m为轴线③至轴线④上部该梁的长度，（4.2－0.6－0.3－0.25）m为轴线⑦至轴线⑨间该梁的长度，（2.1＋2.2）m为轴线Ⓒ、Ⓕ间LL_2的长度，（0.9＋3.6＋1.8＋2.2－0.6－0.3－0.25）m为轴线Ⓐ、Ⓒ间该梁的长度，（3.6－0.3×2－0.25）m为轴线⑥至轴线⑧间该梁的长度，（4－0.3－0.6－0.25）m为轴线⑧至轴线⑩间该梁的长度，中括号外乘以2表示该梁左右对称，（2.7－0.6－0.3－0.25＋2.7×2）m为轴线⑨至轴线⑪间该梁的长度。

LL_2截面尺寸为250mm×1030mm，

则V'＝115.3×0.25×1.03×1（层）m^3＝29.69m^3

【注释】115.3m为LL_2的长度，0.25m为该梁的截面厚度，1.03m为地下室剪力墙的高度，1为层数。

LL_2下洞口应扣的门窗无。

∴　LL_2工程量：V=29.69m^3

LL_2以下洞口统计：

LL_2—①以下	M—8×2	C—10×4	
LL_2—②以下	C—10×2×2		
LL_2—③以下	C—10×2×2	M—8×2	
LL_2—⑬以下	C—10×2		
LL_2—④下无	LL'_1—⑫下无	LL'_1—⑪无	LL'_1—⑨无
LL_2—⑭下	C—10×2×2		
LL_2—⑤下	C—10×2×2	M—8×2	
LL_2—⑥下	C—10×2		
LL_2—⑦下	C—10×2×2		
LL_2—⑧下	C—10×3×2	M—8×2	
LL_2—⑩下	C—10×2		

综上所述：$V_{LL2}=V'_{LL_2}$=29.69m^3

(4) 地下室剪力墙中 AL_2的体积

AL_2长　l=[(3.3+3.15+0.25)×2+(1.8+2.7−0.6×2−0.25)×2+(3.6+0.25)×2] m

=(6.7+3.05+3.85)×2m=27.2m

【注释】 (3.3+3.15+0.25)×2m 为轴线④至轴线⑦间 AL_2的长度，(1.8+2.7−0.6×2−0.25)×2m 为Ⓗ、Ⓚ间 AL_2的长度，(3.6+0.25)×2m 为轴线⑥、⑧和轴线⑫、⑭间 AL_2 的长度。

AL_2的截面尺寸为 250mm×500mm，

AL_2工程量：V_{AL2}=0.25×0.5×27.2×1 (层)m^3=3.40m^3

【注释】 0.25m 为该梁的截面厚度，0.5m 为该梁的高度，27.2m 为该梁的长度，1 为层数。

(5) 顶层 LL_3的工程量

LL_3的长度摘自 LL_1　l=86.10m

LL_3的截面尺寸为：250mm×1200mm，其中，1200mm=(3600−900−1500)mm

LL_3的体积=86.10×0.25×1.2×1 (层)m^3=25.83m^3

【注释】 86.10m 为该顶层梁的长度，0.25m 为该顶层梁的截面宽度，1.2m 为该顶层梁的高度，1 为层数。

应扣洞口体积：$V_{LL1扣}$=2.508m^3

∴　LL_3工程量：V_{LL3}=(25.83−2.508)m^3=23.322m^3

【注释】 25.83m^3 为顶层 LL_3的体积，2.508m^3 为该梁中洞口的体积。

(6) 顶层楼 AL_3的工程量

AL_3的工程量与 AL_1中一层量同

V_{AL3}＝34.75÷10m³＝3.475m³

其中，暗梁工程量：V_1＝(3.475＋3.625＋34.75)m³＝41.85m³

综上所述，剪力墙梁工程量：V_2＝(426.945＋30.282＋23.322)m³

＝480.549m³，暗梁并入墙工程量

【注释】 30.282m³ 为地下室剪力墙梁的工程量，426.945m³ 为普通层剪力墙梁的工程量，23.322m³ 为顶层剪力墙梁的工程量。

LL_1 梁底标高 2.4、6、9.6、13.2、16.8、20.4、24、27.6、31.2、34.8m，250mm×2100mm 截面，C25 混凝土：

LL_2 梁底标高−0.13m　　250mm×1030mm　　C25 混凝土

LL_3 梁底标高 38.4m　　250mm×1200mm　　C25 混凝土

AL_3 梁底标高 38.1m　　250mm×500mm　　C25 混凝土

AL_2 梁底标高−0.9m　　250mm×500mm　　C25 混凝土

AL_1 梁底标高 2.1、5.7、9.3、12.6、16.2、19.8、23.4、27、30.6、34.2m，250mm×500mm 截面，C25 混凝土

14. 地下室加砌混凝土块墙内洞口上方过梁 GL_3

洞口统计：(10×2＋5×2) 个＝30 个　M−9

过梁截面积 250mm×200mm，长为各边洞口外伸 250mm。

则 $V_{过梁}$＝0.25×0.2×(0.78＋0.25×2)×30m³＝0.05×1.28×30m³＝1.92m³

【注释】 0.25m 为该过梁的截面宽度，0.2m 为该过梁的截面高度，(0.78＋0.25×2)m 为该过梁的长度，30 为该门洞口的个数。

15. 普通楼层加气混凝土块墙内洞口上方过梁

洞口统计：

斜轴线处　　M−3×6　　M−4×2

Ⓕ、Ⓚ间　　M−3×2×2

Ⓐ、Ⓕ　　M−4×2　　M−3×2　　M−4×2

M−3 数量：(6＋4＋2) 个＝12 个

M−4 数量：(2＋2＋2) 个＝6 个

GL_1 M−3 上过梁 250mm×200mm，长：(1.0＋0.25×2)m＝1.5m

【注释】 1.0m 为该门过梁的宽度，0.25×2m 为过梁两边多加的宽度。

GL_2 M−4 上过梁 250mm×200mm，长：(0.8＋0.25×2)m＝1.3m

【注释】 0.8m 为该门过梁的宽度，0.25×2m 为过梁两边多加的宽度。

V_{GL1}＝0.25×0.2×1.5×12m³＝0.9m³

【注释】 0.25m 为该过梁的截面宽度，0.2m 为该过梁的截面高度，1.5m 为该过梁的长度，12 为该过梁的数量。

V_{GL2}＝0.25×0.2×1.3×6m³＝0.39m³

【注释】 0.25m 为该过梁的截面宽度，0.2m 为该过梁的截面高度，1.3m 为该过梁的长度，6 为该过梁的数量。

11 层共有：$V_{GL1}=0.9\times11m^3=9.9m^3$

【注释】 $0.9m^3$ 为过梁 1 的体积，11 为层数。

$V_{GL2}=0.39\times11m^3=4.29m^3$

【注释】 $0.39m^3$ 为过梁 2 的体积，11 为层数。

（注：其中标高分别为 2.3、5.9、9.5、13.1、16.7、20.3、23.9、27.5、31.1、34.7、38.3m）

16. 定额钢筋混凝土墙工程量计算规则

墙与板连接时，墙的高度从基础（基础梁）或楼板上表面算至上一层楼板上表面，墙与梁连接时，墙的高度算至梁底。

① 地下室剪力墙工程量（Q_1）

斜轴线：$L_1=[(7.2-0.3-0.25-0.125)+(1.8-0.25-0.3)+(7.8-0.6\times2-2\times0.25)]$ m

$=(6.525+1.25+6.1)$m

$=13.875$m

【注释】 (7.2−0.3−0.25−0.125)m 为轴线①′至轴线②′间地下室剪力墙的长度，(1.8−0.25−0.3)m 为轴线Ⓒ′至轴线Ⓓ′地下室剪力墙的长度，(7.8−0.6×2−2×0.25)m 为轴线Ⓐ′轴线Ⓓ′地下室剪力墙的长度，其中 0.25m 为主墙间两半墙的厚度，0.125m 为半墙的厚度。

Ⓕ、Ⓚ轴线间：

L_2水平$=\{(4.2-0.3\times2-0.25)\times2+(2.7-0.6-0.3-0.25)\times1+(3-0.3\times2-0.25)+[(3-0.25)\times2-1]+(3.3+3.15-0.3\times2-0.25)+(3.3+3.15-0.25-0.3)+(4.2-0.6-0.3-0.25)\}\times2m+(2.7-0.25)$m

$=[(6.7+1.55+2.15+4.5+5.6+5.9+3.05)\times2+2.45]$m

$=(29.45\times2+2.45)$m

$=(58.9+2.45)$m

$=61.35$m

【注释】 (4.2−0.3×2−0.25)×2m 为轴线①、②间两端剪力墙的长度，0.25m 为主墙间两半墙的厚度，(2.7−0.6−0.3−0.25)×1m 为轴线②、③间该剪力墙的长度，(3−0.3×2−0.25)m 为轴线③、④间北面水平剪力墙的长度，[(3−0.25)×2−1] m 为轴线③、④间中南面水平剪力墙的长度，(3.3+3.15−0.3×2−0.25)m 为轴线④、⑦间北面水平剪力墙的长度，(3.3+3.15−0.25−0.3)m 为轴线④、⑦间南面剪力墙的长度，(4.2−0.6−0.3−0.25)m 为轴线⑦、⑨间北面水平剪力墙的长度，最后大括号外边乘以 2 表示剪力墙以轴线⑩左右对称，(2.7−0.25)m 为轴线⑨、⑪间水平剪力墙的长度，其中 0.25m 为主墙间两半墙的厚度。

L_2纵向$=\{[(1.8+2.7+1.5)-0.6-0.25]\times2+(1.8+2.7+3.0-0.6\times2-0.25)\}\times2m$

$=(5.15\times2+6.05)\times2m$

=(10.3+6.05)×2m

=16.35m×2m

=32.70m

【注释】［(1.8+2.7+1.5)−0.6−0.25]×2m 为轴线Ⓖ、Ⓕ和轴线①、④间纵向剪力墙的长度，(1.8+2.7+3.0−0.6×2−0.25)m 为轴线Ⓕ、Ⓚ和轴线④间纵向剪力墙的长度，其中0.25m 为主墙间两半墙的长度，最后大括号外边乘以 2 表示该地下室纵向剪力墙以轴线⑩左右对称。

Ⓐ、Ⓕ间　L_3水平={(2.7+0.25×2)+(2.7−0.25)+[(4−0.6−0.3−0.25)+(3.6−0.3×2−0.25)]×2}m

=[3.2+2.45+(2.85+2.75)×2] m

=(5.65+11.2)m

=16.85m

【注释】(2.7+0.25×2)m 为该处轴线⑨、⑪间两段水平剪力墙的长度，(4−0.6−0.3−0.25)m 为轴线⑧、⑩间水平剪力墙的长度，(3.6−0.3×2−0.25)m 为轴线⑥、⑧间水平剪力墙的长度，中括号外乘以 2 表示该处剪力墙以轴线⑩为中心左右对称，其中 0.25m 为主墙间两半墙的厚度。

L_3纵向=[(2.2+2.1−0.25+1)+(2.7−0.25)+(2.2+1.8+3.6+0.9−0.6−0.3−0.25)]×2m

=(5.05+2.45+7.35)×2m

=14.85×2m

=29.7m

【注释】(2.2+2.1−0.25+1)m 为轴线Ⓒ、Ⓕ和轴线⑦间纵向剪力墙的长度，其中 1m 为该处水平突出部分的剪力墙的长度，(2.7−0.25)m 为轴线Ⓒ、Ⓓ和轴线⑨间纵向剪力墙的长度，(2.2+1.8+3.6+0.9−0.6−0.3−0.25)m 为轴线Ⓐ、Ⓒ和轴线⑥间纵向剪力墙的长度，最后中括号外边乘以 2 表示该处剪力墙以轴线⑩为中心左右对称。

则地下室剪力墙 Q_1的长度为：

$L=l_1+l_2+l_3$=[2×13.875+(61.35+32.7)+(16.85+29.7)]m=168.35m

【注释】2×13.875m 为两斜轴线处地下室剪力墙的长度，61.35m 为Ⓕ、Ⓚ轴线间水平剪力墙的长度，32.7m 为轴线Ⓕ、Ⓚ间纵向剪力墙的长度，16.85m 为Ⓐ、Ⓕ间地下室水平剪力墙的长度，29.7m 为Ⓐ、Ⓕ间纵向剪力墙的长度。

剪力墙毛体积：$V_{地下室}=168.35\times3\times0.25m^3=126.26m^3$

【注释】 168.35m 为地下室剪力墙的总长度，3m 为地下室剪力墙的高度，0.25m 为地下室剪力墙的厚度。

扣除 Q_1上洞口（统计量见 LL'_1下洞口）：8 扇 M−8，38 扇 C−10

$V_门=1\times2.1\times8\times0.2m^3=4.2m^3$

【注释】 1m 为该门的宽度，2.1m 为该门的高度，8 为该门的数量，0.25m 为该门的厚度。

$V_{窗}=0.6\times0.3\times0.25\times38m^3=1.71m^3$

【注释】 0.6m为该窗的宽度，0.3m为该窗的高度，0.25m为该窗的厚度，38为该窗的数量。

② 地下室剪力墙工程量（Q_2）

Ⓕ、Ⓚ之间：$l_1=\{[(3.32+0.82-0.3)+(1.8+2.7+3-0.6\times2-0.25)+(3.3+3.15-0.25)+(1.8+2.7+3-0.6-0.3-1.5+0.25)+(4.2-0.6-0.3-0.25)]\times2-(1+0.25\times2)\times2\}m$

$=[(3.84+6.05+6.2+5.35+3.05)\times2-3]m$

$=(24.49\times2-3)m$

$=(48.98-3)m$

$=45.98m$

【注释】 (3.32+0.82−0.3)m为轴线①处纵向剪力墙2的长度，(1.8+2.7+3−0.6×2−0.25)m为轴线Ⓕ、Ⓚ和轴线②间纵向剪力墙2的长度，(3.3+3.15−0.25)m为轴线④、⑦间水平剪力墙2的长度，(1.8+2.7+3−0.6−0.3−1.5+0.25)m为轴线Ⓖ、Ⓚ和轴线②间纵向剪力墙的长度，(4.2−0.6−0.3−0.25)m为轴线⑦至轴线⑨间水平剪力墙2的长度，最后中括号外边乘以2表示该处剪力墙以轴线⑩为中心左右对称，(1+0.25×2)×2m为轴线①、⑱处多出剪力墙2的长度。

Ⓐ、Ⓕ间：$l_2=\{[(2.64+1+0.3)+3.6+(3.6+0.9)-0.9-0.3-0.25]\times2+(2.2+1.8+3.6-0.6-0.125)\}m$

$=[(3.94+3.6+3.05)\times2+6.875]m$

$=(10.59\times2+6.875)m$

$=(21.18+6.875)m$

$=28.055m$

【注释】 (2.64+1+0.3)m为轴线⑥、⑩间水平剪力墙2的长度，3.6m为轴线⑥、⑧间水平剪力墙2的长度，[(3.6+0.9)−0.9−0.3−0.25]m为轴线Ⓐ、Ⓑ间竖直剪力墙2的长度，中括号外乘以2表示该处剪力墙以轴线⑩为中心左右对称，(2.2+1.8+3.6−0.6−0.125)m为轴线⑩处该剪力墙的长度，其中0.25m为主墙间两半墙的厚度。

则地下室剪力墙Q_2长：$L=l_1+l_2=(45.98+28.055)m=74.035m$

【注释】 45.98m为轴线Ⓕ、Ⓚ间剪力墙的长度，28.055m为Ⓐ、Ⓕ间剪力墙的长度。

剪力墙Q_2毛体积：$V'=74.035\times0.25\times3m^3=55.53m^3$

【注释】 74.035m为地下室剪力墙2的长度，0.25m为该剪力墙的宽度，3m为地下室剪力墙的高度。

应扣除Q_2上洞口个数：摘自LL'_2下洞口个数，M−9×12扇

$V=0.78\times1.8\times12\times0.25m^3=4.212m^3$

【注释】 0.78m为该处门洞口的宽度，1.8m为该处门洞口的高度，12为该门的数量，0.25m为该门的厚度。

综上所述，地下室剪力墙工程量（应扣LL_2高0.12m）

$V_{Q1}=V'_{Q1}-V_{洞口}-V_{剪力墙梁}$

$=[126.26-(4.2+1.71)-4.05+3.488(暗柱)+131.888-5.91-4.05]m^3$

$=119.788m^3$

【注释】 $126.26m^3$为剪力墙1的体积，$(4.2+1.71)m^3$为剪力墙1上门窗洞口的体积，$4.05m^3$为该处剪力墙梁的体积m^3，$3.488m^3$为暗柱的体积。

暗梁并入墙：$V_{Q2}=V'_{Q2}-V_{洞口}=(55.53-4.212)m^3=51.363m^3$

【注释】 $55.53m^3$为剪力墙2的毛体积，$4.212m^3$为该剪力墙中门洞口的体积。

③ 普通层剪力墙工程量（Q_1）

$L=L_{Q1地下室}-$电梯间洞口$=(168.35-3)m=165.35m$

【注释】 168.35m为地下室剪力墙的长度，3m为电梯洞口的长度。

剪力墙Q_1毛体积：$V'=168.35\times0.25\times3.6m^3=151.515m^3$

【注释】 168.35m为普通层剪力墙的长度，0.25m为普通层剪力墙的厚度，3.6m为普通层剪力墙的高度。

应扣除洞口个数统计如LL_1下洞口统计，如下：

M—4×4扇　M—2×6扇　M—5×4扇　M—1×2扇

$V=(0.8\times2.1\times4+1.2\times2.1\times6+0.78\times2.1\times4+1.2\times2.1\times2)\times0.25m^3$

$=(5.88+15.12+6.552+5.04)\times0.25m^3$

$=32.592\times0.25m^3$

$=8.148m^3$

【注释】 $0.8\times2.1\times4m^2$为门M—4的面积，其中0.8m为该门的宽度，2.1m为该门的高度，4为该门的数量；$1.2\times2.1\times6m$为门M—2的面积，其中1.2m为该门的宽度，2.1m为该门的高度，6为该门的数量；$0.78\times2.1\times4m$为门M—5的面积，其中0.78m为该门的宽度，2.1m为该门的高度，4为该门的数量；$1.2\times2.1\times2m^2$为门M—1的面积，其中1.2m为该门的宽度，2.1m为该门的高度，2为该门的数量；0.25m为门洞口的厚度。

$V_{窗}=(5.4+5.4+2.4+9+3.6+2.7+0.3+5.4)\times0.25m^3=8.55m^3$

【注释】 第一个$5.4m^2$为窗C—1的面积，第二个$5.4m^2$为窗C—2的面积，$2.4m^2$为窗C—3的面积，$9m^2$为窗C—4的面积，$3.6m^2$为窗C—5的面积，$2.7m^2$为窗C—7的面积，$0.3m^2$为窗C—8的面积，$5.4m^2$为窗C—9的面积，$0.25m^2$为窗的厚度。

则剪力墙Q的工程量：$V=V'_{毛}-V_{洞}-V_{剪力墙梁}$

$=[151.515-8.148-8.55-42.695(LL_1体积)]m^3$

$=92.122m^3$

【注释】 $151.515m^3$为剪力墙的毛体积，$8.148m^3$为该剪力墙中门洞口的体积，

8.55m³ 为该剪力墙。中窗洞口的体积，42.695m³ 为 LL_1 的体积。

$V_{总}=92.122\times10m^3=921.22m^3$

【注释】 92.122m³ 为普通层单层剪力墙的体积，10 为层数。

④ 普通层剪力墙工程量（Q_2）

注：普通层 Q_2 增加部分在⑦、Ⓑ轴上。

$L=[L_{Q_2地下室}+(1.8-2\times0.125)\times2]\ m=75.70m$

$V'_{毛}=75.70\times0.25\times3.6m^3=68.13m^3$

【注释】 75.70m 为普通层 Q_2 的长度，0.25m 为该处剪力墙的厚度，3.6m 为普通层该剪力墙的高度。

应扣除洞口个数统计见 AL_2 下洞口体积，如下：

M—4×6 扇　　M—3×4 扇　　M—1×2 扇

$V_{洞口}=(0.8\times2.1\times6+1\times2.1\times4+1.2\times2.1\times2)\times0.25m^3$

$=(10.08+8.4+5.04)\times0.25m^3$

$=23.52\times0.25m^3$

$=5.88m^3$

【注释】 0.8×2.1×6m² 为门 M—4 的面积，其中 0.8m 为该门的宽度，2.1m 为该门的高度，6 为该门的数量；1×2.1×4m² 为门 M—3 的面积，其中 1m 为该门的宽度，2.1m 为该门的高度，4 为该门的数量；1.2×2.1×2m² 为门 M—1 的面积，其中 1.2m 为该门的宽度，2.1m 为该门的高度，2 为该门的数量，0.25m 为门洞口的厚度。

综上所述 Q_2 的工程量 $V=V'-V_{洞口}=(68.13-5.88)m^3=62.25m^3$

【注释】 68.13m³ 为普通层剪力墙 2 的体积，5.88m³ 为该剪力墙中门洞口的体积。

剪力墙汇总：$V=(119.788+51.363)+(92.122+62.25)\times11m^3=1869.243m^3$

【注释】 119.788m³ 为地下室剪力墙 1 的体积，51.363m³ 为地下室剪力墙 2 的体积，92.122m³ 为普通层剪力墙 1 的体积，62.25m³ 为普通层剪力墙 2 的体积，11 为普通层的层数。

17. 加气混凝土砌块的工程量

定额计算规则：内墙高度由室内设计地面（地下室内设地面）或楼板面算主板底，梁下墙算主梁底；板不压墙的算主板上皮，如墙两侧的板厚不一样时算至薄板的上皮；有吊顶顶棚而墙高不到板底，设计又未注明的，算至顶棚底另加 200mm。

(1) 地下室加气混凝土块工程量：$H=[3-0.10(板)]m=2.9m$

墙长：$L_1=[(7.2+0.6-0.25\times2)+(3.3+2.4+1.5-0.25)+(3.3-0.25)+(3.3-0.25)]\times2m$

$=(7.3+6.95+3.05\times2)\times2m$

$=20.35\times2m$

=40.7m

【注释】 (7.2+0.6−0.25×2)m为轴线①′至轴线②′间水平砌块墙的长度，其中0.6m为该处竖直段砌块墙的长度，0.25×2m为两边墙的厚度，(3.3+2.4+1.5−0.25)m为轴线Ⓐ′、Ⓑ′和轴线②′、④′间砌块墙的长度，第一个(3.3−0.25)m为轴线②′和轴线Ⓒ′、Ⓓ′间砌块墙的长度，第二个(3.3−0.25)为轴线③′和轴线Ⓒ′、Ⓓ′间砌块墙的长度，乘以2表示斜轴线处有两部分。

Ⓕ、Ⓚ轴间：

L_2=[(1.8+2.7+1.5−0.25)+(2.7−0.25)×2+(3.3+3.15−0.25)+(2.7−0.25)+(3−0.25)×2+(4.2−0.25)×2]×2m

=(5.75+4.9+6.2+2.45+2.75×2+3.95×2)×2m

=32.7×2m

=65.4m

【注释】 (1.8+2.7+1.5−0.25)m为轴线Ⓖ、Ⓚ和轴线①、②间纵向砌块墙的长度，(2.7−0.25)×2m为轴线①、③间两段水平砌块墙的长度，(3.3+3.15−0.25)m为轴线④至轴线⑦间水平砌块墙的长度，(2.7−0.25)m为轴线Ⓗ、Ⓚ和轴线⑤间纵向砌块墙的长度，(3−0.25)×2m为轴线③、④间两段水平砌块墙的长度，(4.2−0.25)×2m为轴线⑦、⑨间两段水平砌块墙的长度，最后中括号外乘以2表示地下室砌块墙以轴线⑩为中心左右对称。

Ⓐ、Ⓕ之间：

L_3=[(2.7+2.1−0.3−0.125)+(1.8−0.25−0.3−0.125)+3.6+(2.2−0.125)+(3.6−0.25)+(2.4−0.25)+(2.2+1.8+3.6−0.25)+(4−0.25−1.6)]×2m

=(4.375+1.125+3.6+2.075+3.35+2.15+7.35+2.15)×2m

=26.175×2m=52.35m

【注释】 (2.7+2.1−0.3−0.125)m为轴线⑦、⑨和轴线Ⓒ、Ⓓ间砌块墙的长度，(1.8−0.25−0.3−0.125)m为轴线Ⓑ至轴线1/B间纵向砌块墙的长度，其中0.125m为半墙的厚度，3.6m为轴线⑥至轴线⑧间水平砌块墙的长度，(2.2−0.125)m为轴线1/B至轴线Ⓒ间纵向砌块墙的长度，(3.6−0.25)m为轴线1/A至轴线Ⓑ间纵向砌块墙的长度，(2.4−0.25)m为轴线Ⓑ上水平砌块墙的长度，(2.2+1.8+3.6−0.25)m为轴线1/A至轴线Ⓒ间纵向砌块墙的长度，(4−0.25−1.6)m为轴线⑧至轴线⑩处水平砌块墙的长度，乘以2表示该处砌块墙以轴线⑩为中心对称。

综上所述，地下室加气混凝土砌块体积（主）：

$V'=(L_1+L_2+L_3)\times0.25\times2.9$

=(40.7+65.4+52.35)×0.25×2.9m^3

=158.45×0.25×2.9m^3

=114.876m^3

【注释】 40.7m为斜轴线处地下室加气砌块墙的长度，65.4m为Ⓕ、Ⓚ轴间地下室加气砌块墙的长度，52.35m 为Ⓐ、Ⓕ间地下室加气砌块墙的长度，0.25m 为地下室加气砌块墙的厚度，2.9m 为地下室砌块墙的高度。

应扣洞口个数，参考地下室过梁统计洞口数：M—9×30 扇

$V_{扣}=0.78\times1.8\times30\times0.25m^3=10.53m^3$

【注释】 0.78m 为该门洞口的宽度，1.8m 为该门洞口的高度，30 为该门的数量，0.25m 为该门洞口的厚度。

则地下室加气混凝土砌块工程量：

$V=V'-V_{扣洞}-V_{过梁}=(114.876-10.53-1.92)m^3=102.606m^3$

【注释】 114.876m^3 为地下室加气混凝土砌块的总工程量，10.53m^3 为地下室门洞口的工程量，1.92m^3 为过梁的体积。

(2) 普通楼层加气混凝土砌块工程量：$H=(3.6-0.1)m=3.5m$

【注释】 0.1m 为板的厚度，3.6m 为普通层的层高。

斜轴线：$L_1=[(7.2+0.6-0.25\times2)+(2.4+1.5-0.25)+(3.3-0.25)+(3.3-0.25+1.2)]\times2m$

$=(7.3+3.65+3.05+4.25)\times2m$

$=18.25\times2m=36.5m$

【注释】 $(7.2+0.6-0.25\times2)m$ 为轴线①'、④'和轴线Ⓑ'、1/B间水平砌块墙的长度，其中 $0.25\times2m$ 为两边两墙的厚度，$(2.4+1.5-0.25)m$ 为轴线②'至轴线④'间水平砌块墙的长度，$(3.3-0.25)m$ 为轴线③'上竖直砌块墙的长度，$(3.3-0.25+1.2)m$ 为轴线②'上竖直砌块墙的长度，中括号外面乘以 2 表示斜轴线处有两部分。

Ⓕ、Ⓚ轴间：

$L_2=[(1.8+2.7-0.25-0.3)+(3.15-0.25)+(3-0.25)\times2]\times2m$

$=(3.95+2.9+5.5)\times2m$

$=12.35\times2m=24.7m$

【注释】 $(1.8+2.7-0.25-0.3)m$ 为轴线Ⓗ、Ⓚ和轴线⑤间纵向砌块墙的长度，$(3.15-0.25)m$ 为轴线⑤至轴线⑦间水平砌块墙的长度，$(3-0.25)\times2m$ 为轴线Ⓕ、Ⓚ和轴线④、⑦间两段纵向砌块墙的长度，最后中括号外边乘以 2 表示该砌块墙以轴线⑩为中心左右对称。

Ⓐ、Ⓕ轴间：$L_3=[(2.2+2.1-0.3-0.125)+(2.64-0.25)+1.2+(1.8-0.25)+3.6+(2.2-0.125)]\times2m$

$=(3.875+3.59+1.55+3.6+2.075)\times2m$

$=14.69\times2m$

$=29.38m$

【注释】 $(2.2+2.1-0.3-0.125)m$ 为轴线Ⓒ、Ⓕ和轴线⑦、⑨间纵向砌块墙的长度，$(2.64-0.25)m$ 为轴线⑦、⑨间水平砌块墙的长度，1.2m 为轴线⑨、⑪间水平砌块墙的长度，$(1.8-0.25)m$ 为轴线Ⓑ、1/B和轴线⑥、⑧间纵向砌块墙的长度，

3.6m为轴线⑥、⑧间水平砌块墙的长度，(2.2－0.125)m为轴线⑴B、Ⓒ和轴线⑧间纵向砌块墙的长度，最后中括号外边乘以2表示该砌块墙以轴线⑩为中心左右对称，0.125m为半墙的厚度，0.25m为两半墙的厚度。

则加气块墙长＝(29.38＋24.7＋36.5)m＝90.58m

【注释】 29.38m为轴线Ⓐ、Ⓕ间加气块墙的长度，24.7m为轴线Ⓕ、Ⓚ间砌块墙的长度，36.5m为两斜轴线处砌块墙的长度。

普通楼层加气混凝土砌块体积（主）：$V'=90.58\times0.25\times3.59m^3=81.296m^3$

【注释】 90.58m为普通楼层加气混凝土砌块的长度，0.25m为该砌块墙的厚度，3.59m为普通层砌块墙的高度。

应扣洞口汇总摘自：普通层加气混凝土块墙上洞口（过梁）

M－3×10扇　　M－4×6扇

$$V_{扣}=(1\times2.1\times10+0.8\times2.1\times6)\times0.25m^3$$
$$=(21+10.08)\times0.25m^3$$
$$=31.08\times0.25m^3$$
$$=7.77m^3$$

【注释】 $1\times2.1\times10m^2$为门M－3的面积，其中1m为该门的宽度，2.1m为该门的高度，10为该门的数量，$0.8\times2.1\times6m^2$为门M－4的面积，其中0.8m为该门的宽度，2.1m为该门的高度，6为该门的数量，0.25m为该门洞口的厚度。

综上，普通层加气混凝土砌块墙体积（工程量）：

$$V=V'-V_{扣洞}-V_{过梁}$$
$$=[81.296-7.77-(0.75+0.39)]m^3$$
$$=(81.296-7.77-1.14)m^3$$
$$=72.386m^3$$

【注释】 $81.296m^3$为普通层加气混凝土砌块墙单层的体积，$7.77m^3$为该普通层砌块墙中门洞的体积，$(0.75+0.39)m^3$为该处过梁的体积。

加气块工程量：$V=(102.2606+72.386\times11)m^3=898.852m^3$

【注释】 $102.2606m^3$为地下室砌块墙的体积，$72.386m^3$为普通层单层砌块墙的体积，11为普通层的数量。

18. 现浇钢筋混凝土楼板

板与AL相接处的AL长度：$l_1=27.8m$（AL_1）　　普通层

$l_2=29m$（AL_2）　　地下室

$l_3=27.8m$（AL_3）　　顶层

定额板计算规则：有梁板按梁与梁之间的净尺寸计算。

无梁板按板外边线的水平投影面积计算。

平板按主墙间净面积计算。

板与圈梁连接时，算至圈梁侧面，板与砖墙连接时伸入墙内板头并入板工程量中。

结构外边线所围板面积：

Ⓐ、Ⓕ轴线间：S_1＝[（12.8－0.25)×(15.2－0.25)－2.05×3.3×2(Ⓒ、Ⓕ间)－0.9×8（Ⓐ、⑴Ⓐ间)］m^2

＝(12.55×14.95－4.1×3.3－7.2)m^2

＝(187.623－13.53－7.2)m^2

＝166.893m^2

【注释】（12.8－0.25)×(15.2－0.25)m^2 为轴线Ⓐ、Ⓕ和轴线⑥、⑭间楼板的总面积，其中（12.8－0.25)m 为该处板的总宽度，(15.2－0.25)m 为该处板的总长度，2.05×3.3×2m^2 为Ⓖ、Ⓕ间空余部分的面积，其中 2.05m 为该空余部分的宽度，3.3m 为该处空余部分的长度，2 为两部分，0.9×8m^2 为轴线Ⓐ至轴线⑴Ⓐ间空余部分的面积，其中 0.9m 为该空余部分的宽度，8m 为该处空余部分的长度，其中 0.25m 为主墙间两半墙的厚度。

Ⓕ、Ⓚ轴与④、⑮轴线间：

S_2＝[(7.5－0.25)×24－(2.7－0.25)×(4.5－1.36)(⑨、⑪间)]m^2

＝(7.25×24－2.45×3.15)m^2

＝(186.00－7.693)m^2

＝178.307m^2

【注释】（7.5－0.25)×24m^2 为该轴线处板的总面积，其中（7.5－0.25)m 为该处板的总宽度，24m 为该处板的总长度，(2.7－0.25)×(4.5－1.36)m^2 为⑨、⑪之间空余部分的面积，其中（2.7－0.25)m 为该处空余部分的宽度，（4.5－1.36)m 为该处空余部分的长度，其中 0.25m 为主墙间两半墙的厚度。

Ⓖ、Ⓚ与①、④轴间：

S_3＝[9.9×(6－0.25) －1.5×(3－0.25)（Ⓖ、Ⓗ轴间)］m^2

＝(9.9×5.75－4.125)m^2

＝(56.925－4.125)m^2

＝52.8m^2

【注释】9.9×(6－0.25)m^2 为该处混凝土楼板的总面积，其中 9.9m 为该处板的总长度，(6－0.25)m 为该处楼板的总宽度，0.25m 为主墙间两半墙的厚度，1.5×(3－0.25)m^2 为Ⓖ、Ⓗ轴线空余部分的面积，其中 1.5m 为该空余部分的宽度，(3－0.25)m 为该空余部分的长度。

⑤′、⑧′与Ⓐ′、Ⓓ′间：

S_4＝[(7.8－0.25)×(7.2－0.125) －1/2×(6－0.24)×tan30°×(6－0.24)（缺角)］m^2

＝(7.55×7.075－1/2×5.76×$3^{1/2}$/3×5.76)m^2

＝(53.416－9.578)m^2

＝43.838m^2

【注释】（7.8－0.25)×(7.2－0.125)m^2 为该斜轴线处混凝土楼板的总面积，其中（7.8−0.25)m为该处楼板的长度，（7.2−0.125)m为该处楼板的宽度，其中0.25m为主墙间两半墙的厚度，0.125m为半墙的厚度，后边减去的式子表示斜轴线处三角缺口的面积，其中（6−0.24)m为三角形较长直角边的长度，（6−0.24)×tan30°m为该三角形中较短直角边的长度。

综上所述，钢筋混凝土板，结构外围以内面积：

$S=S_1+S_2+2(S_3+S_4)$

$=[166.893+178.307+2\times(52.8+43.838)]m^2$

$=538.476m^2$

【注释】 166.893m^2为Ⓐ、Ⓕ轴线间结构外边线所围板的面积，178.307m^2为Ⓕ、Ⓚ轴线和④、⑮轴线间所围板的面积，52.8m^2为Ⓖ、Ⓚ与①、④轴间结构外边线所围板的面积，43.838m^2为斜轴线处结构外边线所围板的面积，乘以2表示该处有两部分。

毛体积：$V'=sh=538.476\times0.1m^3=53.848m^3$

【注释】 538.476m^2为钢筋混凝土板结构外围以内的面积，0.1m为混凝土板的厚度。

应扣与梁相接处体积：$V_{扣1}=27.8\times0.25\times0.1m^3=6.95\times0.1m^3$

$=0.695m^3$

【注释】 27.8m为普通层AL_1的长度，0.25m为该暗梁的截面宽度，0.1m为混凝土板的厚度。

$V_{扣2}=29.6\times0.25\times0.1m^3=7.25\times0.1m^3=0.725m^3$

【注释】 29.6m为地下室AL_2的长度，0.25m为该处暗梁的截面宽度，0.1m为混凝土板的厚度。

$V_{扣3}=V_{扣1}=0.695m^3$

则普通层1～11层楼板工程量：

$V_{普}=V'-V_{扣1}(V_{扣3})=(53.848-0.695)m^3=53.153m^3$

【注释】 53.848m^3为钢筋混凝土楼板的总体积，0.695m^3为普通层板与梁相接处的体积。

地下室楼板工程量：$V_{地下室}=V'-V_{扣2}=(53.848-0.725)m^3=53.123m^3$

【注释】 53.848m^3为单层钢筋混凝土板的毛体积，0.725m^3为地下室板与梁相接处的体积。

19. 阳台板C25现浇混凝土工程量

阳台1：$S_1=[1.2\times(4.2-0.24)\times2+0.84]m^2=[(1.2\times3.96\times2)+0.84]m^2=10.344m^2$

【注释】 1.2×(4.2−0.24)×2m^2为阳台1矩形部分的面积，其中1.2m为该处阳台的宽度，(4.2−0.24)m为该处阳台的长度，2为两部分，0.84m^2为该阳台弧形部分的板的面积。

阳台2：$S_2=\{(0.9+0.3)\times(8-0.48)+[1/6\times\pi\times6^2-6\times6\times1/2$（圆

弧)]} m^2

$=(1.2\times7.52+0.84)m^2$

$=9.864m^2$

【注释】 $(0.9+0.3)\times(8-0.48)m^2$ 为阳台2矩形部分的面积，其中 $(0.9+0.3)m$ 为该部分阳台的宽度，$(8-0.48)m$ 为该部分阳台的长度，后边的式子为该阳台圆弧部分的面积。

阳台3、阳台5：$S_3=(3.3-0.48)\times2m^2=2.82\times2m^2=5.64m^2$

【注释】 $(3.3-0.48)m$ 为该处阳台的长度，2m为阳台的宽度。

阳台4：$S_4=(0.344+1/2\times1.6\times1.38)m^2=1.448m^2$

【注释】 $0.344m^2$ 为该阳台矩形部分的板的面积，$1/2\times1.6\times1.38m^2$ 为该阳台圆弧部分的面积。

阳台6：$S_6=(1.5+1.8)\times1.2\times2m^2=3.3\times2.4m^2=7.92m^2$

【注释】 $(1.5+1.8)m$ 为该阳台的长度，1.2m为该阳台的宽度，2为阳台的数量。

阳台7：$S_7=(4+3.25)\times1.5\times1/2\times2m^2=10.875m^2$

【注释】 阳台7的平面图为梯形，按梯形的面积公式计算，4、3.25m为该梯形阳台的上下底宽度，1.5m为该阳台的宽度即为梯形阳台的高度，乘以2表示阳台7的个数。

阳台板面积：$S=S_1+S_2+S_3+S_4+S_6+S_7$

$=(10.344+9.864+5.64+1.448+7.92+10.875)m^2$

$=46.091m^2$

【注释】 $10.344m^2$ 为阳台1板的面积，$9.864m^2$ 为阳台2板的面积，$5.64m^2$ 为阳台3、5板的面积，$1.448m^2$ 为阳台4板的面积，$7.92m^2$ 为阳台6板的面积，$10.875m^2$ 为阳台7板的面积。

阳台平板的工程量：$V_1=46.091\times0.07$ (厚)$m^3=3.226m^3$

【注释】 46.091为阳台板的总面积，0.07为阳台板的厚度。

阳台板下翻0.28m工程量（厚0.07m）

阳台总长：$l=\{(3.3-0.25)\times2$(阳台3、5)$+[(8-0.25-6)+1/2\times6\times\pi/3$(弧长)$]$(阳台2)$+[(8.4-0.25-6)+1/2\times6\times\pi/3$(弧长)$]$(阳台1)$+[(8.4-0.25-6)+1/2\times6\times\pi/3$(弧长)$]$(阳台6)$+(1.5+1.8-0.25)\times2$(阳台6)$+3.25\times2$(阳台7)$\}m$

$=[3.05\times2+(1.75+3.14)+(2.15+3.14)\times2+3.05\times2+3.25\times2]m$

$=(6.1+4.89+10.58+6.1+6.5)m$

$=34.17m$

【注释】 $(3.3-0.25)\times2m$ 为阳台3、5板的长度，$(8-0.25-6)m$ 为阳台2南面水平部分的长度，其中0.25m为主墙间两半墙的厚度，$1/2\times6\times3.14\times1/3m$ 为阳

台2南面圆弧部分的长度，(8.4－0.25－6)m为阳台1、阳台4北面水平部分的板的长度，1/2×6×3.14×1/3m为阳台1、阳台4北面圆弧部分的长度，(1.5＋1.8－0.25)×2m为斜轴线处两阳台6的长度，3.25×2m为斜轴线处两阳台7的长度。

$S=34.17\times0.28m^2=9.568m^2$

【注释】34.17m为阳台的总长度，0.28m为阳台下翻的高度。

翻洞体积：$V_2=9.568\times0.07m^3=0.6697m^3$

【注释】$9.568m^2$为阳台板下翻的面积，0.07m为阳台板的厚度。

工程量：$V_{总}=(V_1+V_2)\times12=(3.926+0.6697)\times12m^3=4.5961\times12m^3=55.153m^3$

【注释】$3.926m^3$为阳台平板的体积，$0.6697m^3$为阳台洞口下翻的体积，12为层数。

20. 阳台边梁，C25混凝土，250mm×(350～450) mm，异形梁

(1) 阳台1

短边　$l_{短}=1.2m$

长边　$l_{长}=[1.2+6-(6^2+3^2)^{1/2}]m$

$=[1.2+(6-5.196)]m$

$=(1.2+0.804)m=2.004m$

【注释】1.2m为长边水平部分的长度，$[6-(6^2+3^2)^{1/2}]m$为长边弧形部分的长度。

梁$BTL_1\times1$根，梁$BTL_2\times1$根，$l=2.004m$

BTL_1的工程量：$S_1=0.25\times0.35m^2=0.0875m^2$

$S_2=0.25\times0.45m^2=0.1125m^2$

【注释】0.25m为该梁的截面宽度，0.35、0.45m为该梁的截面高度。

$V_{BTL1}=(S_1+S_2)\times1.2/2=(0.0875+0.1125)\times1.2/2m^3=0.12m^3$

【注释】$0.0875m^2$为S_1的面积，$0.1125m^2$为S_2的面积，1.2m为阳台短边的长度。

BTL_2的工程量：$S_1=0.25\times0.35m^2=0.0875m^2$

$S_2=0.25\times0.45m^2=0.1125m^2$

$V_{BTL2}=[(S_1+S_2)\times2.004]/2$

$=(0.0875+0.1125)/2\times2.004m^3$

$=0.2004m^3$

【注释】$0.0875m^2$为S_1的值，$0.1125m^2$为S_2的值，2.004m为BTL_2长边的长度。

(2) 阳台2

$l_{短边}=1.2m$，同阳台1，$BTL_1\times1$根

另一端支撑于外墙柱上，$V_{BTL1}=0.12m^3$

（3）阳台 3、5

l=1m，截面同上，梁为 BTL_3×2 根

$S_1=0.25\times0.35m^2=0.0875m^2$

$S_2=0.25\times0.45m^2=0.1125m^2$

$V_{BTL3}=(0.0875+0.1125)\times1\times1/2m^3=0.1m^3$

【注释】 $0.0875m^2$ 为 S_1 的值，$0.1125m^2$ 为 S_2 的值，1m 为阳台梁的长度。

（4）阳台 4，BTL_1×1 根

长边　l=1.8m，梁为 BTL_4×1 根

　　$V_{BTL1}=0.12m^3$，摘自阳台 1

　　$S_1=0.0875m^2$

　　$S_2=0.1125m^2$

$V_{BTL4}=(0.0875+0.1125)\times1.8/2m^3=0.18m^3$

【注释】 $0.0875m^2$ 为 S_1 的值，$0.1125m^2$ 为 S_2 的值，1.8m 为阳台的长边。

（5）阳台 6

l=1.2m，BTL_1×2 根，则 $V_{BTL1}=0.12m^3$

（6）阳台 7

$l_{短}$=1.5m，梁为 BTL_5×1 根

$l_{长}=1.5\div\cos30°=1.732m$，梁为 BTL_6×1 根

$S_1=0.25\times0.35m^2=0.0875m^2$

$S_2=0.25\times0.45m^2=0.1125m^2$

$V_{BTL5}=(0.0875+0.1125)/2\times1.5m^3=0.15m^3$

$V_{BTL6}=(0.0875+0.1125)\times1.732/2m^3=0.1732m^3$

【注释】 $0.0875m^2$ 为 S_1 的值，$0.1125m^2$ 为 S_2 的值，1.5m 为阳台短边的长，1.732m 为阳台长边的长。

综上，单层楼阳台边梁汇总如下：

BTL_1，l=1.2m，10 根，$V_{BTL1}=0.12\times10m^3=1.2m^3$

【注释】 $0.12m^3$ 为该阳台边梁的体积，10 为该单层楼阳台边梁的根数。

BTL_2，l=2.004m，2 根，$V_{BTL2}=0.2004\times2m^3=0.401m^3$

【注释】 $0.2004m^3$ 为该阳台边梁的体积，2 为该边梁的根数。

BTL_3，l=1m，4 根，$V_{BTL3}=0.1\times4m^3=0.4m^3$

【注释】 $0.1m^3$ 为该阳台边梁的体积，4 为阳台边梁的根数。

BTL_4，l=1.8m，2 根，$V_{BTL4}=0.18\times2m^3=0.36m^3$

【注释】 $0.18m^3$ 为该阳台边梁的体积，2 为该阳台边梁的根数。

BTL_5，l=1.5m，2 根，$V_{BTL5}=0.15\times2m^3=0.3m^3$

【注释】 $0.15m^3$ 为该阳台边梁的体积，2 为该阳台边梁的根数。

BTL_6，l=1.732m，2 根，$V_{BTL6}=0.1732\times2m^3=0.346m^3$

【注释】 0.1732m^3 为该阳台边梁的体积，2 为该阳台边梁的根数。

BTL 的单层工程量：$V_{总}=(1.2+0.401+0.4+0.36+0.3+0.346)m^3=3.007m^3$

【注释】 1.2m^3 为 BTL_1 的体积，0.401m^3 为 BTL_2 的体积，0.4m^3 为 BTL_3 的体积，0.36m^3 为 BTL_4 的体积，0.3m^3 为 BTL_5 的体积，0.346m^3 为 BTL_6 的体积。

本题中阳台边梁计算规则定额同清单：

梁与柱相连时，梁长算至柱侧面。

主梁与次梁相连时，次梁算至主梁侧面。

21. 雨篷板，C25 混凝土

YPB×3 个，根部厚 120mm，端部厚 90mm，上翻 240mm。

90～120mm 段为均匀直线找坡段，$l=1.8-0.09=1.71m$

$h_{平均}=(90+120)\div2mm=105mm$

【注释】 90mm 为雨篷端部的厚度，120mm 为根部的厚度，除以 2 表示平均的厚度。

$V_1=(0.09+0.12)/2\times2.4\times(1.8-0.09)m^3=0.105\times2.4\times1.71m^3=4.309m^3$

【注释】 2.4m 为雨篷上翻的高度，(1.8－0.09)m 为该段均匀直线找坡段的长度。

上翻端高 $h=(0.24+0.9)m=0.33m$

$V_2=0.9\times2.4\times0.33m^3=0.0713m^3$

【注释】 0.9m 为雨篷的宽度，2.4m 为雨篷的长度，0.33m 为上翻端高。

综上所述，雨篷板（单个）工程量：$V=(0.0713+4.309)m^3=4.3803m^3$

【注释】 0.0713m^3 为雨篷上翻端的体积，4.309m^3 为雨篷板水平段的体积。

三个雨篷板总体积：$V_{总}=4.3803\times3m^3=13.14m^3$

【注释】 4.3803m^3 为单个雨篷板的体积，3 为该雨篷板的个数。

22. 矩形雨篷梁，250mm×600mm，C25 混凝土，$l=(2.4+0.72)m=3.12m$

$V_{单板}=0.6\times0.25\times3.12$（长）$m^3=0.468m^3$

【注释】 0.6m 为该矩形单梁的高度，0.25m 为该矩形单梁的截面宽度，3.12m 为该矩形梁的长度。

$V_{总}=3\times V_{单}=3\times0.468m^3=1.404m^3$

【注释】 3 为该矩形梁的个数，0.468m^3 为该矩形梁的体积。

23.（1）C20 混凝土台阶，踏步 300mm，踏步高 150mm

$l=[(2.4+1.8+1.2)+(1.5+1.2+0.9)\times2]m=(5.4+3.6\times2)m=12.6m$

【注释】 2.4m 为台阶底层的长，1.8m 为台阶底层的宽，1.2m 为中间层台阶的宽度，0.9m 为顶面台阶的宽

$V=12.6\times0.3\times0.15m^3=0.567m^3$

【注释】 12.6m 为台阶的总长度，0.3m 为台阶踏步的宽度，0.15m 为台阶踏步的高度。

三个台阶工程量：$V_{总}=0.567\times3m^3=1.701m^3$

【注释】 0.567m³ 为单个台阶的体积，3 为台阶的数量。

(2) 台阶下原土打夯

$S=l\times0.3=12.6\times0.3m^2=3.78m^2$

【注释】 12.6m 为台阶的总长度，0.3m 为踏步的宽度。

$S_{总}=3\times3.78m^2=11.34m^2$

【注释】 3 为台阶的数量，3.78m² 为单个台阶下原土打夯的面积。

(3) 台阶下 3∶7 灰土垫层，60mm 厚

$V=S\times h=3.78\times0.06m^3=0.2268m^3$

【注释】 3.78m² 为台阶下 3∶7 灰土垫层的面积，0.06m 为 3∶7 灰土垫层的厚度。

三个台阶工程量：$V_{总}=3\times V=3\times0.2268m^3=0.6804m^3$

【注释】 3 为台阶的个数，0.2268m³ 为单个台阶下 3∶7 灰土垫层的体积。

24. 散水做法： ① 原土打夯，1—16

② 60mm 厚 3∶7 灰土垫层，1—1

③ 现浇 C10 混凝土散水，1.2m 宽，1—211

(1) 原土（散水底部）打夯

散水长$=l_{外边线}-l_{台阶}$

$l_{外边线}=183.43m$，摘自外边线长

$l_{台阶}=2.4\times3m=7.2m$

【注释】 2.4m 为台阶的长度，3 为台阶的数量。

$l_{散水}=(183.43-7.2)m=176.23m$

【注释】 183.43m 为首层外墙外边线的长度，7.2 为三个台阶的长度。

散水处面积：$S=(176.23\times1.2+2\times4\times1.2\times1.2)m^2=(211.48+11.52)m^2=223.00m^2$

【注释】 176.23m 为散水的总长度，1.2m 为散水的宽度。

(2) 600mm 厚 3∶7 灰土垫层

$V=Sh=223.00\times0.06m^3=13.38m^3$

【注释】 223.00m² 为散水的面积，0.06m 为散水处 3∶7 灰土垫层的厚度。

(3) 1200mm 宽的细石混凝土散水

$S=S_{打夯}=223.00m^2$

25. 现浇整体钢筋混凝土楼梯

两侧楼梯 LT_1 单个体积：$V'=(2.7-0.25)\times6m^3=2.45\times6m^3=14.7m^3$

【注释】 (2.7—0.25)m 为两侧单个楼梯间的宽度，6m 为楼梯间的长度，0.25m 为主墙间两半墙的厚度。

11 层共 10 梯：$V_{总}=10\times2\times V'=20\times14.7m^2=294m^2$

【注释】 10 为层数，2 为单层该楼梯的个数，14.7m² 为单个楼梯的面积。

中间楼梯 LT_2 单个体积：$V'=(2.7-0.25)\times5.4m^3=2.45\times5.4m^3=13.23m^3$

【注释】 (2.7－0.25)m为中间楼梯的宽度，5.4m为该楼梯的长度。

11层共10梯：$V'_{总}$＝(294＋13.23×10)m^3＝426.3m^3

【注释】 294m^2为两侧楼梯的总面积，132.3m^2为中间楼梯的总面积。

26. 现浇混凝土钢筋（注：箍筋根数取整）

1）伐板基础钢筋

①号筋，ϕ20

根数n＝[(6－0.025×2)/0.2＋1]×2（2层摆放）根＝31×2根＝62根

【注释】 6m为该钢筋的分布长度，0.025×2m为两保护层的厚度，0.2m为该钢筋的分布间距，2为钢筋两层摆放。

单根长度l＝(15.2＋4.4×2＋9.9×2－2×0.025＋2×12＋0.02)×1.85m

＝44.23×1.135m＝50.201m

【注释】 15.2m为轴线⑥、⑭间该钢筋的长度，4.4×2m为轴线④、⑥和轴线⑭、⑮处钢筋的长度，2×0.025m为两保护层的厚度，2×12×0.02m为两边两弯钩的长度，1.135为钢筋的搭接系数。

总长度L＝nl＝62×50.201m＝3112.462m

【注释】 62为该钢筋的根数，50.201m为该钢筋单根的长度。

总质量G＝3112.462×2.47kg＝7687.781kg

【注释】 3112.462m为该钢筋的总长度，2.47kg/m为该钢筋的每米理论质量。

②号筋，ϕ20

根数n＝[(9.9＋9.9－2×0.025)/0.2＋2＋1]×2（二层）根＝204根

【注释】 (9.9＋9.9)m为该钢筋的分布长度，2×0.025m为两保护层的厚度，0.2m为钢筋的分布间距，乘以2表示钢筋两层摆放。

单根长度l＝[(6－2×0.025)＋12×0.02×2]m＝6.43m

【注释】 6m为该钢筋的构件长度，2×0.025m为两保护层的厚度，12×0.02×2m为钢筋两弯钩的增加量。

注：l<8m，不考虑搭接系数。

总长度L＝nl＝6.43×204m＝1311.72m

【注释】 6.43m为单根钢筋的长度，204为钢筋的根数。

总质量G＝2.47×L＝2.47×1311.72kg＝3239.948kg

【注释】 2.47kg/m为该钢筋的每米理论质量，1311.72m为该钢筋的总长度。

③号筋，ϕ20@200

根数n＝[(4.4×2－2×0.025)/0.2＋2＋1]×2（二层）根＝94根

【注释】 4.4×2m为该钢筋的分布长度，2×0.025m为两保护层的厚度，0.2m为该钢筋的分布间距，乘以2表示钢筋两层摆放。

单根长度l＝[(6＋1.5－0.025×2)＋12×0.02×2]m＝7.93m

【注释】 (6＋1.5)m为该钢筋的构件长度，0.025×2m为两保护层的厚度，12×0.02×2m为钢筋两弯钩的长度。

注：$l<8$m，故不考虑搭接长度。

总长度 $L=nl=94\times7.93$m$=745.42$m

【注释】 94 为该钢筋的根数，7.93m 为该钢筋单根的长度。

总质量 $G=2.47\times L=2.47\times745.42kg=1841.187$kg

【注释】 2.47kg/m 为该钢筋的每米理论质量，745.42m 为该钢筋的总长度。

④号筋，ϕ20@200

根数 $n=[(15.2-2\times0.025)/0.2+2+1]\times2$（层数）$=158$ 根

【注释】 参看图 2-14 筏板基础配筋图可知，15.2m 为该钢筋的分布长度，2×0.025m 为两保护层的厚度，0.2m 为该钢筋的分布间距，2 为该钢筋的摆放次数。

单根长度 $l=[(6+1.5+12.8-0.025\times2)+12\times0.02\times2]\times1.135$m

$=(20.25+0.48)\times1.135$m

$=20.68\times1.135$m

$=23.472$m

【注释】 (6+1.5+12.8)m 为该钢筋的构件长度，2×0.025m 为两保护层的厚度，12×0.02×2m 为钢筋两弯钩的增加值，1.135 为钢筋的搭接系数。

总长度 $L=nl=158\times23.472$m$=3708.576$m

【注释】 158 为该钢筋的根数，23.472m 为该钢筋单根的长度。

总质量 $G=2.47\times L=2.47\times3708.576kg=9160.183$kg

【注释】 2.47kg/m 为该钢筋的每米理论质量，3708.576m 为该钢筋的总长度。

⑤号筋，ϕ20@200

根数 $n=[(1.5-2\times0.025)/0.2+1]\times2$根$=18$根

【注释】 1.5m 为该钢筋的分布长度，2×0.05m 为两保护层的厚度，0.2m 为该钢筋的分布间距，2 为钢筋的摆放次数。

单根长度 $l=[(15.2+4.4\times2-0.025\times2)+2\times0.02\times12]\times1.135$m

$=(23.95+0.48)\times1.135$m

$=24.43\times1.135$m$=27.728$m

【注释】 (15.2+4.4×2)m 为该钢筋的构件长度，0.025×2m 为两保护层的厚度，2×0.02×12m 为钢筋两弯钩的增加值，1.135 为钢筋的搭接系数。

总长度 $L=nl=27.728\times18$m$=499.104$m

【注释】 27.728m 为该钢筋的单根长度，18 为该钢筋的根数。

总质量 $G=2.47\times L=2.47\times499.104kg=1232.787$kg

【注释】 2.47kg/m 为该钢筋的每米理论质量，499.104m 为该钢筋的总长度。

⑥号筋，ϕ20@200

根数 $n=[(12.8-2\times0.025)/0.2+1]\times2$根$=65\times2$根$=130$根

【注释】 12.8m 为该钢筋的分布长度，2×0.025m 为两保护层的厚度，0.2m 为钢筋的分布间距，2 为钢筋的摆放次数。

单根长度 l =[(15.2−0.025×2)+2×0.02×12(弯钩)]×1.135m
=(15.15+0.48)×1.135m
=15.63×1.135m
=17.74m

【注释】 15.2m为该钢筋的构件长度，0.025×2m为两保护层的厚度，2×0.02×12m为钢筋两头弯钩的增加值，其中0.02m为钢筋的直径，1.135为钢筋的搭接系数。

总长度 $L=nl$=17.74×130m=2306.2m

【注释】 17.74m为该钢筋的单根长度，130为该钢筋的根数。

总质量 G=2.47×L=2.47×2306.2kg=5696.314kg

【注释】 2.47kg/m为该钢筋的每米理论质量，2306.2m为该钢筋的总长度。

⑦号筋，ϕ20@200

根数 n=[(4.5−2×0.025)/0.2+2+1]×2×2根=26×2×2根=104根

【注释】 4.5m为该钢筋的分布长度，2×0.025m为两保护层厚度，0.2m为钢筋的分布间距，第一个2为钢筋的摆放次数，第二个2为两斜轴线处。

单根长度 l =[(7.8−2×0.025)+0.02×12×2]×1.135m
=8.23×1.135m=9.341m

【注释】 7.8m为该钢筋的构件长度，2×0.025m为两保护层的厚度，0.02×12×2m为钢筋两弯钩的增加值，1.135为钢筋的搭接系数。

总长度 $L=nl$=104×9.341m=971.464m

【注释】 104为该钢筋的根数，9.341m为该钢筋的单根长度。

总质量 G=2.47×L=2.47×971.464kg=2399.516kg

【注释】 2.47kg/m为该钢筋的每米理论质量，971.464m为该钢筋的总长度。

⑩号筋，ϕ20@200

根数 n =[(7.2−4.5−0.025×2)/0.2+1+2]×2×2根
=(15+2)×4根=17×4根=68根

【注释】 (7.2−0.45)m为该钢筋的分布长度，0.025×2m为两保护层的厚度，0.2m为该钢筋的分布间距，第一个2表示钢筋的摆放次数，第二个2表示两侧钢筋。

单根长度 l=[(1.8+7.8)/2−2×0.025+2×12×0.02]m=(4.75+0.48)m=5.23m。

注：l<8m，不考虑钢筋搭接。

【注释】 (1.8+7.8)/2m为该钢筋的平均构件长度，0.025×2m为两保护层的厚度，2×12×0.02m为两弯钩的增加值。

总长度 $L=nl$=5.23×68m=355.64m

【注释】 5.23m为该钢筋单根的长度，68为该钢筋的根数。

总质量 G=2.47×L=2.47×355.64kg=878.43kg

【注释】 2.47kg/m为该钢筋的每米理论质量，355.64m为该钢筋的总长度。

⑨号筋，ϕ20@200

根数 n=[(7.8－1.8－2×0.025)/0.2＋1]×2×2根＝31×4 根＝124 根

【注释】 (7.8－1.8)m 为该钢筋的分布长度，2×0.025m 为两保护层的厚度，0.2m 为钢筋的分布间距，第一个 2 表示钢筋的摆放次数，第二个 2 为两侧钢筋。

单根长度 l=[(7.2＋4.5)/2－2×0.025＋0.02×12×2]m＝(5.8＋0.48)m＝6.23m

【注释】 (7.2＋4.5)/2m 为该钢筋的平均构件长度，2×0.025m 为两保护层的厚度，0.02×12×2m 为钢筋两弯钩的增加量。

总长度 $L=nl$＝124×6.23m＝772.52m

【注释】 124 为该钢筋的根数，6.23m 为该钢筋单根的长度。

总质量 G＝2.47×L＝2.47×772.52kg＝1908.124kg

【注释】 2.47kg/m 为该钢筋的每米理论质量，772.52m 为该钢筋的总长度。

⑧号筋，ϕ20@200

根数 n=[(1.8－2×0.025)/0.2＋1]×2×2根＝10×2×2 根＝10×4 根＝40 根

【注释】 1.8m 为该钢筋的分布长度，2×0.025m 为两保护层的厚度，0.2m 为钢筋的分布间距，第一个 2 表示钢筋的摆放排数，第二个 2 表示两侧。

单根长度 l=[(7.2－0.025×2)＋0.02×12×2]m＝(7.15＋0.48)m＝7.63m

【注释】 7.2m 为钢筋的构件长度，0.025×2m 为两保护层的厚度，0.02×12×2m 为钢筋两弯钩的增加值，其中 0.02m 为钢筋的直径。

总长度 $L=nl$＝40×7.63m＝305.2m

【注释】 40 为该钢筋的根数，7.63m 为该钢筋的单根长度。

总质量 G＝2.47×L＝2.47×287.2kg＝753.844kg

【注释】 2.47kg/m 为该钢筋的每米理论质量，305.2m 为该钢筋的总长度。

⑪号筋，ϕ12@200

根数 n=[(6－0.025×2)/0.2＋1]×2×2根＝31×4 根＝31×4 根＝124 根

【注释】 6m 为该钢筋的分布长度，0.025×2m 为两保护层的厚度，0.2m 为钢筋的分布间距，第一个 2 表示钢筋的摆放排数，第二个 2 表示两侧面。

单根长度 l=[0.8×2＋2×0.036(直弯钩)]m＝(1.6＋0.072)m＝1.672m

【注释】 0.8×2m 为钢筋的构件长度，2×0.036m 为钢筋两弯钩的增加值。

总长度 $L=nl$＝124×1.67m＝207.328m

【注释】 124 为该钢筋的根数，1.67m 为该钢筋单根的长度。

总质量 G＝0.888×L＝0.888×207.328kg＝184.107kg

【注释】 0.888kg/m 为该钢筋的每米理论质量，207.328m 为该钢筋的总长度。

综上所述得筏板基础内：ϕ12 筋总长 l＝207.328m

总重量 $G_{总}$＝(7687.781＋3239.948＋1841.187＋9160.183＋1232.787＋5696.314＋2399.516＋753.844＋1908.124＋878.43＋184.107)kg

＝32822.221kg

【注释】 7687.781kg 为①号筋的质量，3239.948kg 为②号筋的总质量，1841.187kg 为③号筋的总质量，9160.183kg 为④号筋的总质量，1232.787kg 为⑤号筋的总质量，5696.314kg 为⑥号筋的总质量，2399.516kg 为⑦号筋的总质量，753.844kg 为⑧号筋的总质量，1908.124kg 为⑨号筋的总质量，878.43kg 为⑩号筋的总质量，184.107kg 为⑪号筋的总质量。

2）剪力墙柱钢筋（自基础底至顶层）

l=(3.6×11+3+0.5)m=43.1m

【注释】 3.6m 为地上楼层的层高，11 为层数，3m 为地下室柱的高度，0.5m 为伸入基础底部钢筋的长度。

(1) GJZ_1×14 根

①号筋 ϕ：10@100

箍筋 Al—箍筋增减值，查 Al 表可得箍筋长=$l+Al$，l—构件断面周长。

双肢箍 a：根数 n =[(43.1−2×0.025)/0.1+1]×14根
=432×14 根
=6048 根

【注释】 43.1m 为该箍筋的分布长度，2×0.025m 为两保护层的厚度，0.1m 为箍筋的分布间距，14 为箍筋的根数。

单根长度 l=[(0.55+0.25)×2+0.07（弯钩调整值）] m=1.67m

【注释】 (0.55+0.25)×2m 为箍筋的构件周长，0.07m 为箍筋两弯钩的调整值。

总长度 $L=nl$=6048×1.67m=10100.16m

【注释】 6048 为该箍筋的根数，1.67m 为该箍筋单根的长度。

总质量 G=0.617×L=0.617×10100.16kg=6231.799kg

【注释】 0.617kg/m 为钢筋的每米理论质量，10100.16m 为该箍筋的总长度。

单肢箍 b：根数 n =[(43.1−2×0.025)/0.1+1]×14根
=432×14 根=6048 根

【注释】 43.1m 为该箍筋的分布长度，2×0.025m 为两保护层的厚度，0.1m 为该箍筋的分布间距，14 为该剪力柱的根数。

单根长度 l=[(0.25+0.85)×2+0.07（弯钩调整值）] m=2.27m

【注释】 (0.25+0.85)×2m 为该单支箍的构件周长，0.07m 为箍筋弯钩的调整值。

总长度 $L=nl$=2.27×6048m=13728.96m

【注释】 2.27m 为该单支箍的单根长度，6041 为该单支箍的根数。

总质量 G=0.617×L=0.617×13728.96kg=8470.768kg

【注释】 0.617kg/m 为该箍筋的每米理论质量，13728.96 为该箍筋的总长度。

单肢箍 c：根数 n=[(43.1−2×0.025)/0.1+1]×14根=6048根

【注释】 43.1m 为钢筋的分布间距，2×0.025m 为两保护层的厚度，0.1m 为箍筋的分布间距，14 为柱子的根数。

单根长度 l=[0.25－0.025×2+0.12（两个半圆弯钩)]m=0.32m

【注释】 0.25m 为钢筋的构件长度，0.025×2m 为两保护层的厚度，0.12m 为两个半圆弯钩的长度。

总长度 $L=nl$=0.32×6048m=1935.36m

【注释】 0.32m 为单根钢筋的长度，6041 为该钢筋的根数。

总质量 G=0.617×L=0.617×1935.36kg=1194.117kg

【注释】 0.617kg/m 为该钢筋的每米理论质量，1935.36 为该钢筋的总长度。

②号筋：ϕ20×21 根

根数 n=21×14 根=294 根

【注释】 21 为单根柱子该钢筋的根数，14 为柱子的根数。

单根长度 l=(43.1－2×0.025+0.5×2)×1.135m=44.05×1.135m=49.997m

【注释】 43.1m 为该钢筋的构件长度，0.025×2m 为两保护层的厚度，0.5×2m 为钢筋两弯钩的增加值，1.135 为钢筋的搭接系数。

总长度 $L=nl$=294×49.997m=14699.118m

【注释】 294 为该钢筋的根数，49.997m 为该钢筋的总长度。

总质量 G=2.47×L=2.47×14699.118kg=36306.8215kg

【注释】 2.47kg/m 为该钢筋的每米理论质量，14699.118m 为该钢筋的总长度。

(2) GJZ2×4 根

③ 号筋

根数 n=[(43.1－2×0.025)/0.1+1]×4×2根=432×8根=3456根

【注释】 43.1m 为钢筋的分布长度，2×0.025m 为两保护层的厚度，0.1m 为钢筋的分布间距，4 为一侧该柱子的根数，2 表示两侧柱。

单根长度 l=[(0.55+0.25)×2+0.07（弯钩调整系数)]m=1.67m

【注释】 (0.55+0.25)×2m 为该箍筋的构件周长，0.07 为该箍筋弯钩的调整系数。

总长度 $L=nl$=1.67×3456m=5771.52m

【注释】 1.67m 为该箍筋的单根长度，3452m 为该箍筋的总长度。

总质量 G=0.617×5771.52kg=3561.029kg

【注释】 0.617kg/m 为该箍筋的每米理论质量，5771.52m 为该箍筋的总长度。

④号筋：ϕ20×16 根

根数 n=16×4 根=64 根

【注释】 16 为单根柱子该钢筋的根数，4 为该柱子的根数。

单根长度 l=(43.1－2×0.025)×1.135m=43.05×1.135m=48.862m

【注释】 43.1m 为该钢筋的构件长度，2×0.025m 为两保护层的厚度，1.135 为钢筋的搭接系数。

总长度 $L=nl$=64×48.862m=3127.168m

【注释】 64为该钢筋的根数，48.862m为该钢筋的单根长度。

总质量 G=2.47×L=2.47×3127.168kg=7724.105kg

【注释】 2.47kg/m为该钢筋的每米理论质量，3127.168m为该钢筋的总长度。

(3) GYZ_1×4根

⑤号筋：ϕ10@100，箍筋

双肢箍ⓐ筋：根数 n=[(43.1−2×0.025)/0.1+1]×1×4根=1728根

【注释】 43.1m为该双肢箍筋的分布长度，2×0.025m为两保护层的厚度，0.1m为箍筋的分布间距，4为该柱子的根数。

单根长度 l=[(0.6+0.25+0.3+0.25)×2+0.07(弯钩)]m=(1.4×2+0.07)m
=2.87m

【注释】 (0.6+0.25+0.3+0.25)×2m为该箍筋的构件周长，0.07m为箍筋两弯钩的增加值。

总长度 $L=nl$=2.87×1728m=4959.36m

【注释】 2.87m为该箍筋的单根长度，1728m为该箍筋的总长度。

总质量 G=0.617×L=0.617×4959.36kg=3059.925kg

【注释】 0.617kg/m为该箍筋的每米理论质量，4959.36m为该箍筋的总长度。

双肢箍ⓐ筋：根数 n=[(43.1−2×0.025)/0.1+1]×4根=1728根

【注释】 43.1m为该箍筋的分布长度，2×0.025m为两保护层的厚度，0.1m为该箍筋的分布间距，4为该柱子的根数。

单根长度 l=[(0.6+0.25+0.25)×2+0.07(弯钩)]m=(1.1×2+0.07)m=2.27m

【注释】 (0.6+0.25+0.25)×2m为该箍筋的构件周长，0.07m为箍筋弯钩的增加量。

总长度 $L=nl$=2.27×1728m=3922.56m

【注释】 2.27m为该箍筋单根的长度，1728为该箍筋的根数。

总质量 G=0.617×L=0.617×3922.56kg=2420.229kg

【注释】 0.617kg/m为该箍筋的每米理论质量，3922.56m为该箍筋的总长度。

单肢箍ⓐ筋：根数 n=[(43.1−2×0.025)/0.1)+1]×2×4根=3456根

【注释】 43.1m为该箍筋的分布间距，2×0.025m为两保护层的厚度，0.1m为箍筋的分布间距，2为单根柱子箍筋的个数，4为柱子的数量。

单根长度 l=[0.25−0.025×2(保护层)+0.12(两个圆弯钩)]m=0.32m

【注释】 0.25m为箍筋的构件周长，0.025×2m为两保护层的厚度，0.12m为两个半圆弯钩的长度。

总长度 $L=nl$=3456×0.32m=1105.92m

【注释】 3456为该箍筋的总根数，0.32m为单根箍筋的长度。

总质量 G=0.617×L=0.617×1105.92kg=682.353kg

【注释】 0.617kg/m为该箍筋的每米理论质量，1105.92为该箍筋的总长度。

⑥号筋：ϕ20×28根

根数 n=28×4 根=112 根

【注释】 28 为单根柱子该钢筋的根数，4 为柱子的根数。

单根长度 l=(43.1−2×0.025)×1.135m=43.05×1.135m=48.862m

【注释】 43.1m 为该钢筋的构件长度，2×0.025m 为两保护层的厚度，1.135 为钢筋搭接的系数。

总长度 $L=nl$=112×48.862m=5472.544m

【注释】 112 为该钢筋的根数，48.862m 为钢筋的单根长度。

总质量 G=2.47×L=2.47×5472.544kg=13517.184kg

【注释】 2.47kg/m 为该钢筋的每米理论质量，5472.544m 为该钢筋的总长度。

(4) GYZ_2×4 根

⑦号箍筋：ϕ10@100

双肢箍ⓐ筋：根数 n=[(43.1−2×0.025)/0.1+1]×1×4根=1728根

【注释】 43.1m 为箍筋的分布长度，2×0.025m 为两保护层的厚度，0.1m 为箍筋的分布间距，4 为该柱子的根数。

单根长度 l=[(0.55+0.25)×2+0.07] m=1.67m

【注释】 (0.55+0.25)×2m 为该箍筋的构件周长，0.07m 为箍筋弯钩的调整值。

总长度 $L=nl$=1.67×1728m=2885.76m

【注释】 1.67m 为该箍筋的单根长度，1728m 为该箍筋的总长度。

总质量 G=0.617×L=0.617×2885.76kg=1780.514kg

【注释】 0.617kg/m 为该箍筋的每米理论质量，2885.76m 为该箍筋的总长度。

双肢箍ⓐ筋：根数 n=[(43.1−2×0.025)/0.1+1]×1×4根=1728根

【注释】 43.1m 为该箍筋的分布长度，2×0.025m 为两保护层的厚度，0.1m 为箍筋的分布间距，4 为该柱子的根数。

单根长度 l=[(0.85+0.25)×2+0.07]m=2.27m

【注释】 (0.85+0.25)×2m 为该箍筋的构件周长，0.07m 为箍筋弯钩的调整值。

总长度 $L=nl$=1728×2.27m=3922.56m

【注释】 1728 为该处箍筋的总根数，2.27m 为单根箍筋的长度。

总质量 G=0.617×L=0.617×3922.56kg=2420.220kg

【注释】 0.617kg/m 为该箍筋的每米理论质量，3922.56m 为该钢筋的总长度。

⑧号筋：ϕ20×20

根数 n=20×4 根=80 根

【注释】 20 为单根柱子该钢筋的根数，4 为该柱子的根数。

单根长度 l=(43.1−2×0.025)×1.135m=48.862m

【注释】 43.1m 为该钢筋的构件周长，2×0.025m 为两保护层的厚度，1.135 为钢筋的搭接系数。

总长度 $L=nl=80\times48.862\text{m}=3908.96\text{m}$

【注释】 80为该钢筋的根数，48.862m为该钢筋的单根长度。

总质量 $G=2.47\times L=2.47\times3908.96\text{kg}=9655.131\text{kg}$

【注释】 2.47kg/m为该钢筋的每米理论质量，3908.96m为该钢筋的总长度。

(5) $GAZ_1\times2$ 根

⑨号双肢筋：ϕ10@100

根数 $n=[(43.1-2\times0.025)/0.1+1]\times1\times2$根$=432\times2$根$=864$根

【注释】 43.1m为该钢筋的分布长度，2×0.025m为两保护层的厚度，2为该柱子的根数。

单根长度 $l=[(0.3+0.25)\times2+0.07]\text{m}=1.17\text{m}$

【注释】 (0.3+0.25)×2m为该箍筋的构件周长，0.07m为箍筋的调整值。

总长度 $L=nl=1.17\times864\text{m}=1010.88\text{m}$

【注释】 1.17m为该钢筋的单根长度，864为该箍筋的总根数。

总质量 $G=0.617\times L=0.617\times1010.88\text{kg}=623.713\text{kg}$

【注释】 0.617kg/m为该钢筋的每米理论质量，1010.88m为该箍筋的总长度。

⑩号筋：$\phi20\times8$ 根

根数 $n=8\times2=16$ 根

【注释】 8为该钢筋的根数，2为柱子的根数。

单根长度 $l=(43.1-2\times0.025)\times1.135\text{m}=48.862\text{m}$

【注释】 43.1m为该钢筋的构件长度，2×0.025m为两保护层的厚度，1.135为钢筋的搭接系数。

总长度 $L=nl=16\times48.862\text{m}=781.792\text{m}$

【注释】 16为该钢筋的根数，48.862m为单根钢筋的长度。

总质量 $G=2.47\times L=2.47\times781.792\text{kg}=1931.026\text{kg}$

【注释】 2.47kg/m为该钢筋的每米理论质量，781.792m为该钢筋的总长度。

(6) $AZ_1\times2$ 根

⑪号筋：ϕ10@100

根数 $n=[(43.1-2\times0.025)/0.1+1]\times3\times2$根$=432\times6$根$=2592$根

【注释】 43.1m为该钢筋的构件长度，2×0.025m为两保护层的厚度，0.1m为箍筋的分布间距，2为柱子的根数。

单根长度 $l=[(0.3+0.25)\times2+0.07]\text{m}=(0.55\times2+0.07)\text{m}=1.17\text{m}$

【注释】 (0.3+0.25)×2m为该箍筋的构件周长，0.07m为箍筋两弯钩的长度。

总长度 $L=nl=2592\times1.17\text{m}=3032.64\text{m}$

【注释】 2592为该箍筋的根数，1.17m为箍筋单根的长度。

总质量 $G=0.617\times3032.64\text{kg}=1871.139\text{kg}$

【注释】 0.617kg/m为该钢筋的每米理论质量，3032.64m为该箍筋的总长度。

⑫号筋：$\phi22\times20$ 根

根数 n=20×2 根=40 根

【注释】 20 为单根柱子钢筋的根数，2 为柱子的根数。

单根长度 l=(43.1−2×0.025)×1.15m=43.05×1.15m=49.508m

【注释】 43.1m 为该钢筋的构件长度，2×0.025m 为两保护层的厚度，1.15 为钢筋的搭接系数。

总长度 $L=nl$=40×49.508m=1980.32m

【注释】 40 为该钢筋的根数，49.508m 为该钢筋的总长度。

总质量 G=2.98×L=2.98×1980.32kg=5901.354kg

【注释】 2.98kg/m 为钢筋的每米理论质量，1980.32m 为钢筋的总长度。

(7) YYZ×1

Ⓑ号筋：ϕ10@100

ⓐ号双肢筋　根数 n=[(43.1−2×0.025)/0.1+1]×1根=432根

【注释】 43.1m 为箍筋的分布长度，2×0.025m 为两保护层的厚度，0.1m 为箍筋的分布间距，乘以 1 表示钢筋的根数。

单根长度 l=[(0.6+0.9+0.25+0.25)×2+0.07] m=4.07m

【注释】 (0.6+0.9+0.25×2)×2m 为该箍筋的构件周长，0.07m 为箍筋两弯钩的增加值。

总长度 $L=nl$=432×4.07m=1758.24m

【注释】 432 为该箍筋的根数，4.07m 为该钢筋的单根长度。

总质量 G=0.617×L=0.617×1758.24kg=1084.834kg

【注释】 0.617kg/m 为该钢筋的每米理论质量，1758.24m 为该钢筋的总长度。

ⓑ号双肢筋　根数 n=[(43.1−2×0.025)/0.1+1]根=432根

【注释】 43.1m 为该钢筋的分布长度，2×0.025m 为两保护层的厚度，0.1m 为钢筋的分布间距。

单根长度 l=[(0.6×2+0.25+0.25)×2+0.07]m=3.47m

【注释】 (0.6×2+0.25×2)×2m 为该箍筋的构件周长，0.07m 为箍筋弯钩的长度。

总长度 $L=nl$=3.47×432m=1499.04m

【注释】 3.47m 为钢筋的单根长度，432 为该钢筋的根数。

总质量 G=0.617×L=0.617×1499.04kg=924.908kg

【注释】 0.617kg/m 为钢筋的每米理论质量，1499.04m 为该钢筋的总长度。

ⓒ号单肢筋　根数 n=[(43.1−2×0.025)/0.1+1]×5根=432×5根=2160根

【注释】 43.1m 为该箍筋的分布长度，2×0.025m 为两保护层的厚度，0.1m 为箍筋的分布间距，5 为根数。

单根长度 l=(0.25−0.025×2+0.12)m=0.32m

【注释】 0.25m 为该钢筋的构件长度，0.025×2m 为两保护层的厚度，0.12m 为半圆弯钩的长度。

总长度 $L=nl=0.32\times2160\text{m}=691.2\text{m}$

【注释】 0.32m为钢筋的单根长度，2158为该钢筋的根数。

总质量 $G=0.617\times L=0.617\times691.2\text{kg}=426.470\text{kg}$

【注释】 0.617kg/m为该钢筋的每米理论质量，691.2为该钢筋的总长度。

⑭号筋：$\phi20\times44$ 根

根数 $n=44\times1$ 根$=44$ 根

【注释】 44为该钢筋的根数。

单根长度 $l=(43.1-2\times0.025)\times1.15=49.508$

【注释】 43.1m为该钢筋的总长度，2×0.025m为两保护层的厚度，1.15为钢筋的搭接系数。

总长度 $L=nl=44\times49.508\text{m}=2178.352\text{m}$

【注释】 44为钢筋的根数，49.508m为钢筋的单根长度。

总质量 $G=2.98\times L=2.98\times2178.352\text{kg}=6491.489\text{kg}$

【注释】 2.98kg/m为该钢筋的每米理论质量，2178.352m为该钢筋的总长度。

剪力墙柱钢筋汇总：

$\phi10$：总重 $G=[(6231.799+8470.768+1194.117)(GJZ_1)+3561.029(GJZ_2)+(3059.925+2420.229+682.352)(GYZ_1)+(1780.514+2420.220)(GYZ_2)+623.713(GAZ_1)+1871.139(AZ_1)+(1084.834+924.908+426.470)(YY_2)]\text{kg}$

$=34752.017\text{kg}$

【注释】 6231.799kg为$GJZ_1$①号筋中双肢箍a钢筋的总质量，8470.768kg为$GJZ_1$①号筋中双肢箍b钢筋的总质量，1194.117kg为$GJZ_1$①号筋中单支箍c筋的总质量；3561.029kg为$GJZ_2$③号筋的总质量；3059.925kg为$GYZ_1$⑤号筋中双肢箍b筋的总质量，2420.229kg为$GYZ_1$⑤号筋中双肢箍a筋的总质量，682.352kg为$GYZ_1$⑤号筋中单支箍c筋的总质量；1780.514kg为$GYZ_2$⑦号箍筋中双肢箍a筋的总质量，2420.220kg为$GYZ_2$⑦号箍筋中双肢箍b筋的总质量，623.713kg为$GAZ_1$⑨号双肢筋的总质量；1871.139kg为AZ_1⑬号筋的总质量，1084.834kg为YY_2中⑬号筋中双肢箍a筋的总质量，471.783kg为YY_2中⑬号筋中双肢箍b筋的总质量，426.470kg为YY_2中⑬号筋中单支箍c筋的总质量。

$\phi20$ 总重：$G=(36306.8215+7724.105+13517.184+9655.131+1931.026)\text{kg}$

$=69134.268\text{kg}$

【注释】 36306.8215kg为$GJZ_1$②号筋的总质量，7724.105kg为$GJZ_2$④号筋的总质量，13517.184kg为$GJZ_1$⑥号筋的总质量，9655.131kg为GYZ_2中⑧号筋的总质量，1931.026kg为GAZ_1⑩号筋的总质量

$\phi22$ 总重：$G=(5901.354+6491.489)\text{kg}=12392.843\text{kg}$

【注释】 5901.354kg为AZ_1⑫号筋的总质量，6491.489kg为YY_2中⑭号筋的总质量。

3）剪力墙梁钢筋

（1）LL_1钢筋总长

L=86.10m　250mm×2100mm　梁长均小于8m，不考虑搭接系数

18m跨，其中2500mm×1500mm　　L=15.92m（门洞处）

2500mm×2100mm　L=（86.10−15.92)m=70.18m

①250mm×2100mm段

①号筋：ϕ22　n=8根

单根长度l=(70.18−2×0.025)m=70.13m

总长度$L=nl$=70.18×8m=561.04m

总质量G=2.98×L=2.98×561.04kg=1671.899kg

【注释】8为该钢筋的根数，70.18m为该钢筋的构件长度，2×0.025m为两保护层的厚度，2.98kg/m为该钢筋的每米理论质量。

②号筋：ϕ20　n=18根

单根长度l=(70.18−2×0.025)m=70.13m

总长度$L=nl$=18×70.13m=1262.34m

总质量G=2.47×1262.34kg=3117.98kg

【注释】18为该钢筋的根数，70.18m为该钢筋的构件长度，2×0.025m为两保护层的厚度，2.47kg/m为该钢筋的每米理论质量。

③号双肢筋：ϕ10@100（2）

根数n=[(70.18−2×0.025)/0.1+18]根=(702+18)根=720根

单根长度l=[(2.1+0.25)×2+0.07]m=4.77m

总长度$L=nl$=4.77×720m=3434.4m

总质量G=0.617×3434.4kg=2119.025kg

【注释】70.18m为该箍筋的分布长度，2×0.025m为两保护层的厚度，0.1m为箍筋的分布间距，(2.1+0.25)×2m为箍筋的构件周长，0.07m为箍筋弯钩的增加值，0.617kg/m为该箍筋的每米理论质量。

②250mm×1500mm段　l=15.92

①′号筋：ϕ22　n=8根

单根长度l=(15.92−2×0.025)m=15.87m

总长度$L=nl$=15.87×8m=126.96m

总质量G=2.98×L=2.98×126.96kg=378.341kg

【注释】8为该钢筋的根数，15.92m为该钢筋的构件长度，2×0.025m为两保护层的厚度，2.98kg/m为钢筋的每米理论质量。

②′号筋：ϕ20　n=12根

单根长度l=(15.92−2×0.025)m=15.87m

总长度$L=nl$=15.87×12m=190.44m

总质量G=2.47×L=2.47×190.44kg=470.387kg

【注释】 12为该钢筋的根数，15.92m为该钢筋的构件长度，2×0.025m为两保护层的厚度，2.47kg/m为该钢筋的每米理论质量。

③′号筋：ϕ10@100（2）箍筋

根数 n=[(15.92−2×0.025)/0.1+1]根=160根

单根长度 l=[(1.5+0.25)×2+0.07]m=3.57m

总长度 L=n×l=3.57×160m=571.2m

总质量 G=0.617×L=0.617×571.3kg=352.430kg

【注释】 15.92m为该号箍筋的分布长度，2×0.025m为两保护层的厚度，0.1m为该箍筋的分布间距，(1.5+0.25)×2m为箍筋的构件周长，0.07m为箍筋弯钩的长度，0.617kg/m为该箍筋的每米理论质量。

（2）LL_2，250mm×1030mm

总长 L=117.6m　26跨　$l_{单跨}$<8m，不考虑搭接

④号筋：ϕ22　n=8根

单根长度 l=(117.6−2×0.025)m=117.55m

总长度 L=n×l=117.55×8m=940.4m

总质量 G=2.98×L=2.98×940.4kg=2802.392kg

【注释】 117.6m为该钢筋的构件长度，2×0.025m为两保护层的厚度，8为该钢筋的根数，2.98kg/m为该钢筋的每米理论质量。

⑤号筋：ϕ20　n=8根

单根长度 l=(117.6−2×0.025)m=117.55m

总长度 L=n×l=117.55×8m=940.4m

总质量 G=2.47×L=2.47×940.4kg=2322.788kg

【注释】 117.6m为钢筋的构件长度，2×0.025m为两保护层的厚度，8为钢筋的根数，2.47kg/m为该钢筋的每米理论质量。

⑥号筋：ϕ10@100（2）

根数 n=[(117.6−2×0.025)/0.1+1]根=1177根

单根长度 l=[(0.25+1.03)×2+0.07]m=2.63m

总长度 L=n×l=2.63×1177m=3095.51m

总质量 G=0.617×L=0.617×3095.51kg=1909.93kg

【注释】 117.6m为该箍筋的分布长度，2×0.025m为两保护层的厚度，0.1m为箍筋的分布间距，(0.25+1.03)×2m为箍筋的构件周长，0.07m为箍筋的弯钩长度，0.617kg/m为该箍筋的每米理论质量。

（3）LL_3钢筋，250mm×1200mm，总长 l=86.10m，共18跨

其中250mm×1200mm段，长 l=70.18m

250mm×600mm段　　　长 l=15.92m

$l_{单跨}$<8m，故不考虑搭接长度

①250mm×1200mm 段

⑦号筋：$\phi22$　$n=8$ 根

单根长度 $l=(70.18-2\times0.025)\mathrm{m}=70.13\mathrm{m}$

总长度 $L=n\times l=70.13\times8\mathrm{m}=561.04\mathrm{m}$

总质量 $G=2.98\times L=2.98\times561.04\mathrm{kg}=1671.899\mathrm{kg}$

【注释】 8 为该钢筋的根数，70.18m 为该钢筋的构件长度，2×0.025m 为两保护层的厚度，2.98kg/m 为该钢筋的每米理论质量。

⑧号筋：$\phi20$　$n=10$ 根

单根长度 $l=70.13\mathrm{m}$

总长度 $L=n\times l=10\times70.13\mathrm{m}=701.3\mathrm{m}$

总质量 $G=2.47\times L=2.47\times701.3\mathrm{kg}=1732.211\mathrm{kg}$

【注释】 10 为该钢筋的根数，70.13m 为该钢筋的构件长度，2.47kg/m 为该钢筋的每米理论质量。

⑨号双肢筋：$\phi10$@100（2）

根数 $n=[(70.18-2\times0.025)/0.1+18(\text{跨})]$根$=(702+18)$根$=720$根

单根长度 $l=[(0.25+1.2)\times2+0.07]\mathrm{m}=2.97\mathrm{m}$

总长度 $L=n\times l=720\times2.97\mathrm{m}=2138.4\mathrm{m}$

总质量 $G=0.617\times L=0.617\times2138.4\mathrm{kg}=1319.393\mathrm{kg}$

【注释】 70.18m 为该钢筋的分布长度，2×0.025m 为两保护层的厚度，0.1m 为钢筋的分布间距，(0.25+1.2)×2m 为该箍筋的构件周长，0.07m 为该箍筋的弯钩长度，0.617kg/m 为该钢筋的每米理论质量。

②250mm×600mm 段　$l=15.92\mathrm{m}$

⑦′号筋：$\phi22$　$n=8$ 根

单根长度 $l=(15.92-2\times0.025)\mathrm{m}=15.87\mathrm{m}$

总长度 $L=n\times l=15.87\times8\mathrm{m}=126.96\mathrm{m}$

总质量 $G=2.98\times L=2.98\times126.96\mathrm{kg}=378.341\mathrm{kg}$

【注释】 8 为该钢筋的根数，15.92m 为该钢筋的构件长度，2×0.025m 为两保护层的厚度，2.98kg/m 为钢筋的每米理论质量。

⑧′号筋：$\phi20$　$n=4$ 根

单根长度 $l=(15.92-2\times0.025)\mathrm{m}=15.87\mathrm{m}$

总长度 $L=n\times l=15.87\times4\mathrm{m}=63.48\mathrm{m}$

总质量 $G=2.47\times L=2.47\times63.48\mathrm{kg}=156.796\mathrm{kg}$

【注释】 4 为该钢筋的根数，15.92m 为该钢筋的构件长度，2×0.025m 为两保护层的厚度，2.47kg/m 为钢筋的每米理论质量。

⑨′号筋：$\phi10$　双肢箍@100（2）

根数 $n=[(15.92-2\times0.025)/0.1+1]$根$=160$根

单根长度 l=[(0.6+0.25)×2+0.07]m=1.77m

总长度 $L=n\times l$=1.77×160m=283.2m

总质量 G=0.617×L=0.617×283.2kg=174.734kg

【注释】 15.92m为该箍筋的分布长度，2×0.025m为两保护层的厚度，0.1m为箍筋的分布间距，(0.6+0.25)×2m为该箍筋的构件周长，0.07m为箍筋两弯钩的长度，0.617kg/m为该箍筋的每米理论质量。

(4) AL_1中钢筋量　l=27.8m　250mm×500mm

⑩号筋：ϕ22　n=8根　6跨　　$l_{单跨}$<8，不考虑搭接

单根长度 l=(27.8−2×0.025)m=27.75m

总长度 $L=n\times l$=27.75×8m=222m

总质量 G=2.98×L=2.98×222kg=661.56kg

【注释】 8为该钢筋的根数，27.8m为该钢筋的构件长度，2×0.025m为两保护层的厚度，2.98kg/m为该钢筋的每米理论质量。

⑪号筋：ϕ18n=2根

单根长度 l=(27.8−2×0.025)m=27.75m

总长度 $L=n\times l$=27.75×2m=55.5m

总质量 G=2×L=2×55.5kg=111kg

【注释】 2为该钢筋的根数，27.8m为该钢筋的构件长度，2×0.025m为两保护层的厚度。

⑫号筋：ϕ10@100 (2)

根数 n=[(27.8−2×0.025)/0.1+6]根=(278+6)根=284根

单根长度 l=[(0.25+0.5)×2+0.07]m=1.57m

总长度 $L=n\times l$=1.57×284m=445.88m

总质量 G=0.617×445.88kg=275.108kg

【注释】 27.8m为该钢筋的构件长度，2×0.025m为两保护层的厚度，0.1m为钢筋的分布间距，(0.25+0.5)×2m为该箍筋的构件周长，0.07m为箍筋弯钩的长度，0.617kg/m为钢筋的每米理论质量。

(5) AL_2中钢筋量　l=29m　6跨

⑬号筋：ϕ25　　n=8根

单根长度 l=(29−2×0.025)m=28.95m　　$l_{单跨}$<8，不考虑搭接

总长度 $L=n\times l$=28.95×8m=231.6m

总质量 G=3.85×L=3.85×231.6kg=891.66kg

【注释】 29m为钢筋的构件长度，2×0.025m为两保护层的厚度，8为该钢筋的根数，3.85kg/m为该钢筋的每米理论质量。

⑭号筋：ϕ18　　n=2根

单根长度 l=(29−2×0.025)m=28.95m

总长度 $L=n\times l=28.95\times2$m=57.9m

总质量 $G=2.00\times L=2\times57.9$kg=115.8kg

【注释】 29m 为钢筋的构件长度，2×0.025m 为两保护层的厚度，2.00kg/m 为钢筋的每米理论质量。

⑮号筋：ϕ10@100（2）

根数 n=[(29−2×0.025)/0.1+6]根=(290+6)根=296根

单根长度 l=[(0.25+0.5)×2+0.07]m=1.57m

总长度 $L=n\times l=1.57\times296$m=464.72m

总质量 $G=0.617\times L=0.617\times464.72$kg=286.732kg

【注释】 29m 为该钢筋的分布长度，2×0.025m 为两保护层的厚度，0.1m 为钢筋的分布间距，(0.25+0.5)×2m 为该箍筋的构件周长，0.07m 为箍筋弯钩的长度，0.617kg/m 为该钢筋的每米理论质量。

（6）AL_3中钢筋量　l=27.8m　250mm×500mm　6 跨

⑯号筋：ϕ22　n=8 根

单根长度 l=(27.8−2×0.025)m=27.75m

总长度 $L=n\times l=27.75\times8$m=222m

总质量 $G=2.98\times L=2.98\times222$kg=661.56kg

【注释】 27.8m 为该钢筋的构件长度，2×0.025m 为两保护层的厚度，8 为该钢筋的根数，2.98kg/m 为该钢筋的每米理论质量。

⑰号筋：ϕ16　n=2 根

单根长度 l=(27.8−2×0.025)m=27.75m

总长度 $L=n\times l=27.75\times2$m=55.5m

总质量 $G=1.58\times L=1.58\times55.5$kg=87.69kg

【注释】 27.8m 为该钢筋的构件长度，2×0.025m 为两保护层的厚度，2 为该钢筋的根数，1.58kg/m 为该钢筋的每米理论质量。

⑱号筋：ϕ10@100（2）

根数 n=[(27.8−2×0.025)/0.1+6]根=(278+6)根=284根

单根长度 l=[(0.25+0.5)×2+0.07]m=1.57m

总长度 $L=n\times l=1.57\times284$m=445.88m

总质量 G=0.617×445.88kg=275.108kg

【注释】 27.8m 为该钢筋的分布长度，(0.25+0.5)×2m 为该箍筋的构件周长，0.07m 为箍筋弯钩的长度，0.617kg/m 为钢筋的每米理论质量。

综上所述，剪力墙梁中钢筋汇总如下：

ϕ25：G=891.66kg

ϕ22：G =[(1671.899 + 378.341)(LL_1) + 2802.392(LL_2) + (1671.899 + 378.341)(LL_3)+661.56(AL_1)+661.56(AL_3)]kg

=8171.992kg

【注释】 1671.899kg为LL_1中①号筋的总质量，378.341kg为LL_1中①′号筋的总质量，2802.392kg为LL_2中④号筋的质量，1671.899kg为LL_3中⑦号筋的总质量，378.341kg为LL_3中⑦′号钢筋的质量，661.56kg为AL_1中⑩号筋的总质量，661.56kg为AL_3中⑯号筋的总质量。

ϕ20：G=[(3117.98+470.387)(LL_1)+2322.788(LL_2)+(1732.221+156.79)(LL_3)]kg

=(3588.367+2322.788+1889.017)kg

=5710.172kg

【注释】 3117.98kg为LL_1中②号筋的总质量，470.387kg为LL_1中②′号筋的总质量，2322.788kg为LL_2中⑤号筋的总质量，1732.221kg为LL_3中⑧号筋的总质量，156.796kg为LL_3中⑧′号筋的总质量。

ϕ18：G=[111(AL_1)+115.8(AL_2)]kg=226.8kg

【注释】 111kg为AL_1中⑪号筋的总质量，115.8kg为AL_2中⑭号钢筋的总质量。

ϕ16：G=87.69kg

ϕ10：G=[(2119.025+352.430)(LL_2)+1909.93(LL_2)+(1319.393+174.734)(LL_3)+275.108(AL_1)+286.732(AL_2)+275.108(AL_3)]kg

=6712.46

【注释】 2119.025kg为LL_1中③号筋的总质量，352.430kg为LL_1中③′号筋的总质量，1909.93kg为LL_2中⑥号筋的总质量，1319.393kg为LL_3中⑨号筋的总质量，174.734kg为LL_3中⑨′号筋的总质量，275.108kg为AL_1中⑫号筋的总质量，286.732kg为AL_2中⑮号筋的总质量，275.108kg为AL_3中⑱号钢筋的总质量。

4) 加气混凝土砌块上方过梁中钢筋

(1) AL_1，250mm×200mm　l=(1+0.25×2)m=1.5m　10跨层×11层=110跨

注：箍筋计算小数点部分取整。

①号筋：ϕ10×8根

根数n=8×110根=880根

单根长度l=[1.5−0.025×2(保护层)+0.12(弯钩)]m

=(1.5−0.05+0.12)m=1.57m

总长度$L=n\times l$=880×1.57m=1381.6m

总质量G=0.617×L=0.617×1381.6kg=852.447kg

【注释】 8为钢筋的根数，110为跨数，1.5m为该钢筋的构件长度，0.025×2m为两保护层的厚度，0.12m为两弯钩的长度，0.617kg/m为该钢筋的每米理论质量。

②号筋：ϕ6@150

根数 n =[(1.0+0.25×2−0.025×2)/0.15+2]×10(跨)×11层

=(9+2)×110 根=11×110 根=1210 根

单根长度 l=[(0.25+0.2)×2+0.01 (弯钩)] m=0.91m

总长度 $L=n\times l$=0.91×1210m=1101.1m

总质量 G=0.222×L=0.222×1101.1kg=244.444kg

【注释】 (1.0+0.25×2)m 为钢筋的分布范围，其中 0.25×2m 为两墙的厚度，0.025×2m 为两保护层的厚度，0.15m 为钢筋的分布间距，10 为单层该过梁的跨数，11 为层数，(0.25+0.2)×2m 为该箍筋的构件周长，0.01m 为该箍筋的弯钩调整值，0.222kg/m 为该箍筋的单位理论质量。

(2) GL_2，250mm×200mm　l=(0.800+0.25×2)m=1.3m　6 跨/层×11 层=66 跨

③号筋：ϕ10×4 根

根数 n=4×66 根=264 根

单根长度 l=[(0.8+0.25×2−0.025×2)+0.12(弯钩)]m=1.37m

总长度 $L=n\times l$=264×1.37m=361.68m

总质量 G=0.617×L=0.617×361.68kg=223.157kg

【注释】 4 为单根过梁该钢筋的根数，66 为跨数，(0.8+0.25×2)m 为钢筋的构件长度，0.025 × 2m 为两保护层的厚度，0.12m 为钢筋半圆弯钩的长度，0.617kg/m 为钢筋的每米理论质量。

④号筋：ϕ8×4 根

根数 n=4×66 根=264 根

单根长度 l=[(0.8+0.25×2−0.025×2(保护层)+0.1(弯钩)]m=1.35m

总长度 $L=n\times l$=264×1.35m=356.4m

总质量 G=0.395×L=0.395×356.4kg=140.778kg

【注释】 4 为单根过梁该钢筋的根数，66 为跨数，(0.8+0.25×2)m 为该钢筋的构件长度，0.025 × 2m 为两保护层的厚度，0.1m 为钢筋弯钩的调整值，0.395kg/m为该钢筋的每米理论质量。

⑤号筋：ϕ6@150，双肢箍

根数 n =[(0.8+0.25×2−0.025×20)/0.15+1+1]×66根

=8×66 根=528 根

单根长度 l=[(0.25+0.2)×2+0.01 (弯钩)] m=0.91m

总长度 $L=n\times l$=528×0.91m=480.48m

总质量 G=0.222×L=0.222×480.48kg=106.667kg

【注释】 (0.8+0.25×2)m 为该钢筋的分布范围，0.025×2m 为两保护层的厚度，0.15m 为钢筋的分布间距，66 为过梁的跨数，(0.25+0.2)×2m 为该箍筋的构件周长，0.01m 为箍筋的调整值，0.222kg/m 为该钢筋的每米理论质量。

(3) GL_3，250mm×200mm　l=(0.78+0.25×2)m=1.28m　30跨/层×1层=30跨

⑥号筋：ϕ8×8根

根数 n=8×30跨=240根

单根长度 l=[(1.28−0.025×2)+0.1(弯钩)]m=1.33m

总长度 L=n×l=240×1.33m=319.2m

总质量 G=0.395×L=0.395×319.2kg=126.084kg

【注释】8为单根过梁该钢筋的根数，30为跨数，1.28m为钢筋的构件长度，0.025×2m为两保护层的厚度，0.1m为钢筋弯钩的增加量，0.395kg/m为该钢筋的每米理论质量。

⑦号筋：ϕ8@150

根数 n=[(0.78+0.25×2−2×0.025)/0.15+2]×30跨=10×30=300根

单根长度 l=[(0.25+0.2)×2+0.01]m=0.91m

总长度 L=n×l=300×0.91m=273m

总质量 G=0.222×L=0.222×273kg=60.606kg

【注释】(0.78+0.25×2)m为该钢筋的分布范围，0.025×2m为两保护层的厚度，0.15m为该钢筋的分布间距，30为过梁的跨数，(0.25+0.2)×2m为该钢筋的构件周长，0.01m为钢筋弯钩的调整值，0.222kg/m为该钢筋的每米理论质量。

综上所述，现浇钢筋混凝土过梁中钢筋用量如下：

ϕ10：G=[852.44 (GL_1)+223.157(GL_2)] kg=1064.745kg

【注释】852.447kg为GL_1中①号筋的质量，223.157kg为GL_2中③号筋的质量。

ϕ8:G=(140.778 (GL_2)+126.084 (GL_3))kg=266.862kg

【注释】140.778kg为GL_2中④号筋的质量，126.084kg为GL_3中⑥号筋的质量。

ϕ6：G=(244.444(GL_1)+106.667(GL_2)+60.606(GL_3))kg=411.717kg

【注释】244.444kg为GL_1中②号筋的质量，106.667kg为GL_2中⑤号筋的质量，60.606kg为GL_3中⑦号筋的质量。

5) 钢筋混凝土雨篷板及雨篷梁中钢筋

(1) 雨篷板×3块（注：凡小数点部分取整）

①号筋：ϕ10@150

根数 n=[(2.4−0.025×2)/0.15+1]×3根=17×3根=51根

单根长度 l=(1.8−2×0.025+0.06(ϕ10单弧弯钩))m=1.81m

总长度 L=n×l=51×1.81m=92.31m

总质量 G=0.617×L=0.617×92.31kg=56.955kg

【注释】2.4m为该钢筋的分布范围，3为该雨篷板的块数，0.025×2m为两保

护层的厚度，0.06m 为钢筋的弯钩长度，0.617kg/m 为钢筋的每米理论质量。

②号筋：ϕ8@150，箍筋

根数 n=[(2.4−0.025×2)/0.15+1]×3根=51根

单根长度 l=[(0.24+0.09−0.025×2)×2+0.05×2（弯钩)]m=0.66m

总长度 $L=n\times l$=51×0.66m=33.66m

总质量 G=0.395×L=0.395×33.66kg=13.296kg

【注释】 2.4m 为箍筋的分布范围，0.025×2m 为两保护层的厚度，0.15m 为箍筋的分布间距，3 为该雨篷板的块数，(0.24+0.09−0.025×2)m 为该箍筋的单根长度，0.05×2m 为箍筋两弯钩的长度，0.395kg/m 为该箍筋的每米理论质量。

③号筋：ϕ6@200

根数 n =[(1.8−0.09−2×0.025)/0.2+1+6(弯起部位水平筋的个数)]×3根
=16×3 根=48 根

单根长度 l=(2.4−0.025×2+0.08(弯钩))m=2.43m

总长度 $L=n\times l$=48×2.43m=116.64m

总质量 G=0.222×L=0.222×116.64kg=25.894kg

【注释】 1.8m 为该钢筋的分布范围，0.025×2m 为两保护层的厚度，0.2m 为钢筋的分布间距，3 为该雨篷板的块数，6 为弯起部位水平筋的个数，0222kg/m 为该钢筋的每米理论质量。

(2) 雨篷梁×3 根　l=(2.4+0.72)m=3.12m

④号筋：ϕ22×7 根

根数 n=7×3 根=21 根

单根长度 l=[2.4+0.72−0.025×2+0.27(弯钩)]m=3.34m

总长度 $L=n\times l$=21×3.34m=70.14m

总质量 G=2.98×L=2.98×70.14kg=209.017kg

【注释】 7 为该钢筋的根数，3 为雨篷板的块数，(2.4+0.72)m 为该钢筋的构件长度，0.025×2m 为两保护层的厚度，0.27m 为钢筋弯钩的长度，2.98kg/m 该钢筋的每米理论质量。

⑤号筋：ϕ20×2 根

根数 n=2×3 根=6 根

单根长度 l=(2.4+0.72−0.025×2+0.25)m=3.32m

总长度 $L=n\times l$=21×3.32m=69.72m

总质量 G=2.47×69.72kg=172.208kg

【注释】 2 为该钢筋的根数，3 为该雨篷板的块数，(2.4+0.72+0.25)m 为该钢筋的构件长度，0.025×2m 为保护层的厚度，2.47kg/m 为该钢筋的每米理论质量。

⑥号筋：ϕ8@150，双肢箍

根数 n＝[(2.4＋0.72－0.025×2)/0.15＋1]×3根＝21×3根＝63根

单根长度 l＝[(0.25＋0.6)×2＋0.01]m＝(1.7＋0.01)m＝1.71m

总长度 $L=n\times l$＝63×1.71m＝107.73m

总质量 G＝0.395×L＝0.395×107.73kg＝42.553kg

【注释】 (2.4＋0.72) m为钢筋的分布范围，0.025×2m为两保护层的厚度，0.15m为钢筋的分布间距，3为该雨篷板的数量，(0.25＋0.6)×2m为该箍筋的分布间距，0.01m为箍筋弯钩的长度，0.395kg/m为该钢筋的每米理论质量。

现浇钢筋混凝土雨篷及雨篷梁钢筋用量汇总如下：

ϕ22：L＝70.14m　　G＝209.017kg

ϕ20：L＝69.72m　　G＝172.208kg

ϕ10：L＝92.31kg　　G＝56.955kg

ϕ8：L＝(33.66＋107.73)m＝141.39m　　G＝(13.296＋42.553)kg＝55.849kg

ϕ6：L＝116.64m　　G＝25.894kg

6）现浇混凝土阳台及阳台梁

(1) BTL_1　10跨/层×11层＝110跨　　l＝1.2m

④号筋：ϕ20×2根

根数 n＝2×110根＝220根

单根长度 l＝[1.2＋0.6－2×0.025(保护层)＋0.12(弯钩)]m＝1.87m

总长度 $L=n\times l$＝220×1.87m＝411.4m

总质量 G＝2.47×L＝2.47×411.4kg＝1016.158kg

【注释】 2为单根阳台钢筋的根数，110为跨数，(1.2＋0.6)m为钢筋的构件长度，0.025×2m为保护层的厚度，0.12m为钢筋弯钩的长度，2.47kg/m为钢筋的每米理论质量。

⑤号筋：ϕ20×2根

根数 n＝2×110根＝220根

单根长度 l＝[$(1.2^2+0.1^2)^{1/2}$＋0.6－0.025(保护层)＋0.12(弯钩)]m

＝(1.204＋0.6－0.025＋0.12)m

＝1.899m

总长度 $L=n\times l$＝1.899×220m＝417.78m

总质量 G＝2.47×L＝2.47×417.78kg＝1031.917kg

【注释】 2为该钢筋的根数，110为阳台板跨数，1.899m为该钢筋的构件长度，0.025m为保护层的厚度，0.12m为钢筋弯钩的长度，2.47kg/m为钢筋的每米理论质量。

⑥号筋：ϕ6×3根

根数 n＝3×110根＝330根

单根长度 l（平均长度）＝{[(0.45－0.05/1.2)＋0.25]×2－0.04(弯钩折算系

数)}m

=1.277m

总长度 $L=nl=1.277\times330$m=422.727m

总质量 $G=0.222\times L=0.222\times422.727$kg=93.845kg

【注释】 3 为单个阳台板钢筋的根数，[(0.45－0.05/1.2)＋0.25]m 为该钢筋的构件长度，0.04m 为钢筋弯钩折算系数，0.222kg/m 为该钢筋的每米理论质量。

⑦号筋：$\phi6\times2$ 根

根数 $n=2\times110$ 根=220 根

单根长度 l=[(0.38＋0.25)×2－0.082(折减值)]m=1.178m

总长度 $L=nl=220\times1.178$m=259.16m

总质量 $G=0.222\times259.16$kg=57.534kg

【注释】 2 为单个阳台该钢筋的根数，110 为跨数，(0.38＋0.25)×2m 为钢筋的构件周长，0.082m 为钢筋的折减值，0.222kg/m 为该钢筋的每米理论质量。

⑧号筋：$\phi8\times2$

根数 $n=2\times110$ 根=220 根

单根长度 l=(0.39＋0.25×2－2×0.025＋0.1(两个弯钩))m=0.94m

总长度 $L=n\times l=220\times0.94$m=206.8m

总质量 $G=0.395\times L=0.395\times206.8$kg=81.686kg

【注释】 2 为单个阳台该钢筋的根数，110 为该钢筋的跨数，(0.39＋0.25×2)m 为该钢筋的构件长度，2×0.025m 为两保护层的厚度，0.1m 为两个弯钩的长度。

⑨号筋：$\phi8\times2$，吊筋

根数 $n=2\times110$ 根=220 根

单根长度 l=(0.25＋0.45×2＋0.25×2＋0.1(两个弯钩))m=1.75m

总长度 $L=n\times l=220\times1.75$m=385m

总质量 $G=0.395\times L=0.395\times385$kg=152.075kg

【注释】 2 为单个阳台该钢筋的根数，110 为跨数，(0.25＋0.25×2＋0.45×2)m 为该钢筋的构件长度，0.1m 为两个弯钩的长度，其中 0.25×2m 为两端钢筋伸入墙的长度，0.395kg/m 为该钢筋的每米理论质量。

⑩号筋：$\phi8$@100

根数 n=[(1.2－0.025×2)/0.1＋1]×110根=12×110根=1320根

【注释】 1.2m 为该钢筋的分布范围，0.025×2m 为两保护层的厚度，0.1m 为钢筋的分布间距，110 为跨数。

250mm×350mm 处箍筋长　l_1=[(0.25＋0.35)×2－0.04]m=1.16m

【注释】 (0.25＋0.35)×2m 为该处箍筋的构件周长，0.04m 为折减值，其中 0.25m 为箍筋的截面宽度，0.35m 为箍筋的截面长度。

250mm×450mm 处箍筋长　l_2=[(0.25＋0.45)×2－0.04] m=1.36m

【注释】 (0.25+0.45)×2m为该箍筋的构件周长，0.04m为箍筋的折减值。

单根长度l(平均长)=(1.16+1.36)/2m=1.26m

总长度$L=n\times l$=1320×1.26m=1663.2m

总质量G=0.395×L=0.395×1663.2kg=656.964kg

【注释】 1375为该处钢筋的根数，1.26m为该处单根箍筋的平均长度，0.395kg/m为该钢筋的每米理论质量。

⑪号筋：ϕ8@100

根数n=[(0.6−2×0.025)/0.1(取整)]×110根=660根

单根长度l=[(0.25+0.45)×2−0.04] m=1.36m

总长度$L=n\times l$=660×1.36m=897.6m

总质量G=0.395×L=0.395×897.6kg=354.552kg

【注释】 0.6m为该钢筋的分布范围，2×0.025m为两保护层的厚度，0.1m为钢筋的分布间距，110为跨数，(0.25+0.45)×2m为该箍筋的构件周长，0.04m为钢筋的折算值，0.395kg/m为该钢筋的每米理论质量。

(2) BTL_2　l=2.004m　2跨/层×11层=22跨

④号筋：ϕ20×2根

根数n=2×22根=44根

单根长度l=(2.004+0.6−0.025(保护层)+0.12(弯钩))m=2.699m

总长度$L=n\times l$=44×2.699m=118.756m

总质量G=2.47×L=2.47×118.756kg=293.327kg

【注释】 2为单个阳台梁该钢筋的根数，22为跨数，(2.004+0.6) m为该钢筋的构件长度，0.025m为保护层的厚度，0.12m为两半圆弯钩的长度，2.47kg/m为该钢筋的每米理论质量。

⑤号筋：ϕ20×2根

根数n=2×22根=44根

单根长度l=[$(2.004^2+0.1^2)^{1/2}$+0.6−0.025(保护层)+0.12(弯钩)]m

=(2.006+0.6−0.025+0.12)m=2.70m

总长度$L=n\times l$=44×2.70m=118.844m

总质量G=2.47×118.844kg=293.545kg

【注释】 2为单个阳台梁该钢筋的根数，22为跨数，$(2.004^2+0.1^2)^{1/2}$m为该钢筋的构件长度，0.025m为一个保护层的厚度，0.12m为两半圆弯钩的长度，2.47kg/m为该钢筋的每米理论质量。

⑥号筋：ϕ6×3根

根数n=3×22根=66根

单根长度$l_{平均长度}$={[(0.45−0.05/2.004)+0.25]×2−0.04(弯折算)}m

=1.31m

注：0.04m为箍筋墙减值，见箍筋增减值AL表。

总长度 $L=nl=66\times1.31$m$=86.46$m

总质量 $G=0.222\times L=0.222\times86.46kg=19.194$kg

【注释】 3为单个阳台该钢筋的根数，22为跨数，[(0.45−0.05/2.004)+0.25]×2m为钢筋的构件长度，0.04m为钢筋弯钩的折算值，0.222kg/m为该钢筋的每米理论质量。

⑦号筋：$\phi6\times2$根

根数 $n=2\times22$根$=44$根

单根长度 $l=[(0.38+0.25)\times2-0.04$(折算系数)]m$=1.22$m

总长度 $L=nl=44\times1.22$m$=53.68$m

总质量 $G=0.222\times L=0.222\times53.68kg=11.917$kg

【注释】 2为单个阳台该钢筋的根数，22为跨数，(0.38+0.25)×2m为该钢筋的构件周长，0.04m为钢筋的折算系数，0.222kg/m为该钢筋的每米理论质量。

⑧号筋：$\phi8\times2$根

根数 $n=2\times22$根$=44$根

单根长度 $l=(0.39+0.25\times2+0.1$(两个弯钩))m$=0.99$m

总长度 $L=n\times l=0.99\times44$m$=43.56$m

总质量 $G=0.395\times L=0.395\times43.56kg=17.206$kg

【注释】 2为单个阳台该钢筋的根数，22为跨数，(0.39+0.25×2)m为该钢筋的构件长度，0.1m为钢筋两弯钩的长度，0.395kg/m为该钢筋的每米理论质量。

⑨号筋：$\phi8\times2$根（吊筋）

根数 $n=2\times22$根$=44$根

单根长度 $l=(0.25+0.45\times2+0.25\times2+0.1$(两个弯钩))m$=1.75$m

总长度 $L=n\times l=44\times1.75$m$=77$m

总质量 $G=0.395\times L=0.395\times77kg=30.415$kg

【注释】 2为单个阳台该钢筋的根数，22为跨数，(0.25+0.45×2+0.25×2)m为钢筋的构件长度，0.1m为两个弯钩的长度，0.395kg/m为该钢筋的每米理论质量。

⑩号筋：$\phi8$@100

根数 $n=[(2.004-0.025\times2)/0.1+1]\times22$根$=20\times22$根$=440$根

【注释】 2.004m为该钢筋的分布范围，0.025×2m为两保护层的厚度，0.1m为该钢筋的分布间距，22为跨数。

250mm×350mm处箍筋长　$l_1=[(0.25+0.35)\times2-0.04]m=1.16$m

【注释】 (0.25+0.35)×2m为该处箍筋的构件周长，0.04m为箍筋的折算系数。

250mm×450mm处箍筋长　$l_2=[(0.25+0.45)\times2-0.04]m=1.36$m

【注释】 (0.25+0.45)×2m为该处箍筋的构件周长，0.04m为箍筋的折算系数。

单根长度 $l_{平均长}$＝(1.16＋1.36)/2m＝1.26m

总长度 $L=n\times l$＝1.26×440m＝554.4m

总质量 G＝0.395×L＝0.395×554.4kg＝218.988kg

【注释】 1.26m 为该处钢筋的平均长度，0.395kg/m 为该钢筋的每米理论质量，554.4m 为该钢筋的总长度。

⑪号筋：ϕ8@100

根数 n＝[(0.6－2×0.025)/0.1＋1]×22根＝7×22根＝154根

单根长度 l＝[(0.25＋0.45)×2－0.04]m＝1.36m

总长度 $L=n\times l$＝154×1.36m＝209.44m

总质量 G＝0.395×L＝0.395×209.44kg＝82.739kg

【注释】 0.6m 为该钢筋的分布范围，2×0.025m 为两保护层的厚度，0.1m 为钢筋的分布间距，22 为跨数，(0.25＋0.45)×2m 为该钢筋的构件周长，0.04m 为该钢筋的折算系数，0.395kg/m 为该钢筋的每米理论质量。

(3) 边 BTL_3×4 根　l＝1m　　4 跨/层×11 层＝44 跨

④号筋：ϕ20×2 根

根数 n＝2×44 根＝88 根

单根长度 l＝(1＋0.6－0.025(保护层)＋0.12(弯钩))m＝1.695m

总长度 $L=n\times l$＝88×1.695m＝149.16m

总质量 G＝2.47×149.16kg＝368.425kg

【注释】 2 为单个阳台该钢筋的根数，44 为跨数，(1＋0.6)m 为该钢筋的构件长度，0.025m 为一个保护层的厚度，0.12m 为弯钩的长度，2.47kg/m 为该钢筋的每米理论质量。

⑤号筋：ϕ20×2 根

根数 n＝2×44 根＝88 根

单根长度 l＝[$(1^2+0.1^2)^{1/2}$＋0.6－0.025(保护层)＋0.12(弯钩)]m

＝(1.005＋0.6－0.025＋0.12)m

＝1.7m

总长度 $L=n\times l$＝1.7×88m＝149.6m

总质量 G＝2.47×L＝2.47×149.6kg＝369.512kg

【注释】 2 为单个阳台该钢筋的根数，44 为跨数，[$(1^2+0.1^2)^{1/2}$＋0.6]m 为该钢筋的构件长度，0.025m 为一个保护层的厚度，0.12m 为钢筋弯钩的长度，2.47kg/m 为该钢筋的每米理论质量。

⑥号筋：ϕ6×3 根

根数 n＝3×44 根＝132 根

单根长度 $l_{平均长度}$＝{[(0.45－0.05/1.00)＋0.25]×2－0.04(弯钩折算系数)}m＝1.26m

总长度 $L=nl=132\times1.26$m$=166.32$m

总质量 $G=0.222\times L=0.222\times166.32kg=36.923$kg

【注释】 3为单个阳台该钢筋的根数，44为跨数，[(0.45－0.05/1.00)＋0.25]×2m为该钢筋的构件长度，0.04m为钢筋弯钩的折算系数，0.222kg/m为该钢筋的每米理论质量。

⑦号筋：$\phi6\times2$根

根数 $n=2\times44$根$=88$根

单根长度 $l=[(0.38+0.25)\times2-0.04$(折减系数)$]m=1.22$m

总长度 $L=nl=88\times1.22$m$=107.36$m

总质量 $G=0.222\times L=0.222\times107.36kg=23.834$kg

【注释】 2为单个阳台梁该钢筋的根数，44为跨数，(0.38＋0.25)×2m为该钢筋的构件周长，0.04m为钢筋的折减系数，0.222kg/m为该钢筋的每米理论质量。

⑧号筋：$\phi8\times2$根

根数 $n=2\times44$根$=88$根

单根长度 $l=(0.39+0.25\times2+0.1$(两个弯钩)$)$m$=0.99$m

总长度 $L=n\times l=88\times0.99$m$=87.12$m

总质量 $G=0.395\times L=0.395\times87.12kg=34.412$kg

【注释】 2为单个阳台边梁该钢筋的根数，44为跨数，(0.39＋0.25×2)m为该钢筋的构件长度，0.1m为钢筋两弯钩增加值，0.395kg/m为该钢筋的每米理论质量。

⑨号筋：$\phi8\times2$根（吊筋）

根数 $n=2\times44$根$=88$根

单根长度 $l=(0.25+0.45\times2+0.25\times2+0.1$(两个弯钩)$)m=1.75$m

总长度 $L=n\times l=88\times1.75$m$=154$m

总质量 $G=0.395\times L=0.395\times154kg=60.83$kg

【注释】 2为单个阳台边梁该吊筋的根数，44为过梁的跨数，(0.25＋0.45×2＋0.25×2) m为钢筋的构件长度，0.1m为钢筋两个弯钩的长度，0.395kg/m为该钢筋的每米理论质量。

⑩号筋：$\phi8@100$

根数 $n=[(1-0.025)/0.1$(取整)$+1]\times44$根$=12\times44$根$=528$根

【注释】 1m为该钢筋的分布范围，0.025m为一个保护层的厚度，0.1m为钢筋的分布间距，44为过梁的跨数。

250mm×350mm处箍筋长　$l_1=[(0.25+0.35)\times2-0.04]m=1.16$m

【注释】 (0.25＋0.35)×2m为该箍筋的构件周长，0.04m为箍筋的折算系数。

250mm×450mm处箍筋长　$l_2=[(0.25+0.45)\times2-0.04]m=1.36$m

【注释】 (0.25＋0.45)×2m为该箍筋的构件周长，0.04m为该箍筋的折算系数。

单根长度 $l=(l_1+l_2)/2=(1.16+1.36)/2\text{m}=1.26\text{m}$

总长度 $L=n\times l=528\times 1.26\text{m}=665.28\text{m}$

【注释】 1.26m为该处箍筋的平均长度，528为该处箍筋的总根数。

总质量 $G=0.395\times L=0.395\times 665.28\text{kg}=262.786\text{kg}$

【注释】 0.395kg/m为该钢筋的每米理论质量，595.98m为该处钢筋的总长度。

⑪号筋：$\phi 8@100$

根数 $n=[(0.6-2\times 0.025)/0.1+1]\times 44$根$=7\times 44$根$=308$根

【注释】 0.6m为该钢筋的分布范围，2×0.025m为两保护层的厚度，0.1m为钢筋的分布间距，44为跨数。

单根长度 $l=[(0.25+0.45)\times 2-0.04]\text{m}=1.36\text{m}$

【注释】 (0.25+0.45)×2m为该箍筋的构件周长，0.04m为钢筋的折算系数。

总长度 $L=n\times l=308\times 1.36\text{m}=418.88\text{m}$

总质量 $G=0.395\times L=0.395\times 418.88\text{kg}=165.458\text{kg}$

【注释】 308为该箍筋的根数，1.36m为单根箍筋的长度，0.395kg/m为该钢筋的每米理论质量，418.88为该钢筋的总长度。

(4) $BTL_4\times 2$根　$l=1.8\text{m}$　2跨/层×11层=22跨

⑤号筋：$\phi 20\times 2$根

根数 $n=2\times 22$根$=44$根

单根长度 $l=[(1.8^2+0.1^2)^{1/2}+0.6-0.025(\text{保护层})+0.12(\text{弯钩})]\text{m}$

$=(1.803+0.6-0.025+0.12)\text{m}$

$=2.498\text{m}$

【注释】 2为单个阳台该钢筋的根数，22为跨数，$[(1.8^2+0.1^2)^{1/2}+0.6]$m为该钢筋的构件长度，0.025m为一个保护层的厚度，0.12m为两个弯钩的长度。

总长度 $L=n\times l=44\times 2.498\text{m}=109.912\text{m}$

总质量 $G=2.47\times L=2.47\times 109.912\text{kg}=271.483\text{kg}$

【注释】 44为该钢筋的根数，2.498m为单根该钢筋的长度，2.47kg/m为该钢筋的每米理论质量。

④号筋：$\phi 20\times 2$根

根数 $n=2\times 22$根$=44$根

单根长度 $l=(1.8+0.6-0.025(\text{保护层})+0.12(\text{弯钩}))\text{m}=2.495\text{m}$

总长度 $L=n\times l=44\times 2.495\text{m}=109.78\text{m}$

总质量 $G=2.47\times L=2.47\times 109.78\text{kg}=271.157\text{kg}$

【注释】 2为单个阳台该钢筋的根数，22为跨数，(1.8+0.6)m为该钢筋的构件长度，0.025m为一个保护层的厚度，0.12m为钢筋弯钩的长度，2.47kg/m为该钢筋的每米理论质量。

⑥号筋：$\phi 6\times 3$根

根数 $n=3\times22=66$ 根

单根长度 $l_{平均值}=\{[(0.45-0.05/1.8)+0.25]\times2-0.04(弯钩折算)\}m=1.304m$

总长度 $L=nl=66\times1.304m=86.064m$

总质量 $G=0.222\times L=0.222\times86.064kg=19.106kg$

【注释】 3 为单个阳台该钢筋的根数，22 为跨数，$[(0.45-0.05/1.8)+0.25]\times2m$ 为该钢筋的构件周长，0.04m 为该钢筋的折算系数，0.222kg/m 为该钢筋的每米理论质量。

⑦号筋：$\phi6\times2$ 根

根数 $n=2\times22$ 根 $=44$ 根

单根长度 $l=[(0.38+0.25)\times2-0.04(折算系数)]m=1.22m$

总长度 $L=nl=44\times1.22m=53.68m$

总质量 $G=0.222\times L=0.222\times53.68kg=11.917kg$

【注释】 2 为单个阳台梁该钢筋的根数，22 为跨数，$(0.38+0.25)\times2m$ 为该钢筋的构件周长，0.04m 为钢筋的折算系数，1.22m 为该钢筋单根的长度，0.222kg/m 为该钢筋的每米理论质量。

⑧号筋：$\phi8\times2$ 根

根数 $n=2\times22$ 根 $=44$ 根

单根长度 $l=(0.39+0.25\times2+0.1(两个弯钩))m=0.99m$

总长度 $L=n\times l=0.99\times44m=43.56m$

总质量 $G=0.395\times L=0.395\times43.56kg=17.206kg$

【注释】 2 为单个阳台边梁该钢筋的根数，22 为跨数，$(0.39+0.25\times2)m$ 为钢筋的构件长度，0.1m 为钢筋两个弯钩的增加值，0.395kg/m 为该钢筋的每米理论质量。

⑨号筋：$\phi8\times2$ 根（吊筋）

根数 $n=2\times22$ 根 $=44$ 根

单根长度 $l=(0.25+0.45\times2+0.25\times2+0.1(两个弯钩))m=1.75m$

总长度 $L=n\times l=44\times1.75m=77m$

总质量 $G=0.395\times L=0.395\times77kg=30.415kg$

【注释】 2 为单个阳台梁该钢筋的根数，22 为跨数，$(0.25+0.45\times2+0.25\times2)m$为钢筋的构件长度，0.1m 为钢筋两个弯钩的增加值，1.75m 为单根该钢筋的长度，0.395kg/m 为该钢筋的每米理论质量。

⑩号筋：$\phi8@100$

根数 $n=[(1.8-0.025)/0.1+1]\times22$ 根 $=396$ 根

250mm×350mm 处箍筋的长度　$l_1=[(0.25+0.35)\times2-0.04]m=1.16m$

250mm×450mm 处箍筋的长度　$l_2=[(0.25+0.45)\times2-0.04]m=1.36m$

单根长度 $l_{平均值}=(1.16+1.36)\div2m=1.26m$

总长度 $L=n\times l=1.26\times396m=498.96m$

总质量 G=0.395×L=0.395×498.96kg=197.089kg

【注释】 1.8m为该钢筋的分布范围，0.025m为一个保护层的厚度，0.1m为该钢筋的分布间距，22为跨数，(0.25+0.35)×2m为250mm×350mm处箍筋的构件周长，0.04m为该箍筋的折算系数，(0.25+0.45)×2m为250mm×450mm处箍筋的构件周长，1.26m为该处箍筋的平均长度，396为该处箍筋的根数，0.395kg/m为该钢筋的每米理论质量。

⑪号筋：ϕ8@100

根数 n=[(0.6−2×0.025)/0.1+1]×22根=7×22根=154根

单根长度 l=[(0.25+0.45)×2−0.04]m=1.36m

总长度 L=n×l=154×1.36m=209.44m

总质量 G=0.395×L=0.395×209.44kg=82.729kg

【注释】 0.6m为该钢筋的分布范围，2×0.025m为两个保护层的厚度，0.1m为该钢筋的分布间距，22为跨数，(0.25+0.45)×2m为该钢筋的构件周长，0.04m为该钢筋的折减系数，143为该处钢筋的根数，0.395kg/m为该钢筋的每米理论质量。

(5) BTL_5×2根　l=1.5m　　2跨/层×11层=22跨

④号筋：ϕ20×2根

根数 n=2×22=44根

单根长度 l=(1.5+0.6−0.025(保护层)+0.12(弯钩))m=2.195m

总长度 L=n×l=44×2.195m=96.58m

总质量 G=2.47×L=2.47×96.58kg=238.553kg

【注释】 2为单个阳台边梁该钢筋的根数，22为跨数，(1.5+0.6)m为该钢筋的构件长度，0.025m为一个保护层的厚度，0.12m为钢筋弯钩的长度，44为该处钢筋的根数，2.195m为单根该钢筋的长度，2.47kg/m为该钢筋的每米理论质量。

⑤号筋：ϕ20×2根

根数 n=2×22根=44根

单根长度 l =[$(1.5^2+0.1^2)^{1/2}$+0.6−0.025(保护层)+0.12(弯钩)]m

=(1.503+0.6−0.025+0.12)m

=2.198m

总长度 L=n×l=44×2.198m=96.727m

总质量 G=2.47×L=2.47×96.727kg=238.916kg

【注释】 2为单个阳台边梁该钢筋的根数，22为跨数，[$(1.5^2+0.1^{2\,1/2}$+0.6)]m为该钢筋的构件长度，0.025m为一个保护层的厚度，0.12m为钢筋弯钩的增加值，44为该处钢筋的根数，2.47kg/m为该钢筋的每米理论质量。

⑥号筋：ϕ6×3根

根数 n=3×22=66根

单根长度 $l_{平均值}$={[(0.45−0.05/1.5)+0.25]×2−0.04(弯钩折算系数)}m

=1.294m

总长度 $L=nl$=66×1.294m=85.404m

总质量 G=0.222×L=0.222×85.404kg=18.960kg

【注释】 3为单个阳台边梁该钢筋的根数，22为过梁的跨数，[(0.45－0.05/1.5)＋0.25]×2m为该钢筋的构件长度，0.04m为钢筋弯钩的折算系数，66为该处钢筋的根数，1.294m为单根钢筋的长度，0.222kg/m为该钢筋的每米理论质量，85.404m为该钢筋的总长度。

⑦号筋：ϕ6×2根

根数 n=2×22=44根

单根长度 l=[(0.38＋0.25)×2－0.04(折算系数)]m=1.22m

总长度 $L=nl$=44×1.22m=53.68m

总质量 G=0.222×L=0.222×53.68kg=11.917kg

【注释】 2为单个阳台边梁该钢筋的根数，22为过梁的跨数，(0.38＋0.25)×2m为该钢筋的构件周长，0.04m为钢筋弯钩的折算系数，44为该钢筋的根数，1.22m为该钢筋单根的长度，0.222kg/m为该钢筋的每米理论质量，53.68m为该钢筋的总长度。

⑧号筋：ϕ8×2根

根数 n=2×22=44根

单根长度 l=（0.39＋0.25×2＋0.1（两个弯钩））m=0.99m

总长度 $L=nl$=0.99×44m=43.56m

总质量 G=0.395×L=0.395×43.56kg=17.206kg

【注释】 2为单个阳台边梁该钢筋的根数，22为跨数，(0.39＋0.25×2)m为该钢筋的构件长度，0.1m为该钢筋两弯钩的长度，0.99m为该钢筋单根的长度，44为该钢筋的根数，0.395kg/m为该钢筋的每米理论质量，43.56m为该钢筋的总长度。

⑨号筋：ϕ8×2根（吊筋）

根数 n=2×22根=44根

单根长度 l=(0.25＋0.45×2＋0.25×2＋0.1(两个弯钩))m=1.75m

总长度 $L=nl$=44×1.75m=77m

总质量 G=0.395×L=0.395×77kg=30.415kg

【注释】 2为单个阳台边梁该吊筋的根数，22为跨数，(0.25＋0.45×2＋0.25×2)m为该钢筋的构件长度，0.1m为该钢筋两个弯钩的增加值，44为该钢筋的根数，1.75m为该钢筋单根的长度，0.395kg/m为该钢筋的每米理论质量，77m为该钢筋的总长度。

⑩号筋：ϕ8@100

根数 n=[(1.5－0.025)/0.1＋1]×22根=15×22根=330根

【注释】 1.5m为该钢筋的分布范围，0.025m为一个保护层的厚度，0.1m为该箍筋的分布间距，22为阳台挑梁的跨数。

250mm×350mm处箍筋的长度 l_1=[(0.25+0.35)×2−0.04]m=1.16m

【注释】(0.25+0.35)×2m为该处钢筋的构件周长，0.04m为该钢筋弯钩的折算系数。

250m×450m处箍筋的长度 l_2=[(0.25−0.45)×2−0.04]m=1.36m

【注释】(0.25+0.45)×2m为该处箍筋的构件周长，0.04m为该处箍筋弯钩的折算系数。

单根长度 $l=(l_1+l_2)/2$=(1.16+1.36)/2m=1.26m

总长度 $L=nl$=1.26×330m=415.8m

总质量 G=0.395×L=0.395×415.8kg=164.241kg

【注释】1.26m为该处箍筋的平均长度，330为该箍筋的根数，0.395kg/m为该钢筋的每米理论质量。

⑪号筋：ϕ8@100

根数 n=[(0.6−2×0.025)/0.1+1]×22根=7×22根=154根

单根长度 l=[(0.25+0.45)×2−0.04]m=1.36m

总长度 $L=n×l$=154×1.36m=209.44m

总质量 G=0.395×L=0.395×209.44kg=82.729kg

【注释】0.6m为该钢筋的分布范围，2×0.025m为两保护层的厚度，0.1m为钢筋的分布间距，(0.25+0.45)×2m为该处箍筋的构件周长，0.04m为该箍筋弯钩的折减系数，0.395kg/m为该钢筋的每米理论质量，194.48m为该处钢筋的总长度。

(6) BTL_6×2根 l=1.732m 2跨/层×11层=22跨

④号筋：ϕ20×2根

根数 n=2×22根=44根

单根长度 l=(1.732+0.6−0.025(保护层)+0.12(弯钩))m=2.427m

总长度 $L=nl$=2.427×44m=106.788m

总质量 G=2.47×L=2.47×106.788kg=263.766kg

【注释】2为单个阳台边挑梁该钢筋的根数，22为跨数，(1.732+0.6)m为该钢筋的构件长度，0.025m为一个保护层的厚度，0.12m为钢筋弯钩的增加值，2.47kg/m为该钢筋的每米理论质量，106.788m为该钢筋的总长度。

⑤号筋：ϕ20×2根

根数 n=2×22根=44根

单根长度 l=[$(1.732^2+0.1^2)^{1/2}$+0.6−0.025(保护层)+0.12(弯钩)]m

=(1.735+0.6−0.025+0.12) m

=2.430m

总长度 $L=nl$=44×2.430m=106.92m

总质量 G=2.47×L=2.47×106.92kg=264.092kg

【注释】2为单个阳台边挑梁该钢筋的根数，22为跨数，[$(1.732^2+0.1^2)^{1/2}$+0.6]m为该钢筋的构件长度，0.025m为一个保护层的厚度，0.12m为钢筋弯钩的增加值，44 为该钢筋的总根数，2.430m为该钢筋单根的长度，2.47kg/m 为该钢筋的每米理论质量，106.92m 为该钢筋的总长度。

⑥号筋：$\phi 6\times 3$ 根

根数 $n=3\times 2$ 根$=66$ 根

单根长度 $l_{平均值}=\{[(0.45-0.05/1.732)+0.25]\times 2-0.04$(弯钩系数)$\}m=1.302$m

总长度 $L=nl=66\times 1.302$m$=85.932$m

总质量 $G=0.222\times L=0.222\times 85.932kg=19.077$kg

【注释】 3 为单个阳台边挑梁该钢筋的根数，22 为跨数，[(0.45－0.05/1.732)＋0.25]×2m 为该钢筋的构件长度，0.04m 为该钢筋弯钩的折算系数，44 为该钢筋的根数，1.302m 为该钢筋单根的长度，0.222kg/m 为该钢筋的每米理论质量，85.932m 为该钢筋的总长度。

⑦号筋：$\phi 6\times 2$ 根

根数 $n=2\times 22$ 根$=44$ 根

单根长度 $l=[(0.38+0.25)\times 2-0.04$(折算系数)]m$=1.22$m

总长度 $L=nl=44\times 1.22$m$=53.68$m

总质量 $G=0.222\times L=0.222\times 53.68kg=11.917$kg

【注释】 2 为单个阳台挑梁该钢筋的根数，22 为跨数，(0.38＋0.25)×2m 为该钢筋的构件周长，其中 0.38m 为该钢筋的截面长度，0.25m 为该钢筋的截面宽度，0.04m 为该钢筋弯钩的折算系数，44 为该钢筋的根数，1.22m 为该钢筋的单根长度，0.222kg/m 为该钢筋的每米理论质量，53.68m 为该钢筋的总长度。

⑧号筋：$\phi 8\times 2$ 根

根数 $n=2\times 22$ 根$=44$ 根

单根长度 $l=(0.39+0.25\times 2+0.1$(两个弯钩))m$=0.99$m

总长度 $L=nl=0.99\times 44$m$=43.56$m

总质量 $G=0.395\times L=0.395\times 43.56kg=17.206$kg

【注释】 2 为单个阳台边挑梁该钢筋的根数，22 为跨数，(0.39＋0.25×2)m 为该钢筋的构件长度，0.1m 为钢筋两个弯钩的增加值，0.99m 为该钢筋单根的长度，44 为该钢筋的根数，0.395kg/m 为该钢筋的每米理论质量，43.56m 为钢筋的总长度。

⑨号筋：$\phi 8\times 2$ 根(吊筋)

根数 $n=2\times 22$ 根$=44$ 根

单根长度 $l=(0.25+0.45\times 2+0.25\times 2+0.1$(两个弯钩))m$=1.75$m

总长度 $L=nl=44\times 1.75$m$=77$m

总质量 $G=0.395\times L=0.395\times 77kg=30.415$kg

【注释】 2 为单个阳台边挑梁该钢筋的根数，(0.45×2＋0.25＋0.25×2) m 为该钢筋的构件长度，0.1m 为该钢筋两弯钩的增加值，44 为该钢筋的根数，1.75m 为该钢筋的单根长度，0.395kg/m 为该钢筋的每米理论质量，77m 为该钢筋的总长度。

⑩号筋：ϕ8@100

根数 n=[(1.732－0.025)/0.1＋1]×22 根＝18×22 根＝396 根

【注释】 1.732m 为该钢筋的分布范围，0.025m 为一个保护层的厚度，0.1m 为该钢筋的分布间距，22 为跨数。

250m×350m 处箍筋的长度　l_1＝[(0.25＋0.35)×2－0.04]m＝1.16m

【注释】 (0.25＋0.35)×2m 为该箍筋的构件周长，0.04m 为该钢筋弯钩的折减系数。

250m×450m 处箍筋的长度　l_2＝[(0.25＋0.45)×2－0.04]m＝1.36m

【注释】 (0.25＋0.45)×2m 为该处箍筋的构件周长，0.04m 为该处箍筋弯钩的折减系数。

单根长度 l＝(l_1＋l_2)/2＝(1.16＋1.36)/2m＝1.26m

总长度 L＝nl＝1.26×396m＝498.96m

总质量 G＝0.395×L＝0.395×498.96kg＝197.089kg

【注释】 1.26m 为该箍筋的单根长度，396 为该处钢筋的根数，0.395kg/m 为该钢筋的每米理论质量，501.48m 为该钢筋的总长度。

⑪号筋：ϕ8@100

根数 n＝(0.6/0.1＋1)×22 根＝7×22 根＝154 根

单根长度 l＝[(0.25＋0.45)×2－0.04]m＝1.36m

总长度 L＝nl＝154×1.36m＝209.44m

总质量 G＝0.395×L＝0.395×209.44kg＝82.729kg

【注释】 0.6m 为该钢筋的分布范围，0.1m 为钢筋的分布间距，22 为跨数，(0.25＋0.45)×2m 为该箍筋的构件周长，0.04m 为钢筋弯钩的折算系数，154 为该钢筋的根数，1.36m 为该钢筋的单根长度，0.395kg/m 为该钢筋的每米理论质量，209.44m 为该钢筋的总长度。

(7) 阳台1阳台板钢筋工程量 N＝2 块/层×11 层＝22 块

$l_{短边}$＝1.2m

$l_{长边}$＝[6－(6^2－3^2)$^{1/2}$＋1.2]m＝(0.804＋1.2)m＝2.004m

阳台板1的平均宽　$l_{宽}$＝(1.2＋2.004)/2m＝3.204/2m＝1.602m

【注释】 1.2m 为阳台板1短边的长，2.004m 为阳台板1长边的长。

阳台长 $l_{长}$＝(4.2－0.25)m＝3.95m

①号筋：ϕ12@100（受力筋）

根数 n＝[(1.602－2×0.025)/0.1＋1]×22 根＝17×22＝374 根

单根长度 l＝(4.2－0.25－0.015×2(保护层)＋0.15(两端弯钩))m＝4.07m

总长度 L＝nl＝374×4.07m＝1522.18m

总质量 G＝0.888×L＝0.888×1522.18kg＝1351.696kg

【注释】 1.602m 为该钢筋的分布范围，2×0.015m 为两保护层的厚度，0.15m 为两端弯钩的长度，0.1m 为该钢筋的分布间距，22 为跨数，(4.2－0.25)m 为该钢筋的构件长度，374 为该钢筋的根数，4.07m 为该钢筋单根的长度，0.888kg/m 为该钢筋的每米理论质量，1522.18 为该钢筋的总长度。

②号筋：ϕ12@100（受力筋）

根数 n=[(4.2−0.25−0.025×2)/0.1+1]×22 根=902 根

单根长度 l=(1.602−0.025×2+0.15(弯钩)+0.151(伴入墙))m=(1.702+0.151)m=1.853m

总长度 $L=nl$=902×1.853m=1671.406m

总质量 G=0.888×L=2.47×1671.406kg=4128.373kg

【注释】 4.2m 为该钢筋的分布范围，0.025×2m 为两保护层的厚度，0.1m 为该钢筋的分布间距，22 为跨数，1.602m 为该钢筋的构件长度，0.15m 为两弯钩的长度，0.15m 为伸入墙内的长度，880 为该钢筋的根数，2.47kg/m 为该钢筋每米的理论质量，1671.406m 为该钢筋的总长度。

③号筋×2 根：ϕ8@100

根数 n=2×22 根=44 根

单根长度 l=(0.25+0.04+0.1(两个弯钩))m=0.39m

总长度 $L=nl$=44×0.39m=17.16m

总质量 G=0.395×L=0.395×17.16kg=6.778kg

【注释】 (0.25+0.04)m 为钢筋的构件长度，0.1m 为该钢筋两个弯钩的长度，44 为该钢筋的根数，0.39m 为该钢筋单根的长度，0.395kg/m 为该钢筋的每米理论质量，17.16m 为该钢筋的总长度。

(8) 阳台板 2 钢筋量=2 块/层×11 层=22 块

$l_{短边}$=1.2m

$l_{长边}$=[6−$(6^2-3^2)^{1/2}$+1.2]m=2.004m

阳台板 2 的平均宽 $l_{宽}$=(1.2+2.004)/2m=1.602m

阳台长 l=(4−0.25)m=3.75m

【注释】 1.2m 为该阳台板 2 的短边长，2.004m 为该阳台板 2 的长边长，1.602m 为该阳台的平均宽度。

①号筋：ϕ12@100

根数 n=[(1.602−2×0.025)/0.1+1]×22 根=17×22 根=374 根

单根长度 l=(4−0.25−0.025×2(保护层)+0.15(端弯钩))m=3.85m

总长度 $L=nl$=374×3.85m=1439.9m

总质量 G=0.888×L=0.888×1439.9kg=1278.631kg

【注释】 1.602m 为该钢筋的分布范围，2×0.025m 为两保护层的厚度，0.1m 为该钢筋的分布间距，22 为跨数，(4−0.25)m 为该钢筋的构件长度，0.025×2m 为两保护层的厚度，0.15m 为钢筋两端弯钩的增加值，364 为该钢筋的根数，3.85m 为单根钢筋的长度，0.888kg/m 为该钢筋的每米理论质量，1439.9 为该钢筋的总长度。

②号筋：ϕ12@100（受力筋）

根数 $n=[(4-0.25-0.025\times2)/0.1+1]\times22$ 根 $=39\times22$ 根 $=858$ 根

单根长度 $l=(1.602-0.025\times2+0.15$(弯钩)$+0.15$(外伸长)$)$m $=1.852$m

总长度 $L=nl=858\times1.852$m $=1589.016$m

总质量 $G=0.888\times L=0.888\times1589.016$kg $=1411.0464$kg

【注释】 (4－0.25)m 为该钢筋的分布范围，0.025×2m 为两保护层的厚度，0.1m 为钢筋的分部间距，22 为跨数，1.602m 为该钢筋的构件长度，0.025×2m 为两保护层的厚度，第一个 0.15m 为钢筋两端弯钩的长度，第二个 0.15m 为该钢筋外伸的长度，858 为该钢筋的根数，1.852m 为单根钢筋的长度，0.888kg/m 为该钢筋的每米理论质量，1589.016 为该钢筋的总长度。

③号筋×2 根：ϕ8@100

根数 $n=2\times11$(层)$\times2$ 根 $=44$ 根

单根长度 $l=(0.25+0.04+0.1$(弯钩)$)$m $=0.39$m

总长度 $L=nl=44\times0.39$m $=17.16$m

总质量 $G=0.395\times L=0.395\times17.16$kg $=6.778$kg

【注释】 44 为该钢筋的根数，(0.25＋0.04)m 为该钢筋的构件长度，0.1m 为两弯钩的长度，0.395kg/m为该钢筋的每米理论质量，17.16m 为该钢筋的总长度。

(9) 阳台板 3、5 的钢筋量

$l_{宽}=1$m，$l_{长}=(3.3-0.25)$m $=3.05$m

①号筋：ϕ12@100

根数 $n=(1/0.1+1)\times22$ 根 $=11\times22$ 根 $=242$ 根

单根长度 $l=[4.3-0.25-0.025\times2$(保护层)$+0.15$(端弯钩)$]$m $=4.15$m

总长度 $L=nl=4.15\times242$m $=1004.3$m

总质量 $G=0.888\times L=0.888\times1004.3$kg $=891.818$kg

【注释】 1m 为该钢筋的分布范围，0.1m 为该钢筋的分布间距，22 为跨数，4.3m 为该钢筋的构件长度，0.025×2m 为两保护层的厚度，0.15m 为钢筋两弯钩的长度，4.15m 为该钢筋的单根长度，0.888kg/m 为该钢筋的每米理论质量，1004.3m 为该钢筋的总长度。

②号筋：ϕ12@100

根数 $n=[(4.3-0.25-0.025\times2)/0.1+1]\times22$ 根 $=42\times22$ 根 $=924$ 根

单根长度 $l=(1-0.025\times2+0.15$(弯钩)$+0.15$(外伸)$)$m $=1.25$m

总长度 $L=nl=924\times1.25$m $=1155$m

总质量 $G=0.888\times L=0.888\times1155$kg $=1025.64$kg

【注释】 4.3m 为该钢筋的分布范围，0.025×2m 为两保护层的厚度，0.1m 为钢筋的分布间距，22 为跨数，1m 为该钢筋的构件长度，第一个 0.15m 为钢筋两端的弯钩长度，第二个 0.15m 为钢筋伸入墙内的长度，924 为该钢筋的根数，1.25m 为该钢筋单根的长度，0.888kg/m 为该钢筋的每米理论质量，1155 为该钢筋的总长度。

③号筋：ϕ8@100

根数 $n=2\times22$ 根$=44$ 根

单根长度 $l=(0.25+0.04+0.1(弯钩))m=0.39m$

总长度 $L=nl=44\times0.39m=17.16m$

总质量 $G=0.395\times L=0.395\times17.16kg=6.778kg$

【注释】 (0.25＋0.04)m 为该钢筋的构件长度，0.1m 为钢筋弯钩的增加值，0.39m 为该钢筋单根的长度，44 为该钢筋的根数，0.395kg/m 为该钢筋的每米理论质量，17.16m 为该钢筋的总长度。

(10) 阳台板 4 钢筋工程量（将弧形近似计算为矩形，抛物线近似为直线）

$l_{短边}=1.2m$　　$l_{长边}=1.8m$

$l_{宽(平均值)}=(1.2+1.8)/2m=3.0/2m=1.5m$

板长 $l_{长}=(4.2-0.025\times2+1.8\times1/2)m=(4.15+0.9)m=5.05m$

【注释】 1.2m 为阳台板 4 短边的长度，1.8m 为阳台板 4 长边的长度。

①号筋：ϕ12@100

根数 $n=(1.5/0.1+1)\times22$ 根$=16\times22$ 根$=352$ 根

单根长度 $l=(5.05-0.25-0.025\times2(保护层)+0.15(端弯钩))m=4.90m$

总长度 $L=nl=352\times4.90m=1724.8m$

总质量 $G=0.888\times L=0.888\times1724.8kg=1531.622kg$

【注释】 1.5m 为该钢筋的分布范围，0.1m 为该钢筋的分布间距，22 为跨数，(5.05－0.25)m 为该钢筋的构件长度，0.025×2m 为两保护层的厚度，0.15m 为钢筋两弯钩的长度，352 为该钢筋的根数，4.90m 为该钢筋的单根长度，0.888kg/m 为该钢筋的每米理论质量，1724.8m 为该钢筋的总长度。

②号筋：ϕ12@100

根数 $n=[(5.05-0.025-0.25)/0.1(取整)+1+1]\times22$ 根$=49\times22$ 根$=1078$ 根

单根长度 $l=(1.5-0.025\times2+0.15(弯钩)+0.15(外伸))m=1.75m$

总长度 $L=nl=1078\times1.75m=1886.5m$

总质量 $G=0.888\times L=0.888\times1886.5kg=1675.212kg$

【注释】 (5.05－0.25)m 为该钢筋的分布范围，0.025m 为一个保护层的厚度，0.1m 为该钢筋的分布间距，22 为跨数，1.5m 为该钢筋的构件长度，0.025×2m 为两保护层的厚度，第一个 0.15m 为钢筋两端弯钩的长度，第二个 0.15m 为钢筋伸入墙内的长度，1095 为该钢筋的总根数，1.75m 为该钢筋的单根长度，0.888kg/m 为该钢筋的每米理论质量，1886.5 为该钢筋的总长度。

③号筋：ϕ8@100

根数 $n=2\times22$ 根$=44$ 根

单根长度 $l=(0.25+0.04+0.1(弯钩))m=0.39m$

总长度 $L=nl=44\times0.39m=17.16m$

总质量 $G=0.395\times L=0.395\times17.16kg=6.778kg$

【注释】 (0.25＋0.04)m 为该钢筋的构件长度，0.1m 为该钢筋的弯钩长度，44

为该钢筋的根数，0.39m为该钢筋的单根长度，0.395kg/m为该钢筋的每米理论质量，17.16m为该钢筋的总长度。

（11）阳台板6钢筋量

$l_{宽}$=1.2m　　$l_{长}$=(3.3−0.25)m=3.05m

①号筋：ϕ12@100

根数n=[(1.2−2×0.025)/0.1+1]×22根=13×22根=286根

【注释】1.2m为该钢筋的分布范围，2×0.025m为两保护层的厚度，0.1m为钢筋的分布间距，22为跨数。

单根长度l=(3.3−0.25−0.025×2m(保护层)+0.15m(端弯钩))m=3.15m

【注释】(3.3−0.25)m为该钢筋的构件长度，0.025×2m为两保护层的厚度，0.15m为钢筋两端两弯钩的长度。

总长度$L=nl$=286×3.15m=900.9m

总质量G=0.888×L=0.888×900.9kg=799.999kg

【注释】286为该钢筋的根数，3.15m为该钢筋单根的长度，0.888kg/m为该钢筋的单位理论质量，866.25m为该钢筋的总长度。

②号筋：ϕ12@100

根数n=[(3.3−0.25−0.025×2)/0.1+1]×22根=31×22根=682根

单根长度l=(1.2−0.025×2+0.15+0.15)m=1.45m

总长度$L=nl$=682×1.45m=988.9m

总质量G=0.888×L=0.888×988.9kg=878.143kg

【注释】(3.3−0.25)m为该钢筋的分布范围，0.025×2m为两保护层的厚度，0.1m为钢筋的分布间距，22为跨数，1.2m为该钢筋的构件长度，0.025×2m为两保护层的厚度，第一个0.15m为该钢筋两弯钩的长度，第二个0.15m为钢筋伸入墙内的长度，1.45m为该钢筋的单根长度，0.888kg/m为该钢筋的每米理论质量，988.9m为该钢筋的总长度。

③号筋：ϕ8@100

根数n=2×22根=44根

单根长度l=(0.25+0.04+0.1(弯钩))m=0.39m

总长度$L=nl$=44×0.39m=17.16m

总质量G=0.395×L=0.395×17.16kg=6.778kg

【注释】44为该钢筋的总根数，(0.25+0.04)m为该钢筋的构件长度，0.1m为钢筋弯钩的增加值，0.39m为该钢筋的单根长度，0.395kg/m为该钢筋的每米理论质量。

（12）阳台板7钢筋量

$l_{短边}$=1.5m　　$l_{长边}$=(2.4+1.5+1.8−0.25+3.25)/2m=4.35m

①号筋：ϕ12@100

根数n=[(1.5−2×0.025)/0.1+1]×22根=16×22根=352根

【注释】 1.5m 为该钢筋的分布范围，2×0.025m 为两保护层的厚度，0.1m 为该钢筋的分布间距，22 为跨数。

单根长度 l=(4.35−0.025×2(保护层)+0.15(弯钩))m=4.45m

总长度 $L=nl$=352×4.45m=1566.4m

总质量 G=0.888×L=0.888×1566.4kg=1347.5kg

【注释】 4.35m 为该钢筋的构件长度，0.025×2m 为两保护层的厚度，0.15m 为该钢筋的两弯钩的长度，352 为该钢筋的总根数，4.45m 为该钢筋的单根长度，0.888kg/m 为该钢筋的每米理论质量，1566.4 为该钢筋的总长度。

②号筋：ϕ12@100

根数 n=[(4.35−0.025×2)/0.1+1]×22 根=44×22 根=968 根

单根长度 l=(1.5−0.025×2+0.15+0.15)m=1.75m

总长度 $L=nl$=968×1.75m=1694m

总质量 G=0.888×L=0.888×1694kg=1504.272kg

【注释】 4.35m 为该钢筋的分布范围，0.025×2m 为两保护层的厚度，0.1m 为该钢筋的分布间距，22 为跨数，1.5m 为该钢筋的构件长度，0.025×2m 为两保护层的厚度，第一个 0.15m 为钢筋的两弯钩的长度，第二个 0.15m 为钢筋伸入墙内的长度，1.75m 为该钢筋单根的长度，0.888kg/m 为该钢筋的每米理论质量，1694m 为该钢筋的总长度。

③号筋：ϕ8@100

根数 n=2×22 根=44 根

单根长度 l=(0.25+0.04+0.1)m=0.39m

总长度 $L=nl$=0.39×44m=17.16m

总质量 G=0.395×L=0.395×17.16kg=6.778kg

【注释】 44 为该钢筋的根数，(0.25+0.04)m 为该钢筋的构件长度，0.1m 为钢筋两弯钩的增加值，0.39m 为单根钢筋的长度，0.395kg/m 为钢筋的每米理论质量，17.16m 为该钢筋的总长度。

综上所述，阳台及阳台边梁钢筋用量汇总如下：

ϕ20：G = [1016.158 + 1031.917) BTL_1 + (293.327 + 293.545) BTL_2 + (368.425 + 369.512)BTL_3 + (271.483 + 271.157) BTL_4 + (238.553 + 238.916) BTL_5 + (263.766+264.092)BTL_6]kg

=(2048.076+586.872+737.937+542.64+477.469+527.858)kg

=4920.851kg

【注释】 1016.158kg 为 BTL_1 中④$_1$筋的总质量，1031.917kg 为 BTL_1 中⑤$_1$号筋的总质量，293.327kg 为 BTL_2 中④$_2$号筋的总质量，293.545kg 为 BTL_2 中⑤$_2$号筋的总质量，368.425kg 为 BTL_3 中④$_3$号筋的总质量，369.512kg 为 BTL_3 中⑤$_3$号筋的总质量，271.483kg 为 BTL4 中⑤$_4$号筋的总质量，271.157kg 为 BTL_4 中④$_4$号筋的总质量，238.553kg 为 BTL_5 中④$_5$号筋的总质量，238.916kg 为 BTL_5 中⑤$_5$号筋的总质量，

263.766kg为BTL_6中④$_6$号筋的总质量，264.092kg为BTL_6中⑤$_6$号筋的总质量。

ϕ12：G＝[(1351.696＋4128.373)(阳台1)＋(1278.631＋1411.046)(阳台2)＋(891.818＋1025.64)(阳台3、阳台5)＋(1531.622＋1675.212)(阳台4)＋(799.999＋878.143)(阳台6)＋(1347.5＋1504.272)(阳台7)]kg
＝17823.952kg

【注释】1351.696kg为阳台1中①$_1$号筋的总质量，4128.373kg为阳台1中②$_1$号筋的总质量，1278.631kg为阳台2中①$_2$号筋的总质量，1411.046kg为阳台2中②$_2$号筋的总质量，891.818kg为阳台3、5中①$_3$号筋的总质量，1025.64kg为阳台3、5中②$_3$号筋的总质量，1531.622kg为阳台4中①$_4$号筋的总质量，1675.212kg为阳台4中②$_4$号筋的总质量，799.999kg为阳台6中①$_6$号筋的总质量，878.143kg为阳台6中②$_6$号筋的总质量，1347.5kg为阳台7中①$_7$号筋的总质量，1504.272kg为阳台7中②$_7$号筋的总质量。

ϕ8：G＝[6.778×6(板)＋(81.686＋152.075＋656.964＋354.552)BTL_1＋(17.206＋30.415＋218.988＋82.739)BTL_2＋(34.412＋60.83＋262.786＋165.458)BTL_3＋(17.206＋30.415＋197.089＋82.729)BTL_4＋(17.206＋30.415＋164.241＋82.729)BTL_5＋(17.206＋30.415＋197.089＋82.729)BTL_6]kg
＝3108.248kg

【注释】6.778×6kg为阳台板钢筋的总质量，81.686kg为BTL_1中⑧$_1$号筋的总质量，152.075kg为BTL_1中⑨$_1$号筋的总质量，656.964kg为BTL_1中⑩$_1$号筋的总质量，354.552为BTL_1中⑪$_1$号筋的总质量，17.206kg为BTL_2中⑧$_2$号筋的总质量，30.415kg为BTL_2中⑨$_2$号筋的总质量，218.988为BTL_2中⑩$_2$号筋的总质量，82.739kg为BTL_2中⑪$_2$号筋的总质量，34.412kg为BTL_3中⑧$_3$号筋的总质量，60.83kg为BTL_3中⑨$_3$号筋的总质量，262.786kg为BTL_3中⑩$_3$号筋的总质量，165.458kg为BTL_3中⑪$_3$号筋的总质量，17.206kg为BTL_4中⑧$_4$号筋的总质量，30.415kg为BTL_4中⑨$_4$号筋的总质量，197.089为BTL_4中⑩$_4$号筋的总质量，82.729kg为BTL_4中⑪$_4$号筋的总质量，17.206kg为BTL_5中⑧$_5$号筋的总质量，30.415kg为BTL_5中⑨$_5$号筋的总质量，164.241kg为BTL_5中⑩$_5$号筋的总质量，82.729kg为BTL_5中⑪$_5$号筋的总质量，17.206kg为BTL_6中⑧$_6$号筋的总质量，30.415kg为BTL_6中⑨$_6$号筋的总质量，197.085kg为BTL_6中⑩$_6$号筋的总质量，82.729kg为BTL_6中⑪$_6$号筋的总质量。

ϕ6：G＝[(93.845＋57.534)BTL_1＋(19.194＋11.917)BTL_2＋(36.923＋23.834)BTL_3＋(19.106＋11.917)BTL_4＋(18.960＋11.917)BTL_5＋(19.077＋11.917)BTL_6]kg
＝(31.111＋151.379＋60.757＋31.023＋30.877＋26.764)kg
＝331.911kg

【注释】93.845kg为BTL_1中⑥$_1$号筋的总质量，57.534kg为BTL_1中⑦$_1$号

筋的总质量，36.923kg 为 BTL_3 中⑥$_3$号筋的总质量，23.834kg 为 BTL_3 中⑦$_3$号筋的总质量，19.106kg 为 BTL_4 中⑥$_4$号筋的质量，11.917kg 为 BTL_4 中⑦$_4$号筋的总质量，18.960kg 为 BTL_5 中⑥$_5$号筋的质量，11.917kg 为 BTL_5 中⑦$_5$号筋的总质量，19.077kg 为 BTL_6 中⑥$_6$号筋的质量，11.917kg 为 BTL_6 中⑦$_6$号筋的总质量。

7）钢筋混凝土剪力墙中钢筋工程量

（1）地下室剪力墙钢筋用量

Q_1 的长 l=169.05m　　LL_2 的长 l'=117.6m

则墙高为 3m 的墙长为 l_1=(169.05－117.6)m=51.45m

墙高为[3－(1.03－0.9)]m=(3－0.13)m=2.87m　　长为 l_2=117.6m

3m 墙①号垂直分布筋 ϕ20@200 钢筋量

根数 n =[(51.45－2×0.025)/0.2＋1]×2(排)根

=(257＋1)×2 根=258×2 根=516 根

单根长度 l=(3＋0.12)m=3.12m

总长度 $L=nl$=516×3.12m=1609.92m

总质量 G=2.47×L=2.47×1609.92kg=3976.502kg

【注释】 51.45kg 为该钢筋的分布范围，2×0.025kg 为两保护层的厚度，0.2m 为该钢筋的分布间距，2 为钢筋的排数，3.12kg 为该钢筋的单根长度，516 为该钢筋的根数，2.47 为该钢筋的每米理论质量，1609.92kg 为该钢筋的总长度。

②号水平分布筋 ϕ20@200 钢筋量

根数 n=[(3.0－2×0.025)/0.2＋1]×2 根=16×2 根=32 根

单根长度 l=(51.45－2×0.025)m=51.40m

单个墙长 l<8m，不考虑搭接。

总长度 $L=nl$=32×51.4m=1644.8m

总质量 G=2.47×L=2.47×1644.8kg=4062.656kg

【注释】 3.0m 为该钢筋的分布范围，2×0.025m 为两保护层的厚度，0.2m 为该钢筋的分布间距，2 为钢筋的排数，51.45m 为该钢筋的构件长度，2×0.025m 为两保护层的厚度，2.47kg/m 为该钢筋的每米理论质量，1644.8m 为该钢筋的总长度。

③号筋：ϕ8@400

根数 n =[(3－2×0.025)/0.4＋1]×[(51.45－2×0.025)/0.2＋1]根

=9×258 根=2322 根

单根长度 l=0.25－0.015×2(保护层)＋0.1(端弯钩)m=0.32m

总长度 $L=nl$=0.32×2322m=743.04m

总质量 G=0.395×L=0.395×743.04kg=293.501kg

【注释】 2322 为该钢筋的总根数，0.25m 为该钢筋的构件长度，0.015×2m 为保护层的厚度，0.1m 为钢筋两弯钩的长度，0.395kg/m 为钢筋的每米理论质量，

743.04为该钢筋的总长度。

2.87m墙①号垂直分布筋 ϕ20@200钢筋量

根数 n=[(117.6－2×0.025)/0.2＋1]×2根＝(588＋1)×2根＝589×2根＝1178根

单根长度 l=(2.87＋0.12－2×0.025)m＝2.94m

总长度 L=nl＝1178×2.94m＝3463.32m

总质量 G＝2.47×L＝2.47×3463.32kg＝8554.40kg

【注释】117.6m为该钢筋的分布范围，2×0.025m为两保护层的厚度，0.2m为钢筋的分布间距，2为钢筋的排数，(2.87＋0.12)m为该钢筋的构件长度，1178为该钢筋的根数，2.47kg/m为该钢筋的每米理论质量，3463.32m为该钢筋的总长度。

②号水平分布筋 ϕ20@200钢筋量

根数 n=[(2.87－2×0.025)/0.2＋1]×2根＝15×2根＝30根

单根长度 l=(117.6－2×0.025)m＝117.55m

总长度 L=nl＝30×117.55m＝3526.50m

总质量 G＝2.47×L＝2.47×3526.50kg＝8710.455kg

【注释】2.87m为该钢筋的分布范围，2×0.025m为两保护层的厚度，0.2m为该钢筋的分布间距，2为钢筋排数，117.6m为该钢筋的构件长度，2.47kg/m为该钢筋的每米理论质量，3526.50m为该钢筋的总长度。

③号箍筋：ϕ8@400

根数 n＝[(2.87－2×0.025)/0.4＋1]×[(117.6－2×0.025)/0.2＋1]根

＝9×589根

单根长度 l=(0.25－0.015×2(保护层)＋0.1(弯钩))m＝0.32m

总长度 L=nl＝0.32×5301m＝1696.32m

总质量 G＝0.395×L＝0.395×1696.32kg＝670.046kg

【注释】5301为该钢筋的根数，0.25m为该钢筋的构件长度，0.015×2m为钢筋两保护层的厚度，0.1m为钢筋弯钩的长度，0.395kg/m为该钢筋的每米理论质量，1696.32m为该钢筋的总长度。

应扣除门洞口钢筋量：

M－8×8扇　　C－10×38扇

l_{C-10}＝38×0.6m＝22.8m　$h_{高}$＝0.3m

l_{M-8}＝8×1.00m＝8m　h高＝2.1m

ⓐ 窗－10洞口扣钢筋量

①号竖直分布筋 ϕ20@200钢筋量

根数 n=[(22.8－2×0.025)/0.2＋1]×2根＝(114＋1)×2根＝115×2根＝230根

单根长度 l=0.3m

总长度 $L=nl=230\times0.3\text{m}=69\text{m}$

总质量 $G=2.47\times L=2.47\times69\text{kg}=170.43\text{kg}$

【注释】 22.8m 为该钢筋的分布范围，2×0.025m 为两保护层的厚度，0.2m 为该钢筋的分布间距，2 为钢筋的排数，0.3m 为钢筋的单根长度，230 为该钢筋的根数，2.47kg/m 为该钢筋的每米理论质量，69m 为该钢筋的总长度。

②号水平分布筋 ϕ20@200 钢筋量

根数 $n=[(0.3-2\times0.025)/0.2+1]\times2$ 根$=3\times2$ 根$=6$ 根

单根长度 $l=22.9\text{m}$

总长度 $L=nl=22.9\times6\text{m}=137.4\text{m}$

总质量 $G=2.47\times L=2.47\times137.4\text{kg}=339.378\text{kg}$

【注释】 0.3m 为该钢筋的分布范围，2×0.025m 为保护层的厚度，0.2m 为该钢筋的分布间距，22.9m 为该钢筋的单根长度，5 为该钢筋的根数，2.47kg/m 为该钢筋的每米理论质量，137.4 为该钢筋的总长度。

③号箍筋：ϕ8

根数 $n=[(0.3-2\times0.025)/0.4+1]\times[(22.9-2\times0.025)/0.2+1]$根

$=2\times116$ 根$=232$ 根

单根长度 $l=(0.25-0.015\times2+0.1)\text{m}=0.32\text{m}$

总长度 $L=nl=0.32\times232\text{m}=74.24\text{m}$

总质量 $G=0.395\times L=0.395\times74.24\text{kg}=29.325\text{kg}$

【注释】 188 为该钢筋的根数，0.25m 为该钢筋的构件长度，0.015×2m 为两保护层的厚度，0.1m 为钢筋弯钩的长度，0.395kg/m 为该钢筋的每米理论质量，74.24 为该钢筋的总长度。

ⓑ 门洞口应扣钢筋

①号竖直分布筋 ϕ20@200 钢筋量

根数 $n=[(8-2\times0.025)/0.2]\times2$ 根$=80$ 根

单根长度 $l=2.1\text{m}$

总长度 $L=nl=80\times2.1\text{m}=168\text{m}$

总质量 $G=2.47\times L=2.47\times168\text{kg}=414.96\text{kg}$

【注释】 8m 为该钢筋的分布范围，2×0.025m 为两保护层的厚度，0.2m 为钢筋的分布间距，2 为钢筋的排数，2.1m 为该钢筋单根的长度，80 为该钢筋的总根数，2.47kg/m 为该钢筋的每米理论质量，168m 为该钢筋的总长度。

②号水平分布筋 ϕ20@200 钢筋量

根数 $n=[(2.1-2\times0.025)/0.2+1]\times2$ 排$=12\times2$ 根$=24$ 根

单根长度 $l=8\text{m}$

总长度 $L=nl=8\times24\text{m}=192\text{m}$

总质量 $G=2.47\times L=2.47\times192\text{kg}=474.24\text{kg}$

【注释】 2.1m 为该钢筋的分布范围，2×0.025m 为两保护层的厚度，0.2m 为该钢筋的分布间距，2为钢筋的排数，8m为该钢筋的单根长度，2.47kg/m为该钢筋的每米理论质量，184m为该钢筋的总长度。

③号筋ϕ8@400箍筋量

根数n=[(2.1−2×0.025)/0.4+1]×[(8−2×0.025)/0.2]根=6×40=240根

单根长度l=(0.25−0.015×2+0.1)m=0.32m

总长度$L=nl$=0.32×240m=76.8m

总质量G=0.395×L=0.395×76.8kg=30.336kg

【注释】240为该钢筋的根数，0.25m为该钢筋的构件长度，2×0.015m为两保护层的厚度，0.1m为钢筋弯钩的长度，0.395kg/m为钢筋的每米理论质量，76.8为该钢筋的总长度。

小结：综上所述地下室Q_1中钢筋量：

①号筋竖直分布ϕ20

G=[3976.502+8554.40−170.43(窗)−414.96(门)]kg=11945.512kg

②号筋水平分布ϕ20

G=[4062.656+8710.455−339.378(窗)−474.24(门)]kg=11959.493kg

③号筋ϕ8

G=[293.501+670.046−29.325(窗)−30.336(门)]kg=903.886kg

(2) 地下室墙Q_2的钢筋工程量

Q_2长l=72.60m　　AL_2长l'=2m

即3mQ_2长l_1=（72.60−29）m=43.60m

2.87mQ_2长l_2=29m

① 3m墙中钢筋量

①号钢筋用量：ϕ18@200，竖直分布筋

根数n=［（43.60−2×0.025）/0.2+1］×2根=219×2根=438根

单根长度l=（3+0.12−2×0.025）m=3.07m

总长度$L=nl$=3.07×438m=1344.66m

总质量G=2×L=2×1344.66=2689.32kg

【注释】43.60m为该钢筋的分布范围，2×0.025m为两保护层的厚度，0.2m为钢筋的分布间距，2为两排，(3+0.12)m为该钢筋的构件长度，3.07m为该钢筋的单根长度，2为该钢筋的每米理论质量，1344.66m为该钢筋的总长度。

②号钢筋用量：ϕ18@200，水平分布筋

根数n=[(3−2×0.025)/0.2+1]×2根=16×2根=32根

单根长度l=(43.6−2×0.025)m=43.55m

总长度$L=nl$=32×43.55m=1393.6m

总质量G=2×L=2×1393.6kg=2787.2kg

【注释】3m为该钢筋的分布范围，2×0.025m为该钢筋两保护层的厚度，0.2m为该钢筋的分布间距，2为钢筋的排数，43.6m为该钢筋的构件长度，32为该钢筋

的根数，2kg/m 为该钢筋的每米理论质量，1393.6m 为该钢筋的总长度。

③号钢筋用量：ϕ8@400，箍筋

根数 $n=[(3-2\times0.025)/0.4+1]\times[(43.6-2\times0.025)/0.2+1]$根

$=9\times219$ 根$=1971$ 根

单根长度 $l=(0.25-0.015\times2+0.1)\text{m}=0.32\text{m}$

总长度 $L=nl=0.32\times1971\text{m}=630.72\text{m}$

总质量 $G=0.395\times L=0.395\times630.72\text{kg}=249.134\text{kg}$

【注释】 1971 为该钢筋的根数，0.25m 为该钢筋的构件长度，0.015×2m 为两保护层的厚度，0.1m 为钢筋的弯钩长度，0.395kg/m 为该钢筋的每米理论质量，630.72 为该钢筋的总长度。

② 2.87m 墙中钢筋量

①号钢筋：ϕ18@200，竖直分布筋

根数 $n=[(29-2\times0.025)/0.2+1]\times2$ 根$=146\times2=292$ 根

单根长度 $l=(2.87+0.12-2\times0.025)\text{m}=2.94\text{m}$

总长度 $L=nl=2.94\times292\text{m}=858.48\text{m}$

总质量 $G=2\times L=2\times858.48\text{kg}=1716.96\text{kg}$

【注释】 29m 为该钢筋的分布范围，2×0.025m 为两保护层的厚度，0.2m 为该钢筋的分布间距，2 为该钢筋的摆放排数，(2.87+0.12)m 为该钢筋的构件长度，2m 为该钢筋的每米理论质量，858.48m 为该钢筋的总长度。

②号钢筋：ϕ18@200，水平分布筋

根数 $n=[(2.87-2\times0.025)/0.2+1]\times2$ 根$=15\times2$ 根$=30$ 根

单根长度 $l=(29-2\times0.025)\text{m}=28.95\text{m}$

总长度 $L=nl=28.95\times30\text{m}=868.5\text{m}$

总质量 $G=2\times L=2\times868.5\text{kg}=1737\text{kg}$

【注释】 2.87m 为该钢筋的分布范围，2×0.025m 为两保护层的厚度，0.2m 为钢筋的分布间距，2 为钢筋的摆放排数，29m 为钢筋的构件长度，2kg/m 为该钢筋的每米理论质量。

③号钢筋：ϕ8@400，箍筋

根数 $n=[(2.87-2\times0.025)/0.4+1]\times[(29-2\times0.025)/0.2+1]$根$=146\times8$ 根$=$1168 根

单根长度 $l=(0.25-0.015\times2+0.1)\text{m}=0.32\text{m}$

总长度 $L=nl=1168\times0.32\text{m}=373.76\text{m}$

总质量 $G=0.395\times L=0.395\times373.76\text{kg}=147.635\text{kg}$

【注释】 1156 为该钢筋的总根数，0.25m 为该钢筋的构件长度，0.015×2m 为两保护层的厚度，0.1m 为钢筋两弯钩的长度，0.32m 为该钢筋的单根长度，0.395kg/m 为该钢筋的每米理论质量，369.92m 为该钢筋的总长度。

③ 应扣除门窗洞口处钢筋量

M－9×12 扇　l_M＝12×0.78m＝9.36m　$h_{高}$＝1.8m

①号钢筋：ϕ18@200，竖直分布筋量

根数 n＝[(9.36－2×0.025)/0.2＋1]×2 排＝47×2 根＝94 根

单根长度 l＝(1.8－2×0.025)m＝1.75m

总长度 L＝nl＝1.75×94m＝164.5m

总质量 G＝2.00×L＝2.00×164.5kg＝329kg

【注释】 9.36m 为该钢筋分布范围，2×0.025m 为两保护层的厚度，0.2m 为该钢筋的分布间距，2 为钢筋的排数，1.8m 为该钢筋的构件长度，2.00kg/m 为该钢筋的每米理论质量，164.5 为该钢筋的总长度。

②号钢筋：ϕ18@200，水平分布筋

根数 n＝[(1.8－2×0.025)/0.2]×2 根＝18 根

单根长度 l＝(9.36－2×0.025)m＝9.31m

总长度 L＝nl＝9.31×18m＝167.58m

总质量 G＝2.00×L＝2×167.58kg＝335.16kg

【注释】 1.8m 为该钢筋的分布范围，2×0.025m 为两保护层的厚度，0.2m 为该钢筋的分布间距，2 为钢筋的摆放排数，18 为钢筋的根数，167.58m 为该钢筋的总长度。

③号钢筋：ϕ8@400，箍筋量

根数 n ＝[(9.36－2×0.025)/0.2＋1]×[(1.8－2×0.025)/0.4＋1]根

＝6×48 根＝288 根

单根长度 l＝(0.25－0.015×2＋0.1)m＝0.32m

总长度 L＝nl＝288×0.32m＝92.16m

总质量 G＝0.395×L＝0.395×92.16kg＝36.403kg

【注释】 288 为该钢筋的总根数，0.25m 为钢筋的构件长度，0.015×2m 为两保护层的厚度，0.1m 为钢筋弯钩的长度，0.32m 为该钢筋的单根长度，0.395kg/m 为该钢筋的每米理论质量。

小结：综上所述，地下室剪力墙 Q_2 中钢筋量：

①号筋 ϕ18：G＝ (2689.32＋1716.96－329.0)kg＝4077.28kg

【注释】 2689.32kg 为 3m 墙中 1 号钢筋的质量，1716.96kg 为 2.87m 高墙中该钢筋的质量，329.0kg 为 1 号钢筋中门窗洞口处钢筋的质量。

②号筋 ϕ18：G＝(2787.2＋1737－335.16)kg＝4189.04kg

【注释】 2787.2kg 为 3m 高墙中 2 号钢筋的质量，1737 为 2.87m 高墙中钢筋的质量，335.16kg 为该处门窗洞口处钢筋的质量。

③号筋 ϕ8：G＝(249.134＋147.635－36.403)kg＝370.366kg

【注释】 249.134kg 为 3m 高墙中 3 号钢筋的质量，147.635kg 为 2.87m 高墙中钢筋的质量，36.403kg 为该处门窗洞口处钢筋的质量。

(3) 普通层剪力墙中钢筋量（Q_1）

Q_1中钢筋工程量：

Q_1长为l=166.05m　LL_1长为l'=86.10m

即墙高（整个建筑物的墙高）为h_1=3.6×11m=39.6m　长（除去LL1的长度）为l_1=(166.05−86.10)m=79.95m

【注释】 3.6m为层高，11为层数。

墙高（含有LL_1的长度）为h_2=(3.6×11−2.1×11)m=1.5×11m=16.50m

长（含有LL_1的长度）为l_2=86.10m

①3 9.6m高墙中钢筋量

①号钢筋用量：ϕ20@200，竖向分布筋

根数n=[(79.95−2×0.025)/0.2+1]×2根=(400+1)×2根=401×2根=802根

单根长度l=(39.6+0.12−2×0.025)×1.135(通长>8m,考虑搭接系数)m
=39.67×1.135m=45.025m

总长度$L=nl$=802×45.025m=36110.05m

总质量G=2.47×L=2.47×36110.05kg=89191.824kg

【注释】 79.95m为该钢筋的分布范围，2×0.025m为两保护层的厚度，0.2m为该钢筋的分布间距，2为钢筋的排数，(39.6+0.12)m为钢筋的构件长度，1.135为钢筋的搭接系数，802为该钢筋的根数，45.025m为该钢筋单根的长度，2.47kg/m为该钢筋的每米理论质量。

②号钢筋用量：ϕ20@200，水平分布筋

根数n=[(39.6−2×0.025)/0.2+1]×2根=[(198+1)×2根=199×2根=398根

【注释】 39.6m为该钢筋的分布范围，2×0.025m为两保护层的厚度，0.2m为该钢筋的分布间距，2为钢筋的排数。

单根长度l=(79.95−2×0.025)m=79.9m（单个墙小于8m，不考虑搭接）

【注释】 79.95m为该钢筋单根的长度，2×0.025m为两保护层的厚度。

总长度$L=nl$=398×79.95m=31800.2m

总质量G=2.47×L=2.47×31800.2kg=78546.494kg

【注释】 398为该处钢筋的总根数，2.47kg/m为该钢筋的每米理论质量，31800.2m为该钢筋的总长度。

③号钢筋用量：ϕ8@400，箍筋

根数n=[(39.6−2×0.025)/0.4]+1×[(79.95−2×0.025)/0.2+1]根
=(99+1)×370根=37000根

单根长度l=(0.25−0.015×2+0.1)m=0.32m

总长度$L=nl$=37000×0.32m=11840m

总质量G=0.395×L=0.395×11840kg=4676.8kg

【注释】 37000为该钢筋的总根数，0.25m为该钢筋的构件长度，0.015×2m为该钢筋的保护层的厚度，0.1m为钢筋的弯钩长度，0.395kg/m为该钢筋的每米理论

质量，11840m 为该钢筋的总长度。

② 16.50m 高，86.10m 长墙中钢筋量

①号钢筋：ϕ20@200，竖直分布筋

根数 n=[(86.10－2×0.025)/0.2＋1]×2 排＝(431＋1)×2 根＝432×2 根＝864 根

单根长度 l=(16.50＋0.12－2×0.025)m(有梁隔断，不考虑搭接)＝16.57m

总长度 $L=nl$＝864×16.57m＝14316.48m

总质量 G＝2.47×L＝2.47×14316.48kg＝35361.706kg

【注释】 86.10m 为该钢筋的分布范围，2×0.025m 为两保护层的厚度，0.2m 为钢筋的分布间距，(16.50＋0.12)m 为该钢筋的构件长度，2.47kg/m 为该钢筋的每米理论质量，14316.48m 为该钢筋的总长度。

②号钢筋：ϕ20@200，水平分布筋

根数 n=[(16.5－2×0.025)/0.2＋1]×2 根＝(82＋1)×2 根＝166 根

单根长度 l=(86.10－2×0.025)m＝86.05m

总长度 $L=nl$＝86.05×166m＝14284.3m

总质量 G＝2.47×L＝2.47×14284.3kg＝35282.221kg

【注释】 16.5m 为该钢筋的分布范围，2×0.025m 为该钢筋两保护层的厚度，0.2m 为钢筋的分布间距，2 为该钢筋的排数，86.10m 为该钢筋的构件长度，166 为该钢筋的根数，2.47kg/m 为该钢筋的每米理论质量，14284.3m 为该钢筋的总长度。

③号钢筋：ϕ8@400，箍筋

根数 n＝[(16.5－2×0.025)/0.4＋1]×[(86.10－2×0.025)/0.2＋1)]根

　　＝(42＋1)×432 根＝18516 根

单根长度 l=(0.25－0.015×2＋0.1)m＝0.32m

总长度 $L=n\times l$＝0.32×18576m＝5944.32m

总质量 G＝0.395×L＝0.395×5944.32kg＝2348.006kg

【注释】 16.50、86.10m 均为钢筋的分布范围，2×0.025m 为两保护层的厚度，0.4、0.2m 为钢筋的分布间距，0.25m 为该钢筋的构件长度，0.1m 为该钢筋的弯钩长度，0.32m 为该钢筋单根的长度，0.395kg/m 为该钢筋的每米理论质量。

③ 应扣除门窗洞口钢筋量

LL_1下洞口统计如下：M－1×2 扇　　M－2×6 扇　　M－4×4 扇　　M－5×4 扇

则门长 l＝(2×1.2＋6×1.2＋0.8×4＋0.78×4)×11m

　　＝(9.6＋3.2＋3.12)×11m＝15.92×11m＝175.12m

【注释】 2×1.2m 为门 M－1 的宽度，其中 2 为门的数量，6×1.2m 为门 M－2 的宽度，其中 6 为该门的数量，0.8×4m 为该门 M－4 的宽度，其中 4 为该门的数量，0.78×4m 为该门 M－5 的宽度，其中 4 为该门的数量。

门洞口高 h＝2.1m

①号钢筋：ϕ20@200，竖直分布筋

根数 $n=[(175.12-2\times0.025)/0.2+1]\times2$ 根

$=(875+1)\times2$ 根$=876\times2$ 根$=1752$ 根

单根长度 $l=(2.1-2\times0.025)$m$=2.05$m

总长度 $L=nl=2.05\times1752$m$=3591.6$m

总质量 $G=2.47\times L=2.47\times3591.6kg=8871.252$kg

【注释】 175.12m 为该钢筋的分布范围，2×0.025m 为两保护层的厚度，0.2m 为该钢筋的分布间距，2 为钢筋的排数，2.1m 为该钢筋的构件长度，1752 为该钢筋的根数，2.47kg/m 为该钢筋的每米理论质量。

②号钢筋：ϕ20@200，竖向分布筋

根数 $n=[(2.1-2\times0.025)/0.2+1]\times2$ 根$=11\times2$ 根$=22$ 根

单根长度 $l=(175.12-2\times0.025)$m$=175.07$m

总长度 $L=nl=175.07\times22$m$=3852.64$m

总质量 $G=2.47\times L=2.47\times3852.64kg=9516.021$kg

【注释】 2.1m 为该钢筋的分布范围，2×0.025m 为两保护层的厚度，0.2m 为钢筋的分布间距，2 为钢筋的摆放排数，175.12m 为该钢筋的构件长度，22 为该钢筋的根数，2.47kg/m 为该钢筋的每米理论质量，3852.64m 为该钢筋的总长度。

③号钢筋：ϕ8@400，箍筋

根数 $n=[(2.1-2\times0.025)/0.4+1]\times[(175.12-2\times0.025)/0.2+1]$根

$=6\times876$ 根$=5256$ 根

单根长度 $l=(0.25-0.015\times2+0.1)m=0.32$m

总长度 $L=nl=0.32\times5256$m$=1681.92$m

总质量 $G=0.395\times L=0.395\times1681.92kg=664.358$kg

【注释】 2.1、175.12m 均为该钢筋的分布范围，0.025×2m 为两保护层的厚度，0.4、0.2m 为钢筋的分布间距，0.25m 为该钢筋的构件长度，0.1m 为钢筋弯钩的增加量，0.395kg/m 为钢筋的每米理论质量，1681.92m 为该钢筋的总长度。

小结：综上所述，普通层 Q_1 中钢筋量：

①号筋 ϕ20：$G=(89191.824+35361.706-8871.252)kg=115682.278$kg

②号筋 ϕ20：$G=(78546.494+35282.221-9516.021)kg=104312.694$kg

③号筋 ϕ8：$G=(4676.8+2348.006-664.358)kg=6360.448$kg

（4）普通层剪力墙 Q_2 钢筋量

Q_2 长为 $l=75.70$m　AL 的长为 $L'=27.8$m

墙高为 $h=3.6\times11$m$=39.6$m

长为 $l_1=(75.70-27.8)$m$=47.9$m

墙高为 $h=(3.6\times11-0.5\times11)m=3.1\times11m=34.1$m

$l_2=27.8$m

【注释】 3.6m 为层高，11 为层数，27.8m 为暗梁 1 的长度。

① 39.6m 高，49.3m 长墙中钢筋量

①号钢筋：ϕ18@200，竖向分布筋

根数 n=[(49.3−2×0.025)/0.2+1+1]×2 根=(246+2)×2 根=248×2 根=496 根

单根长度 l=(39.6+0.12−2×0.025)×1.135m=39.67×1.135m=45.025m

总长度 L=nl=496×45.025m=22332.4m

总质量 G=2.00×L=2.00×22332.4kg=44664.8kg

【注释】 49.3m 为该钢筋的分布范围，2×0.025m 为两保护层的厚度，0.2m 为该处钢筋的分布间距，2 为钢筋的排数，39.6m 为该钢筋的构件长度，1.135 为钢筋的搭接系数，2.00kg/m 为该钢筋的每米理论质量，22332.4m 为该钢筋的总长度。

②号钢筋：ϕ18@200，水平分布筋

根数 n=[(39.6−2×0.025)/0.2+1]×2 根=(198+1)×2 根=199×2 根=398 根

单根长度 l=(47.9−2×0.025)m=47.85m

总长度 L=nl=47.85×398m=19044.3m

总质量 G=2.00×L=2×19044.3kg=38088.6kg

【注释】 39.6m 为该钢筋的分布范围，2×0.025m 为两保护层的厚度，0.2m 为该钢筋的分布间距，2 为钢筋的摆放排数，47.9m 为该钢筋的构件长度，2.00kg/m 为该钢筋每米的理论质量，19044.3m 为该钢筋的总长度。

③号钢筋：ϕ8@400，箍筋

根数 n=[(39.6−2×0.025)/0.4+1]×[(47.9−2×0.025)/0.2+2]根
=(99+1)×242 根=24200 根

单根长度 l=(0.25−0.015×2+0.1)m=0.32m

总长度 L=nl=0.32×24200m=7744m

总质量 G=0.395×L=0.395×7744kg=3058.88kg

【注释】 39.6、47.9m 均为钢筋的分布范围，0.4、0.2m 为钢筋的分布间距，0.25m 为钢筋的构件长度，0.015×2m 为两保护层的厚度，0.1m 为钢筋弯钩的增加值，0.32m 为该钢筋单根的长度，0.395kg/m 为该钢筋每米的理论质量，7744m 为该钢筋的总长度。

② 34.1m 高，27.8m 长墙中钢筋量

①号钢筋：ϕ18@200，竖直分布筋

根数 n=[(27.8−2×0.025)/0.2+1]×2 根=(139+1)×2 根=280 根

单根长度 l=(34.1+0.12−2×0.025)m=34.17m

总长度 L=nl=280×34.17m=9567.6m

总质量 G=2×L=2×9567.6kg=19135.2kg

【注释】 27.8m 为该钢筋的分布范围，2×0.025m 为两保护层的厚度，0.2m 为钢筋的分布间距，2 为钢筋的排数，34.1m 为钢筋的构件长度，280 为该钢筋的根

数，34.17m为该钢筋单根的长度，2.00kg/m为该钢筋的每米理论质量，9567.6m为该钢筋的总长度。

②号钢筋：ϕ18@200，水平分布筋

根数 n=[(34.1－2×0.025)/0.2＋1]×2根＝(170＋1)×2根＝342根

单根长度 l=(27.8－2×0.025)m＝27.75m

总长度 L=nl＝27.75×342m＝9490.5m

总质量 G=2×L＝2×9490.5kg＝18981kg

【注释】 34.1m为该钢筋的分布范围，2×0.025m为两保护层的厚度，0.2m为钢筋的分布间距，2为钢筋的摆放排数，27.8m为钢筋的构件长度，27.75m为该钢筋的单根长度，342为该钢筋的根数，2kg/m为该钢筋的每米理论质量，9490.5m为该钢筋的总长度。

③号钢筋：ϕ8@400，箍筋

根数 n＝[(27.8－2×0.025)/0.2＋1]×[(34.1－2×0.025)/0.4＋1]根＝140×(85＋1)根

＝140×86根＝12040根

单根长度 l=(0.25－0.015×2＋0.1)m＝0.32m

总长度 L=nl＝0.32×12040m＝3852.8m

总质量 G=0.395×L＝0.395×3852.8kg＝1521.856kg

【注释】 27.8、34.1m均为钢筋的分布范围，0.2、0.4m为钢筋的分布间距，0.25m为该钢筋的构件长度，0.015×2m为两保护层的厚度，0.1m为钢筋弯钩的长度，0.32m为钢筋单根的长度，0.395kg/m为钢筋的每米理论质量，3852.8m为该钢筋的总长度。

③ 应扣除门窗洞口钢筋量

M－4×6扇　　M－4×3扇　　M－1×2扇

l=(1×0.8＋4×1＋1.2×2)m＝(2.4＋4＋0.8)m＝7.2m

【注释】 0.8、4、1.2m均为门的宽度。

h=2.1m

①号钢筋：ϕ18@200，竖直分布筋

根数 n=[(7.2－2×0.025)/0.2＋1]×2根＝(36＋1)×2根＝74根

单根长度 l=(2.1－2×0.025)m＝2.05m

总长度 L=nl＝2.05×74m＝151.7m

总质量 G=2×L＝2×151.7kg＝303.4kg

【注释】 7.2m为该钢筋的分布范围，2×0.025m为两保护层的厚度，0.2m为钢筋的分布间距，2为钢筋的摆放排数，2.1m为钢筋的构件长度，2.05m为钢筋单根的长度，2kg/m为钢筋的每米理论质量，151.7m为该钢筋的总长度。

②号钢筋：ϕ18@200，水平分布筋

根数 n=[(2.1－2×0.05)/0.2＋1]×2根＝11×2根＝22根

单根长度 l=(7.2－2×0.025)m=7.15m(不考虑搭接)

总长度 $L=nl$=22×7.15m=157.3m

总质量 G=2×L=2×157.3kg=314.6kg

【注释】 2.1m为该钢筋的分布长度，2×0.025m为两保护层的厚度，0.2m为该钢筋的分布间距，2为钢筋的摆放层数，7.2m为该钢筋的构件长度。

③号钢筋：ϕ8@400，箍筋

根数 n=[(2.1－2×0.025)/0.4＋1]×[(7.2－2×0.025)/0.2＋1]根＝6×37根＝222根

单根长度 l=(0.25－0.015×2＋0.1)m=0.32m

总长度 $L=nl$=222×0.32m=71.04m

总质量 G=0.395×L=0.395×71.04kg=28.061kg

【注释】 222为该钢筋的根数，0.25m为该钢筋的构件长度，0.015×2m为两保护层的厚度，0.1m为钢筋弯钩的增加值，0.32m为该钢筋的单根长度，0.395kg/m为该钢筋的每米理论质量，71.04m为该钢筋的总长度。

小结：综上所述，普通层 Q_2 钢筋用量：

①号筋 ϕ18:G=(44664.8＋19135.2－303.4)kg=63496.6kg

②号筋 ϕ18:G=(38088.6＋18981－314.6)kg=56755.0kg

③号筋 ϕ8:G=(3058.88＋1521.856－28.061)kg=4552.675kg

(5) 1～11层剪力墙中窗洞口应扣钢筋量（LL_1下）

C－1×2扇　　C－2×2扇　　C－3×2×2=C－3×4扇　　C－4×4扇

C－5×4扇　　C－7×1扇　　C－8×2扇　　C－9×2扇

h=1500mm高窗的长 l＝(1.8×2＋1.8×2＋1.5×4＋4×0.6＋1.8＋2×1.8)m
＝(1.8×7＋6＋2.4)m=21m

【注释】 1.8×2m为窗C－1的宽度，其中1.8m为该窗的单个宽度，2为该窗的数量，第二个1.8×2m为窗C－2的宽度，其中2为该窗的个数，1.5×4m为窗C－3的宽度，其中1.5m为该窗的单个宽度，4为该窗的个数，4×0.6m为窗C－5的宽度，其中4为该窗的个数，1.8m为窗C－7的宽度，2×1.8m为窗C－8的宽度，其中2为该窗的个数，1.8m为该窗的单个宽度。

h=1000mm高　　窗宽 l=4×0.6m=2.4m

h=500mm高　　窗宽 l=2×0.3m=0.6m

① 则 h=1500mm高，扣钢筋量

①号钢筋：ϕ20@200，纵向分布筋

根数 n=[(21－2×0.025)/0.2＋1]×2根＝106×2根＝212根

单根长度 l=1.5m

总长度 $L=nl$=1.5×212m=318m

总质量 G=2.47×L=2.47×318kg=785.46kg

【注释】 21m为该钢筋的分布范围，2×0.025m为两保护层的厚度，0.2m为该

钢筋的分布间距，2 为钢筋的排数，1.5m 为该钢筋的单根长度，2.47kg/m 为该钢筋的每米理论质量。

②号钢筋：ϕ20@200，水平分布筋

根数 n=[(1.5−2×0.025)/0.2+1]×2 根=9×2 根=18 根

单根长度 l=21m

总长度 L=nl=21×18m=378m

总质量 G=2.47×L=2.47×378kg=933.66kg

【注释】 1.5m 为该钢筋的分布范围，2×0.025m 为两保护层的厚度，0.2m 为该钢筋的分布间距，2 为钢筋的摆放排数，2.47kg/m 为该钢筋的每米理论质量。

③号钢筋：ϕ8@400，箍筋

根数 n=[(2.1−2×0.025)/0.4+1+1]×[(21−2×0.025)/0.2+1]根=7×106 根=742 根

单根长度 l=(0.25−0.015×2+0.1)m=0.32m

总长度 L=nl=0.32×742m=237.44m

总质量 G=0.395×L=0.395×237.44kg=93.789kg

【注释】 0.4、0.2m 均为钢筋的分布间距，0.25m 为该钢筋的构件长度，0.015×2m 为两保护层的厚度，0.395kg/m 为该钢筋的每米理论质量，237.44m 为该钢筋的总长度。

② h=1000mm 高，窗洞口应扣钢筋量

①号钢筋：ϕ20@200，纵向分布筋

根数 n=[(2.4−2×0.025)/0.2+1]×2 根=13×2 根=26 根

单根长度 l=1m

总长度 L=nl=1×26m=26m

总质量 G=2.47×L=2.47×26kg=64.22kg

【注释】 2.4m 为该钢筋的分布范围，2×0.025m 为两保护层的厚度，0.2m 为该钢筋的分布间距，2 为钢筋的排数，1m 为该钢筋的单根长度，2.47kg/m 为钢筋的每米理论质量，26m 为钢筋的总长度。

②号钢筋：ϕ20@200，水平分布筋

根数 n=[(1.0−2×0.025)/0.2+1]×2 根=6×2 根=12 根

单根长度 l=2.4m

总长度 L=nl=12×2.4m=28.8m

总质量 G=2.47×L=2.47×28.8kg=71.136kg

【注释】 1.0m 为该钢筋的分布范围，2×0.025m 为两保护层的厚度，2 为钢筋的排数，2.4m 为该钢筋的单根长度，2.47kg/m 为该钢筋的每米理论质量，28.8m 为该钢筋的总长度。

③号钢筋：ϕ8@400，箍筋

根数 n =[(1−2×0.025)/0.4+1+1]×[(2.4−2×0.025)/0.2+1]根

=4×13根=52根

单根长度 l=(0.25－0.015×2+0.1)m=0.32m

总长度 $L=n\times l$=0.32×52m=16.64m

总质量 G=0.395×L=0.395×16.64kg=6.573kg

【注释】 0.4、0.2m为钢筋的分布间距，0.25m为钢筋的构件长度，0.015×2m为两保护层的厚度，0.395kg/m为钢筋的每米理论质量。

③ h=500m高的洞口所占钢筋量

①号钢筋：ϕ2@200，纵向分布筋

根数 n=[(0.6－2×0.025)/0.2+1]×2根=4×2根=8根

单根长度 l=0.5m

总长度 $L=nl$=0.5×8m=4m

总质量 G=2.47×L=2.47×4kg=9.88kg

【注释】 0.6m为钢筋的分布范围，2×0.025m为两保护层的厚度，0.2m为钢筋的分部间距，2为钢筋的排数，0.5m为钢筋的单根长度，2.47kg/m为钢筋的每米理论质量，4m为钢筋的总长度。

②号钢筋：ϕ20@200，水平分布筋

根数 n=[(0.5－2×0.025)/0.2+1+1]×2根=4×2根=8根

单根长度 l=0.6m

总长度 $L=nl$=0.6×8m=4.8m

总质量 G=2.47×L=2.47×4.8kg=11.856kg

【注释】 0.5m为钢筋的分布范围，2×0.025m为两保护层的厚度，0.2m为钢筋的分布间距，2为钢筋的排数，2.47kg/m为钢筋的每米理论质量。

③号钢筋：ϕ8@400，箍筋

根数 n=[(0.5－2×0.025)/0.4+1]×(0.6/0.2+1)根=4×2根=8根

单根长度 l=(0.25－0.015×2(保护层)+0.1(弯钩))m=0.32m

总长度 $L=nl$=8×0.32m=2.56m

总质量 G=0.395×L=0.395×2.56kg=1.014kg

【注释】 0.5m为钢筋的分布范围，2×0.025m为两保护层的厚度，0.4m为钢筋的分布间距，0.25m为钢筋的构件长度，0.015×2m为保护层的厚度，0.1m为钢筋弯钩的增加值，0.32m为钢筋单根的长度，0.395kg/m为钢筋的每米理论质量。

综上所述，普通1～11层应扣除窗洞口所占钢筋量：

①号筋 ϕ20：G=(785.46+64.22+9.88)×11kg=859.56×11kg=9455.16kg

②号筋 ϕ20：G=(933.66+71.136+11.856)×11kg=1016.65×11kg=11183.172kg

③号筋 ϕ8：G=(93.789+6.573+1.014)×11kg=101.376×11kg=1115.136kg

综合以上（1）～（5）论述及计算得出剪力墙中钢筋用量：

① ϕ20：G=(11945.512(地下室 Q_1)+115682.278(普通 Q_1)－9455.16(普通M、C))kg

=118172.63kg

② ϕ20:G=(11959.493(地下室 Q_1)+104312.694(普通 Q_1))kg=116272.187kg

③ ϕ8:G=(903.886(地下室 Q_1)+6360.448(普通 Q_1)−1115.136)kg=6149.198kg

④ ϕ18:G=(4077.28(地下室 Q_2)+63496.6(普通 Q_2))kg=67573.88kg

⑤ ϕ18:G=(4189.04(地下室 Q_2)+56755.0(普通层 Q_2))kg=60944.04kg

⑥ ϕ8:G=(370.366(地下室 Q_2)+4552.675(普通 Q_2))kg=4923.041kg

则综上 ϕ20:G=(118172.63+116272.187)kg=234444.817kg

ϕ18:G=(67573.88+60944.04)kg=128517.92kg

ϕ8:G=(6149.198+4923.041)kg=11072.239kg

8) 屋面及楼面板中钢筋

①号钢筋：ϕ8@150，分布钢筋

根数 n=[(6−0.015×2)/0.15+1]×12 根=14×12 根=492 根

单根长度 l=(43.8−2×0.015+0.1(两个弯钩))m=43.87m

总长度 L=nl=492×43.87m=21584.04m

总质量 G=0.395×L=0.395×21584.04kg=8525.696kg

【注释】 6m 为钢筋的分布范围，0.015×2m 为两保护层的厚度，0.15m 为钢筋的分布间距，12 为层数，43.8m 为钢筋的构件长度，0.1m 为钢筋弯钩的增加值，492 为钢筋的总根数，0.395kg/m 为钢筋的每米理论质量。

②号钢筋：ϕ8@150，分布钢筋

根数 n=[(1.5−2×0.015)/0.15+1]×12 根=11×12 根=132 根

单根长度 l=(15.2+4.4×2−2×0.015+0.1(两个弯钩))m=24.07m

总长度 L=nl=132×24.07m=3181.2m

总质量 G=0.395×L=0.395×3181.2kg=1256.574kg

【注释】 1.5m 为该钢筋的分布范围，2×0.015m 为两保护层的厚度，0.15m 为钢筋的分布间距，12 为层数，15.2m 为钢筋的构件长度，132 为钢筋的根数，0.395kg/m 为钢筋的每米理论质量。

③号钢筋：ϕ8@150，分布钢筋

根数 n=[(12.8−2×0.015)/0.15+1]×12 根=87×12 根=1044 根

单根长度 l=(15.2−2×0.015+0.1(弯钩))m=15.27m

总长度 L=nl=1044×15.27m=15941.88m

总质量 G=0.395×L=0.395×15941.88kg=6297.043kg

【注释】 12.8m 为钢筋的分布范围，2×0.015m 为两保护层的厚度，0.15m 为钢筋的分布间距，12 为钢筋的层数，15.2m 为钢筋的构件长度，0.1m 为钢筋的弯钩增加值，0.395kg/m 为钢筋的每米理论质量，15941.88m 为钢筋的总长度。

④号钢筋：ϕ8@150，纵向分布

根数 n=[(9.9×2−2×0.015)/0.15]×12 根=132×12 根=1584 根

单根长度 l=(6+0.1(弯钩长)−2×0.015)m=6.07m

总长度 $L=nl=1584\times6.07\text{m}=9662.4\text{m}$

总质量 $G=0.395\times L=0.395\times9662.4\text{kg}=3816.648\text{kg}$

【注释】 9.9×2m为钢筋的分布范围，2×0.015m为保护层的厚度，0.15m为钢筋的分布间距，12为层数，6m为钢筋的构件长度，0.1m为钢筋的弯钩增加值，1584为钢筋的总根数，6.07m为钢筋的单根长度，0.395kg/m为钢筋的每米理论质量。

⑤号钢筋：$\phi8@150$，纵向分布

根数 $n=[(4.4\times2-2\times0.015)/0.15+1]\times12$ 根$=59\times12$ 根$=708$ 根

单根长度 $l=(6+1.5-2\times0.015+0.1)\text{m}=7.57\text{m}$

总长度 $L=nl=708\times7.57\text{m}=5380.80\text{m}$

总质量 $G=0.395\times L=0.395\times5380.8\text{kg}=2125.416\text{kg}$

【注释】 4.4×2m为钢筋的分布范围，2×0.015m为两保护层的厚度，0.15m为钢筋的分布间距，12为层数，(6+1.5)m为钢筋的构件长度，0.1m为钢筋弯钩的增加值，708为钢筋的根数，7.57m为钢筋单根的长度，0.395kg/m为钢筋的每米理论质量。

⑥号钢筋：$\phi8@150$，纵向分布

根数 $n=[(15.2-2\times0.015)/0.15+1]\times12$ 根$=102\times12$ 根$=1224$ 根

单根长度 $l=[(12.8+6+1.5-2\times0.015)+0.1]\text{m}=20.4\text{m}$

总长度 $L=nl=1224\times20.4\text{m}=24969.6\text{m}$

总质量 $G=0.395\times L=0.395\times24969.6\text{kg}=9862.992\text{kg}$

【注释】 15.2m为钢筋的分布范围，2×0.015m为两保护层的厚度，0.15m为钢筋的分布间距，12为层数，(12.8+6+1.5) m为钢筋的构件长度，0.1m为钢筋的弯钩增加值，1224为钢筋的总根数，0.395kg/m为钢筋的每米理论质量。

⑦号钢筋：斜轴线，$\phi8@150$，纵筋

根数 $n=(3.25/0.15+1)\times2\times12$ 根$=22\times24$ 根$=528$ 根

单根长度 $l=(7.8-2\times0.015+0.1)\text{m}=7.87\text{m}$

总长度 $L=nl=528\times7.87\text{m}=4155.36\text{m}$

总质量 $G=0.395\times L=4155.36\times0.356\text{kg}=1641.367\text{kg}$

【注释】 3.25m为钢筋的分布范围，0.15m为钢筋的分布间距，2为两侧，12为层数，7.8m为钢筋的构件长度，2×0.015m为两保护层的厚度，0.1m为钢筋弯钩的增加值，528为钢筋的根数，7.87m为钢筋单根的长度，0.395kg/m为钢筋的每米理论质量。

⑧号钢筋：斜轴线，$\phi8@150$，水平筋

根数 $n=[(1.8-2\times0.015)/0.15+1]\times2\times12$ 根$=13\times24$ 根$=312$ 根

单根长度 $l=(7.2+0.1(\text{弯钩})-2\times0.015)\text{m}=7.27\text{m}$

总长度 $L=nl=312\times7.27\text{m}=2277.6\text{m}$

总质量 $G=0.395\times L=0.395\times2277.6\text{kg}=898.652\text{kg}$

【注释】 1.8m为钢筋的分布范围，2×0.015m为两保护层的厚度，0.15m为钢筋的分布间距，12为层数，7.2m为钢筋的构件长度，0.1m为钢筋弯钩的增加值，0.395kg/m为钢筋的每米理论质量。

⑨号钢筋：斜轴线，ϕ8@150，纵筋

根数n=[(7.2−3.25)/0.15+1]×2×12根=27×24根=648根

【注释】 (7.2−3.25)m为钢筋的分布范围，0.15m为钢筋的分布间距，12为层数。

最短处长度l_1=(1.8+0.1)m=1.9m　　最长处度长l_2=(7.8+0.1)m=7.9m

单根长度l=[(l_1+l_2)/2+0.1−2×0.015]m=[(7.9+1.9)/2+0.1]m

=(4.9+0.1−2×0.015)m=4.97m

总长度$L=nl$=648×4.97m=3240m

总质量G=0.395×L=0.395×3240kg=1279.8kg

【注释】 4.9m为钢筋的构件长度，0.1m为钢筋弯钩的增加值，2×0.015m为两保护层的厚度，648为钢筋的根数，0.395kg/m为钢筋的每米理论质量。

⑩号钢筋：斜轴线ϕ8@150，水平筋

根数n=[(7.8−1.8)/0.15+1]×2×12根=41×24根=984根

【注释】 (7.8−1.8)m为钢筋的分布范围，0.15m为钢筋的分布间距，12为层数。

最短处长度:l_1=(7.2−3.25)m=3.95m

最长处长度:l_2=7.2m

单根长度l=[(l_1+l_2)/2+0.1−2×0.015]=[(3.95+7.2)/2+0.1]m

=(5.575+0.1−2×0.015)m=5.645m

总长度$L=nl$=984×5.645m=5554.68m

总质量G=0.395×L=0.395×5554.68kg=2194.099kg

【注释】 5.575m为钢筋的构件长度，0.1m为钢筋弯钩的长度，2×0.015m为钢筋的保护层的厚度，0.395kg/m为钢筋的每米理论质量。

⑪号钢筋：ϕ6@200，加强筋

根数n={[(12.8−2×0.015)/0.2+1]×2+[4.4−2×0.015)/0.2+1]×2+[(9.9−2×0.015)/0.2+2]×2+[(15.2−2×0.015)/0.2+1]+[(43.8−2×0.015)/0.2+1]}×12根

={[(64+1)+(22+1)+(49+2)]×2+(76+1)+(219+1)}×12根

=[(65+23+51)×2+77+220]×12根

=575×12根=6900根

单根长度l=[1.130+0.036(两个直弯钩)]m=1.166m

总长度$L=nl$=6900×1.166m=8045.4m

总质量G=0.222×L=0.222×8045.4kg=1786.079kg

【注释】 12.8、4.4、9.9、15.2、43.8m均为钢筋的分布范围，0.2m为钢筋的

分布间距，12为建筑层数，1.130m为钢筋的构件长度，0.036m为两直弯钩的增加值，0.222kg/m为钢筋的每米理论质量。

⑫号钢筋，$\phi8@200$，加强筋

根数 n=[(1.5×2−2×0.015)/0.2+2]×12(层)根=17×12根=24根

单根长度 l=(0.78+0.048(直弯钩))m=0.828m(见标注)

总长度 $L=nl$=204×0.828m=168.912m

总质量 G=0.395×L=0.395×168.912kg=66.720kg

【注释】 1.5×2m为钢筋的分布范围，2×0.015m为保护层的厚度，0.2m为钢筋的分布间距，12为层数，0.78m为钢筋的构件长度，0.048m为钢筋的弯钩长度，0.395kg/m为钢筋的每米理论质量。

⑬号钢筋：$\phi8@200$，加强筋

根数 n={[(15.2−2×0.015)/0.2+1]+[(15.2+4.4×2−2×0.015)/0.2+1]}×12(层)根=(77+121)×12根=198×12根=2376根

单根长度 l=(0.55×2+0.048(直弯钩))m=1.148m

总长度 $L=nl$=2376×1.148m=2727.648m

总质量 G=0.395×L=0.395×2727.648kg=1077.421kg

【注释】 15.2、(15.2+4.4×2)m为钢筋的分布范围，0.2m为钢筋的分布间距，2×0.015m为两保护层的厚度，12为层数，0.55×2m为钢筋的构件长度，0.048m为钢筋直弯钩的长度，0.395kg/m为钢筋的每米理论质量。

⑭号钢筋：$\phi6@200$，加强筋

根数 n={[(7.2−2×0.015)/0.2+1]+[(7.8−2×0.015)/0.2+1]+[(4.5−2×0.015)/0.2+1]}×2(侧)×12根

=(37+40+24)×2×12根

=101×24根=2424根

单根长度 l=[0.1+0.036(弯钩)]m=1.036m

总长度 $L=nl$=2424×1.036m=2511.264m

总质量 G=0.222×L=0.222×2511.264kg=557.501kg

【注释】 7.2、7.8、4.5m为钢筋的分布范围，2×0.015m为保护层的厚度，0.2m为钢筋的分布间距，12为层数，0.1m为钢筋的构件长度，0.036m为钢筋弯钩的长度，0.222kg/m为钢筋的每米理论质量。

⑮号钢筋：$\phi8@200$，加强筋钢

根数 n=[(6−2×0.015)/0.2+1]×2(侧)×12(层)根=31×24根=744根

单根长度 l=(0.76×2+0.048(弯钩))m=1.568m(见图中标注)

总长度 $L=nl$=744×1.568m=1166.592m

总质量 G=0.395×L=0.395×1166.592kg=460.804kg

【注释】 6m为钢筋的分布范围，2×0.015m为保护层的厚度，0.2m为钢筋的分布间距，12为层数，0.76×2m为钢筋的构件长度，0.048m为钢筋弯钩的长度，

744 为钢筋的根数，0.395kg/m 为钢筋的每米理论质量。

综上所述，钢筋混凝土屋面及楼面板中钢筋用量汇总如下：

ϕ8：G =（8525.696 + 1256.574 + 1447.596 + 3816.648 + 2152.908 + 9945.041 + 1715.975+898.652+1295.6+2194.099+66.720+1077.421+460.804)kg
=34853.734kg

ϕ6：G=（1786.079+557.501）kg=2343.58kg

9）现浇钢筋混凝土楼梯（LT_1）中钢筋用量

（1）楼梯板中钢筋用量（斜板）

① TB_1×1 块：斜长 l'= ［（10×0.26)^2 +1.87^2］$^{1/2}$m=3.203m

①号钢筋：ϕ12@125

根数 n=[(1.3−2×0.025)/0.125+1]×1 根=12 根

【注释】 1.3m 为钢筋的分布范围，2×0.025m 为保护层的厚度，0.125m 为钢筋的分布间距。

单根长度 l =[(10×0.36+0.2)^2 +1.87^2]$^{1/2}$ −0.025(保护层)+0.52+(0.7−0.015×2)(直弯钩)+0.075(一个半圆形弯钩)]m
=(3.37−0.025+0.52+0.67+0.075)m=4.61m

【注释】 3.37m 为钢筋的构件长度，0.025m 为一个保护层的厚度，0.67m 为直弯钩的长度，0.075m 为一个半圆弯钩的长度。

总长度 L=nl=12×4.61m=55.32m

总质量 G=0.888×L=0.888×55.32kg=49.124kg

【注释】 12 为钢筋的根数，4.61m 为钢筋的单根长度，0.888kg/m 为钢筋的每米理论质量。

③号钢筋：ϕ8@160

根数 n=[(1.3−2×0.015)/0.16+1]×1 根=10 根

单根长度 l =[(0.85+0.2)^2 +(3×0.17)^2]$^{1/2}$ +[0.14(直弯钩)−0.015)+0.3+0.05(半圆)]m
=(1.167+0.125+0.35)m=1.642m

总长度 L=nl=10×1.642m=16.42m

总质量 G=0.395×L=0.395×16.42kg=6.486kg

【注释】 1.3m 为钢筋的分布范围，2×0.015m 为两保护层的厚度，0.16m 为钢筋的分布间距，0.05m 为一个半圆弯钩的长度，10 为钢筋的根数，0.395kg/m 为钢筋的每米理论质量。

④号钢筋：ϕ8@160

根数 n={[(0.85^2 +0.51^2)/0.16]$^{1/2}$ +1}×1 根=7×1 根=7 根

单根长度 l=(1.3−0.015×2(保护层)+0.1(两个半圆弯钩))m=1.37m

总长度 L=nl=7×1.37m=9.59m

总质量 G=0.395×L=0.395×9.59kg=3.788kg

【注释】 0.16m为钢筋的分布间距，1.3m为钢筋的构件长度，0.015×2m为保护层的厚度，0.1为两弯钩的长度，1.37m为单根钢筋的长度，0.395kg/m为钢筋的每米理论质量。

⑤号钢筋：ϕ6@200

根数 n=[(3.37－0.025)/0.2＋1]×1根＝18根

单根长度 l=(1.3－0.015×2＋0.08(弯钩))m＝1.35m

总长度 $L=nl$＝18×1.35m＝24.3m

总质量 G=0.222×L＝0.222×24.3kg＝5.396kg

【注释】 3.37m为钢筋的分布范围，0.2m为钢筋的分布间距，1.3m为钢筋的构件长度，0.015×2m为两保护层的厚度，0.08m为两弯钩的长度，0.222kg/m为钢筋的每米理论质量。

⑥号钢筋：ϕ6@250

根数 n=(1.167/0.25(取整)＋1)×1根＝6根

单根长度 l=(1.3－0.015×2＋0.08)m＝1.35m

总长度 $L=nl$＝6×1.35m＝8.1m

总质量 G=0.222×L＝0.222×8.1kg＝1.798kg

【注释】 1.167m为钢筋的分布范围，0.25m为钢筋的分布间距，1.3m为钢筋的构件长度，0.015×2m为两保护层的厚度，0.08m为钢筋弯钩的增加值，0.222m为钢筋的每米理论质量。

② TB_2×1块：斜长 l＝ $(2.08^2+1.61^2)^{1/2}$m＝2.63m

①号钢筋：ϕ12@120

根数 n=[(1.3－2×0.015)/0.12＋2]×1根＝12×1根＝12根

【注释】 1.3m为钢筋的分布范围，2×0.015m为两保护层的厚度，0.12m为钢筋的分布间距。

单根长度 l＝{$[(2.08+0.2)^2+1.61^2]^{1/2}$＋2.075＋0.25＋(0.07－0.015×2)(直弯钩)＋0.075(半圆弯钩)}m

＝(2.79＋2.075＋0.25＋0.04＋0.075)m＝5.23m

总长度 $L=nl$＝12×5.23m＝62.76m

总质量 G=0.888×L＝0.888×62.76kg＝55.731kg

【注释】 (0.07－0.015×2)m为直弯钩的长度，0.075m为半圆弯钩的长度，12为钢筋的根数，5.23m为单根钢筋的长度，0.888kg/m为钢筋的每米理论质量。

④号钢筋：ϕ6@170

根数 n=(2.63/0.17＋1)×1根＝17根

单根长度 l=(1.3－0.015×2＋0.08)m＝1.35m

总长度 $L=nl$＝1.35×17m＝22.95m

总质量 G=0.222×22.95kg＝5.095kg

【注释】 2.63m为钢筋的分布范围，0.17m为钢筋的分布间距，1.3m为钢筋的构件长度，0.015×2m 为两保护层的厚度，0.222kg/m 为钢筋的每米理论质量。

②号钢筋：ϕ8@150

根数 n=[(1.3−2×0.015)/0.15+2]×1 根=10 根

【注释】 1.3m 为钢筋的分布范围，2×0.015m 为两保护层的厚度，0.15m 为钢筋的分布间距。

单根长度 l={[(0.95+0.2)^2+(3×0.161+0.091)^2]$^{1/2}$+0.28+0.14(直弯钩)+0.05(半圆)}m

=(1.285+0.28+0.14+0.05)m

=1.755m

注:0.28=0.35−0.07

【注释】 (1.285+0.28)m 为钢筋的构件长度，0.14m 为直弯钩的长度，0.05m 为半圆弯钩的长度。

总长度 $L=nl$=10×1.755m=17.55m

总质量 G=0.395×L=0.395×17.55kg=6.932kg

【注释】 10 为钢筋的根数，1.755m 为单根钢筋的长度，0.395kg/m 为钢筋的每米理论质量。

⑤号钢筋：ϕ6@250

根数 n=(1.285/0.25+1)×1 根=7 根

单根长度 l=(1.3−0.015×2+0.08)m=1.35m

总长度 $L=nl$=1.35×7m=9.45m

总质量 G=0.222×L=0.222×9.45kg=2.098kg

【注释】 1.285m 为钢筋的分布范围，0.25m 为钢筋的分布间距，1.3m 为钢筋的构件长度，2×0.015m 为两保护层的厚度，0.08m 为两弯钩的长度，0.222kg/m 为钢筋的每米理论质量。

③ TB_3×9 块:斜长 l'=(2.16^2+1.66^2)$^{1/2}$m=2.72m

①号钢筋：ϕ10@130

根数 n=[(1.3−2×0.015)/0.13+1]×9 根=11×9 根=99 根

【注释】 1.3m 为钢筋的分布范围，2×0.015m 为两保护层的厚度，0.13m 为钢筋的分布间距，9 为楼梯板的块数。

单根长度 l={[(2.16+0.2×2)^2+1.66^2]$^{1/2}$+2×6.25×0.01−0.015×2(保护层)}m

=(3.05+0.125−0.03)m

=3.145m

【注释】 3.05m 为钢筋的构件长度，2×6.25×0.01m 为钢筋两弯钩的长度，0.015×2m 为两保护层的厚度。

总长度 $L=nl$=99×3.145m=311.355m

总质量 G=0.617×L=0.617×311.355kg=192.106kg

【注释】 99 为钢筋的根数，3.145m 为单根钢筋的长度，0.617kg/m 为钢筋的每米理论质量。

②号钢筋：ϕ8@200

根数 n=[(1.3−2×0.015)/0.2+1]×9 根=8×9 根=72 根

【注释】 1.3m 为钢筋的分布范围，2×0.015m 为两保护层的厚度，0.2m 为钢筋的分布间距，9 为板的块数。

单根长度 l ={[(0.2+0.27×2)^2+(0.161×2+0.07)^2]$^{1/2}$+0.1(有弯钩)+0.28+0.05(半圆筋)}m

=(0.837+0.1+0.28+0.05)m

=1.267m

【注释】 0.837m 为钢筋的构件长度，0.1m 为直弯钩的长度，0.05m 为半圆弯钩的长度。

总长度 $L=nl$=72×1.267m=91.224m

总质量 G=0.395×L=0.395×91.224kg=36.033kg

【注释】 72 为钢筋的根数，1.267m 为单根钢筋的长度，0.395kg/m 为钢筋的每米理论质量。

③号钢筋：ϕ8@200

根数 n=[(1.3−2×0.015)/0.2+2]×9 根=9×9 根=81 根

单根长度 l =[0.837+0.35+0.1(直弯钩)+0.05(半圆钩)−0.015×2(保护层)]

=1.322m

总长度 $L=nl$=81×1.322m=107.082m

总质量 G=0.395×L=0.395×107.082kg=42.297kg

【注释】 1.3m 为钢筋的分布范围，2×0.015m 为两保护层的厚度，0.2m 为钢筋的分布间距，9 为板的块数，(0.837+0.35)m 为钢筋的构件长度，0.1m 为直弯钩的长，0.05m 为半圆弯钩的长度，0.015×2m 为两保护层的厚度，0.395kg/m 为钢筋的每米理论质量。

④号钢筋：ϕ6@250

根数 n=[(3.05−0.837)/0.25+3]×9 根=12×9 根=108 根

单根长度 l=(1.3−0.015×2+0.08)m=1.35m

总长度 $L=nl$=1.35×108m=145.8m

总质量 G=0.222×L=0.222×145.8kg=32.368kg

【注释】 (3.05−0.837)m 为钢筋的分布范围，0.25m 为钢筋的分布间距，9 为板的块数，1.3m 为钢筋的构件长度，0.015×2m 为两保护层的厚度，0.08m 为钢筋弯钩的长度，1.35m 为单根钢筋的长度，0.222kg/m 为钢筋的每米理论质量。

④ TB_4×9 块：斜长 l'=(1.66^2+2.16^2)$^{1/2}$m=2.724m

①号钢筋：ϕ10@130

根数 n=[(1.3−2×0.015)/0.13+1]×9 根=11×9 根=99 根

单根长度 $l=\{[1.66^2+(2.16+0.4)^2]^{1/2}+0.28+0.1$(弯钩)$\}$m

$=(3.05+0.28+0.1)$m

$=3.43$m

总长度 $L=nl=99\times3.43$m$=339.57$m

总质量 $G=0.617\times L=0.617\times339.57kg=209.515$kg

【注释】 1.3m 为钢筋的分布范围，2×0.015m 为两保护层的厚度，0.13m 为钢筋的分布间距，9 为板的块数，(3.05+0.28)m 为钢筋的构件长度，0.1m 为钢筋的弯钩增加值，99 为钢筋的根数，0.617kg/m 为钢筋的每米理论质量。

②号钢筋：ϕ8@200

根数 $n=(1.3/0.2+2)\times9$ 根$=9\times9$ 根$=81$ 根

【注释】 1.3m 为钢筋的分布范围，0.2m 为钢筋的分布间距，9 为板的块数。

单根长度 $l=\{[0.8^2+(3\times0.198)^2]^{1/2}+0.1$(直弯钩)$+0.15+0.05$(半圆弯钩)$-0.015\}$m

$=(0.996+0.1+0.15+0.05-0.015)$m

$=1.281$m

【注释】 0.996m 为钢筋的构件长度，0.1m 为直弯钩的长度，0.05m 为半圆弯钩的长度，0.015m 为一个保护层的厚度。

总长度 $L=nl=81\times1.281$m$=103.761$m

总质量 $G=0.395\times L=0.395\times103.761kg=40.986$kg

【注释】 81 为钢筋的根数，1.281m 为单根钢筋的长度，0.395kg/m 为钢筋的每米理论质量。

③号钢筋：ϕ8@200

根数 $n=[(1.3-2\times0.015)/0.2+1]\times9$ 根$=8\times9$ 根$=72$ 根

【注释】 1.3m 为钢筋的分布范围，2×0.015m 为保护层的厚度，0.2m 为钢筋的分布间距，9 为板的块数。

单根长度 $l=\{[(3\times0.27+0.2)^2+(4\times0.198)^2]^{1/2}+0.35+0.1$(直弯钩)$+0.05$(半圆钩)$-2\times0.015\}$m

$=(1.283+0.35+0.1+0.05-0.03)m=1.78$m

【注释】 (1.283+0.35)m 为钢筋的构件长度，0.1m 为直弯钩的增加值，0.05m 为半圆弯钩的长度，0.015×2m 为两保护层的厚度。

总长度 $L=nl=72\times1.78$m$=128.16$m

总质量 $G=0.395\times L=0.395\times128.16kg=50.623$kg

【注释】 72 为钢筋的根数，1.78m 为单根钢筋的长度，0.395kg/m 为钢筋的每米理论质量，128.16m 为钢筋的总长度。

④号钢筋：ϕ6@250

根数 $n=[(3.05-2\times0.015)/0.25+1$(根)$]\times9$ 根

$=14\times9$ 根$=126$ 根

【注释】 3.05m 为钢筋的分布范围，2×0.015m 为两保护层的厚度，0.25m 为钢筋的分布间距，9 为板的块数。

单根长度 l=(1.3−0.015×2+0.08)m=1.35m

总长度 $L=nl$=1.35×126m=170.10m

总质量 G=0.222×L=0.222×170.10kg=37.762kg

【注释】 1.3m 为钢筋的构件长度，0.015×2m 为两保护层的厚度，0.08m 为弯钩的长度，1.35m 为钢筋的单根长度，126 为钢筋的根数，0.222 为钢筋的每米理论质量。

(2) XB 中钢筋用量：XB_1×10 块，XB_2×9 块，底层板各 1 块，记 B′、B″

① B′中钢筋用量×1 块

②′号钢筋：ϕ12@125

根数 n=[(2.7−2×0.015)/0.125+1]×1 根=23×1 根=23 根

【注释】 2.7m 为钢筋的分布范围，2×0.015m 为两保护层的厚度，0.125m 为钢筋的分布间距。

单根长度 l=(1.815−0.025−0.015+0.15(两个弯钩))m=1.775m

【注释】 1.815m 为钢筋的构件长度，0.15m 为两个弯钩的长度。

注：②″钢筋一端头伸入墙中、一端头处板中伸入柱中，故两端保护层厚度不同。

总长度 $L=nl$=23×1.775m=40.825m

总质量 G=0.888×L=0.888×40.825kg=36.253kg

【注释】 23 为钢筋的根数，1.775m 为单根钢筋的长度，0.888kg/m 为钢筋的每米理论质量。

② ″号钢筋：ϕ12@125

根数 n=[(2.7−0.015×2)/0.125+1]×1 根=23 根

【注释】 2.7m 为钢筋的分布范围，0.015×2m 为两保护层的厚度，0.125m 为钢筋的分布间距。

单根长度 l =(1.815−0.015−0.025+0.125+0.522+$(0.17×2)^2$+2×3×0.015)m
=2.628m

总长度 $L=nl$=23×2.628m=60.444m

总质量 G=0.888×L=0.888×60.444g=53.674kg

【注释】 23 为钢筋的根数，2.628m 为单根钢筋的长度，0.888kg/m 为钢筋的每米理论质量，53.674m 为钢筋的总长度。

⑥号钢筋：ϕ6@250

根数 n=[(1.815−0.015×2)/0.25+1]×1 根=9 根

单根长度 l=(2.7−2×0.015+0.08(弯钩))m=2.75m

总长度 $L=nl$=9×2.75m=24.75m

总质量 G=0.222×L=0.222×24.75kg=5.495kg

【注释】 1.815m为该钢筋的分布范围，2×0.015m为两保护层的厚度，0.08m为两弯钩的长度，2.7m为钢筋的构件长度，9为钢筋的根数，2.75m为单根钢筋的长度，0.222kg/m为钢筋的每米理论质量，24.75m为钢筋的总长度。

⑦号钢筋：ϕ6@200

根数n=[(1.815−0.015×2)/0.25+1]×1根=8根

单根长度l=(2.7−2×0.015+0.08(弯钩))m=2.75m

总长度L=nl=8×2.75m=22.0m

总质量G=0.222×L=0.222×22.0kg=4.884kg

【注释】 1.815m为该钢筋的分布范围，0.015×2m为两保护层的厚度，0.25m为钢筋的分布间距，2.7m为钢筋的构件长度，0.08m为钢筋弯钩的增加值，0.222kg/m为钢筋的每米理论质量。

②B″中钢筋用量

③号钢筋：ϕ8@150

根数n=[(2.7−0.015×2)/0.15+1]×1根=(18+1)×1根=19根

单根长度l=(0.95+0.25−0.025+0.048(两个直弯钩))m=1.223m

总长度L=nl=19×1.223m=23.237m

总质量G=0.395×L=0.395×23.237kg=9.179kg

【注释】 2.7m为钢筋的分布范围，0.015×2m为两保护层的厚度，0.15m为钢筋的分布间距，(0.95+0.25)m为钢筋的构件长度，0.048m为两个直弯钩的长度，0.395kg/m为钢筋的每米理论质量。

④号钢筋：ϕ6@170

根数n=[(2.075−2×0.015)/0.17+1]×1根=13根

单根长度l=(2.7−2×0.015+0.036)m=2.706m

总长度L=nl=13×2.706m=35.178m

总质量G=0.222×L=0.222×35.178kg=7.81kg

【注释】 2.075m为钢筋的分布范围，2×0.015m为两保护层的厚度，0.17m为钢筋的分布间距，2.7m为钢筋的构件长度，0.036m为两弯钩的增加值，0.222kg/m为钢筋的每米理论质量。

⑤号钢筋：ϕ6@250

根数n=[(0.95+0.25−0.025)/0.25+1]×1根=6根

单根长度l=(2.7−2×0.015+0.036(弯钩))m=2.706m

总长度L=nl=6×2.706m=16.236m

总质量G=0.222×L=0.222×16.236kg=3.604kg

【注释】 (0.95+0.25)m为钢筋的分布范围，0.025m为一个保护层的厚度，0.25m为钢筋的分布间距，2.7m为钢筋的构件长度，2×0.015m为两保护层的厚度，0.036m为钢筋弯钩的增加值，6为钢筋的根数，2.706m为单根钢筋的长度，0.222kg/m为钢筋的每米理论质量，16.236m为钢筋的总长度。

③ XB_1×10块

⑤号钢筋：$\phi6@250$

根数 n=[(1.045+0.2+0.25−0.015×2)/0.25+1]×10根=(23+2)×10根=250根

单根长度 l=(2.7−0.25+0.08(两半圆弯钩))m=2.53m

总长度 $L=nl$=250×2.53m=632.5m

总质量 G=0.222×L=0.222×632.5kg=140.415kg

【注释】(1.045+0.2+0.25)m为钢筋的分布范围，0.015×2m为两保护层的厚度，2.7m为钢筋的构件长度，0.08m为两个半圆弯钩的增加值，250为该钢筋的根数，2.53m为钢筋单根的长度，0.222kg/m为钢筋的每米理论质量。

⑥号钢筋：$\phi6@120$

根数 n=[(2.7−0.25)/0.12+1]×10根=220根

单根长度 l=(1.045+0.2−0.015×2+0.25+0.08)m=1.545m

总长度 $L=nl$=220×1.545m=339.9m

总质量 G=0.222×L=0.222×339.9kg=75.458kg

【注释】2.7m为钢筋的分布范围，0.12m为钢筋的分布间距，10为块数，(1.045+0.2+0.25)m为钢筋的构件长度，0.015×2m为两保护层的厚度，0.08m为两半圆弯钩的长度，0.222kg/m为钢筋的每米理论质量。

⑦号钢筋：$\phi8@200$

根数 n=[(2.7−0.25)/0.2+1)]×10根=140根

单根长度 l=(1.045+0.2−0.015×2+0.25+0.048(两直钩))m=1.513m

总长度 $L=nl$=140×1.513m=211.82m

总质量 G=0.395×L=0.395×211.82kg=83.669kg

【注释】2.7m为钢筋的分布范围，0.2m为钢筋的分布间距，10为板的块数，(1.045+0.25+0.2)m为钢筋的构件长度，0.015×2m为两保护层的厚度，0.048m为两直钩的长度，0.395kg/m为钢筋的每米理论质量。

④ XB_2×9块

④″号钢筋：$\phi6@250$

根数 n=[(1.795+0.2+0.25−0.015×2)×2/0.25+1]×9根=19×9根=171根

单根长度 l=(2.7−0.25+0.08)m=2.53m

总长度 $L=nl$=171×2.53m=432.63m

总质量 G=0.222×L=0.222×432.63kg=96.044kg

【注释】(1.795+0.2+0.25)m为钢筋的分布范围，0.25m为钢筋的分布间距，9为板的块数，2.7m为钢筋的构件长度，0.08m为钢筋两半圆弯钩的增加值，0.222kg/m为钢筋的每米理论质量。

⑤号钢筋：$\phi6@150$

根数 n=[(2.7−0.25)/0.15+2)]×9 根=18×9 根=162 根

单根长度 l=(1.795+0.25+0.2−0.015×2(保护层)+0.08(半圆钩))m=2.295m

总长度 $L=nl$=162×2.295m=371.79m

总质量 G=0.222×L=0.222×371.79kg=82.537kg

【注释】 2.7m 为钢筋的分布范围，0.15m 为钢筋的分布间距，9 为板的块数，(1.795+0.25+0.2)m 为钢筋的构件长度，0.015×2m 为两保护层的厚度，0.08m 为两半圆弯钩的长度，162 为钢筋的根数，2.295m 为单根钢筋的长度，0.222kg/m 为钢筋的每米理论质量，371.79m 为钢筋的总长度。

⑥号钢筋：ϕ8@200

根数 n=[(2.7−0.25)/0.2+2]×9 根=14×9 根=126 根

单根长度 l=(1.795+0.25+0.2−0.015×2(保护层)+0.048(直弯钩))m=2.263m

总长度 $L=nl$=126×2.263m=285.138m

总质量 G=0.395×L=0.395×285.138kg=112.630kg

【注释】 2.7m 为钢筋的分布范围，0.2m 为钢筋的分布间距，9 为板的块数，(1.795+0.25+0.2)m 为钢筋的构件长度，0.015×m 为两保护层的厚度，0.048m 为直弯钩的长度，126 为钢筋的根数，2.263m 为钢筋的单根长度，0.395kg/m 为钢筋的每米理论质量，285.138m 为钢筋的总长度。

(3) 楼梯梁中钢筋混用量：TL_1×1 根　　TL_2×17 根　　TL_3×2 根

① TL_1中钢筋，200mm×350mm

①号钢筋：2ϕ14

根数 n=2×1 根=2 根

单根长度 l=(2.7+0.25×2−0.025×2+0.17(两弯钩))m=3.32m

总长度 $L=nl$=2×3.32m=6.64m

总质量 G=1.21×L=1.21×6.64kg=8.034kg

【注释】 (2.7+0.25×2)m 为钢筋的构件长度，0.025×2m 为两保护层的厚度，0.17m 为钢筋两弯钩的增加值，2 为钢筋的根数，3.32m 为钢筋单根的长度，1.21kg/m 为钢筋的每米理论质量，6.64m 为钢筋的总长度。

②号钢筋：1ϕ10

根数 n=1×1 根=1 根

单根长度 l=(2.7+0.25×2−0.025×2+0.12(两弯钩))m=3.27m

总长度 $L=nl$=3.27×1m=3.27m

总质量 G=0.617×L=0.617×3.27kg=2.018kg

【注释】 (2.7+0.25×2)m 为钢筋的构件长度，0.025×2m 为两保护层的厚度，0.12m 为钢筋两弯钩的长度，3.27m 为钢筋单根的长度，0.617kg/m 为钢筋的每米理论质量。

③号钢筋：2ϕ8

根数 n=2×1 根=2 根

单根长度 l=(2.7+0.25×2−0.025×2(保护层)+0.1×2+0.1(弯钩))m=3.45m

总长度 $L=nl$=2×3.45m=6.9m

总质量 G=0.395×L=0.395×6.9kg=2.726kg

【注释】(2.7+0.25×2)m为钢筋的构件长度，0.025×2m为两保护层的厚度，0.1×2m为钢筋两弯钩的增加值，2为钢筋的根数，3.45m为单根钢筋的长度，0.395kg/m为钢筋的每米理论质量。

④号钢筋：ϕ6@200

根数 n=[2.7+0.25×2−0.025×2)/0.2+1]根=16根

单根长度 l=[(0.35+0.2)×2−0.03(调整值)]m=1.07m

总长度 $L=nl$=16×1.07m=17.12m

总质量 G=0.222×L=0.222×17.12kg=3.801kg

【注释】(2.7+0.25×2)m为该钢筋的分布范围，0.025×2m为两保护层的厚度，0.2m为该箍筋的分布间距，(0.35+0.2)×2m为箍筋的构件周长，0.03kg/m为箍筋的调整值,16为钢筋根数，1.07m为单根钢筋的长度，0.222m为钢筋的每米理论质量，17.12m为钢筋的总长度。

② TL_2×17根

①号钢筋：3ϕ12

根数 n=3×17根=51根

单根长度 l=(2.7+0.25×2−0.025×2+0.15(弯钩))m=1.365m

总长度 $L=nl$=51×1.365m=69.615m

总质量 G=0.888×L=0.888×69.615kg=61.818kg

【注释】3为单个楼梯梁该钢筋的根数，17为梯梁的根数，(2.7+0.25×2)m为钢筋的构件长度，0.025×2m为两保护层的厚度,0.15m为钢筋弯钩的增加值，51为钢筋根数，0.888kg/m为钢筋的每米理论质量。

②号钢筋：2ϕ8

根数 n=2×17根=34根

单根长度 l=(2.7+0.25×2−0.025×2(保护层)+0.1×2+0.1(弯钩))m=3.45m

总长度 $L=nl$=3.45×34m=117.3m

总质量 G=0.395×L=0.395×117.3kg=46.334kg

【注释】2为单个梯梁该钢筋的根数，17为梯梁的根数，(2.7+0.25×2)m为钢筋的构件长度，0.025×2m为两保护层的厚度，0.1m为弯钩的增加值，3.45m为单个钢筋的长度，0.395kg/m为钢筋的每米理论质量。

③号钢筋：ϕ6@200

根数 n=[(2.7+0.25×2−0.025×2)/0.2+1]×17根=16×17根=272根

单根长度 l=[(0.2+0.3)×2−0.03(调整值)]m=0.97m

总长度 $L=nl$=272×0.97m=263.84m

总质量 G=0.222×L=0.222×263.84kg=58.572kg

【注释】 (2.7＋0.25×2)m 为钢筋的分布范围，0.025×2m 为两保护层的厚度，0.2m 为钢筋的分布间距，17 为梯梁的根数，(0.2＋0.3)×2m 为钢筋的构件周长，0.03m 为钢筋的调整值，272 为钢筋的总根数，0.97m 为单根钢筋的长度，0.222kg/m 为钢筋的每米理论质量，263.84m 为钢筋的总长度。

③ TL_3×2 根

①号钢筋：2ϕ10

根数 n=2×2 根=4 根

单根长度 l=(2.7＋0.25×2－0.025×2＋0.12(两弯钩))m=3.27m

总长度 L=nl=3.27×4m=13.08m

总质量 G=0.617×L=0.617×13.08kg=8.07kg

【注释】 (2.7＋0.25×2)m 为钢筋的构件长度，0.025×2m 为两保护层的厚度，0.12m 为钢筋两弯钩的长度，3.27m 为单根钢筋的长度，4 为钢筋的根数，0.617kg/m 为钢筋的每米理论质量，13.08m 为钢筋的总长度。

②号钢筋：1ϕ12

根数 n=1×2 根=2 根

单根长度 l=(2.7＋0.25×2－0.025×2(保护层)＋0.15(弯钩))m=3.3m

总长度 L=nl=2×3.3m=6.6m

总质量 G=0.888×L=0.888×6.6kg=5.861kg

【注释】 (2.7＋0.25×2)m 为钢筋的构件长度，0.025×2m 为两保护层的厚度，0.15m 为钢筋两弯钩的长度，2 为钢筋的根数，3.3m 为钢筋单根的长度，0.888kg/m为钢筋的每米理论质量，6.6m 为钢筋的总长度。

③号钢筋：2ϕ8

根数 n=2×2 根=4 根

单根长度 l=(2.7＋0.25×2－0.025×2(保护层)＋0.1×2＋0.1(弯钩))m=3.45m

总长度 L=nl=4×3.45m=13.8m

总质量 G=0.395×L=0.395×13.8kg=5.451kg

【注释】 (2.7＋0.25×2) m 为钢筋的构件长度，0.025×2m 为两保护层的厚度，0.1m 为钢筋弯钩的增加值，4 为钢筋的根数，3.45m 为该钢筋单根的长度，0.395kg/m 为钢筋的每米理论质量。

④号钢筋：ϕ6@200

根数 n=[(2.7＋0.25×2－0.025×2)/0.2＋1]×2 根=16×2 根=32 根

单根长度 l=[(0.2＋0.3)×2－0.03]m=0.97m

总长度 L=nl=0.97×32m=31.04m

总质量 G=0.222×L=0.222×31.04kg=6.891kg

【注释】 (2.7＋0.25×2)m 为钢筋的分布范围，0.025×2m 为两保护层的厚度，0.2m 为钢筋的分布间距，(0.2＋0.3)×2m 为箍筋的构件周长，0.03m 为箍筋的调整值，0.222kg/m 为该钢筋的每米理论质量。

LT_1中各类型号钢筋长度及质量汇总如下：

$\phi 14$：$G=8.034$kg

$\phi 12$：$G=[49.124(TB_1)+55.731(TB_2)+36.253(B')+53.674(B)+61.818(TL_2)+5.861(TL_3)]$kg

$=(49.124+55.731+89.927+61.818+5.861)$kg

$=262.461$kg

【注释】 49.124kg为TB_1中该钢筋的质量，55.731kg为TB_2中该钢筋的质量，(36.253+53.674)kg为板中该钢筋的质量，61.818kg为TL_2中该钢筋的质量，5.861kg为TL_3中该钢筋的质量。

$\phi 10$：$G=[192.106(TB_3)+209.515(TB_4)+2.018(TL_1)+8.07(TL_3)]$kg

$=411.709$kg

【注释】 192.106kg为TB_3中该钢筋的质量，209.515kg为TB_4中该钢筋的质量，2.018kg为TL_1中该钢筋的质量，8.07kg为TL_3中该钢筋的质量。

$\phi 8$：$G=[(6.486+3.788)(TB_1)+6.932(TB_2)+(36.033+42.297)(TB_3)+(40.986+50.623)(TB_4)+9.179(B'')+83.669(XB_1)+112.630(XB_2)+2.726(TL_1)+46.334(TL_2)+5.451(TL_3)]$kg

$=(10.274+6.932+78.33+91.609+9.179+83.669+112.630+2.726+46.334+5.451)$kg

$=447.134$kg

【注释】 (6.486+3.788)kg为TB_1中该钢筋的质量，6.932kg为TB_2中该钢筋的质量，(50.986+42.291)kg为TB_3中该钢筋的质量，(40.986+50.623)kg为TB_4中该钢筋的质量，9.179kg为板B″中该钢筋的质量，83.669kg为XB_1中该钢筋的质量，112.630kg为XB_2中该钢筋的质量，2.726kg为TL_1中该钢筋的质量，46.334kg为TL_2中该钢筋的质量，5.451kg为TL_3中该钢筋的质量。

$\phi 6$：$G=[(5.396+1.798)(TB_1)+(5.095+2.098)(TB_2)+32.368(TB_3)+37.762(TB_4)+(5.495+4.884)(B')+(7.81+3.604)(B'')+(140.415+75.458)(XB_1)+(96.044+82.537)(XB_2)+3.801(TL_1)+58.572(TL_2)+6.891(TL_3)]$kg

$=(7.194+7.193+37.762+32.368+10.379+11.414+215.873+178.581+3.801+58.572+6.891)$kg

$=570.028$kg

【注释】 (5.396+1.798)kg为TB_1中该钢筋的质量，(5.095+2.098)kg为TB_2中该钢筋的质量，32.368kg为TB_3中该钢筋的质量，37.762kg为TB_4中该钢筋的质量，(5.495+4.884) kg为板B′中该钢筋的质量，(7.81+3.604)kg为板B″中该钢筋的质量，(140.415+75.458)kg为XB_1 中该钢筋的质量，(96.044+82.537)kg为XB_2中该钢筋的质量，3.801kg为TL_1中该钢筋的质量，58.572kg为TL_2中该钢筋的质量，6.891kg为TL_3中该钢筋的质量。

10）现浇钢筋混凝土楼梯（LT_2）中钢筋用量

计算如下：LT_2×2 个

(1) 楼梯板中钢筋用量（斜板）斜长：l'=[(11×0.26)2+1.87×2]m=7.592m

① TB_1×2 块

①号钢筋：ϕ12@125

根数 n=[(1.3−2×0.015)/0.125(取整)+1+1]×2 根=12×2 根=24 根

【注释】 1.3m 为钢筋的分布范围，2×0.015m 为两保护层的厚度，0.125m 为钢筋的分布间距，2 为该梯板的块数。

单根长度 l ={[11×0.26+0.2)^2+1.87^2]$^{1/2}$−0.015×2(保护层)+0.52+(0.7−0.015×2)(直弯钩)+0.075(一个半圆弯钩)}m

=(3.586−0.03+0.52+0.67+0.075)m

=4.821m

【注释】 (3.586+0.52)m 为钢筋的构件长度，0.015×2m 为两保护层的厚度，(0.7−0.015×2) m 为钢筋两直弯钩的长度，0.075m 为钢筋一个半圆弯钩的长度。

总长度 $L=nl$=24×4.821m=115.704m

总质量 G=0.888×L=0.888×115.704kg=102.745kg

【注释】 24 为钢筋的根数，4.821m 为钢筋的单根长度，0.888kg/m 为钢筋的每米理论质量，115.704m 为钢筋的总长度。

②号钢筋：ϕ8@160

根数 n=[(1.3−2×0.015)/0.16+1]×2 根=20 根

【注释】 1.3m 为钢筋的分布范围，2×0.015m 为两保护层的厚度，0.16m 为钢筋的分布间距，2 为梯板的块数。

单根长度 l =[(0.85+0.2)^2+(3×0.17)^2]$^{1/2}$+(0.14−0.015)(直弯钩)+0.3+0.05(圆钩)m

=(1.67+0.125+0.35)m

=1.642m

【注释】 (1.67+0.35)m 为钢筋的构件长度，(0.14−0.015)m 为两直弯钩的长度，0.05 为圆钩的长度。

总长度 $L=nl$=1.642×20m=32.84m

总质量 G=0.395×L=0.395×32.84kg=12.972kg

【注释】 1.642m 为钢筋单根的长度，20 为钢筋的根数，0.395kg/m 为钢筋的每米理论质量，32.84m 为钢筋的总长度。

④号钢筋：ϕ8@160

根数 n=[(0.85^2+0.51^2)$^{1/2}$+1]×2 根=7×2 根=14 根

单根长度 l=(1.3−0.015×2(保护层)+0.1(两个圆弯钩))m=1.37m

总长度 $L=nl$=14×1.37m=19.18m

总质量 G=0.395×L=0.395×19.18kg=7.576kg

【注释】 14为钢筋的根数，1.3m为钢筋的构件长度，0.015×2m为两保护层的厚度，0.1m为钢筋两弯钩的增加值，0.395kg/m为钢筋的每米理论质量，19.18m为钢筋的总长度。

⑤号钢筋：ϕ6@200

根数 n=(3.586/0.2+1)×2根=19×2根=38根

单根长度 l=(1.3−0.015×2+0.08(弯钩))m=1.35m

总长度 $L=nl$=38×1.35m=51.3m

总质量 G=0.222×L=0.222×51.3kg=11.389kg

【注释】 3.586m为钢筋的分布范围，0.2m为钢筋的分布间距，2为梯板的块数，1.3m为钢筋的构件长度，0.015×2m为两保护层的厚度，0.08m为钢筋弯钩的增加值，38为钢筋的总根数，1.35m为钢筋的单根长度，0.222kg/m为钢筋的每米理论质量，51.3m为钢筋的总长度。

⑥号钢筋：ϕ6@250

根数 n=(1.1671/0.25+1)×2根=6×2根=12根

单根长度 l=(1.3−0.015×2+0.08)m=1.35m

总长度 $L=nl$=12×1.35m=16.20m

总质量 G=0.222×L=0.222×16.20kg=3.596kg

【注释】 1.1671m为钢筋的分布长度，0.25m为钢筋的分布间距，2为梯板的块数，1.3m为钢筋的构件长度，0.015×2m为两保护层的厚度，0.08m为钢筋弯钩的增加值，0.222kg/m为钢筋的每米理论质量。

② TB_2×2块　斜长 $l=(2.6^2+1.61^2)^{1/2}$m=3.058m

①号钢筋：ϕ12@120

根数 n=[(1.3−2×0.015)/0.12+1]×2根=12×2根=24根

【注释】 1.3m为钢筋的分布范围，0.015×2m为两保护层的厚度，0.12m为钢筋的分布间距，2为梯板的块数。

单根长度 $l=\{[(2.6+0.2)^2+1.61^2]^{1/2}$+2.155+0.25+(0.07−0.015×2)(直弯钩)+0.075(半圆弯钩)}m

=(3.326+2.155+0.25+0.04+0.075)m

=5.846m

【注释】 (3.326+2.155+0.25)m为钢筋的构件长度，(0.07−0.015×2)m为直弯钩的增加值，0.075m为半圆弯钩的增加值。

总长度 $L=nl$=24×5.846m=140.304m

总质量 G=0.888×L=0.888×140.304kg=124.590kg

【注释】 24为钢筋的根数，5.846m为该钢筋单根的长度，0.888kg/m为钢筋的每米理论质量，140.304m为该钢筋的总长度。

④号钢筋：ϕ6@170

根数 n=(3.058/0.17+1)×2根=19×2根=38根

单根长度 l=(1.3−0.015×2+0.08)m=1.35m

总长度 $L=nl=1.35\times38\text{m}=51.3\text{m}$

总质量 $G=0.222\times L=0.222\times51.3\text{kg}=11.389\text{kg}$

【注释】 3.058m 为钢筋的分布范围，0.17m 为钢筋的分布间距，2 为梯板的块数，1.3m 为钢筋的构件长度，0.015×2m 为两保护层的厚度，0.08m 为钢筋弯钩的增加值，1.35m 为钢筋单根的长度，38 为钢筋的根数，0.22kg/mm 为钢筋的每米理论质量。

②号钢筋：$\phi8@150$

根数 $n=[(1.3-2\times0.015)/0.15+1]\times2$ 根 $=10\times2$ 根 $=20$ 根

单根长度 $l=\{[(0.95+0.2)^2+(3\times0.10+0.091)^2]^{1/2}+0.28+0.14(\text{直弯钩})+0.05(\text{半圆弯钩})\}\text{m}$

$=(1.285+0.28+0.14+0.05)\text{m}$

$=1.755\text{m}$

总长度 $L=nl=20\times1.755\text{m}=35.10\text{m}$

总质量 $G=0.395\times L=0.395\times35.10\text{kg}=13.865\text{kg}$

【注释】 1.3m 为钢筋的分布范围，2×0.015m 为两保护层的厚度，2 为梯板的块数，(1.285+0.28)m 为钢筋的构件长度，0.14m 为直弯钩的增加值，0.05m 为半圆弯钩的长度，20 为钢筋的根数，0.395kg/m为钢筋的每米理论质量。

⑤号钢筋：$\phi6@250$

根数 $n=(1.285/0.25+1)$(取整)$\times2$ 根 $=7\times2$ 根 $=14$ 根

单根长度 $l=(1.3-0.015\times2+0.08)\text{m}=1.35\text{m}$

总长度 $L=nl=1.35\times14\text{m}=18.90\text{m}$

总质量 $G=0.222\times L=0.222\times18.90\text{kg}=4.196\text{kg}$

【注释】 1.285m 为钢筋的分布范围，0.25m 为钢筋的分布间距，2 为梯板的块数，1.3 为钢筋的构件长度，0.015×2m 为两保护层的厚度，0.08m 为钢筋弯钩的增加值，1.35m 为钢筋单根的长度，14 为钢筋的根数，0.222kg/m 为钢筋的每米理论质量，18.90m 为钢筋的总长度。

③ $BT_3\times18$ 块

①号钢筋：$\phi10@130$

根数 $n=\{[(1.3-2\times0.015)/0.13+1]\times18$ 根 $=11\times18$ 根 $=198$ 根

单根长度 $l=[(2.7+2\times0.2)^2+1.66^2]^{1/2}+2\times6.25\times0.01-0.015\times2(\text{保护层})\}\text{m}$

$=(3.516+0.125-0.03)\text{m}$

$=3.611\text{m}$

总长度 $L=nl=198\times3.611\text{m}=714.978\text{m}$

总质量 $G=0.617\times L=0.617\times714.978\text{kg}=441.141\text{kg}$

【注释】 1.3m 为钢筋的分布范围，2×0.015m 为两保护层的厚度，0.13m 为钢筋的分布间距，3.516m 为钢筋的构件长度，2×6.25×0.01m 为钢筋两弯钩的长度，

0.617kg/m为钢筋的每米理论质量。

②号钢筋：ϕ8@200

根数 n=[(1.3－2×0.015)/0.2+2]×18根=8×18根=144根

单根长度 l={[(0.2+0.27×2)^2+(0.151×2+0.07)^2]$^{1/2}$+0.1(直弯钩)+0.28+0.05(半圆弯钩)}m

=(0.837+0.1+0.28+0.05)m

=1.267m

总长度 $L=nl$=144×1.267m=182.448m

总质量 G=0.395×L=0.395×182.448kg=72.067kg

【注释】 1.3m为钢筋的分布范围，2×0.015m为两保护层的厚度，0.2m为钢筋的分布间距，18为梯板的块数，(0.837+0.28)m为钢筋的构件长度，0.1m为钢筋直弯钩的增加值，0.05m为半圆弯钩的增加值，144为该钢筋的根数，0.395kg/m为钢筋的每米理论质量。

③号钢筋：ϕ8@200

根数 n=[(1.3－2×0.015)/0.2+1]×18根=8×18根=144根

单根长度 l=(0.837+0.35+0.1(直弯钩)+0.05(半圆弯钩)－0.015×2(保护层))m

=1.322m

总长度 $L=nl$=144×1.322m=190.368m

总质量 G=0.395×L=0.395×190.368kg=75.195kg

【注释】 1.3m为该钢筋的分布范围，2×0.015m为两保护层的厚度，0.2m为钢筋的分布间距，18为梯板的块数，(0.837+0.35)m为钢筋的构件长度，0.1m为钢筋直弯钩的增加值，0.05m为半圆弯钩的长度，0.395kg/m为钢筋的每米理论质量，190.368m为钢筋的总长度。

④′号钢筋：ϕ6@250

根数 n=[(3.169－0.837)/0.25+2]×18根

=(2.332/0.25+2)(取整)×18根

=12×18根=216根

单根长度 l=(1.3－0.015×2+0.08)m=1.35m

总长度 $L=nl$=1.35×216m=291.6m

总质量 G=0.222×L=0.222×291.6kg=64.735kg

【注释】 (3.169－0.837)m为钢筋的分布范围，0.25m为钢筋的分布间距，18为梯板的块数，1.3m为钢筋的构件长度，0.015×2m为两保护层的厚度，0.08m为钢筋的弯钩增加值，0.222kg/m为钢筋的每米理论质量。

④ TB_4×18块　斜长：l'=(2.7^2+1.66^2)$^{1/2}$m=3.169m

①号钢筋 ϕ10@130

根数 n=[(1.3－2×0.015)/0.13+1]×18根=11×18根=198根

单根长度 $l=\{[(2.7+2\times0.2)^2+1.66^2]^{1/2}+0.28-2\times0.015+0.1$(弯钩)$\}$m

$=(3.516+0.28-0.03+0.1)$m$=3.866$m

总长度 $L=nl=198\times3.866$m$=765.468$m

总质量 $G=0.617\times L=0.617\times765.468kg=472.294$kg

【注释】 1.3m 为钢筋的分布范围，0.015×2m 为两保护层的厚度，0.13m 为钢筋的分布间距，18 为梯板的块数，(3.516+0.28)m 为钢筋的构件长度，0.1m 为钢筋弯钩的增加值，0.617 为钢筋的每米理论质量。

②号钢筋：ϕ8@200

根数 $n=[(1.3-2\times0.015)/0.2+2]\times18$ 根$=8\times18$ 根$=144$ 根

单根长度 $l=\{[0.8^2+(2\times0.116+0.07)^2]^{1/2}+0.1$(直钩)$+0.15+0.05$(半圆钩)$-0.015$(保护层)$\}$m

$=(0.731+0.1+0.15+0.05-0.015)$m

$=1.016$m

总长度 $L=nl=144\times1.016$m$=146.304$m

总质量 $G=0.395\times L=0.395\times146.304kg=57.79$kg

【注释】 1.3m 为钢筋的分布范围，2×0.015m 为两保护层的厚度，0.2m 为钢筋的分布间距，18 为梯板的块数，(0.731+0.15)m 为钢筋的构件长度，0.1m 为钢筋直弯钩的增加值，0.05m 为钢筋半圆弯钩的长度，0.395kg/m 为钢筋的每米理论质量，146.304m 为钢筋的总长度。

③号钢筋：ϕ8@200

根数 $n=[(1.3-2\times0.015)/0.2+2]\times18$ 根$=8\times18$ 根$=144$ 根

单根长度 $l=\{[(3\times0.27+0.2)^2+(4\times0.198)^2]^{1/2}+0.35+0.1$(直弯钩)$+0.05$(半圆钩)$-0.015$(保护层)$\}$m

$=1.78$m

总长度 $L=nl=144\times1.78$m$=256.32$m

总质量 $G=0.395\times L=0.395\times256.32kg=101.246$kg

【注释】 1.3m 为钢筋的分布范围，2×0.015m 为两保护层的厚度，0.2m 为钢筋的分布间距，18 为梯板的块数，0.1m 为钢筋直弯钩的长度，0.05m 为半圆弯钩的长度，0.015m 为一个保护层的厚度，0.395kg/m 为钢筋的每米理论质量。

④′号钢筋：ϕ6@250

根数 $n=[(3.169-2\times0.015)/0.25$(取整)$+1]\times18$ 根

$=3.139/0.25$(取整)$\times18$ 根

$=14\times18$ 根$=252$ 根

单根长度 $l=(1.3-0.015\times2+0.08)m=1.35$m

总长度 $L=nl=1.35\times252$m$=340.2$m

总质量 $G=0.222\times L=0.222\times340.2kg=75.524$kg

【注释】 3.169m 为钢筋的分布范围，2×0.015m 为两保护层的厚度，0.25m 为钢筋的分布间距，18为梯板的块数，1.3m为钢筋的构件长度，0.08m为钢筋的弯钩增加值，0.222kg/m为钢筋的每米理论质量，1.35m为该钢筋的单根长度，252为该钢筋的根数。

（2）XB中钢筋用量 XB_2×20块 XB_2×18块 底层板各2块，记B′、B″

①B′中钢筋：量×2块

②′号钢筋：ϕ12@125

根数 n=[(2.7−0.015×2)/0.125+1]×2根=23×2根=46根

单根长度 l=(1.895−0.025−0.95+0.15(两个弯钩))m=2.005m

总长度 $L=nl$=46×2.005m=92.23m

总质量 G=0.888×L=0.888×92.23kg=81.90kg

【注释】 2.7m为钢筋的分布范围，0.015×2m为两保护层的厚度，0.125m为钢筋的分布间距，2为板的块数，（1.895−0.025−0.95）m为钢筋的构件长度，0.15m为钢筋两个弯钩的长度，46为钢筋的根数，0.888kg/m为钢筋的每米理论质量，92.23m为钢筋的总长度。

②″号钢筋：ϕ12@125

根数 n=[(2.7−0.015×2)/0.125+1]×2根=23×2根=46根

单根长度 l=(1.895−0.015−0.025+0.125+0.522+0.342+2×3×0.92)m=2.648m

总长度 $L=nl$=46×2.648m=121.808m

总质量 G=0.888×L=0.888×121.808kg=108.166kg

【注释】 2.7m为钢筋的分布范围，0.015×2m为两保护层的厚度，0.125m为钢筋的分布间距，2为该板的块数，46为钢筋的根数，2.648m为钢筋单根的长度，0.888kg/m为钢筋的每米理论质量。

⑥号钢筋：ϕ6@250

根数 n=[(1.895−2×0.015+0.125)/0.25+1]×2根=9×2根=18根

单根长度 l=(2.7−2×0.015+0.08(弯钩))m=2.75m

总长度 $L=nl$=2.75×18m=49.50m

总质量 G=0.222×L=0.222×49.50kg=10.989kg

【注释】 (1.895+0.125)m为钢筋的构件长度，2×0.015m为两保护层的厚度，0.25m为钢筋的分布间距，2为板的块数，2.7m为钢筋的构件长度，0.08m为钢筋的弯钩增加值，0.222kg/m为钢筋的每米理论质量，49.50m为钢筋的总长度。

⑦号钢筋：ϕ6@200

根数 n=[(1.895−2×0.015)/0.20+1]×2根=11×2根=22根

单根长度 l=(2.7−2×0.015+0.08(弯钩))m=2.75m

总长度 $L=nl$=22×2.75m=60.5m

总质量 G=0.222×L=0.222×60.5kg=13.431kg

【注释】 1.895m为钢筋的分布范围，2×0.015m为两保护层的厚度，0.20m为钢筋的分布间距，2为该板的块数，2.7m为钢筋的构件长度，0.08m为钢筋的弯钩长度，0.222kg/m为钢筋的每米理论质量，60.5m为钢筋的总长度。

②B″中钢筋用量×2 块

③号钢筋：ϕ8@150

根数 n=[(2.7−0.015×2)/0.15+2]×2 根=19×2 根=38 根

单根长度 l=(0.95+0.25−0.025+0.048(弯钩))m=1.223m

总长度 $L=nl$=38×1.223m=46.474m

总质量 G=0.395×L=0.395×46.474kg=18.357kg

【注释】 2.7m 为钢筋的分布范围，0.015×2m 为两保护层的厚度，0.15m 为钢筋的分布间距，2 为该板的块数，(0.95+0.25−0.025)m 为钢筋的构件长度，0.048m 为钢筋弯钩的增加值，0.395kg/m 为钢筋的每米理论质量，46.474m 为钢筋的总长度。

④号钢筋：ϕ6@170

根数 n=[(2.155−2×0.015)/0.17+1]×2根=14×2根=28根

单根长度 l=(2.7−2×0.015+0.036)m=2.706m

总长度 $L=nl$=28×2.706m=75.768m

总质量 G=0.222×L=0.222×75.768kg=16.820kg

【注释】 2.155m 为钢筋的分布范围，2×0.015m 为两保护层的厚度，0.17m 为钢筋的分布间距，2 为该板的块数，2.7m 为钢筋的构件长度，0.036m 为弯钩的增加值，28 为该钢筋的根数，0.222kg/m为钢筋的每米理论质量，75.768m 为钢筋的总长度。

⑤号钢筋：ϕ6@250

根数 n={[(0.95+0.25−0.025)/0.25+1]×2}根=6×2根=12根

单根长度 l=(2.7−2×0.015+0.036(弯钩))m=2.706m

总长度 $L=nl$=12×2.706m=32.472m

总质量 G=0.222×L=0.222×32.472kg=7.209kg

【注释】 (0.95+0.25)m 为钢筋的分布范围，0.025m 为一个保护层的厚度，0.25m 为钢筋的分布间距，2 为该板的块数，2.7m 为该钢筋的构件长度，2×0.015m 为两个保护层的厚度，0.036m 为钢筋弯钩的增加值，0.222kg/m 为钢筋的每米理论质量。

③XB_1×20 块

⑤号钢筋：ϕ6@250

根数 n ={[(1.045+0.2+0.25−0.015×2)×2]/0.25+2}×20根

=(23+2)×20根=500根

单根长度 l=(2.7−0.25+0.08)m=2.53m

总长度 $L=nl$=500×2.53m=1265m

总质量 G=0.222×L=0.222×1265kg=280.830kg

【注释】 (1.045+0.2+0.25)m 为钢筋的分布范围，0.015×2m 为两个保护层的厚度，0.25m 为钢筋的分布间距，20 为该板的块数，2.7m 为该钢筋的构件长度，

0.08m为钢筋的弯钩长度，0.222kg/m为钢筋的每米理论质量，1265m为该钢筋的总长度。

⑥号钢筋：ϕ6@120

根数 n=[(2.7－0.25)/0.12＋1]×20根＝440根

单根长度 l＝(1.045＋0.2－0.015×2＋0.25＋0.08)m＝1.545m

总长度 L＝nl＝440×1.545m＝679.8m

总质量 G＝0.222×L＝0.222×679.8kg＝150.916kg

【注释】 2.7m为钢筋的分布范围，0.12m为钢筋的分布间距，(1.045＋0.2＋0.25)m为钢筋的构件长度，0.08m为两弯钩的长度，20为该板的块数，0.222kg/m为该钢筋的每米理论质量，679.8m为该钢筋的总长度。

⑦号钢筋：ϕ8@200

根数 n=[(2.7－0.25)/0.2＋1]×20根＝280根

单根长度 l＝(1.045＋0.2－0.015×2＋0.25＋0.048)m＝1.513m

总长度 L＝nl＝280×1.513m＝423.64m

总质量 G＝0.395×L＝0.395×423.64kg＝167.338kg

【注释】 2.7m为钢筋的分布范围，0.2m为钢筋的构件长度，(1.045＋0.2＋0.25)m为该钢筋的构件长度，0.015×2m为两保护层的厚度，0.048m为钢筋弯钩的增加值，0.395kg/m为钢筋的每米理论质量，423.64m为钢筋的总长度。

④XB_2×18块

④″号钢筋：ϕ6@250

根数 n={[(1.855＋0.2＋0.25－0.015×2)×2]/0.25＋1}×18根＝20×18根＝360根

单根长度 l＝(2.7－0.25＋0.08)m＝2.53m

总长度 L＝nl＝360×2.53m＝910.8m

总质量 G＝0.222×L＝0.222×910.8kg＝202.198kg

【注释】 (1.855＋0.2＋0.25)m为钢筋的分布范围，0.015×2m为两保护层的厚度，0.25m为钢筋的分布间距，18为该板的块数，2.7m为钢筋的构件长度，0.08m为钢筋弯钩的长度，0.222kg/m为钢筋的每米理论质量，910.8m为该钢筋的总长度。

⑤号钢筋：ϕ6@150

根数 n=[(2.7－0.25)/0.15＋2]×18根＝18×18根＝324根

单根长度 l＝(1.855＋0.25＋0.2－0.015×2(两保护层)＋0.08(半圆钩))m＝2.355m

总长度 L＝nl＝2.355×324m＝763.02m

总质量 G＝0.222×L＝0.222×763.02kg＝169.390kg

【注释】 2.7m为钢筋的分布范围，0.15m为该钢筋的分布间距，18为该板的块数，(1.855＋0.25＋0.2)m为钢筋的构件长度，(0.015×2)m为两保护层的厚度，

0.08m 为两半圆弯钩的长度，0.222kg/m 为钢筋的每米理论质量，763.02m 为钢筋的总长度。

⑥号钢筋：ϕ8@200

根数 n=[(2.7−0.25)/0.2+1]×18根=14×18根=252根

单根长度 l=(1.855+0.25+0.2−0.015×2(保护层)+0.048(直弯钩))m
=2.323m

总长度 $L=nl$=252×2.323m=585.396m

总质量 G=0.395×L=0.395×585.396kg=231.231kg

【注释】 2.7m 为钢筋的分布范围，0.2m 为钢筋的分布间距，18 为该板的块数，(1.855+0.25+0.2)m 为钢筋的构件长度，0.015×2m 为两保护层的厚度，0.048m 为钢筋两直弯钩的长度，252m 为钢筋的根数，0.395kg/m 为钢筋的每米理论质量，585.396m 为该钢筋的总长度。

(3) 楼梯梁中钢筋用量：TL_1×2 根　TL_2×34 根　TL_3×4 根

①TL_1中钢筋用量：200mm×350mm

①号钢筋：2ϕ14

根数 n=2×2 根=4 根

单根长度 l=(2.7+0.25×2−0.025×2+0.17(两弯钩))m=3.32m

总长度 $L=nl$=4×3.32m=13.28m

总质量 G=1.21×L=1.21×13.28kg=16.068kg

【注释】 (2.7+0.25×2)m 为钢筋的构件长度，0.025×2m 为两保护层的厚度，0.17m 为两弯钩的长度，4 为钢筋的根数，3.32m 为钢筋的单根长度，1.21kg/m 为钢筋的每米理论质量，13.28m 为该钢筋的总长度。

②号钢筋：7ϕ10

根数 n=1×2 根=2 根

单根长度 l=(2.7+0.25×2−0.025×2+0.12(弯钩))m=3.27m

总长度 $L=nl$=3.27×2m=6.54m

总质量 G=0.617×L=0.617×6.54kg=4.036kg

【注释】 (2.7+0.25×2)m 为钢筋的构件长度，0.025×2m 为两保护层的厚度，0.12m 为两弯钩的长度，3.27m 为钢筋的单根长度，2 为钢筋的根数，0.617kg/m 为钢筋的每米理论质量，6.54m 为该钢筋的总长度。

③号钢筋：2ϕ8

根数 n=2×2 根=4 根

单根长度 l=(2.7+0.25×2−0.025×2(保护层)+0.1×2+0.1(弯钩))m
=3.45m

总长度 $L=nl$=4×3.45m=13.8m

总质量 G=0.395×L=0.395×13.8kg=5.452kg

【注释】 (2.7+0.25×2)m 为钢筋的构件长度，0.025×2m 为两保护层的厚度，

0.1m为钢筋两弯钩的增加值，4为钢筋的根数，3.45m为单根钢筋的长度，0.395kg/m为该钢筋的每米理论质量，13.8m为钢筋的总长度。

④号钢筋：ϕ6@200

根数 n=[(2.7+0.25×2−0.025×2)/0.12+1]×2根=16×2根=32根

单根长度 l=[(0.35+0.2)×2−0.03(调整系数)]m=1.07m

总长度 L=nl=32×1.07m=34.24m

总质量 G=0.222×L=0.222×34.24kg=7.602kg

【注释】(2.7+0.25×2)m为钢筋的构件长度，0.025×2m为两个保护层的厚度，32为钢筋的根数，1.07m为单根钢筋的长度，0.222kg/m为钢筋的每米理论质量，34.24m为钢筋的总长度。

②TL_2×34根

①号钢筋：3ϕ12

根数 n=3×34根=102根

单根长度 l=(2.7+0.25×2−0.025×2+0.15(弯钩))m=1.365m

总长度 L=nl=102×1.365m=139.23m

总质量 G=0.888×L=0.888×139.23kg=123.636kg

【注释】3为单个梯梁该钢筋的根数，34为梯梁的根数，(2.7+0.25×2)m为钢筋的构件长度，0.025×2m为两保护层的厚度，0.15m为钢筋两弯钩的长度，102为钢筋的根数，1.365为单根钢筋的长度，0.888kg/m为该钢筋的每米理论质量，139.23m为钢筋的总长度。

②号钢筋：2ϕ8

根数 n=2×34根=68根

单根长度 l=(2.7+0.25×2−0.025×2(保护层)+0.1×2+0.1(弯钩))m
=3.45m

总长度 L=nl=68×3.45m=234.6m

总质量 G=0.395×L=0.395×234.6kg=92.668kg

【注释】(2.7+0.25×2)m为该钢筋的构件长度，0.025×2m为两保护层的厚度，0.1m为钢筋两弯钩的增加值，68为该钢筋的根数，0.395kg/m为该钢筋的每米理论质量，234.6m为该钢筋的总长度。

③号钢筋：ϕ6@200

根数 n=[(2.7+0.25×2−0.025×2)/0.2+1]×34根=16×34根=544根

单根长度 l=[(0.2+0.3)×2−0.059(折算系数)]m=0.941m

总长度 L=nl=544×0.941m=511.904m

总质量 G=0.222×L=0.222×511.904kg=113.643kg

【注释】(2.7+0.25×2)m为该钢筋的分布范围，0.025×2m为两保护层的厚度，0.2m为钢筋的分布间距，34为该梯梁的根数，(0.2+0.3)×2m为该箍筋的构件周长，0.059m为箍筋的折算系数，0.222kg/m为钢筋的每米理论质量，511.904m

为该钢筋的总长度。

③TL_3×4 根

①号钢筋：2ϕ10

根数 n=2×4 根=8 根

单根长度 l=(2.7+0.25×2−0.025×2+0.12(两弯钩))m=3.27m

总长度 L=nl=3.27×8m=26.16m

总质量 G=0.617×L=0.617×26.16kg=16.14kg

【注释】 (2.7+0.25×2)m 为钢筋的构件长度，0.025×2m 为两保护层的厚度，0.12m 为钢筋两弯钩的增加值，3.27m 为单根钢筋的长度，8 为钢筋的根数，0.617kg/m 为钢筋的每米理论质量，26.16m 为该钢筋的总长度。

②号钢筋：1ϕ12

根数 n=1×4 根=4 根

单根长度 l=(2.7+0.25×2−0.025×2(保护层)+0.15(弯钩))m=3.3m

总长度 L=nl=4×3.3m=13.2m

总质量 G=0.888×L=0.888×13.2kg=11.722kg

【注释】 4 为该钢筋的根数，(2.7+0.25×2)m 为钢筋的构件长度，0.025×2m 为两保护层的厚度，0.15m 为钢筋两弯钩的增加值，3.3m 为单根钢筋的长度，0.888kg/m 为该钢筋的每米理论质量，13.2m 为该钢筋的总长度。

③号钢筋：2ϕ8

根数 n=2×4 根=8 根

单根长度 l=(2.7+0.25×2−0.025×2(保护层)+0.1×2+0.1(弯钩))m
=3.45m

总长度 L=nl=8×3.45m=27.6m

总质量 G=0.395×L=0.395×27.6kg=10.902kg

【注释】 (2.7+0.25×2)m 为该钢筋的构件长度，0.025×2m 为两保护层的厚度，0.1m 为钢筋弯钩的增加值，8 为该钢筋的根数，0.395kg/m 为该钢筋的每米理论质量，27.6m 为该钢筋的总长度。

④号钢筋：ϕ6@200

根数 n=[(2.7+0.25×2−0.025×2)/0.2+1]×4根=16×4根=64根

单根长度 l=[(0.2+0.3)×2−0.059(折算系数)]m=0.941m

总长度 L=nl=0.941×64m=60.224m

总质量 G=0.222×L=0.222×60.224kg=13.370kg

【注释】 (2.7+0.25×2)m 为该钢筋的构件长度，0.025×2m 为两保护层的厚度，0.2m 为钢筋的分布间距，4 为该梯梁的根数，(0.2+0.3)×2m 为该箍筋的构件周长，0.059m 为钢筋的折算系数，0.941m 为单根钢筋的长度，0.222kg/m 为该钢筋的每米理论质量，60.224m 为该钢筋的总长度。

综上所述，楼梯梁中钢筋混凝土钢筋用量各型号长度及质量汇总如下：

$\phi14$：G＝16.068kg

$\phi12$：G＝[102.745（TB_1）＋124.59（TB_2）＋（81.90＋108.166）（B'）＋123.636（TL_2）]m

＝(102.745＋124.59＋190.066＋123.636)m

＝541.037m

$\phi10$：G＝（441.141（TB_3）＋472.294（TB_4）＋4.036（TL_1）＋16.14（TL_3））kg

＝993.611kg

$\phi8$：G＝[(12.972＋7.576)（TB_1）＋13.865（TB_2）＋(72.067＋75.195)（TB_3）＋(57.79＋101.246)（TB_4）＋18.357（B''）＋167.338（XB_1）＋231.231（XB_2）＋5.452（TL_1）＋92.668（TL_2）＋10.902（TL_3）]kg

＝(40.416＋14.924＋147.262＋159.036＋18.357＋167.338＋231.231＋5.452＋92.668＋10.90)kg

＝846.483kg

$\phi6$：G＝[(11.389＋3.596)（TB_1）＋(11.389＋4.196)（TB_2）＋64.735（TB_3）＋75.524（TB_4）＋(10.989＋13.431)（TB_1）＋(16.82＋7.209)（B''）＋(280.830＋150.916)（XB_1）＋(202.198＋169.390)（XB_2）＋7.602（TL_1）＋113.643（TL_2）＋13.370（TL_3）]kg

＝(14.985＋15.585＋64.735＋75.524＋24.411＋24.029＋431.746＋371.588＋7.602＋113.643＋13.37)kg

＝1157.218kg

综合第26项中1)～10）各类钢筋汇总如下：

钢筋汇总表　　　　**表4-1**

编号	构件	直径(mm)	总质量
1	钢筋混凝土筏板基础	12	184.107
		20	32822.221
2	钢筋混凝土剪力墙柱中钢筋	10	34752.017
		20	69134.268
		22	12392.843
3	钢筋混凝土剪力墙梁中钢筋	25	891.66
		22	8171.992
		20	5710.172
		13	226.8
		16	87.69
		19	6712.46
4	加气混凝土砌块上方过梁中钢筋	10	1064.745
		8	266.862
		6	411.717

续表

编号	构件	直径(mm)	总质量
5	钢筋混凝土雨篷板及雨篷梁中钢筋	32	209.017
		30	172.208
		10	58.955
		8	55.819
		6	25.894
6	现浇混凝土阳台及阳台梁中钢筋	20	4920.851
		12	17823.952
		8	3108.248
		6	333.911
7	钢筋混凝土剪力墙中钢筋	20	234444.817
		18	128517.92
		8	11072.239
8	屋面及楼面板中钢筋	8	34853.734
		6	2343.58
9	现浇钢筋混凝土楼梯(LT_1)中钢筋	14	8.034
		13	262.461
		10	411.709
		8	447.134
		6	570.028
10	现浇钢筋混凝土楼梯(LT_2)中钢筋	14	16.068
		12	541.037
		10	633.611
		8	846.483
		6	1167.218

总结上表，最终汇总如下：

$\phi25$：G=891.66kg

$\phi22$：G=[12392.843(剪力墙柱)+8171.992(剪力墙梁)+209.017(雨篷)]kg
=20773.85kg

【注释】12392.843kg为剪力墙柱中该钢筋的总质量，8171.992kg为剪力墙梁中该钢筋的质量，209.017kg为雨篷中该钢筋的重量。

$\phi20$:G=(32822.221(筏基)+69134.268(剪力墙柱)+5710.172(剪力墙柱)+172.208(雨篷)+4920.851(阳台)+234444.817(剪力墙))kg
=347204.537kg

【注释】32822.221kg为筏形基础内该钢筋的质量，69134.268、5710.172kg为剪力墙柱中该钢筋的质量，172.208kg为雨篷中该钢筋的质量，4920.851kg为阳台中该钢筋的质量，234444.817kg为剪力墙中该钢筋的质量。

ϕ18：G=[226.8(剪力墙梁)+128517.92(剪力墙)]kg=128744.72kg

【注释】226.8kg为剪力墙梁中该钢筋的质量，128517.92kg为剪力墙中该钢筋的质量。

ϕ16：G=87.69kg（剪力墙梁）

ϕ14：G=[8.034(楼梯)+16.068(楼梯)]kg=24.102kg

【注释】8.034、16.068kg为楼梯中该钢筋的质量。

ϕ12：G=[184.107+17823.952(阳台)+262.461(楼梯1)+541.037(楼梯2)]kg
=18627.45kg

【注释】184.107kg为筏板基础中该钢筋的质量，17823.952kg为阳台中该钢筋的质量，262.461kg为楼梯1中该钢筋的质量，541.037kg为楼梯2中该钢筋的质量。

ϕ10：G=[34752.017(筏基)+6712.46(剪力墙梁)+1064.745(过梁)+56.955(雨篷)+411.709(楼梯1)+933.611(楼梯2)]kg
=43931.497kg

【注释】34752.017kg为筏形基础内该钢筋的质量，6712.46kg为剪力墙梁中该钢筋的质量，1064.745kg为过梁中该钢筋的质量，56.955kg为雨篷中该钢筋的质量，411.709kg为楼梯1处该钢筋的质量，933.611kg为楼梯2中该钢筋的质量。

ϕ8：G=[266.862(过梁)+55.849(雨篷)+3108.248(阳台)+11072.239(剪力墙)+34853.734(板)+447.134(楼梯1)+846.483(楼梯2)]kg
=50650.549kg

【注释】266.862kg为过梁中该钢筋的质量，55.849kg为雨篷中该钢筋的重量，3108.248kg为阳台中该钢筋的质量，11072.239kg为剪力墙中该钢筋的质量，34853.734kg为板中该钢筋的质量，447.134kg为楼梯1中该钢筋的质量，846.483kg为楼梯2中该钢筋的质量。

ϕ6：G=[411.717(过梁)+25.894(雨篷)+333.911(阳台)+2343.58(板)+570.028(楼梯1)+1157.218(楼梯2)]kg
=4842.348kg

【注释】411.717kg为过梁中该钢筋的质量，25.894kg为雨篷处该钢筋的质量，333.911kg为阳台中该钢筋的质量，2343.58kg为板中该钢筋的质量，570.028kg为楼梯1中该钢筋的质量，1157.218kg为楼梯2中该钢筋的质量。

则Ⅰ号筋：ϕ10以内：G=(43931.497+50650.549+4842.348)kg=99424.394kg

ϕ10以外：G=(18627.45+24.102)kg=18651.552kg

Ⅱ号筋：ϕ10以外：

G=(891.66+20773.852+347204.537+128744.72+87.69)kg=497702.459kg

27.（1）屋面防水：聚氨防水涂膜防水层三道

13-118换，工程量计算如下：

Ⓐ、Ⓕ轴线间：S_1＝{[12.8×(15.2－0.25)－2.05×3.3×2(Ⓒ、Ⓕ间)－0.9×8(Ⓐ Ⓐ轴间)＋1×(3.3－0.48)×2(阳台3、5)＋(0.9＋0.3)×(8－0.5)＋(1/2×π×62－6×$3^{1/2}$/3×1/2)(圆弧)](阳台2)}m^2

＝(12.8×14.95－4.1×3.3－7.2＋2.82×2＋1.2×7.5＋0.84)m^2

＝(191.36－13.53－7.2＋5.64＋9＋0.84)m^2

＝186.11m^2

【注释】 12.8×(15.2－0.25)m^2 为Ⓐ、Ⓕ轴线间屋面防水的总面积，其中12.8m为其宽度，(15.2－0.25)m为其长度，2.05×3.3×2m为Ⓒ、Ⓕ间两空余部分的面积，其中2.05m为其宽度，3.3m为其长度，0.9×8m^2 为Ⓐ、1/A轴线间空余部分的面积，其中0.9m为其宽度，8m为其长度，1×(3.3－0.48)×2m^2 为阳台3、5的面积，其中1m为该处阳台的宽度，(3.3－0.48)m为阳台的长度，2为阳台的数量，(0.9＋0.3)×(8－0.5)m^2 为阳台2矩形部分的面积，其中（0.9＋0.3）m为其宽度，(8－0.5）m为其长度，后边加的部分为阳台2圆弧部分的面积。

Ⓕ、Ⓐ轴线与④、⑤轴线间：S_2＝{(7.5－0.25)×24－(2.7－0.25)×(4.5－1.36)(⑨、⑪间)＋[1.2×(4.2－0.25)×2＋0.84](阳台1)}m^2

＝(7.25×24－2.45×3.14＋1.2×3.95×2＋0.84)m^2

＝(174－7.693＋9.48＋0.84)m^2

＝176.627m^2

【注释】(7.5－0.25)×24m^2 为Ⓕ、Ⓐ轴线间与④、⑤轴线间屋面防水的总面积，其中24m为其长度，(7.5－0.25)m为其宽度，(2.7－0.25)×(4.5－1.36)m^2 为⑨、⑪间空余部分的面积，其中（2.7－0.25)m为其宽度，(4.5－1.36)m为其长度，[1.2×(4.2－0.25)×2＋0.84]m^2 为阳台1的面积，其中1.2×(4.2－0.25)×2m^2 为阳台1矩形部分的面积，其中1.2m为其宽度，（4.2－0.25)m为其长度，0.84m^2 为阳台1圆弧部分的面积。

Ⓖ、Ⓚ轴线与①、④轴线间：

S_3＝[9.9×(6－0.25)－1.5×(3－0.25)(Ⓖ、Ⓗ轴间)＋5.172(阳台3)＋1/2×1.6×1.38(阳台4)]m^2

＝(9.9×5.75－1.5×2.75＋5.172＋0.8×1.38)m^2

＝(56.925－4.125＋5.172＋1.104)m^2

＝59.076m^2

【注释】 9.9×(6－0.25)m^2 为Ⓖ、Ⓚ与①、④轴线间屋面防水的面积，其中9.9m为其长度，(6－0.25)m为其宽度，1.5×(3－0.25)m^2 为Ⓖ、Ⓗ轴间空余部分的面积，其中1.5m为其宽度，(3－0.25)m为其长度，5.172m为阳台4的面积，1/2×1.6×1.38m^2 为阳台4圆弧部分的面积。

女儿墙处，弯起部分（及电梯井处）

S_5={(183.78−0.25×4)外墙+[(3+0.25)+(2.7+0.25)]×2×3(个)}×0.25m^2

=[182.78+(3.25+2.95)×6]×0.25m^2=54.995m^2

【注释】（183.78−0.25×4）m^2 为外墙的长度，（3+0.25)m 为弯起部分的长度，(2.7+0.25)×2×3m 为电梯井处的长度，0.25m 为女儿墙的厚度。

斜轴线间：S_4=[(7.8−0.25)×7.2−1/2×(6−0.25)×tan30°×(6−0.25)(缺口)+(1.5+1.8)×1.2(阳台6)+(4+3.25)×1.5×1/2(阳台7)]m^2

=(7.55×7.2−1/2×5.75×$3^{1/2}$/3×5.75+3.3×1.2+7.25×1.5×1/2)m^2

=(54.36−9.544+3.96+5.438)m^2

=54.214m^2

【注释】（7.8−0.25）×7.2m^2 为斜轴线处屋面防水的面积，其中（7.8−0.25）m 为其长度，7.2m 为其宽度，后边减去的为三角缺口处的面积，其中（6−0.25)m 为直角三角形的一直角边的长度，（6−0.25)×tan30°m 为三角形的另一直角边的长度，（1.5+1.8)×1.2m^2 为阳台 6 的面积，其中（1.5+1.8)m 为阳台的长度，1.2m 为阳台的宽度，(4+3.25)×1.5×1/2m^2 为阳台 7 的面积，其中 4、3.25m 为阳台 7 的上下底长，1.5m 为阳台的宽度。

则综上所述，涂料防水膜工程量：

$S=S_1+S_2+2S_3+2S_4+S_5$

=(186.11+176.627+59.076×2+2×54.214+54.995)m^2

=(589.317+54.995)m^2

=644.312m^2

【注释】186.11m^2 为轴线Ⓐ、Ⓕ间屋面防水的面积，176.627m^2 为Ⓕ、Ⓐ轴线间与④、⑤轴线间屋面防水的面积，59.076m^2 为Ⓖ、Ⓚ与①、④轴线间屋面防水的面积，54.214m^2 为斜轴线间屋面防水的面积，54.995m^2 为女儿墙处屋面防水的面积。

（2）屋面防水，20mm 厚水泥砂浆结合层

13-1，工程量 $S=S_{涂膜}$=585.353m^2

（3）屋面防水，40mm 厚 C20 细石混凝土掺 10%硅质密实剂刚柔防水层（37mm 厚）

13-138，工程量 $S=S_{涂膜}$=585.353m^2

（4）水泥聚苯板保护层

13-8，工程量 $S=S_{涂膜}$=585.353m^2

28. 隔热，保温层（阳台不保温）

（1）20mm 厚 1：2.5 水泥砂浆找平层，12-21

Ⓐ、Ⓕ轴线间：S_1=[12.8×(15.2−0.25)−2.05×4.3×2−0.9×8]m^2

=(12.8×14.95−4.1×4.3−7.2)m^2

=166.53m^2

【注释】 12.8×(15.2−0.25)m^2 为该处找平层的总面积，其中12.8m为其宽度，(15.2−0.25)m为其长度，2.05×4.3×2m^2 为该处Ⓒ、Ⓕ间空余部分的面积，其中2.05m为其宽度，4.3m为其长度，2为两部分，0.9×8m^2 为Ⓐ、⑴Ⓐ间空余部分的面积，其中0.9m为其宽度，8m为其长度。

Ⓕ、Ⓚ轴线与④、⑪轴线间：

S_2=[(7.5−0.25)×24−(2.7−0.25)×(4.5−1.36)(⑨、⑪轴线之间)]

=7.25×24−2.45×3.14m^2

=(174−7.693)m^2

=166.307m^2

【注释】 (7.5−0.25)×24m^2 为该找平层的总面积，其中 (7.5−0.25)m为其宽度，24m为其长度，(2.7−0.25)×(4.5−1.36)m^2 为⑨、⑪轴线之间空余部分的面积，其中 (2.7−0.25)m为其宽度，(4.5−1.36)m为其长度。

Ⓒ、Ⓚ轴线与①、④轴线间：S_3=[9.9×(6−0.25)−1.5×(3−0.25)(Ⓖ、Ⓗ轴线间)]m^2

=(9.9×5.75−1.5×2.75)m^2

=(56.925−4.125)m^2

=52.8m^2

【注释】 9.9×(6−0.25)m^2 为该处找平层的总面积，其中9.9m为其长度，(6−0.25)m为其宽度，1.5×(3−0.25)m^2 为Ⓖ、Ⓗ轴线间空余部分的面积，其中1.5m为其宽度，(3−0.25)m为其长度。

斜轴线间：S_4=[(7.8−0.25)×7.2−1/2×(6−0.25)×tan30°×(6−0.25)(缺口)]m^2

=(7.55×7.2−1/2×5.75×$3^{1/2}$/3×5.75)m^2

=(54.36−9.544)m^2

=44.816m^2

【注释】 (7.8−0.25)×7.2m^2 为斜轴线处找平层的面积，其中 (7.8−0.25)m为其长度，7.2m为其宽度，后边减去的部分为三角缺口处的面积，其中 (6−0.25)m为缺口三角形的一直角边的长度，(6−0.25)×tan30°m为三角形的另一直角边的长度。

则找平层工程量 $S=S_1+S_2+2S_3+2S_4$

=[166.53+166.307+2×(52.8+44.816)]m^2

=528.069m^2

【注释】 166.53m^2 为Ⓐ、Ⓕ轴线间找平层的面积，166.307m^2 为Ⓕ、Ⓚ轴线与④、⑮轴线间找平层的面积，2×44.816m^2 为两斜轴线处找平层的面积，2×52.8m^2

为Ⓖ、Ⓚ轴线与①、④轴线、⑮、⑱轴线间找平层的面积。

（2）150mm厚沥青珍珠岩保温层，12-3

$V=S\cdot h=528.069\times0.15\text{m}^3=79.210\text{m}^3$

【注释】 528.069m² 为保温层的面积，0.15m为保温层的厚度。

（3）加气混凝土碎块找坡2%，最低处30mm厚工程量

12-19换：43.8÷2×2%m=0.438m

平均厚度$h=(0.03+0.438)\div2\text{m}=0.468\div2\text{m}=0.234\text{m}$

注：平均厚度$h=(h_{最薄处厚度}+1/2\times L\times i)/2$

找坡层工程量$V=539.081\times0.234\text{m}^3=126.145\text{m}^3$

【注释】 539.081m² 为找坡层的面积，0.234m为找坡层的平均厚度。

29. 门窗工程（门）

（1）M-1　1200mm×2100mm　66扇

① 镶板木门制作、安装，6-3

$S=1.2\times2.1\times66\text{m}^2=166.32\text{m}^2$

【注释】 1.2m为该木门的宽度，2.1m为该木门的高度，66为该木门的数量。

② 镶板木门，刷调合漆两遍，磁漆罩面，11—76，$S=166.32\text{m}^2$

（2）M-2　1200mm×2100mm　66扇，6-29，铝合金推拉钢质门

工程量：$S=1.2\times2.1\times66\text{m}^2=166.32\text{m}^2$

【注释】 1.2m为该门的宽度，2.1m为该门的高度，66为门的数量。

（3）M-3　1000mm×2100mm　88扇胶合板木门

① 胶合板门制作、安装，6-2

$S=1\times2.1\times88\text{m}^2=184.8\text{m}^2$

【注释】 1m为该门的宽度，2.1m为该门的高度，88为该门的数量。

② 胶合板门刷调合漆三遍，磁漆罩面，11-76

$S=S_{制作-安装}=184.8\text{m}^2$

（4）M-4　800mm×2100mm　铝合金推拉门，6-29

工程量：$S=0.8\times2.1\times154\text{m}^2=258.72\text{m}^2$

【注释】 0.8m为该门的宽度，2.1m为该门的高度，154为该门的数量。

（5）M-5　780mm×2100mm　铝合金百叶门，6-36

工程量：$S=0.78\times2.1\times44\text{m}^2=72.072\text{m}^2$

【注释】 0.78m为该门的宽度，2.1m为该门的高度，44为其数量。

（6）M-6　1200mm×2100mm　安全木门

① 自由木门的制作、安装，6-9

$S=1.2\times2.1\times22\text{m}^2=55.44\text{m}^2$

【注释】 1.2m为该木门的宽度，2.1m为该木门的高度，22为数量。

② 自由木门刷封闭漆一遍，聚氨酯漆两遍，11-191

$S=55.44\text{m}^2$

（7）M-7　1500mm×2100mm　木质安全门（自由门）

① 自由木门的制作、安装，6-9

$S=1.5\times2.1\times3\text{m}^2=9.45\text{m}^2$

【注释】 1.5m为该门的宽度，2.1m为该门的高度，3为该门的数量。

② 自由木门刷封闭漆一遍，聚氨酯漆两遍，11-191

$S=9.45\text{m}^2$

（8）M-8　1000mm×2100mm　安全木门

① 自由木门的制作、安装，6-9

$S=1\times2.1\times8\text{m}^2=16.8\text{m}^2$

【注释】 1m为该门的宽度，2.1m为该门的高度，8为该门的数量。

② 自由木门刷封闭漆一遍，聚氨酯漆两遍，11-191

$S=16.8\text{m}^2$

（9）M-9　780mm×1800mm　胶合板木门

① 胶合板木门制作、安装，6-2

$S=0.78\times1.8\times42\text{m}^2=58.968\text{m}^2$

【注释】 0.78m为该门的宽度，1.8m为该门的高度，42为该门的数量。

② 胶合板木门刷调合漆三遍，磁漆算面，11-76

$S=58.968\text{m}^2$

30. 门窗工程量（窗）

（1）C-1　1800mm×1500mm　铝合金推拉面（双玻），6-34

$S=1.8\times1.5\times44\text{m}^2=118.8\text{m}^2$

【注释】 1.8m为该窗的宽度，1.5m为该窗的高度，44为该窗的个数。

（2）C-2　1800mm×1500mm 铝合金百叶窗，6-36

$S=1.8\times1.5\times22\text{m}^2=59.4\text{m}^2$

【注释】 1.8m为该窗的宽度，1.5m为该窗的高度，22为该窗的数量。

（3）C-3　600mm×1000mm　铝合金推拉窗，6-34

$S=0.6\times1\times66\text{m}^2=39.6\text{m}^2$

【注释】 0.6m为该窗的宽度，1m为该窗的高度，66为该窗的个数。

（4）C-4　1500mm×1500mm　铝合金外飘窗（平开），6-31

$$\begin{aligned}S&=(1.5\times1.5+0.2\times2\times1.5+0.2\times2\times1.5)\times44\text{m}^2\\&=(2.25+0.6+0.6)\times44\text{m}^2\\&=3.45\times44\text{m}^2=151.8\text{m}^2\end{aligned}$$

【注释】 1.5m为窗的宽度与高度，0.2m为平开部分的宽度，44为窗的数量。

（5）C-5　600mm×1500mm　铝合金门连窗（推拉）

① 6-33，铝合金窗制作、安装　$S=0.6\times1.5\times22\text{m}^2=19.8\text{m}^2$

【注释】 0.6m为该窗的宽度，1.5m为该窗的高度，22为该窗的数量。

②6-37，拼管安装　$S=(2.1-0.9)\times22\text{m}^2=1.2\times22\text{m}^2=26.4\text{m}^2$

【注释】 2.1m为门的高，0.9m为窗台的高度，22为数量。

(6) C-6　1800mm×1500mm　铝合金外飘窗（平开），6-31

$S=[(1.8+0.2\times2)\times(1.5+0.2\times2)-0.2\times0.2\times4]\times22m^2$

$=(2.2\times1.9-0.16)\times22m^2$

$=(4.18-0.16)\times22m^2=88.44m^2$

【注释】 (1.8+0.2×2)m为该窗的宽度，(1.5+0.2×2)m为该窗的高度，0.2×0.2×4m为四角多减的面积，22为窗的数量。

(7) C-7　1800mm×1500mm　铝合金平开窗，6-31

$S=1.8\times1.5\times32m^2=86.4m^2$

【注释】 1.8m为该窗的宽度，1.5m为该窗的高度，32为该窗的数量。

(8) C-8　300mm×500mm　铝合金推拉窗，6-34

$S=0.3\times0.5\times22m^2=3.3m^2$

【注释】 0.3m为该窗的宽度，0.5m为该窗的高度，22为该窗的数量。

(9) C-9　1800mm×1500mm　圆弧形铝合金平开窗

$S=QR\times1.5\times22=1.8\times\pi/3\times1.5\times22m^2=62.212m^2$

【注释】 1.8m为该窗的宽度，1.5m为该窗的高度，22为其数量，π/3为窗的弧度。

(10) C-10　600mm×300mm　铝合金推拉窗（柔洗），6-33

$S=0.6\times0.3\times36m^2=6.48m^2$

【注释】 0.6m为该窗的宽度，0.3m为该窗的高度，36为该窗的数量。

4.2　装饰装修工程部分

1. 楼地面工程：地面工程

(1) 余土夯实，1-16，工程量为地下室室内面积，计算如下：

① Ⓐ、Ⓕ轴线间：

$S'_1=[(15.20-0.25)\times(12.8-0.25)-2.05\times4.3\times2$(Ⓒ、Ⓕ轴线间)$-0.9\times8$

(Ⓐ、1/A轴线间)$-(2.7-0.25)\times(2.7-0.5)$(电梯)$]m^2$

$=(12.8\times14.95-4.1\times4.3-7.2-5.39)m^2$

$=(166.53-5.39)m^2$

$=161.14m^2$

【注释】 (15.20－0.25)×(12.8－0.25)m² 为该处素土夯实的总面积，其中(15.20－0.25)m为其长度，(12.8－0.25)m为其宽度，2.05×4.3×2m² 为Ⓒ、Ⓕ轴线间空余部分的面积，其中2.05m为其宽度，4.3m为其长度，2为两部分，0.9×8m² 为Ⓐ、1/A轴线间空余部分的面积，其中0.9m为其宽度，8m为其长度，(2.7－0.25)×(2.7－0.5)m² 为电梯间的面积，其中(2.7－0.25)m为其长度，(2.7－

0.5)m 为其宽度。

Ⓐ、Ⓕ轴线间内墙净长线长：

l_1=[(2.2+2.1−0.25)×2+(7.6−4.69)×2+(2.64−0.25)×2+(2.7−0.25)×2+(2.7−0.5)+(2.2+1.8+3.6)×3+(1.8−0.25)×2+(2.4−0.25)×2+2.2×2+(3.6−0.25)×6+3.6×2]m

=(8.1+5.82+4.78+4.9+2.65+22.8+3.1+4.3+4.4+20.1+7.2)m

=68.05m

【注释】 (2.2+2.1−0.25)×2m 为轴线Ⓒ至轴线Ⓕ之间两道纵向内墙的长度，0.25m 为两边两半墙的厚度，(7.6−4.69)×2m 为轴线⑥至轴线⑭之间两道内墙的长度，(2.7−0.25)×2m 为轴线Ⓒ至轴线Ⓕ处水平内墙的长度，(2.2+1.8+3.6)×3m 为轴线Ⓐ至轴线Ⓒ之间三道纵向内墙的长度，其中 3 为数量，(1.8−0.25)×2m 为轴线Ⓑ至轴线1/B处内墙的长度，其中 2 为数量，(2.4−0.25)×2m 为轴线Ⓑ上两道水平内墙的长度，其中 2 表示数量，2.2×2m 为轴线1/B至轴线Ⓒ之间纵向内墙的长度，其中 2 表示数量，(3.6−0.25)×6m 为轴线⑥、⑧和轴线⑫、⑭处水平内墙的长度，其中 6 为墙的数量，3.6×2m 为轴线1/A至轴线Ⓑ之间纵向内墙的长度，2 为该墙的数量。

应扣除内墙所占面积：$S_{扣}=l\times0.25=68.05\times0.25m^2=17.013m^2$

【注释】 68.05m 为该处内墙的净长线，0.25m 为内墙的厚度。

则Ⓐ、Ⓕ轴线间水泥地面面积 $S_1=S'_1-S_{扣}=(161.14-17.013)m^2=144.127m^2$

【注释】 161.14m² 为该处水泥地面的面积，17.013m² 为该处内墙的面积。

② Ⓖ、Ⓚ轴线与①、④轴线间

S'_2=[9.9×(6−0.25)−1.5×(3−0.25)(Ⓖ、Ⓗ轴线间)−(3−0.25)×2.7]m²

=9.9×5.75−4.2×2.75m²

=(56.925−11.55)m²

=45.375m²

【注释】 9.9×(6−0.25)m² 为轴线Ⓖ、Ⓚ与轴线①、④间水泥地面的总面积，其中 9.9m 为其地面的长度，(6−0.25)m 为其地面的宽度，1.5×(3−0.25)m² 为轴线Ⓖ、Ⓗ间该部分空余地面的面积，其中 1.5m 为该部分地面的宽度，(3−0.25)m 为该部分地面的长度，(3−0.25)×2.7m² 为该部分电梯间的面积，其中 (3−0.25)m 为电梯间的长度，2.7m 为电梯间的宽度，其中 0.25m 为两边两半墙的厚度。

应扣内墙的长度：l_2=[(2.7−0.25)×2+(6−0.25)×2+(3−0.25)]m

=(4.9+11.5+2.75)m=19.15m

【注释】 (2.7−0.25)×2m 为轴线③至轴线④处纵向内墙的长度，2m 为墙的数量，(6−0.25)×2m 为轴线①至轴线②处纵向内墙的长度，2 为墙的数量，(3−0.25)m 为轴线③至轴线④处水平内墙的长度，0.25m 为主墙间两边两半墙的厚度。

应扣内墙所占面积：$S_{2扣}=l_2\times0.25=19.15\times0.25m^2=4.788m^2$

【注释】 19.25m 为该处内墙的长度，0.25m 为内墙的厚度。

则Ⓕ、Ⓚ与①、④轴线间 $S_2=S'_2-S_{2扣}=(45.375-4.788)m^2=40.587m^2$

【注释】 45.375m² 为该水泥地面的面积，4.788m² 为该处内墙的面积。

③ Ⓕ、Ⓚ轴线与④、⑮轴线间

$S'_3=[(7.5-0.25)\times24-(2.7-0.25)\times(4.5-1.36)$(⑨、⑪轴线之间)$]m^2$

$=(7.25\times2.4-2.45\times3.14)m^2$

$=(174-7.693)m^2$

$=166.307m^2$

【注释】 $(7.5-0.25)\times24m^2$ 为轴线Ⓕ、Ⓚ与轴线④、⑮间水泥地面的面积，其中（7.5－0.25)m 为其宽度，24m 为其地面的长度，$(2.7-0.25)\times(4.5-1.36)m^2$ 为轴线⑨、⑪之间空余地面的面积，其中（2.7－0.25)m 为其宽度，(4.5－1.36)m 为其长度，0.25m 为两边两半墙的厚度。

Ⓕ、Ⓚ轴线与④、⑮轴线间内墙净长线长：

$l_3=[(3.3+3.15+4.2-0.25)\times2\times2+(2.7-0.25)\times2\times2+(3-0.25)\times3\times2+4.2\times2+(1.8+3)\times2]m$

$=(10.4\times4+2.45\times4+2.75\times6+8.4+4.8\times2)m$

$=(41.6+9.8+16.5+8.4+9.6)m$

$=85.9m$

【注释】 $(3.3+3.15+4.2-0.25)\times2\times2m$ 为轴线④至⑨和轴线⑪至⑮处水平内墙的长度，2×2 为该内墙的数量。

应扣除内墙所占的面积：$S_{2扣}=l\times0.25=85.9\times0.25m^2=21.475m^2$

【注释】 85.9m 为Ⓕ、Ⓚ轴与④、⑮轴间内墙净长线长，0.25m 为内墙的厚度。

则Ⓕ、Ⓚ轴与④、⑮轴间面积：$S_3=S'_3-S_{3扣}=(166.307-21.475)m^2=144.832m^2$

【注释】 166.307m² 为Ⓕ、Ⓚ轴线与④、⑮轴间水泥地面的总面积，21.475m² 为该处内墙所占的面积。

④斜轴线间面积

$S'_4=[(7.8-0.25)\times7.2-1/2\times(6-0.25)\times\tan30°\times(6-0.25)]m^2$

$=(7.55\times7.2-1/2\times5.75\times3^{1/2}/3\times5.75)m^2$

$=(54.36-9.544)m^2$

$=44.816m^2$

【注释】 $(7.8-0.25)\times7.2m^2$ 为斜轴线间水泥地面的总面积，其中（7.8－0.25)m 为其水泥地面的长度，7.2m 为其水泥地面的宽度，后边的式子为斜轴线处缺口三角形的面积，$(6-0.25)\times\tan30°m$、(6－0.25)m 分别为缺口三角形的两直角边的长度。

斜轴线处内墙净长线长：$l_4=[(7.2-0.25)+0.6+(7.8-1.2-0.25)+(3.3-0.25)+(2.4+1.5-0.25)]m$

$=(6.95+0.6+6.35+3.05+3.65)m$

$=20.60m$

【注释】 (7.2−0.25)m 为轴线①′至轴线④′之间水平内墙的长度，0.6m 为轴线Ⓑ′至轴线⑯之间竖直内墙的长度，(7.8−1.2−0.25)m 为轴线②′至轴线③′之间竖直内墙的长度，(3.3−0.25)m 为轴线Ⓐ′至轴线Ⓑ′之间纵向内墙的长度，(2.4+1.5−0.25)m 为轴线②′至轴线④′之间水平内墙的长度，其中 0.25m 为主墙间两半墙的厚度。

斜轴线处应扣内墙所占面积：$S_{4扣}=l_4\times0.25=20.60\times0.25m^2=5.15m^2$

【注释】 20.60m 为斜轴线处内墙的总长度，0.25m 为内墙的厚度。

则斜轴线处地面面积 $S_4=S'_4-S_{4扣}=(44.816-5.15)m^2=39.666m^2$

【注释】 44.816m^2 为斜轴线处水泥地面的总面积，5.15m^2 为该斜轴线处内墙所占的面积。

⑤ 台阶内侧地面面积

$S_{单个}=(2.4-0.3\times3)\times(1.8-0.3\times3)m^2=1.5\times0.9m^2=1.35m^2$

【注释】 (2.4−0.3×3)m 为台阶内侧地面的水平投影长度，(1.8−0.3×3)m 为台阶内侧地面的水平投影宽度，3 为台阶的个数，0.3m 为台阶的宽度。

三个台阶总面积 $S_{台阶5}=3\times S_{单个}=3\times1.35m^2=4.05m^2$

【注释】 3 为台阶的个数，1.35m^2 为单个台阶的面积。

综上所述，原土打夯面积（定额工程量）：

$S=S_1+2S_2+S_3+2S_4+S_5$

$=(144.127+2\times40.587+144.832+2\times39.666+4.05)m^2$

$=453.515m^2$

【注释】 144.127m^2 为轴线Ⓐ、Ⓕ间水泥地面的面积，2×40.587m^2 为轴线Ⓖ、Ⓚ与轴线①、④间水泥地面的面积，144.832m^2 为轴线Ⓕ、Ⓚ与轴线④、⑮间水泥地面的面积，2×39.666m^2 为两边斜轴线处水泥地面的面积，4.05m^2 为台阶处水泥地面的面积。

(2) 60mm 厚 S10 混凝土垫层，5-1

工程量 $V=Sh=453.515\times0.06m^3=27.211m^3$

【注释】 453.515 为原土打夯的面积，0.06m^2 为混凝土垫层的厚度。

(3) 1∶2.5 的水泥砂浆面层，定额工程量：1∶25

$S=S_{夯实}=464.528m^2$

2. 水泥楼地面用于电梯间

(1) 余土夯实，1-16

$S=[(3-0.25)\times(2.7-0.25)\times2+(2.7-0.5)\times(2.7-0.25)]m^2$

$=(13.475+5.39)m^2$

$=18.862m^2$

【注释】 (3−0.25)×(2.7−0.25)×2m^2 为两侧楼梯间的面积，其中 (3−0.25)m 为楼梯间的长度，(2.7−0.25)m 为楼梯间的宽度，2 为楼梯间的数量；(2.7−0.5)×

(2.7−0.25)m² 为中间楼梯间的面积，0.25m为主墙间两半墙的厚度。

(2) 80mm厚C10混凝土垫层，5-1

$V=Sh=18.862\times0.08\text{m}^3=1.509\text{m}^3$

【注释】 18.862m² 为该混凝土垫层的面积，0.08m为混凝土垫层的厚度。

(3) 20mm厚1∶2.5水泥砂浆抹面压光，1-25

$S=18.862\text{m}^2$，抄自素土夯实

3. 地硅地面（除楼梯、电梯、卫生间）的工程量，1～11层

① Ⓐ、Ⓕ轴线间

$S_1=\{(2.2+1.8+3.6-0.25)\times(4-0.25)\times2+(2.2-0.25)\times(3.6-0.25)\times2+(1.8-0.25)\times(3.6-0.25)\times2+(3.6+0.9-0.25)\times(3.6-0.25)\times2+(2.2-0.25)\times(2.64-0.25)\times2+(2.1-0.25)\times(2.64-0.25)\times2+(2.7-0.25)\times(1.8-0.25)\times2+(1.6-0.25)\times8+(4.3-0.5)\times1\times2$(阳台)$+[(0.9+0.3)\times(8-0.5)+(1/6\times\pi\times62-6\times31/2/3\times1/2)$(圆弧)$]$(阳台2)$\}\text{m}^2$

$=[7.25\times3.75\times2+1.95\times3.35\times2+1.55\times3.35\times2+4.25\times3.35\times2+1.95\times2.39\times2+1.85\times2.39\times2+2.45\times1.55\times2+1.35\times8+3.8\times2+(1.2\times7.5+0.84)]\text{m}^2$

$=(54.375+13.065+10.385+28.475+9.321+8.843+7.595+10.8+7.6+9.84)\text{m}^2$

$=160.299\text{m}^2$

【注释】 (2.2+1.8+3.6−0.25)×(4−0.25)×2m² 为轴线⑧至轴线⑫处两个餐厅的楼地面的面积，其中 (2.2+1.8+3.6−0.25)m 为餐厅的长度，(4−0.25)m 为餐厅的宽度，2为餐厅的个数；(2.2−0.25)×(3.6−0.25)×2m² 为轴线⑥、⑧和轴线⑫、⑭处卧室的面积，其中 (2.2−0.25)m 为卧室的宽度，(3.6−0.25)m 为卧室的长度，2为卧室的个数；(1.8−0.25)×(3.6−0.25)×2m² 为轴线Ⓑ至轴线1/B之间两卫生间的面积，其中 (1.8−0.25)m 为卫生间的宽度，(3.6−0.25)m 为卫生间的长度，2为卫生间的个数；(3.6+0.9−0.25)×(3.6−0.25)×2m² 为轴线Ⓐ至轴线Ⓑ之间两卧室的面积，其中 (3.6+0.9−0.25)m 为该卧室的长度，(3.6−0.25)m 为该卧室的宽度，2为卧室的个数；(2.2−0.25)×(2.64−0.25)×2m² 为轴线Ⓓ至轴线Ⓕ之间卧室的面积，其中 (2.2−0.25)m 为该卧室的宽度，(2.64−0.25)m 为该卧室的长度；(2.1−0.25)×(2.64−0.25)×2m² 为轴线Ⓒ至轴线Ⓓ之间两卧室的面积，其中 (2.1−0.25)m 为卧室的宽度，(2.64−0.25)m 为该卧室的长度；(2.7−0.25)×(1.8−0.25)×2m² 为轴线Ⓒ至轴线Ⓕ之间电梯间两边地面的面积，其中 (2.7−0.25)m 为其长度，(1.8−0.25)m 为其宽度，2为数量；(1.6−0.25)×8m² 为轴线Ⓓ至轴线Ⓕ之间楼梯间和电梯间部分地面的面积，其中 (1.6−0.25)m 为其宽度，8m为其长度；(4.3−0.5)×1×2m 为轴线Ⓒ至轴线Ⓕ之间阳台3、5的楼地面面积，其中 (4.3−0.5)m 为其长度，1m为其宽度，2为其数量；(0.9+0.3)×

$(8-0.5)\mathrm{m}^2$ 为阳台 2 矩形部分的面积，其中 $(0.9+0.3)$m 为该阳台的宽度，$(8-0.5)$m 为该阳台的长度；后边减去的为阳台 2 中圆弧部分的面积，$1/6\times3.14\times62\mathrm{m}^2$ 为以 6m 为直径的圆形面积的 1/6。

② ①、④与Ⓖ、Ⓚ轴线间

$S_2=[(4.2-0.25)\times(6-0.25)+(1.8-0.25)\times(3-0.25)]\mathrm{m}^2$

$=(3.95\times5.75+1.55\times2.75)\mathrm{m}^2$

$=(22.713+4.263)\mathrm{m}^2$

$=26.976\mathrm{m}^2$

【注释】 $(4.2-0.25)\times(6-0.25)\mathrm{m}^2$ 为轴线①至轴线②之间餐厅起居室的面积，其中 $(4.2-0.25)$m 为其宽度，$(6-0.25)$m 为其长度，0.25m 为主墙间两半墙的厚度，$(1.8-0.25)\times(3-0.25)\mathrm{m}^2$ 为轴线③至轴线④处电梯间门口前房间地面的面积，其中 $(1.8-0.25)$m 为其宽度，$(3-0.25)$m 为其长度。

③ ④、⑮与Ⓕ、Ⓚ轴线之间

$S'_3=[(4.2-0.25)\times(7.5-0.25)\times2+(3.3-0.25)\times(2.7+1.8-0.25)\times2+(3.15-0.25)\times(1.8+2.7-0.5)\times2+(3.3+3.15-0.25\times3)\times(3-0.25)\times2]\mathrm{m}^2$

$=(3.95\times7.25\times2+3.05\times4.25\times2+2.9\times4\times2+5.7\times2.75\times2)\mathrm{m}^2$

$=(57.275+25.925+23.2+31.35)\mathrm{m}^2$

$=137.75\mathrm{m}^2$

【注释】 $(4.2-0.25)\times(7.5-0.25)\times2\mathrm{m}^2$ 为轴线⑦、⑨和轴线⑪、⑬处起居室、餐厅的面积，其中 $(4.2-0.25)$m 为其宽度，$(7.5-0.25)$m 为其长度，2 为房间的数量，0.25m 为房间主墙间两半墙的厚度，$(3.3-0.25)\times(2.7+1.8-0.25)\times2\mathrm{m}^2$ 为轴线④、⑤和轴线⑬、⑮之间主卧室的面积，其中 $(3.3-0.25)$ m 为主卧室的宽度，$(2.7+1.8-0.25)$ m 为主卧室的长度，2 为主卧室的数量；$(3.15-0.25)\times(1.8+2.7-0.5)\times2\mathrm{m}^2$ 为轴线Ⓗ至轴线Ⓚ之间卧室的面积，其中 $(3.15-0.25)$m 为卧室的宽度，$(1.8+2.7-0.25)$m 为卧室的长度，2 为卧室的数量；$(3.3+3.15-0.25\times3)\times(3-0.25)\times2\mathrm{m}^2$ 为轴线④、⑦和轴线⑬、⑮之间两个卧室和四个卫生间的面积，其中 $(3-0.25)$m 为其宽度，$(3.3+3.15-0.25\times3)$m 为其长度，0.25m 为主墙间两半墙的厚度。

$S''_3=S_{阳台1}+S_{阳台4}$

$=\{[1.2\times(4.2-0.25)\times2+0.84]\times2+(5.172+1/2\times1.6\times1.38)\times2\}\mathrm{m}^2$

$=[(9.48+0.84)\times2+(5.172+1.104)\times2]\mathrm{m}^2$

$=(20.64+12.552)\mathrm{m}^2$

$=33.192\mathrm{m}^2$

【注释】 1.2m 为阳台矩形部分的宽度，$(4.2-0.25)$m 为其矩形部分的长度，$0.84\mathrm{m}^2$ 为阳台圆弧部分的面积，乘以 2 表示阳台 1 两部分；后边小括号的式子为该处阳台 4 的面积，其中 $5.172\mathrm{m}^2$ 为该阳台矩形部分的面积，$1/2\times1.6\times1.38\mathrm{m}^2$ 为圆弧部分的面积。

$S_3=S'+S''_3=(137.75+33.192)m^2=170.942m^2$

【注释】 137.75m² 为轴线④、⑮与轴线Ⓕ、Ⓚ之间地砖地面的面积，33.192m² 为该处阳台地砖的面积。

④ 斜轴线的面积

$S_4=\{[(3.25-0.25)+(7.2-0.25)]\times(7.8-1.8)/2+1.8\times(7.2-0.25)+3.96+5.438\}m^2-\{[(7.2-0.25)+(3.25-0.25)]/2+0.6+2.4+1.5+[(3.3-0.25)\times2]\times0.25\}m^2$(内墙占面积)

$=[29.85+12.51-(4.975+0.6+3.9+6.1)\times0.25+9.398]m^2$

$=(42.36-15.575\times0.25+9.398)m^2$

$=(42.36-3.894+9.398)m^2$

$=(38.466+9.398)m^2$

$=47.864m^2$

【注释】 斜轴线处楼地面面积可看成一个梯形和一个矩形来求面积，梯形面积公式：(上底＋下底)×高×1/2，(3.25－0.25)m 为该梯形截面的上底宽度，(7.2－0.25)m 为该梯形的下底宽度，(7.8－1.8)m² 为梯形的高度，矩形面积公式：长×宽，1.8×(7.2－0.25)m² 为该处矩形部分的面积，其中 1.8m 为矩形的宽，(7.2－0.25)m 为矩形的长度，3.96、5.438m² 分别为阳台 6 与阳台 7 的面积，(7.2－0.25)＋(3.25－0.25)/2m 为轴线Ⓐ'至轴线Ⓑ'处内墙的平均长度，0.6m 为轴线Ⓑ'至轴线1/B'处竖直内墙的长度，2.4m 为轴线②'至轴线③'处水平内墙的长度，1.5m 为轴线1/1'至轴线②'处水平内墙的长度，(3.3－0.25)×2m 为轴线Ⓒ'至轴线Ⓓ'之间竖直内墙的长度，2 为该内墙的数量，0.25m 为内墙的厚度。

综上所述，地砖楼面（单层）工程量：

$S'=S_1+2S_2+S_3+2S_4-S_{卫生间}$

$=(160.299+2\times26.976+170.942+2\times47.864-37.708)m^2$

$=(480.921-37.708)m^2$

$=443.213m^2$

【注释】 160.299m² 为轴线Ⓐ、Ⓕ间地砖的面积，2×26.976m² 为轴线①④、⑮⑱与ⒼⓀ间地砖的面积，170.942m² 为轴线④、⑮间地砖的面积，2×47.864m² 为两斜轴线间地砖的面积，37.708m² 为楼梯间地砖的面积。

(1) 则 1～11 层地砖楼地面工程量，1-53

$S=11\times S'=11\times443.213m^2=4875.343m^2$

【注释】 11 为层数，443.213m² 为地砖楼面（单层）的面积。

(2) 20mm 厚 1∶3 水泥砂浆找平层，1-14

$S=11\times S'=11\times443.213m^2=4875.343m^2$

【注释】 11 为层数，443.213m² 为水泥砂浆找平层的面积。

4. 卫生间地砖楼地面

(1) 防滑地砖，干水泥擦缝工程量，1-57

$S_1=1/2\times(7.2-3.3-1.0-0.25)\times(3.3-0.25)\times2$(斜轴线间)$m^2$

$=1/2\times2.65\times3.05\times2m^2$

$=8.083m^2$

【注释】 该处为斜轴线间卫生间的地砖面积，(7.2−3.3−1.0−0.25)m 为该三角形卫生间的一直角边的长度，(3.3−0.25)m 为另一直角边的长度，其中 0.25m 为主墙间两半墙的厚度。

Ⓕ、Ⓖ间　$S_2=(1.5-0.25)\times(3-0.25)\times2\times2m^2=1.25\times2.75\times4m^2=13.75m^2$

【注释】 (1.5−0.25)m 为该处卫生间的宽度，(3−0.25)m 为该处卫生间的长度，4 为卫生间的数量。

Ⓑ、⑴Ⓑ轴间

$S_3=(1.8-0.25)\times(3.6-0.25)\times2m^2=1.55\times3.36\times2m^2=10.385m^2$

【注释】 (1.8−0.25)m 为该处卫生间的宽度，(3.6−0.25)m 为该处卫生间的长度，2 为卫生间的数量，0.25m 为主墙间两半墙的厚度。

$S_{卫生间}=S_1+S_2+S_3=(8.083+13.75+10.385)m^2=32.218m^2$

【注释】 $8.083m^2$ 为两斜轴线间卫生间防滑地砖的工程量，$13.75m^2$ 为轴线Ⓕ、Ⓖ间卫生间防滑地砖的工程量，$10.385m^2$ 为Ⓑ、⑴Ⓑ轴线间卫生间防滑地砖的工程量。

1～11 层，块料防水砖卫生间地面工程量：

$S=11\times S_{卫生间}=11\times32.218m^2=354.398m^2$

【注释】 11 为层数，$32.218m^2$ 为块料防水砖卫生间地面的工程量。

(2) 50mm 厚（最高处）1∶2.5 细石混凝土从门口向地漏找泛水，最低处不小于 30mm 厚，并做找平层工程量，1-21 换

$V=Sh=354.398\times(0.05+0.03)/2m^3=354.398\times0.04m^3=14.176m^3$

【注释】 $354.398m^2$ 为 1～11 层卫生间地面的面积，0.04m 为卫生间找平层的厚度。

5. 水泥砂浆楼梯面

(1) 20mm 厚 1∶3 水泥砂浆找平层，1-14

LT_1　$S_1=(2.7-0.25)\times6m^2=2.45\times6m^2=14.7m^2$

【注释】 (2.7−0.25)m 为该楼梯间的宽度，6m 为其长度，0.25m 为主墙间两半墙的厚度。

LT_2　$S_2=(2.7-0.25)\times5.4m^2=2.45\times5.4m^2=13.23m^2$

【注释】 (2.7−0.25)m 为该楼梯间的宽度，5.4m 为该楼梯间的长度。

1～11层楼梯工程量：$S=10\times(2S_1+S_2)=10\times(14.7\times2+13.23)m^2=426.3m^2$

【注释】 $14.7\times2m^2$ 为两侧楼梯 1 的面积，$13.23m^2$ 为中间楼梯 2 的面积，10 为层数。

(2) 8mm 厚 1∶2.5 水泥砂浆抹面压光，1-147

$S=S_{找平}=426.3m^2$

6. 块料踢脚线

(1) 5mm厚釉面砖，白水泥勾缝定额工程量，1-171

斜轴线户处：l_1＝{[(7.2－0.25)＋(0.6－0.25)＋(3.3＋1.2－0.25)＋(3.3－0.25)＋(1.8＋1.5－0.5)]×2＋[(7.8－0.25×2)＋3.25＋(7.2－0.25×3)＋(1.8－0.25)＋(6－0.25)×3＋(4.2－0.25)×2]×1(单侧)－[(1.5－0.25)×2＋(3.3－0.25)×2](厨房)－[(3.25＋7.2)/2－3.25＋3.3÷cos30°]}m

＝[(6.95＋0.35＋4.25＋3.05＋28)×2＋(7.3＋3.25＋6.45＋1.55＋17.25＋7.9)－(2.5＋6.1)－(1.975＋3.811)]m

＝(17.4×2＋43.7－8.6－5.786)m

＝64.114m

【注释】 前面大括号的式子表示该处内墙的踢脚线的长度，(7.2－0.25)m为轴线①'至轴线④'处水平内墙踢脚线的长度，(0.6－0.25)m为轴线Ⓑ'至轴线1/B'处踢脚线的长，(3.3＋1.2－0.25)m为轴线Ⓑ'至轴线Ⓓ'处内墙踢脚线的长度，(3.3－0.25)m为轴线③'踢脚线的长度，乘以2表示两侧，(7.8－0.25×2)m为轴线Ⓐ'至轴线Ⓓ'处外墙内侧踢脚线的长度，3.25m为轴线Ⓐ'处主卧室外墙踢脚线的长度，(7.2－0.25×3)m为轴线Ⓓ'处外墙内侧踢脚线的长度，0.25m为墙的厚度，(1.8－0.25)m为轴线Ⓒ'至轴线Ⓓ'处厨房内墙踢脚线的长度，(4.2－0.25)×2m为轴线Ⓐ'内墙两侧踢脚线的长度，(1.5－0.25)×2m为厨房水平方向踢脚线的长度，(3.3－0.25)×2m为厨房竖直方向踢脚线的长度，后边减去的为卫生间踢脚线的长度。

Ⓕ、Ⓚ轴间户：

l_2＝{[(6＋1.5－0.25)×4－1.5×2－0.25]＋(3.15－0.25)×3＋(4＋0.25)×3＋1.5×2＋[(3.3＋3.15－0.25)×3－0.25×4]＋(3－0.25)×6＋(3.3－0.25)＋(2.2－0.25)×2＋(2.64－0.25)×2－[(3－0.25)×4＋(1.5－0.25)×4](卫生间)－[(2.2－0.25)×2＋(2.64－0.25)×2](厨房)}m

＝[(7.25×4－3－0.25)＋2.9×3＋4.25×3＋3＋(6.2×3－1)＋2.75×6＋3.05＋1.9×2＋2.39×2－(2.75×4＋1.25×4)－(1.9×2＋2.39×2)]m

＝(25.75－8.7＋12.75＋3＋17.6＋16.5＋3.05＋3.8＋4.78－16－8.58)m

＝(95.93－24.58)m＝71.35m

【注释】 [(6＋1.5－0.25)×4－1.5×2－0.25]m为轴线Ⓕ至轴线Ⓚ和轴线⑪至轴线⑮之间纵向内墙踢脚线的长度，其中1.5×2m为该处卫生间踢脚线所占的长度，0.25m为墙的厚度，(3.15－0.25)×3m为轴线⑬至轴线1/13处水平墙踢脚线的长度，(4＋0.25)×3m为轴线⑪至轴线⑬处踢脚线的长度，(3.3＋3.15－0.25)×3m为轴线⑬至轴线⑮处内墙踢脚线的长度，(3－0.25)×6m为轴线⑮至轴线⑯处踢脚线的长度，(3.3－0.25)m为轴线1/13至轴线⑮处内墙踢脚线的长度，(2.2－0.25)×2m为轴线Ⓓ至轴线Ⓕ处内墙踢脚线的长度，(2.64－0.25)×2m为轴线⑫至轴线⑭处内墙踢脚线的长度，(3－0.25)×4m为该处卫生间竖直方向踢脚线的长度，(1.5－0.25)×

4m为该处卫生间水平方向墙的踢脚线的长度，(2.2－0.25)×2m为该处厨房竖直方向内墙踢脚线的长度，(2.64－0.25)×2m为该处厨房水平方向墙踢脚线的长度。

Ⓐ、Ⓓ户：l_3＝{2.7×2＋(2.64－0.25)×2＋(2.1－0.25)×2＋[(2.2＋1.8＋3.6＋0.9－0.25)×4－0.9×2－(1.8－0.25)×2－0.25×4]＋(3.6－0.25)×6＋(4－0.25)×2－[(2.64－0.25)×2＋(2.1－0.25)×2](厨房)－[(3.6－0.25)×2＋(1.8－0.25)×2](卫生间)}m

＝[5.4＋4.78＋3.7＋(33－1.8－3.1－1)＋20.1＋7.5－(4.78＋3.7)－(6.7＋3.1)]m

＝(5.4＋4.78＋3.7＋27.1＋20.1＋7.5－8.48－9.8)m

＝(68.58－18.28)m＝50.3m

【注释】 2.7×2m为轴线⑨至轴线⑪处水平内墙踢脚线的长度，(2.64－0.25)×2m为轴线Ⓒ至轴线Ⓕ处竖直内墙踢脚线的长度，(2.1－0.25)×2m为轴线Ⓒ至轴线Ⓓ处竖直内墙踢脚线的长度，(2.2＋1.8＋3.6＋0.9－0.25)×4m为轴线Ⓐ至轴线Ⓒ处竖直内墙踢脚线的长度，0.9×2m为轴线Ⓐ至轴线⒈Ⓐ处外墙的长度，(1.8－0.25)×2m为该处门洞的宽度，(3.6－0.25)×6m为轴线⑫至轴线⑭处水平内墙踢脚线的长度，(4－0.25)×2m为轴线⑩至轴线⑫处水平内墙踢脚线的长度，后边减去的为该处厨房、卫生间的踢脚线的长度，(2.64－0.25)×2m为厨房水平方向墙的长度，(2.1－0.25)×2m为厨房竖直方向墙的长度，(3.6－0.25)×2m为卫生间水平方向踢脚线的长度，(1.8－0.25)×2m为卫生间竖直方向踢脚线的长度，0.25m为墙的厚度。

内墙踢脚线总长：$L=2(l_1+l_2+l_3)$＝2×(64.114＋71.35＋50.3)m

＝2×185.764＝371.528m

【注释】 64.114m为斜轴线户处踢脚线的长度，71.35m为Ⓓ、Ⓚ轴间户踢脚线的长度，50.3m为Ⓐ、Ⓓ轴间户踢脚线的长度。

则1～11层内墙踢脚线工程量：$L_{总}=11\times L$＝371.528m＝4086.808m

【注释】 11为层数，371.528m为内墙踢脚线的长度。

(2) 15mm厚1∶3水泥砂浆找平层，1-14

$S=L_{总}\times0.15=4086.808\times0.15\text{m}^2=613.021\text{m}^2$

【注释】 4086.808m为内墙踢脚线的总长度，0.15m为水泥砂浆找平层的厚度。

7. 扶手、栏杆、栏板

(1) 扶手定额工程量（计算规则：扶手（包括弯头）按扶手水平投影长度计算，计量单位为m)，7-53（硬材扶手）

① LT_1的扶手长度

L_1＝[(8×0.26＋11×0.26)(首层)＋10×0.26×9(层)＋1.3(顶层水平)＋21×0.1]m

＝[(2.08＋2.86)＋23.4＋3.4]m

＝31.74m

【注释】 (8×0.26+11×0.26)m 为首层楼梯 1 扶手的长度，10×0.26×9m 为九层楼梯栏杆扶手的长度，1.3m 为顶层水平栏杆的长度，21×0.1m 为水平支档的长度。

② LT_1的扶手长度

L_2＝{[(10×0.26＋12×0.26)(首层)＋12×0.26×9(层)]＋1.3＋21×0.1}×2m

＝(5.72＋28.08＋3.4)×2m

＝37.2×2m＝74.4m

【注释】 (10×0.26＋12×0.26)m 为首层楼梯 2 栏杆、栏板的长度，12×0.26×9m 为九层该楼梯栏杆、栏板的长度，1.3m 为顶层楼梯 2 栏杆、栏板的长度，21×0.1m 为水平横档的长度。

则扶手的总长度 $L=l_1+l_2$＝(74.4＋31.74)m＝106.14m

【注释】 74.4m 为楼梯 2 栏杆、栏板的长度，31.74m 为楼梯 1 栏杆、栏板的长度。

(2) 栏杆工程量（计算规则：栏杆、栏板按扶手中心线水平投影长度以平方米计算，栏杆高度从扶手算至楼梯结构上表面)，7-1

则栏杆工程量 $S=Lh$＝106.14×1.0m^2＝106.14m^2

【注释】 106.14m 为扶手的总长度。

(3) 扶手刷漆 l＝106.14m，11-203

8. 外墙勒脚工程量

(1) 15mm 厚 1∶2 水泥砂浆底灰，3-4

外墙外边线长 l'＝189.52m

应扣台阶处门洞口宽 l''＝1.0×3m＝3m

则外墙勒脚毛面积 $S'=(l'-l'')\times h$＝(189.52－3.0)×1.35m^2

＝186.52×1.35m^2＝251.802m^2

【注释】 189.52m 为外墙外边线的长度，3.0m 为该台阶处门洞口的宽，1.35m 为外墙勒脚的高度。

应扣地下室窗台及地下室门洞口面积：

C-10×36 扇　　　　C-8×6 扇

$S_{窗}$＝0.6×0.3×36m^2＝6.84m^2

【注释】 0.6m 为该窗 C—10 的宽度，0.3m 为其高度，36 为其数量。

$S_{门}$＝1.00×0.45(室外高差)×6m^2＝2.7m^2

【注释】 1.00m 为该门的宽度，0.45m 为室内外高差，6 为该门的个数。

综上所述，外墙勒脚抹底灰量：

$S=S'-S_{门}-S_{窗}$＝(251.802－6.84－2.7)m^2＝242.262m^2

【注释】 251.802m^2 为外墙勒脚的总面积，6.84m^2 为该处窗洞口的面积，2.7m^2 为该处门洞口的面积。

(2) 10mm 厚 1∶1.5 水泥石子用斧斩毛，3-16，剁斧石

工程量 $S=S_{抹底灰}=242.262m^2$

9. 喷塑外墙面，勒脚以上

（1）涂料底层抹灰，3-25

外墙外边线长 $L=189.52m$

外墙勒脚以上高 $h=(3.6\times11-0.9+0.2$(搭口上挑200mm 高))m

$=(39.6-0.9+0.2)m=38.9m$

【注释】 3.6m 为层高，11 为层数，0.9m 为女儿墙的高度，0.2m 为檐口上挑的高度。

则外墙装饰毛面积 $S'=Lh=189.52\times38.9m^2=7372.328m^2$

【注释】 189.52m 为外墙外边线的长度，38.9m 为外墙勒脚以上的高度。

应扣外墙门窗洞口面积如下：

单层：M-2×1 扇　M-5×4 扇　C-1×4 扇　C-2×2 扇　C-3×6 扇

C-4×4 扇　C-8×2 扇　C-5×2 扇　C-9×2 扇　C-6×2 扇

底层：M-7×3 扇

$S_{M-7扣}=1.5\times3\times(2.1-0.9$(勒脚高))$m^2=1.5\times3\times1.2m^2=5.4m^2$

【注释】 1.5m 为该门的宽度，3 为该门的个数，(2.1－0.9)m 为底层该门的高度。

$S_{M-2扣}=1.2\times2.1\times10\times11$(层)$m^2=277.2m^2$

【注释】 1.2m 为该门的宽度，2.1m 为该门的高度，10 为单层该门的个数，11 为层数。

$S_{M-5扣}=0.78\times2.1\times4\times11$(层)$m^2=72.072m^2$

【注释】 0.78m 为该门的宽度，2.1m 为该门的高度，4 为单层该门的数量，11 为层数。

$S_{C-1扣}=1.8\times1.5\times4\times11$(层)$m^2=118.8m^2$

【注释】 1.8m 为该窗的宽度，1.5m 为该窗的高度，4 为单层该窗的个数，11 为层数。

$S_{C-2扣}=1.8\times1.5\times2\times11$(层)$m^2=59.4m^2$

【注释】 1.8m 为该窗的宽度，1.5m 为该窗的高度，2 为单层该窗的个数，11 为层数。

$S_{C-3扣}=0.6\times1\times6\times11$(层)$m^2=39.6m^2$

【注释】 0.6m 为该窗的宽度，1m 为该窗的高度，6 为单层该窗的个数，11 为层数。

$S_{C-4扣}=1.5\times1.5\times4\times11$(层)$m^2=99m^2$

【注释】 1.5m 为该窗的宽度，1.5m 为该窗的高度，4 为单层该窗的个数，11 为层数。

$S_{C-8扣}=0.3\times0.5\times2\times11$(层)$m^2=3.3m^2$

【注释】 0.3m 为该窗的宽度，0.5m 为该窗的高度，2 为单层该窗的个数，11

为层数。

$S_{C-5扣}=0.6\times1.5\times2\times11(层)m^2=19.8m^2$

【注释】 0.6m为该窗的宽度，1.5m为该窗的高度，2为单层该窗的个数，11为层数。

$S_{C-9扣}=1.8\times1.5\times2\times11(层)m^2=59.4m^2$

【注释】 1.8m为该窗的宽度，1.5m为该窗的高度，2为单层该窗的个数，11为层数。

$S_{C-6扣}=1.8\times1.5\times2\times11(层)m^2=59.4m^2$

【注释】 1.8m为该窗的宽度，1.5m为该窗的高度，2为单层该窗的个数，11为层数。

$S_{扣}=(5.4+277.2+72.072+118.8+59.4\times3+39.6+99+3.3+19.8)m^2$
$=813.372m^2$

【注释】 $5.4m^2$为门M-7的面积，$277.2m^2$为门M-2的面积，$72.072m^2$为门M-5的面积，$118.8m^2$为窗C-1的面积，$59.4\times3m^2$为窗C-2、C-9、C-6的面积，$39.6m^2$为窗C-3的面积，$99m^2$为窗C-4的面积，$3.3m^2$为窗C-8的面积，$19.8m^2$为窗C-5的面积。

则外墙装饰工程量 $S=S'-S_{扣}=(7372.328-813.372)m^2=6558.956m^2$

(2) 丙烯酸性高级涂料面层，3-32

工程量 $S=S_{抹灰}=6558.956m^2$

【注释】 $7372.328m^2$为外墙装饰的毛面积，$813.372m^2$为该外墙中门窗洞口的面积。

10. 阳台处金属扶手栏杆工程量

(1) 扶手工程量，7-63

阳台1：$l_1=\{1.2\times2+(8.2-6)+[1.2+6-(6^2-3^2)^{1/2}]\times2+6\times\pi/3(弧段长)\}m$
$=\{2.4+2.2+[1.2+(6-5.196)]\times2+3.14\times2\}m$
$=(2.4+2.2+2.004\times2+6.284)m$
$=14.892m$

【注释】 $1.2\times2m$为阳台外侧边栏杆、栏板的长度，$(8.2-6)m$为阳台北面水平段栏杆、栏板的长度，后边中括号的式子表示阳台内侧边栏杆、栏板的长度，$6\times3.14\times1/3m$为阳台圆弧段栏杆、栏板的长度。

阳台2：$l_2=[0.3\times2+(8-6)+6\times\pi/3(弧段长)]m$
$=(0.6+2.0+3.14\times2)m=8.88m$

【注释】 $0.3\times2m$为阳台外侧栏杆、栏板的长度，$(8-6)m$为阳台南面水平段栏杆、栏板的长度，$6\times3.14\times1/3m$为阳台2圆弧段栏杆、栏板的长度。

阳台3、5：$l_3=(2.2+2.1-0.25)\times2m=4.05\times2m=9.1m$

【注释】 $(2.2+2.1-0.25)\times2m$为阳台栏杆、栏板的长度，乘以2表示阳台的数量。

阳台 4：l_4＝[1.2×2＋(8.2－6)×2＋6×π/2×2(QR 算弧长)]m

＝(2.4＋4.4＋6×3.14)m＝25.652m

【注释】 1.2×2m 为阳台水平段的长度，[(8.2－6)×2＋6×3.14]m 为阳台圆弧段栏杆、栏板的长度。

阳台 6：l_5＝[1.2×2＋(1.5＋1.8－0.25)]×2m＝(2.4＋3.05)×2m＝10.9m

【注释】 1.2×2m 为阳台外侧边栏杆、栏板的长度，(1.5＋1.8－0.25)m 为阳台水平段栏杆栏板的长度，最后乘以 2 表示阳台的数量。

阳台7：l_6＝(3.25＋1.5＋1.5÷cos30°)×2m＝(4.75＋1.732)×2m＝12.964m

【注释】 3.25m 为阳台水平段栏杆、栏板的长度，1.5m 为阳台竖直段栏杆、栏板的长度，1.5÷cos30°为阳台斜段栏杆、栏板的长度，最后乘以 2 表示阳台 7 的个数。

综合上述，金属扶手工程量：

L＝11(层)×(l_1＋l_2＋l_3＋l_4＋l_5＋l_6)

＝11×(14.892＋8.88＋9.1＋25.652＋10.9＋12.964)m＝906.268m

【注释】 14.892m 为单层阳台 1 栏杆、栏板的长度，8.88m 为单层阳台 2 栏杆、栏板的长度，9.1m 为阳台 3、5 栏杆、栏板的长度，25.652m 为阳台 4 栏杆、栏板的长度，10.9m 为阳台 6 栏杆、栏板的长度，12.964m 为阳台 7 栏杆、栏板的长度，11 为建筑的层数。

(2) 栏杆（板）工程量，7-30

$S=Lh$＝906.268×1.2m^2＝1087.522m^2

【注释】 906.268 为金属扶手的总长度，1.2m 为扶手的高度。

11. 墙面一般抹灰（用于除厨房、卫生间内墙裙，踢脚线以上内墙）

计算规则：内墙间图示净长线乘以高度以平方米计算。扣除门窗框外围和大于 0.3m^2的孔洞所占的面积，但门窗洞口、孔洞的侧壁和顶面面积不增加；不扣除踢脚线、装饰线、挂镜线及 0.3m^2以内孔洞和墙与构件交接处的面积；附墙柱的侧面抹灰并入内墙抹灰工程量计算。内墙高度按室内楼（地）面至顶棚底面；有吊顶的，其高度按室内楼（地）面算至吊顶底面，另加 200mm 计算。

(1) 除（卫生间、楼梯间、厨房电梯间的内墙净长）

斜轴线户处：l_1＝{[(7.2－0.25)＋(0.6－0.25)＋(3.3＋1.2－0.25)＋(3.3－0.25)＋(1.8＋1.5－0.5)]×2(侧)＋[(7.8－0.25×2)＋3.25＋(7.2－0.25×3)＋(1.8－0.25)＋(6－0.25)×3＋(4.2－0.25)×2]×1(单侧)－[(1.5－0.25)×2＋(3.3－0.25)×2](厨房)－[(7.2＋3.25)/2－3.25＋3.3÷cos30°](卫生间)}m

＝[(6.95＋0.35＋4.25＋3.05＋2.8)×2＋(7.3＋3.25＋6.45＋1.55＋17.25＋7.9)－(2.5＋6.1)－(1.975＋3.811)]m

＝(17.4×2＋43.7－8.6－5.786)m

=64.114m

【注释】 (7.2−0.25)m为轴线①′至轴线④′水平内墙的长度，其中0.25m为两边两半墙的厚度，(0.6−0.25)m为轴线Ⓑ′至轴线⑴Ⓑ之间竖直内墙的长度，(3.3+1.2−0.25)m为轴线⑴Ⓑ至轴线Ⓓ′间竖直内墙的长度，(3.3−0.25)m为轴线Ⓒ′至轴线Ⓓ′间竖直内墙的长度，(1.8+1.5−0.5)m为轴线①′至轴线②′处内墙的长度，乘以2表示双侧抹灰，(7.8−0.25×2)m为轴线Ⓐ′至轴线Ⓓ′间内墙抹灰的长度，3.25m为轴线①′至轴线②′间内墙抹灰的长度，(7.2−0.25×3)m为轴线Ⓓ′处内墙抹灰的长度，0.25m为墙的厚度，(1.8−0.25)m为轴线①′至轴线⑴①′内墙抹灰的长度，乘以1表示单侧抹灰，(1.5−0.25)×2m为该处厨房的两道宽，(3.3−0.25)×2m为厨房的两道墙的两道长，后边减去的为卫生间墙的长度。

Ⓕ、Ⓚ轴间户：

l_2={[(6+1.5−0.25)×4−1.5×2−0.25]+(3.15−0.25)×3+(4+0.25)×3+1.5×2+[(3.3+3.15−0.25)×3−0.25×4]+(3−0.25)×6+(3.3−0.25)+(2.2−0.25)×2+(2.64−0.25)×2−[(3−0.25)×4+(1.5−0.25)×4](卫生间)−[(2.2−0.25)×2+(2.64−0.25)×2](厨房)}m

=[(7.25×4−3−0.25)+2.9×3+4.25×3+3+(6.2×3−1)+2.75×6+3.05+1.95×2+2.39×2−(2.75×4+1.25×4)−(1.95×2+2.39×2)]m

=(25.75+8.7+12.75+3+17.6+16.5+3.05+3.9+4.78−16−8.68)m

=(95.93−24.58)m=71.35m

【注释】 (6+1.5−0.25)×4m为轴线④至轴线⑨处纵向内墙的长度，1.5×2m为该处内墙中空口的长度，0.25m为墙的厚度，(3.15−0.25)×3m为轴线⑤至轴线⑦间水平内墙抹灰的长度，1.5×2m为轴线Ⓖ至轴线Ⓗ间内墙的长度，(3.3+3.15−0.25)×3m为轴线④至轴线⑦间水平内墙的长度，(3−0.25)×6m为轴线③至轴线④处内墙抹灰的长度，(3.3−0.25)m为轴线④至轴线5处内墙抹灰的长度，(2.2−0.25)×2m为轴线Ⓓ至轴线Ⓕ处内墙抹灰的长度，(2.64−0.25)×2m为阳台处内墙抹灰的长度，(3−0.25)×4m为卫生间内墙的长度，(1.5−0.25)×4m为卫生间内墙的宽度，(2.2−0.25)×2m为厨房内墙的宽度，(2.64−0.25)×2m为厨房内墙的长度，其中0.25m为墙的厚度。

Ⓐ、Ⓓ轴户：

l_3={2.7×2+(2.64−0.25)×2+(2.1−0.25)×2+[(2.2+1.8+3.6+0.9−0.25)×4−0.9×2−(1.8−0.25)×2−0.25×4]+(3.6−0.25)×6+(4−0.25)×2−[(2.64−0.25)×2+(2.1−0.25)×2](厨房)−[(3.6−0.25)×2+(1.8−0.25)×2](卫生间)}m

=[5.4+4.78+3.7+(33−1.8−3.1−1)+20.1+7.5−(4.78+3.7)−(6.7+3.1)]m

=(68.58−18.28)m=50.3m

【注释】 2.7×2m为轴线⑨至轴线⑪间内墙抹灰的长度，(2.64−0.25)×2m为电梯间纵向内墙的长度，(2.1−0.25)×2m 为轴线Ⓒ至轴线Ⓓ间内墙的长度，(2.2+1.8+3.6+0.9−0.25)×4m 为轴线Ⓐ至轴线Ⓒ间内墙抹灰的长度，(1.8−0.25)×2m 为该处内墙中门洞口的长度，(3.6−0.25)×6m 为轴线⑥至轴线⑧间水平内墙的长度，(4−0.25)×2m 为轴线⑧至轴线⑩间水平内墙的长度，(2.64−0.25)×2m 为该处厨房内墙的长度，(2.1−0.25)×2m 为该处厨房内墙的宽度，(3.6−0.25)×2m 为该处卫生间内墙的长度，(1.8−0.25)×2m 为卫生间内墙的宽度。

则内墙抹灰（除厨、卫、楼梯、电梯）总长：

$L'=2(l_1+l_2+l_3)=2\times(64.114+71.35+50.3)\text{m}=2\times185.764\text{m}=371.528\text{m}$

【注释】 64.114m 为斜轴线处内墙的长度，71.35m 为Ⓓ、Ⓚ轴间内墙的长度，50.3m 为Ⓐ、Ⓓ轴间内墙的长度，乘以 2 表示该建筑左右对称。

抹灰工程的高 $h'=(3.6-0.13)\times11$(层)m$=3.47\times11\text{m}=38.17\text{m}$

【注释】 (3.6−0.13)m 为内墙抹灰的高度，其中 0.13m 为内墙裙的高度，11 为建筑层数。

工程量(毛面积)$S'_1=L'_1h_1=371.528\times38.17\text{m}^2=14181.224\text{m}^2$

【注释】 371.528m 为内墙的总长度，38.17m 为内墙的高度。

(2) 卫生间、厨房内墙裙（1.8m 以上）以上一般抹灰量

卫生间、厨房的长：

斜轴线户：$l_1=\{[(1.5-0.25)\times2+(3.3-0.25)\times2]$(厨房)$+[(3.25+7.2)/2-3.25+3.3\div\cos30°]$(卫生间)$\}$m

$=[(2.5+6.1)+(1.975+3.811)]\text{m}$

$=(8.6+5.786)\text{m}=14.386\text{m}$

【注释】 (1.5−0.25)×2m 为厨房短边内墙的长度，(3.3−0.25)×2m 为厨房长边内墙的长度，3.25、(3.25+7.2)/2m 为卫生间两边墙的长度，3.3÷cos30°m 为卫生间斜边墙的长度。

Ⓕ、Ⓚ轴间户：

$l_2=\{[(2.2-0.25)\times2+(2.64-0.25)\times2]$(厨房)$+[(3-0.25)\times4+(1.5-0.25)\times4]$(卫生间)$\}$m

$=[(1.9\times2+2.39\times2)+(2.75\times4+1.25\times4)]\text{m}$

$=(16+8.58)\text{m}=24.58\text{m}$

【注释】 (2.2−0.25)×2m 为该处厨房短边内墙的长度，(2.64−0.25)×2m 为厨房长边内墙的长度，(3−0.25)×4m 为卫生间长边内墙的长度，(1.5−0.25)×4m 为卫生间短边内墙的长度，其中 0.25m 为主墙间两半墙的厚度。

Ⓐ、Ⓓ间户：

$l_3=\{[(2.64-0.25)\times2+(2.1-0.25)\times2]$(厨房)$-[(3.6-0.25)\times2+(1.8-0.25)\times2]$(卫生间)$\}$m

$=[(4.78+3.7)+(6.7+3.1)]\text{m}=18.28\text{m}$

【注释】 (2.64−0.25)×2m 为该处厨房长边内墙的长度，(2.1−0.25)×2m 为

厨房短边内墙的长度，(3.6－0.25)×2m 为该处卫生间长边内墙的长度，(1.8－0.25)×2m 为该处卫生间短边内墙的长度，0.25m 为主墙间两半墙的厚度。

则厨、卫内墙裙 1.8m 以上抹灰高 h'_2＝(3.6－0.13－1.8)×11m＝18.37m

【注释】 3.6m 为层高，1.8m 为内墙裙的高度，11 为层数。

抹灰毛面积 $S'_2=(l_1+l_2+l_2)\times h'_2$＝(14.386＋24.58＋18.28)×18.37m^2

＝57.246×18.37m^2＝1051.609m^2

【注释】 14.386m 为斜轴线处厨房、卫生间的抹灰长度，24.58m 为Ⓕ、Ⓚ轴间户厨房、卫生间的抹灰长度，18.28m 为Ⓐ、Ⓓ轴间户厨房、卫生间的抹灰长度，18.37m 为厨房、卫生间 1.8m 以上内墙的抹灰高度。

(3) 楼梯间内墙抹灰量

楼梯间墙长：L＝{[(6－0.25)＋(2.7－0.25)]×2×2＋[5.4×2＋(2.7－0.25)]}m

＝[(5.75＋2.45)×2×2＋(10.8＋2.45)]m

＝(8.2×2×2＋13.25)m＝46.05m

【注释】 [(6－0.25)＋(2.7－0.25)]×2×2m 为单层两侧楼梯间的抹灰长度，其中 (6－0.25)×2m 为楼梯间长边内墙抹灰的长度，(2.7－0.25)×2m 为楼梯间短边内墙抹灰的长度，最后再乘以 2 表示两侧楼梯间，[5.4×2＋(2.7－0.25)]m 为单层中间楼梯间的内墙抹灰的长度，其中 5.4×2m 为该楼梯间长边抹灰的长度，(2.7－0.25)m 为该楼梯间短边抹灰的长度。

总高：h＝3.6×11m＝39.6m

【注释】 3.6m 为地面以上建筑的层高，11 为层数。

毛面积：$S'=Lh$＝46.05×39.6m^2＝1823.58m^2

【注释】 46.05m 为单层楼梯间抹灰的长度，39.6m 为楼梯间内墙的高度。

斜板相对投影长：l'_{LT1}＝[(2.34÷4/5－2.34)＋(2.08÷4/5－2.08)＋(2.16÷4/5－2.16)×18]m

＝(0.585＋0.52＋0.54×18)m＝10.825m

l'_{LT2}＝[(2.86÷4/5－2.86)＋(2.6÷4/5－2.6)＋(2.7÷4/5－2.7)×18]×2m

＝(0.715＋0.65＋0.675×18)×2m

＝13.515×2m＝27.03m

则梯板厚 0.07m 所扣内墙抹灰量

$S''=(L+l'_{LT1}+L'_{LT2})$×0.07×10(层)

＝(46.05＋10.825＋27.03)×10(层)×0.07m^2

＝83.905×10×0.07m^2＝58.734m^2

【注释】 46.05m 为楼梯间抹灰的长度，10.825m 为楼梯 1 处斜板的水平投影长度，27.03m 为楼梯 2 处斜板的水平投影长度，10 为层数，0.07m 为楼梯板的厚度。

楼梯间扣门窗前内墙抹灰毛面积 $S'''=S'-S''$＝(1823.58－58.734)m^2＝1764.846m^2

【注释】 1823.58m^2 为楼梯间内墙抹灰的总面积，58.734m^2 为楼梯板所占的面积。

(4) 地下室内墙一般抹灰

① Ⓐ、Ⓕ轴间：$l_{单侧内墙}$ ={[(2.2−0.25)+(2.1−0.25)+(2.2+1.8+3.6+0.9−4×0.25)](竖直)+[(4+3.6−0.25×3)+(2.05−0.25)+(0.9−0.25)](水平)}×2(对称)m

=(1.95+1.85+7.5+6.85+1.8+0.65)×2m=20.6×2=41.2m

【注释】 (2.2−0.25)m为轴线Ⓓ至轴线Ⓕ间厨房竖直单侧墙的抹灰长度，(2.1−0.25)m为轴线Ⓒ至轴线Ⓓ间厨房竖直单侧墙的抹灰长度，(2.2+1.8+3.6+0.9−4×0.25)m为轴线Ⓐ至轴线Ⓒ间卧室竖直单侧墙的抹灰长度，(4+3.6−0.25×3)m为轴线⑥至轴线⑩单侧水平墙的抹灰长度，(2.05−0.25)m为轴线⑥至轴线⑦间单侧水平墙的抹灰长度，(0.9−0.25)m为轴线Ⓐ至轴线1/A间水平墙的抹灰长度，乘以2表示对称两侧，0.25m为主墙间两半墙的厚度。

$l_{双侧(内墙净长线)}$ ={(2.2+2.1−0.25×3)×2+(7.6−4.69−0.25×2)+(2.64−0.25)×2+(2.7−0.25)+(2.7−0.5)+[(2.2+1.8+3.6)−0.25×2]×3+(1.8−0.25)×2+(2.4−0.25)×2+2.2×2+(3.6−0.25)×6+3.6×2}×2(两侧抹灰)m

=(7.1+2.41+4.78+2.45+2.2+21.3+3.1+4.3+4.4+20.1+7.2)×2m

=79.34×2m=158.68m

【注释】 (2.2+2.1−0.25×2)×2m为轴线Ⓒ至轴线Ⓕ间竖直内墙双面抹灰的长度，其中0.25m为主墙间两半墙的厚度，(7.6−4.69−0.25×2)m为轴线Ⓒ至轴线Ⓕ间内墙抹灰的长度，(2.64−0.25)×2m为轴线Ⓒ至轴线Ⓕ处竖直内墙的长度，(2.7−0.25)、(2.7−0.5)m为轴线⑨至轴线⑩间水平内墙的长度，[(2.2+1.8+3.6)−0.25×2]×3m为轴线1/A至轴线Ⓒ间纵向内墙抹灰的长度，(1.8−0.25)×2m为轴线Ⓑ至轴线1/B间内墙抹灰的长度，(2.4−0.25)×2m为轴线⑧至轴线⑩间水平内墙双面抹灰的长度，2.2×2m为轴线1/B至轴线Ⓒ间纵向内墙双面抹灰的长度，(3.6−0.25)×6m为轴线⑥至轴线⑧间内墙抹灰的长度，3.6×2m为轴线1/A至轴线Ⓑ间内墙抹灰的长度，2表示两侧抹灰。

②Ⓖ、Ⓚ与①、④轴之间

$l_{单侧}$ ={[(4.2+2.7+3−0.25×3)×2−0.25](水平)+(1.5−0.25)}m

=(18.05+1.25)m=19.3m

【注释】 (4.2+2.7+3−0.25×3)×2m为轴线①至轴线④处水平段单侧内墙抹灰的长度，0.25m为两边两半墙的厚度，(1.5−0.25)m为轴线Ⓖ至轴线Ⓗ间纵向墙抹灰的长度。

$l_{双侧(抹灰)}$ =[(2.7−0.25)×2+(6−0.25×2)×2+(3−0.25)×2]×2(双侧抹灰)m

=(2.45×2+5.5×2+2.75×2)×2m=42.8m

【注释】(2.7−0.25)×2m 为轴线②至轴线③间内墙双面抹灰的长度，(6−0.25×2)×2m 为轴线Ⓖ至轴线Ⓚ间内墙双面抹灰的长度，(3−0.25)×2m 为轴线③至轴线④间内墙双面抹灰的长度，最后乘以 2 表示内墙双侧抹灰

③ Ⓕ、Ⓚ与④、⑮轴间。

$l_{单侧}$=[3×2+(3.3+3.15−0.25×3)×2+(3.3+3.15+4.2−0.25×2)×2+2.7×2+(2.7−0.25)]m

=(6+5.7×2+20.3+5.4+2.45)m=45.55m

【注释】3×2m 为轴线Ⓕ至轴线Ⓗ间单侧墙抹灰的长度，(3.3+3.15−0.25×3)×2m 为轴线④至轴线⑦间单侧墙抹灰的长度，2.7×2m 为轴线Ⓕ至轴线Ⓖ间纵向内墙抹灰的长度，(2.7−0.25)m 为轴线⑨至轴线⑪间水平内墙抹灰的长度。

$l_{双侧}$={[(3.3+3.15+4.2−0.25×3)×2−0.25]×2+(2.7−0.25)×2×2+(3−0.25)×3×2+4.2×2+(1.8+3)×2}×2(双侧抹灰)m

=(20.3+9.8+16.5+8.4+9.6)×2m

=64.6×2=129.2m

【注释】[(3.3+3.15+4.2−0.25×3)×2−0.25]×2m 为轴线④至轴线⑨间水平内墙双面抹灰的长度，0.25m 为两半墙的厚度，(2.7−0.25)×2×2m 为轴线Ⓗ至轴线Ⓙ间纵向内墙双面抹灰的长度，(3−0.25)×3×2m 为轴线Ⓕ、Ⓗ间纵向内墙双面抹灰的长度，4.2×2m 为轴线⑦至轴线⑨间水平内墙的抹灰长度，(1.8+3)×2m 为轴线Ⓕ、Ⓙ间纵向内墙的长度，2 表示双侧抹灰。

④ 斜轴线处

$l_{单侧}$=[(7.2−0.25×3)+(7.8−0.25×2)+(3.25−0.25×2)+1.8]m

=(6.45+7.3+2.75+1.8)m=18.3m

【注释】(7.2−0.25×3)m 为轴线①'至轴线④'水平墙抹灰的长度，(7.8−0.25×2)m 为轴线Ⓐ'至轴线Ⓓ'间竖直墙抹灰的长度，(3.25−0.25×2)m 为轴线①'至轴线(1/1')墙抹灰的长度，1.8m 为轴线Ⓒ'至轴线Ⓓ'间墙抹灰的长度。

$l_{双侧}$=[(7.2−0.25×2)+(0.6−0.25)+(7.8−1.2−0.25×3)+(3.3−0.25×2)+(2.4+1.5−0.25×2)+(6−0.25×2)]×2(双侧抹面)m

=(6.7+0.35+5.85+2.8+3.4+5.5)×2m

=24.6×2m=49.2m

【注释】(7.2−0.25×2)m 为轴线①'至轴线④'水平内墙抹灰的长度，0.25m 为墙的厚度，(0.6−0.25)m 为轴线Ⓑ'至轴线(1/B)间竖直内墙抹灰的长度，(7.8−1.2−0.25×3)m 为轴线②'上内墙抹灰的长度，(3.3−0.25×2)m 为轴线③'上竖直内墙抹灰的长度，(2.4+1.5−0.25×2)m 为轴线②'至轴线④'间水平内墙抹灰的长度，(6−0.25×2)m 为轴线①上纵向内墙抹灰的长度，最后乘以 2 表示双侧抹灰。

则地下室内墙抹灰长：L=[(41.2+158.68)+(19.3+42.8)×2(对称)+(45.55+129.2)+(18.3+49.2)×2(对称)]m

$=(199.88+62.1\times2+174.75+67.5\times2)\text{m}$

$=633.83\text{m}$

【注释】 41.2m 为Ⓐ、Ⓕ轴间单侧内墙抹灰的长度，158.68m 为Ⓐ、Ⓕ轴间双侧内墙抹灰的长度，19.3m 为Ⓖ、Ⓚ与①、④轴之间单侧内墙抹灰的长度，42.8m 为Ⓖ、Ⓚ与①、④轴之间双侧内墙抹灰的长度，乘以 2 为左右对称，45.55m 为Ⓕ、Ⓚ与④、⑮轴间单侧内墙的抹灰长度，129.2m 为Ⓕ、Ⓚ与④、⑮轴间双侧内墙抹灰的长度，18.3m 为斜轴线处单侧内墙抹灰的长度，49.2m 为斜轴线处双侧内墙抹灰的长度，乘以 2 表示斜轴线处左右两部分对称。

地下室内墙高 $h=(3-0.13)\text{m}=2.87\text{m}$

毛面积 $S'=Lh=2.87\times633.83\text{m}^2=1819.092\text{m}^2$

【注释】 2.87m 为地下室内墙的高度，633.83m 为地下室内墙抹灰的净长度。

（5）应扣除门窗洞口面积

① 地下室洞口

单侧 C-10×38 扇　　　C-8×8 扇

$S_{单侧}=(0.6\times0.3\times38+1\times2.1\times8)\text{m}^2=(6.84+16.8)\text{m}^2=23.64\text{m}^2$

【注释】 $0.6\times0.3\times38\text{m}^2$ 为窗 C-10 的面积，其中 0.6m 为窗的宽度，0.3m 为该窗的高度，38 为窗的个数；$1\times2.1\times8\text{m}^2$ 为窗 C-8 的面积，其中 1m 为该窗的宽度，2.1m 为该窗的高度，8 为该窗的数量。

双侧洞口汇总：M-9×42 扇

$S_{双侧}=0.78\times1.8\times42\times2\text{m}^2=117.936\text{m}^2$

【注释】 0.78m 为该门的宽度，1.8m 为该门的高度，42 为该门的数量，2 表示两侧。

综合（4）可得地下室内墙抹灰工程量

$S_1=[1819.092-(117.936+23.64)]\text{m}^2=1677.516\text{m}^2$

【注释】 1819.092m^2 为地下室内墙的毛面积，117.936m^2 为该处双侧门洞口的面积，23.64m^2 为该处窗洞口的面积。

② 楼梯间应扣门洞面积

单侧：M-7×1扇　C-7×(11(层)×2+10(层))扇　M-1×22(内墙上)扇　M-6×22(内墙上)扇

$S_{扣}=[1.5\times2.1\times1+1.8\times1.5\times(11\times2+10)+1.2\times2.1\times22+1.2\times2.1\times22]\text{m}^2$

$=(3.15+86.4+55.44+55.44)\text{m}^2=200.43\text{m}^2$

【注释】 $1.5\times2.1\times1\text{m}^2$ 为单侧门 M－7 的面积，其中 1.5m^2 为该门的宽度，2.1m^2 为该门的高度，1 为该门的数量；$1.8\times1.5\times(11\times2+10)\text{m}^2$ 为窗 C-7 的面积，其中 1.8m^2 为该窗的宽度，1.5m^2 为该窗的高度，$(11\times2+10)\text{m}^2$ 为该窗的数量；$1.2\times2.1\times22\text{m}^2$ 为门 M-1、M-6 的面积，其中 1.2m 为该门的宽度，2.1m 为该门的高度，22 为该门的数量。

综合（3）可得楼梯间抹灰工程量 S_2 =(1764.846－200.43)m² =1564.416m²

【注释】 1764.846m² 为楼梯间抹灰的总工程量，200.43m² 为该处门洞的面积。

③ 厨房、卫生间应扣门洞口

单侧：C-3×2×11 层　　C-8×2×11 层　　M-4×2×11 层/内墙
　　C-3×2×11 层　　C-8×2×11 层　　M-4×4×11 层/内墙
　　C-5×4×11 层　　C-5×2×11 层　　M-4×4×11 层/内墙
　　C-3×2×11 层　　M-4×2×11 层/内墙

统计　C-3×6×11 层　　C-5×2×11 层　　C-8×4×11 层
　　M-4×12×11 层/内墙　　M-5×4×11 层

$S_{扣}$ =[(0.6×0.1×6+0.6×0.6×2+0.3×0.3×4+0.8×0.3×12+0.78×0.3×4)×11] m²
= (0.36+0.72+0.36+2.88+0.936)×11m²
=5.256×11m² =57.816m²

【注释】 0.6×0.1×6m² 为该处窗 C-3 的面积，其中 0.6m 为该窗的宽度，0.1m 为其高度，6 为其数量；0.6×0.6×2m² 为窗 C-5 的面积，其中 0.6m 为该窗的宽度，0.6m 为该窗的高度，2 为其数量；0.3×0.3×4m² 为窗 C-8 的面积，其中 0.3m 为其宽度与高度，4 为其数量；0.8×0.3×12m² 为门 M-4 的面积，其中 0.8m 为其宽度，0.3m 为其高度，12 为其数量；0.78×0.3×4m² 为门 M-5 的面积，其中 0.78m 为其宽度，0.3m 为其高度，4 为其数量，11 为层数。

综合（2）可得厨房、卫生间内墙抹灰的工程量：

S=(1051.609－57.816)m² =993.793m²

【注释】 1051.609m² 为厨房、卫生间内墙抹灰的总面积，57.816m² 为该处门窗洞口的面积。

④普通房间应扣门窗洞口面积

单侧：C-1×4×11 层　　C-2×2 扇×11 层　　C-3×6 扇×11 层(已知)
　　C-4×4 扇×11 层　　C-5×2 扇×11 层（已知）　　C-6×2 扇×11 层
　　C-7（已知）　　C-8（已知）　　C-9×2 扇×11 层
　　M-2×10 扇×11 层　　M-5×4 扇×11 层（已知）
　　M-1×2 扇×11 层　　M-6×2×11 层

$S_{单侧}$ =(1.8×1.5×4×11+1.8×1.5×2×11+1.5×1.5×4×11+1.2×2.1×22+1.8×1.5×2×11+1.8×1.5×2×11+1.2×2.1×10×11+1.2×2.1×22)m²
=(55.55×2+99+59.4+118.8+59.4+59.4+277.2)m²
=784.08m²

【注释】 1.8×1.5×4×11m² 为窗 C-1 的面积，其中 1.8m 为其宽度，1.5m 为其高度，4 为其数量，11 为层数；1.8×1.5×2×11m² 为窗 C-2 的面积，其中 1.8m 为其宽度，1.5m 为其高度，2 为其数量，11 为层数；1.5×1.5×4×11m² 为窗 C-4

的面积，其中1.5m为其宽度与高度，4为其数量，11为层数。

双侧：M-1×4×11层　　　　M-3×16×11层

$S_{双侧}=(1.2\times2.1\times4+1.0\times2.1\times16)\times11\times2m^2$

$=(10.08+33.6)\times11\times2m^2$

$=43.68\times11\times2m^2=960.96m^2$

【注释】 $1.2\times2.1\times4m^2$ 为门M-1的面积，其中1.2m为其宽度，2.1m为其长度，4为其数量；$1.0\times2.1\times16m^2$ 为门M-3的面积，其中1.0m为其宽度，2.1m为其高度，16为其数量，11为层数，2为两侧。

综合（1）可得，内墙除（厨、卫、楼梯、电梯）内墙抹灰工程量：

$S=[14181.224-(960.96+784.08)]m^2=(14181.224-1745.04)m^2$

$=12436.184m^2$

【注释】 $14181.224m^2$ 为内墙抹灰的总面积，$960.96m^2$ 为该处双侧门洞的面积，$784.08m^2$ 为该处单侧窗洞口的面积。

综合（1）～（5）可得内墙一般抹灰工程量为：

$S=(1677.516+1564.416+993.793+12436.184)m^2=16636.034m^2$

【注释】 $12436.184m^2$ 为普通层内墙抹灰的面积，$993.793m^2$ 为厨房、卫生间内墙抹灰的面积。

12. 厨房、卫生间内1.8m内墙裙8～10mm厚地砖墙面

厨房、卫生间内墙长 $l=57.246m$

扣洞口前毛面积 $S'=Lh=57.246\times1.8\times11m^2=1133.47m^2$

【注释】 57.246m为厨房、卫生间内墙的长度，1.8m为内墙裙的高度，11为层数。

应扣除洞口面积：

单侧：C-3×6×11层　　　　C-5×2×11层　　　　C-8×4×11层

　　　M-4×12×11层　　　　M-5×4×11层

$S_{单侧}=[(0.6\times0.9\times6+0.6\times0.9\times2+0.3\times0.2\times4+0.8\times1.8\times12+0.78\times1.8\times4)\times11]m^2$

$=(3.24+1.08+0.24+17.28+5.616)\times11m^2$

$=27.456\times11m^2=302.016m^2$

【注释】 $0.6\times0.9\times6m^2$ 为窗C-3的面积，其中0.6m为其宽度，0.9m为其高度，6为其数量；$0.6\times0.9\times2m^2$ 为窗C-5的面积，其中0.6m为其宽度，0.9m为其高度，2为其数量；$0.3\times0.2\times4m^2$ 为窗C-8的面积，其中0.3m为其宽度，0.2m为其高度，4为其数量；$0.8\times1.8\times12m^2$ 为门M-4的面积，其中0.8m为其宽度，1.8m为其高度，12为其数量；$0.78\times1.8\times4m^2$ 为门M-5的面积，其中0.78m为其宽度，1.8m为其高度，4为其数量，11为层数。

则厨房、卫生间内墙裙工程量 $S=(1133.471-302.016)m^2=831.455m^2$

【注释】 $1133.471m^2$ 为厨房、卫生间内墙裙的总工程量，$302.016m^2$ 为其门窗洞口的面积。

则（1）15mm厚1∶2水泥砂浆，3-126，底层抹灰 $S=831.455m^2$

（2）贴釉面砖，3-132，勾缝、贴砖 $S=831.455m^2$

13. 顶棚抹灰

（1）底层抹3～5mm厚混合砂浆工程量，2-98

① 地下室顶棚抹灰量

$S_1=S_{地下室地面装饰}-S_{台阶地面}=(464.528-4.05)m^2=460.478m^2$

【注释】 464.528m² 为地下室地面装饰的总面积，4.05m² 为台阶地面的面积。

② 普通层顶棚抹灰工程量

$S_2=S_{普通楼地面}=11\times S_{单层}=11\times443.213m^2=4875.343m^2$

【注释】 11为层数，443.213m² 为普通楼地面的面积。

③ 楼梯间抹灰工程量

定额中各楼梯工程工程量均按水平投影计算长度、面积，故

$S_{LT1}=(2.7-0.25)\times5.4\times11m^2=2.45\times5.4\times11m^2=145.53m^2$

【注释】 (2.7－0.25)m为该楼梯间的宽度，5.4m为楼梯间的长度，11为层数。

$S_{LT2}=(2.7-0.25)\times(6-0.25)\times11\times2m^2$

$=2.45\times5.75\times11\times2m^2=309.925m^2$

【注释】 (2.7－0.25)m为该楼梯间的宽度，(6－0.25)m为该楼梯间的长度，11为层数，2为该楼梯间单层的个数，0.25m为主墙间两半墙的厚度。

综上，楼梯间抹灰量 $S_3=S_{LT1}+S_{LT2}=(145.53+309.925)m^2=455.455m^2$

【注释】 145.53m² 为楼梯1的面积，309.925m² 为楼梯2的面积。

综合①～③可得一般顶棚抹底灰（混合砂浆）工程量

$S=S_1+S_2+S_3=(460.478+4875.343+455.455)m^2=5791.276m^2$

【注释】 460.478m² 为地下室顶棚抹灰的面积，4878.343m为普通层顶棚抹灰的面积，455.455m为楼梯间顶棚抹灰的面积。

（2）底板喷涂树脂乳液，2-110

工程量 $S=S_{抹灰}=5791.276m^2$

14. 卫生间、U形轻钢龙骨，PVC板吊顶面层

工程量 $S_{单层}=S_{卫生间地面}=S_{斜轴线处}+S_{Ⓕ、Ⓖ处}+S_{Ⓑ、⑬处}$

$=(8.083+13.75+10.385)m^2=32.218m^2$（摘自楼地面装饰结论）

1～11层，卫生间吊顶工程量 $S=11\times S_{单层}=11\times32.218m^2=354.398m^2$

则（1）U形轻钢龙骨（2-6）工程量 $S=354.398m^2$

（2）PVC板面层（2-83）工程量 $S=354.398m^2$

15. 金属格栅吊顶内填吸声玻璃棉用于电梯间

工程量 $S_1=(2.7-0.25)\times(2.7-0.25)\times2m^2$

$=2\times2.45\times2.45m^2=6.0025\times2m^2=12.005m^2$

【注释】 (2.7－0.25)m为该电梯间的宽度，2为个数，0.25m为主墙间两半墙

的厚度。

$S_2=(2.7-0.25)\times(3-0.25)m^2=2.45\times2.75m^2=6.7375m^2$

【注释】(2.7－0.25)m 为该电梯间的宽度，(3－0.25)m 为该电梯间的长度，0.25m 为主墙间两半墙的厚度。

则电梯间吊顶工程量：$S=S_1+S_2=(12.005+6.7375)m^2=18.743m^2$

【注释】$12.005m^2$ 为电梯间 1 的面积，$6.7375m^2$ 为电梯间 2 的面积。

(1) 金属格栅式吸声板吊顶 2－138 工程量 $S=18.743m^2$

(2) 顶棚保温吸声层袋装玻璃丝 2－146 工程量 $S=18.743m^2$

定额工程量计算表见表 4-2。

定额工程量计算表 **表 4-2**

序号	定额编号	分项工程名称	计量单位	工程量	基价(元)	其中(元)			合价(元)
						人工费	材料费	机械费	
1	1-1	场地平整	m^3	997.29	0.75	0.75	—	—	747.968
2	1-3	人工挖土-基坑	m^3	2471.62	13.21	13.21	—	—	32650.10
3	1-7	回填土-夯填	m^3	762.855	6.82	6.10	—	0.72	5499.307
4	1-16	地坪原土打夯	m^3	573.42	0.38	0.33	—	0.05	217.900
5	1-15	余土外运	m^3	1664.91	20.37	3.00	—	17.37	39679.966
6	4-35	加气块墙	m^3	898.852	215.54	30.57	180.97	4.00	193738.56
7	5-4	现浇混凝土满堂基础	m^3	280.779	243.75	25.79	204.79	13.47	68439.881
8	5-1	C10 基础垫层	m^3	57.34	195.45	24.02	157.96	13.47	11207.103
9	5-17	C30 混凝土柱	m^3	31.418	280.50	36.01	222.52	21.97	8812.749
10	5-21 换	C30 混凝土构柱	m^3	342.93	295.397	50.96	222.467	21.97	101300.413
11	5-24	C30 混凝土梁	m^3	480.549	274.34	30.97	221.47	21.90	131833.813
12	5-27	C25 混凝土过梁(－1.500m)	m^3	1.92	281.39	52.85	206.64	21.90	540.269
13	5-27	C25 混凝土过梁(其他层)	m^3	14.19	281.39	52.85	206.64	21.90	3992.924
14	5-46	C25 雨篷板	m^3	13.14	286.17	47.96	206.02	32.19	3760.274
15	5-28	C25 板(－0.13m)	m^3	53.123	254.78	26.53	206.36	21.89	13534.678
16	5-28	C25 板(3.47m)	m^3	53.153	254.78	26.53	206.36	21.89	13542.321
17	5-28	C25 板(7.07m)	m^3	53.153	254.78	26.53	206.36	21.89	13542.321
18	5-28	C25 板(10.67m)	m^3	53.153	254.78	26.53	206.36	21.89	13542.321
19	5-28	C25 板(14.27m)	m^3	53.153	254.78	26.53	206.36	21.89	13542.321
20	5-28	C25 板(17.87m)	m^3	53.153	254.78	26.53	206.36	21.89	13542.321
21	5-28	C25 板(21.47m)	m^3	53.153	254.78	26.53	206.36	21.89	13542.321
22	5-28	C25 板(25.07m)	m^3	53.153	254.78	26.53	206.36	21.89	13542.321
23	5-28	C25 板(28.67m)	m^3	53.153	254.78	26.53	206.36	21.89	13542.321
24	5-28	C25 板(32.27m)	m^3	53.153	254.78	26.53	206.36	21.89	13542.321
25	5-44	C25 混凝土阳台板	m^3	55.153	291.81	51.52	206.00	34.29	16094.197
26	5-24 换	C25 阳台边梁(－0.38m 异形梁)	m^3	3.007	257.867	30.97	204.997	21.90	775.406
27	5-24 换	C25 阳台边梁(3.22m)	m^3	3.007	257.867	30.97	204.997	21.90	775.406
28	5-24 换	C25 阳台边梁(6.82m)	m^3	3.007	257.867	30.97	204.997	21.90	775.406

续表

序号	定额编号	分项工程名称	计量单位	工程量	基价(元)	其中(元)			合价(元)
						人工费	材料费	机械费	
29	5-24换	C25阳台边梁(14.02m)	m^3	3.007	257.867	30.97	204.997	21.90	775.406
30	5-24换	C25阳台边梁(17.62m)	m^3	3.007	257.867	30.97	204.997	21.90	775.406
31	5-24换	C25阳台边梁(21.22m)	m^3	3.007	257.867	30.97	204.997	21.90	775.406
32	5-24换	C25阳台梁(24.82m)	m^3	3.007	257.867	30.97	204.997	21.90	775.406
33	5-24换	C25阳台梁(28.42m)	m^3	3.007	257.867	30.97	204.997	21.90	775.406
34	5-24换	C25阳台梁(32.02m)	m^3	3.007	257.867	30.97	204.997	21.90	775.406
35	5-24换	C25阳台梁(35.62m)	m^3	3.007	257.867	30.97	204.997	21.90	775.406
36	5-24换	C25阳台边梁(10.42m)	m^3	3.007	257.867	30.97	204.997	21.90	775.406
37	5-36	C30混凝土墙Q_1(3m)	m^3	120.316	272.93	28.91	222.07	21.95	32837.846
38	5-36	C30混凝土墙Q_2(3m)	m^3	51.363	272.93	28.91	222.07	21.95	14018.504
39	5-36	C30混凝土墙Q_1(3.6m)	m^3	942.02	272.93	28.91	222.07	21.95	257105.552
40	5-36	C30混凝土墙Q_2(3.6m)	m^3	622.5	272.93	28.91	222.07	21.95	1269898.925
41	5-36	C30混凝土墙Q_1(3.6m)顶	m^3	94.202	272.93	28.91	222.07	21.95	25710.552
42	5-36	C30混凝土墙Q_2(3.6m)顶	m^3	62.25	272.93	28.91	222.07	21.95	16989.893
43	5-24换	C25雨篷梁	m^3	1.404	257.867	3.097	204.997	21.90	362.045
44	5-53	C20混凝土台阶	m^3	1.701	260.95	45.41	192.14	23.40	43.876
45	1-16	C20混凝土台阶	m^3	11.34	0.38	0.33	—	0.05	4.309
46	1-13	3∶7灰土垫层	m^3	0.7776	41.68	19.03	22.14	0.51	32.410
47	1-211	C10混凝土散水	m^2	171.264	18.99	5.27	12.63	1.09	3252.303
48	1-16	原土打夯	m^2	171.264	0.38	0.33	—	0.05	65.080
49	1-1	3∶7灰土垫层	m^3	10.276	46.88	22.73	22.37	1.78	481.739
50	5-40	C25现浇混凝土楼梯(直形)	m^2	426.30	73.31	15.31	49.63	8.37	31252.053
51	8-1	ϕ10以内钢筋(Ⅰ)	t	106.377	2832.29	183.97	2644.59	3.73	301290.513
52	8-2	ϕ10以外钢筋(Ⅰ)	t	15.670	2855.71	171.52	2680.43	3.76	44748.976
53	8-2	ϕ10以外钢筋(Ⅱ)	t	467.017	2855.71	171.52	2680.43	3.76	1333665.117
54	13-118换	16mm聚氨酯防水涂料	m^2	640.348	236.08	11.25	221.6	3.23	151173.356
55	13-1	20mm水泥砂浆结合层	m^2	585.353	6.56	1.98	4.33	0.25	3839.916
56	13-138	40mm厚刚性防水层	m^2	585.353	19.88	4.35	14.83	0.70	11636.818
57	13-8	聚苯板保护层	m^2	585.353	61.31	2.20	58.32	0.79	35887.992
58	12-21	20mm厚1∶2.5水泥砂浆找平层	m^2	534.981	10.45	2.17	7.98	0.30	5590.551
59	12-3	沥青珍珠岩	m^3	80.247	162.86	16.45	144.37	2.04	13069.026
60	12-19换	加气混凝土块找坡层	m^3	126.145	209.486	35.17	160.196	14.12	4436.520
61	1-25	20mm厚1∶2.5水泥砂浆地面层	m^2	457.604	9.32	3.26	5.61	0.45	4264.869
62	5-1	60mm厚C10混凝土垫层	m^3	27.456	195.45	24.02	157.96	13.47	5366.275
63	1-16	余土夯实	m^2	457.604	0.38	0.33	—	0.05	173.890
64	1-25	20mm厚1∶2.5水泥砂浆地面	m^2	18.862	9.32	3.26	5.61	0.45	175.794
65	5-1	80mm厚C10混凝土垫层	m^3	1.509	195.45	24.02	157.96	13.47	294.934
66	1-16	素土夯实	m^2	18.862	0.38	0.33	—	0.05	7.168

续表

序号	定额编号	分项工程名称	计量单位	工程量	基价(元)	其中(元)			合价(元)
						人工费	材料费	机械费	
67	1-53	地砖楼面	m^2	4875.343	67.46	11.18	53.87	2.41	328890.639
68	1-14	20mm厚1∶3水泥砂浆找平层	m^2	4875.343	7.67	2.48	4.79	0.40	37393.881
69	1-57	防滑地砖楼面	m^2	354.398	69.42	7.01	59.99	2.42	24602.309
70	12-19换	1∶2.5细石混凝土找坡找平	m^3	16.592	251.936	35.17	153.356	14.12	4180.122
71	1-14	20mm厚1∶3水泥砂浆找平	m^2	426.3	7.67	2.48	4.79	0.40	3269.721
72	1-147	8mm厚1∶25水泥砂浆楼梯面层	m^2	426.3	26.26	12.46	12.98	0.82	11194.638
73	1-171	地砖踢脚线	m	4086.808	10.35	2.09	7.88	0.38	42298.463
74	1-14	20mm厚1∶3水泥砂浆找平层	m^2	613.021	7.67	2.48	4.79	0.40	4701.871
75	7-53	硬木直形扶手	m	106.14	141.05	7.04	129.83	4.18	14971.047
76	11-203	硬木扶手刷清漆	m	106.14	19.16	12.24	6.35	0.57	2033.642
77	7-1	铝合金栏杆	m^2	106.14	51.67	15.68	33.19	2.80	5484.254
78	3-4	15mm厚1∶2水泥砂浆底灰	m^2	242.262	10.80	5.32	4.98	0.50	2616.430
79	3-16	剁斧石青水泥墙面	m^2	242.262	37.63	26.57	9.69	1.37	9116.319
80	3-25	涂料底层抹灰	m^2	6558.956	9.35	5.67	3.27	0.41	61326.239
81	3-32	丙烯酸弹性高级涂料面层	m^2	6558.956	21.88	2.07	19.16	0.65	143509.957
82	7-63	阳台扶手(铜管)	m^2	168.384	244.20	5.68	229.83	8.69	41119.373
83	7-30	烤漆钢管栏杆	m^2	202.061	64.92	13.84	48.02	3.06	13117.800
84	3-78	石灰砂浆抹灰	m^2	15998.075	7.37	4.48	2.53	0.36	117905.813
85	3-95	石膏拉毛	m^2	15998.075	12.91	6.23	6.12	0.56	206535.148
86	3-126	块料底层抹灰	m^2	831.455	8.09	4.70	3.05	0.34	6726.471
87	3-132	釉面砖,勾缝	m^2	831.455	56.04	18.22	35.97	1.85	46594.738
88	2-98	混合砂浆顶棚抹灰	m^2	5791.276	8.15	5.44	2.37	0.34	47198.899
89	2-110	合成树脂乳液涂料	m^2	5791.276	4.32	1.46	2.73	0.13	25018.312
90	2-6	U形轻钢龙骨	m^2	354.398	43.39	5.78	35.19	2.42	15377.329
91	2-83	PVC板面层	m^2	414.788	29.46	5.00	3.59	0.87	12219.654
92	2-138	金属格栅式吸声板吊顶	m^2	18.743	185.06	6.04	172.95	6.07	3468.580
93	2-146	袋装玻璃丝保温吸声顶棚	m^2	18.743	26.47	5.97	19.71	0.79	496.127
94	6-3	镶板门	m^2	166.32	644.03	13.54	611.39	19.10	107115.070
95	11-76	刷调合漆,磁漆罩面	m^2	166.32	29.85	16.88	12.09	0.88	4964.652
96	6-29	铝合金推拉全玻门	m^2	166.32	292.73	20.05	263.79	8.89	48686.854
97	6-2	胶合板门	m^2	184.8	204.40	9.15	189.19	6.06	37773.12
98	11-76	刷调合漆,磁漆罩面	m^2	184.8	29.85	16.88	12.09	0.88	5516.28
99	6-29	铝合金推拉门	m^2	258.72	292.73	20.05	263.79	8.89	75735.106
100	6-26	铝合金百叶门(平开)	m^2	72.072	452.94	25.48	413.76	13.70	32644.292
101	6-9	自由木门制作、安装	m^2	55.44	757.24	25.80	708.98	22.46	41981.386
102	11-191	刷封闭漆、清漆	m^2	55.44	45.45	18.87	25.23	1.35	2519.748
103	6-9	自由木门制作、安装	m^2	9.45	757.24	25.80	708.98	22.46	7155.918
104	11-191	刷封闭漆、清漆	m^2	9.45	45.45	18.87	25.23	1.35	429.503
105	6-9	自由木门制作、安装	m^2	16.8	757.24	25.80	708.98	22.46	12721.632

续表

序号	定额编号	分项工程名称	计量单位	工程量	基价(元)	其中(元)			合价(元)
						人工费	材料费	机械费	
106	11-191	刷封闭漆、清漆	m^2	16.8	45.45	18.87	25.23	1.35	763.56
107	6-2	胶合板木门制作、安装	m^2	58.968	204.40	9.15	189.19	6.06	12053.059
108	6-34	双玻铝合金推拉窗	m^2	118.8	355.37	12.57	332.15	10.65	42217.956
109	6-36	铝合金百叶窗	m^2	59.4	320.51	12.58	298.31	9.62	19038.294
110	6-34	双玻铝合金推拉窗	m^2	118.8	355.37	12.57	332.15	10.65	42217.956
111	6-31	单玻铝合金(平开)窗	m^2	151.8	336.19	14.04	312.05	10.10	51033.642
112	6-33	铝合金推拉窗(门连窗)	m^2	19.8	282.10	11.84	261.78	8.48	5585.58
113	6-37	拼管安装	m^2	26.4	32.23	1.03	30.24	0.96	850.872
114	6-31	铝合金平开窗	m^2	88.44	336.19	14.04	312.05	10.10	29732.644
115	6-31	铝合金平开窗	m^2	86.4	336.19	14.04	312.05	10.10	29046.816
116	6-34	双玻铝合金推拉窗	m^2	3.3	355.37	12.57	332.15	10.65	1172.721
117	6-31	铝合金平开窗	m^2	62.212	336.19	14.04	312.05	10.10	20915.052
118	6-33	铝合金推拉窗(单玻)	m^2	6.48	282.10	11.84	261.78	8.48	1828.008
119	6-76	刷调合漆两遍，磁漆罩面	m^2	58.968	29.85	16.88	12.09	0.88	1760.195
120	1-14	20mm厚1：3水泥砂浆找平	m^2	11.34	7.68	2.48	4.79	0.40	86.978
121	1-191	80mm厚1：2.5水泥砂浆台阶面层	m^2	11.34	21.47	11.39	9.18	0.90	243.470

第 5 章　某 12 层小高层建筑工程综合单价分析

综合单价是完成一个规定清单项目所需的人工费、材料和工程设备费、施工机具使用费和企业管理费、利润以及一定范围内的风险费用。综合单价分析表集中反映了构成每一个清单项目综合单价的各个价格要素的价格及主要的人工、料、机的消耗量。

5.1　分部分项工程和单价措施项目清单与计价表

分部分项工程量清单与计价表见表 5-1。

分部分项工程量清单与计价表　　表 5-1

序号	项目编码	项目名称	项目特征描述	计量单位	工程量	金额(元)		
						综合单价	合价	其中：暂估价
1	010101001001	平整场地	A.1 土(石)方工程 Ⅰ、Ⅱ类土，以挖作填	m^3	611.33	1.737	1061.88	
2	010101002001	挖土方	Ⅰ、Ⅱ类土，挖深 3.35m，以挖作填	m^3	1875.267	24.723	46362.226	
3	010103001001	土(石)方回填	夯填，Ⅰ、Ⅱ类普通土，以挖作填	m^3	60.157	935.474	5627.309	
4	010402001001	砌块墙	250mm 厚墙体，加气混凝土块，水泥砂浆	m^3	907.672	306.067	277808.446	
5	010501004001	满堂基础	现浇筏板基础，C25 混凝土，500mm 高	m^3	289.086	346.125	100059.892	
6	011702011001	垫层	现浇 C10 混凝土垫层，厚 100mm	m^3	59.532	277.539	16522.452	
7	010502003001	异形柱	C30 混凝土，翼缘厚 250mm，宽为 300mm	m^3	31.418	398.31	12514.104	
8	010502003002	异形柱	C30 混凝土构柱，宽 250mm	m^3	330.765	419.464	138744.01	
9	010503003001	异形梁	C30 混凝土	m^3	480.549	389.563	187204.110	
10	010503003002	异形梁	C25 阳台边梁，标高−0.38m	m^3	3.007	366.171	1101.076	
11	010503003003	异形梁	C25 阳台边梁，标高 3.22m	m^3	3.007	366.171	1101.076	
12	010503003004	异形梁	C30 阳台边梁，标高 6.82m	m^3	3.007	366.171	1101.076	
13	010503003005	异形梁	C30 阳台边梁，标高 10.42m	m^3	3.007	366.171	1101.076	
14	010503003006	异形梁	C30 阳台边梁，标高 14.02m	m^3	3.007	366.171	1101.076	
15	010503003007	异形梁	C30 阳台边梁，标高 17.62m	m^3	3.007	366.171	1101.076	
16	010503003008	异形梁	C30 阳台边梁，标高 21.22m	m^3	3.007	366.171	1101.076	
17	010503003009	异形梁	C30 阳台边梁，标高 24.82m	m^3	3.007	366.171	1101.076	
18	010503003010	异形梁	C30 阳台边梁，标高 28.42m	m^3	3.007	366.171	1101.076	

续表

序号	项目编码	项目名称	项目特征描述	计量单位	工程量	金额(元)		
						综合单价	合价	其中：暂估价
19	010503003011	异形梁	C30阳台边梁，标高32.02m	m^3	3.007	366.171	1101.076	
20	010503003012	异形梁	C30阳台边梁，标高35.62m	m^3	3.007	366.171	1101.076	
21	010503002001	矩形梁	C25雨篷梁，250mm×600mm，标高2.97m	m^3	1.404	366.171	514.104	
22	010503005001	过梁	C25混凝土过梁，标高－1.5m，250mm×200mm	m^3	1.92	399.574	767.182	
23	010503005002	过梁	C25混凝土过梁，标高2.3m，250mm×200mm	m^3	1.14	399.574	455.514	
24	010503005003	过梁	C25混凝土过梁，标高5.90m，250mm×200mm	m^3	1.14	399.574	455.514	
25	010503005004	过梁	C25混凝土过梁，标高9.50m，250mm×200mm	m^3	1.14	399.574	455.514	
26	010503005005	过梁	C25混凝土过梁，标高13.10m，250mm×200mm	m^3	1.14	399.574	455.514	
27	010503005006	过梁	C25混凝土过梁，标高16.70m，250mm×200mm	m^3	1.14	399.574	455.514	
28	010503005007	过梁	C25混凝土过梁，标高20.30m，250mm×200mm	m^3	1.14	399.574	455.514	
29	010503005008	过梁	C25混凝土过梁，标高23.90m，250mm×200mm	m^3	1.14	399.574	455.514	
30	010503005009	过梁	C25混凝土过梁，标高27.50m，250mm×200mm	m^3	1.14	399.574	455.514	
31	0105030050010	过梁	C25混凝土过梁，标高31.10m，250mm×200mm	m^3	1.14	399.574	455.514	
32	0105030050011	过梁	C25混凝土过梁，标高34.70m，250mm×200mm	m^3	1.14	399.574	455.514	
33	0105030050012	过梁	C25混凝土过梁，标高38.30m，250mm×200mm	m^3	1.14	399.574	455.514	
34	010505003001	平板	C25混凝土平板，标高－0.13m，100mm厚	m^3	53.848	357.084	19228.259	
35	010505003002	平板	C25混凝土平板，标高3.47m，100mm厚	m^3	53.848	357.084	19228.259	
36	010505003003	平板	C25混凝土平板，标高7.07m，100mm厚	m^3	53.848	357.084	19228.259	
37	010505003004	平板	C25混凝土平板，标高10.67m，100mm厚	m^3	53.848	357.084	19228.259	
38	010505003005	平板	C25混凝土平板，标高14.27m，100mm厚	m^3	53.848	357.084	19228.259	
39	010505003006	平板	C25混凝土平板，标高17.87m，100mm厚	m^3	53.848	357.084	19228.259	

续表

序号	项目编码	项目名称	项目特征描述	计量单位	工程量	金额(元)		
						综合单价	合价	其中：暂估价
40	010505003007	平板	C25 混凝土平板，标高 21.47m，100mm 厚	m^3	53.848	357.084	19228.259	
41	010505003008	平板	C25 混凝土平板，标高 25.07m，100mm 厚	m^3	53.848	357.084	19228.259	
42	010505003009	平板	C25 混凝土平板，标高 28.67m，100mm 厚	m^3	53.848	357.084	19228.259	
43	0105050030010	平板	C25 混凝土平板，标高 32.27m，100mm 厚	m^3	53.848	357.084	19228.259	
44	0105050030011	平板	C25 混凝土平板，标高 35.87m，100mm 厚	m^3	53.848	357.084	19228.259	
45	0105050030012	平板	C25 混凝土平板，标高 39.47m，100mm 厚	m^3	53.848	357.084	19228.259	
46	010505008001	雨篷板	C25 混凝土雨篷板	m^3	13.14	406.361	5339.584	
47	010505008002	雨篷板	C25 混凝土阳台顶	m^3	50.56	414.370	20950.55	
48	011702011001	直形墙	250mm 厚，C30 混凝土墙 Q_1，高 3m	m^3	94.084	495.691	46636.592	
49	011702011002	直形墙	250mm 厚，C30 混凝土墙 Q_2，高 3m	m^3	50.238	396.088	19898.669	
50	011702011003	直形墙	250mm 厚，C30 混凝土墙 Q_1，高 3.6m	m^3	873.10	418.179	365112.085	
51	011702011004	直形墙	250mm 厚，C30 混凝土墙 Q_2，高 3.6m	m^3	622.5	387.561	241256.723	
52	011702011005	直形墙	250mm 厚，C30 混凝土墙 Q_1，高3.6m，顶层	m^3	113.58	321.291	36492.232	
53	011702011006	直形墙	250mm 厚，C30 混凝土墙 Q_3，高3.6m，顶层	m^3	62.25	387.561	24125.672	
54	010506001001	直形楼梯	250mm 厚，C25 混凝土	m^3	426.30	104.100	44377.83	
55	010507007001	其他构件	C20 混凝土台阶，3 ∶ 7 灰土垫层	m^2	11.34	59.62	676.09	
56	010507001001	混凝土散水	C10mm 混凝土散水，宽 1.2m，8mm 厚散水层	m^2	223.00	31.83	7098.09	
57	010515001001	现浇混凝土钢筋	HPB300 级钢筋，ϕ10 以内	t	106.311	4021.852	427567.108	
58	010515001002	现浇混凝土钢筋	HPB300 级钢筋，ϕ10 以外	t	15.67	4055.108	63543.542	
59	010515001003	现浇混凝土钢筋	HPB335 级钢筋，ϕ10 以外	t	467.017	4055.108	1893804.373	
60	010902002001	层面涂膜防水	水泥聚苯板保护层	m^2	640.348	423.322	271073.396	
61	010902003001	屋面钢筋防水	40mm 厚细石混凝土掺 10%硅质密实剂刚性防水层	m^2	585.353	28.23	16524.515	
62	011001001001	保温隔热屋面	屋顶外保温，150mm 厚沥青珍珠岩保温层，加气混凝土碎石找坡 2%	m^3	80.862	794.245	64224.239	

续表

序号	项目编码	项目名称	项目特征描述	计量单位	工程量	金额(元)		
						综合单价	合价	其中：暂估价
63	011101001001	水泥砂浆楼地面	60mm厚C10混凝土垫层，20mm厚1：2.5水泥砂浆抹面	m^2	457.616	26.203	11990.912	
64	011101001002	水泥砂浆楼地面	80mm厚C10混凝土垫层，20mm厚1：2.5水泥砂浆抹面	m^2	18.865	30.662	578.439	
65	011102003001	块料楼地面	8～10mm厚地砖，600mm×600mm，3～4mm厚胶结层，素水泥擦缝	m^2	4875.343	106.684	520121.093	
66	011102003002	块料楼地面	50mm厚1：2.5细石混凝土找泛水坡，3mm厚建筑胶防水层，10mm厚防滑地砖，干水泥擦缝	m^2	354.398	110.915	39308.054	
67	011105003001	块料踢脚线	3～4mm厚水泥胶结合层，5mm厚面砖，白水泥平缝，高150mm	m^2	613.021	108.875	66742.661	
68	011106004001	水泥砂浆楼梯面	20mm厚1：3水泥砂浆结合层，8mm厚1：2.5水泥砂浆抹面压光	m^2	426.30	48.179	20538.708	
69	011503002001	硬木扶手带栏杆	硬木扶手，刷清漆两遍，不锈钢栏杆高1m	m	191.509	220.869	42298.401	
70	011503001001	金属扶手带栏杆	阳台铜管扶手，烤漆钢管栏杆高1.2m	m	168.384	457.388	77016.821	
71	011107004001	水泥砂浆台阶面	3：7灰土垫层，20mm厚1：3水泥砂浆找平层，8mm厚1：2.5水泥砂浆抹面压光	m^2	11.34	42.378	480.567	
72	011201002001	墙面装饰抹灰	斩假石外墙面高1.35m	m^2	246.262	68.771	16935.684	
73	011201002002	墙面装饰抹灰	15mm厚1：3水泥砂浆找平，8mm厚1：2.5砂浆面层，喷塑性丙烯酸高级弹性涂料	m^2	6558.956	44.347	290870.022	
74	011201001001	墙面一般抹灰	25mm厚墙，石灰砂浆抹灰，石膏拉毛	m^2	15998.075	28.797	460696.566	
75	011204003001	块料墙面	15mm厚1：2水泥砂浆，3～4mm厚水泥胶结层，8～10mm厚地砖地面，7：1水泥砂浆勾缝	m^2	831.455	91.065	75716.450	
76	011301001001	顶棚抹灰	混合砂浆抹顶棚，合成树脂乳液涂料	m^2	6015.315	17.707	106513.183	
77	011302001001	顶棚吊顶	U形轻钢龙骨PVC板面层	m^2	354.398	103.429	36655.031	
78	011302002001	格栅吊顶	金属格栅式吸声板吊顶，袋装玻璃丝保温吸声顶棚	m^2	19.4775	300.372	5629.872	
79	010801001001	镶板木门	镶板木门，刷调合漆两遍，磁漆罩面，1200mm×2100mm	m^2	166.32	956.91	159153.271	
80	010801001001	胶合板门	胶合板成品木门，刷调合漆两遍，磁漆罩面，1000mm×2100mm	m^2	184.8	332.635	64470.948	

续表

序号	项目编码	项目名称	项目特征描述	计量单位	工程量	金额(元)		
						综合单价	合价	其中：暂估价
81	010801001002	胶合板门	胶合板成品木门，刷调合漆两遍，磁漆罩面，780mm×1800mm	m²	58.968	332.635	19614.821	
82	010801001001	木质防火门	成品自由木门，刷封闭漆、清漆，1200mm×2100mm	m²	55.44	1139.819	63191.565	
83	010801001002	木质防火门	成品自由木门，刷封闭漆、清漆，1500mm×2100mm	m²	9.45	1139.819	10771.290	
84	010801004003	木质防火门	成品自由木门，刷封闭漆、清漆，1000mm×2100mm	m²	16.8	1139.819	19148.959	
85	010802001001	金属推拉门	成品铝合金推拉门，1200mm×2100mm	m²	166.32	415.677	69135.399	
86	010802001002	金属推拉门	成品铝合金推拉门，800mm×2100mm	m²	258.72	415.677	107543.953	
87	010802001001	金属平拉门	铝合金成品平开门加百叶，780mm×2100mm	m²	72.072	643.175	46354.909	
88	010807001001	金属推拉窗	双玻铝合金成品窗，1800mm×1500mm	m²	118.8	504.625	59949.45	
89	010807001002	金属推拉窗	双玻铝合金成品窗，600mm×1000mm	m²	39.6	504.625	19983.15	
90	010807001003	金属推拉窗	双玻铝合金成品窗，600mm×1500mm	m²	19.8	504.625	9991.575	
91	010807001004	金属推拉窗	单玻铝合金成品窗，300mm×500mm	m²	3.3	461.59	1523.247	
92	010807001005	金属推拉窗	单玻铝合金成品窗，600mm×300mm	m²	6.48	400.582	2595.771	
93	010807003001	金属百叶窗	铝合金平开窗外飘窗，1500mm×1500mm	m²	151.8	455.124	69087.823	
94	010807003001	金属平开窗	铝合金平开窗外飘窗，1800mm×1500mm	m²	88.44	477.390	42220.372	
95	010807003002	金属平开窗	铝合金平开窗成品，1800mm×1500mm	m²	86.40	477.390	41246.496	
96	010807003003	金属平开窗	铝合金平开窗，1800mm×1500mm（弧形）	m²	62.212	477.390	29699.387	
合计							48482.9825	

5.2 综合单价分析表

综合单价分析表见表 5-2～表 5-97。

工程量清单综合单价分析表　　表 5-2

工程名称：　　标段：　　第 1 页　共 96 页

项目编码	010101001001	项目名称	平整场地			计量单位	m²	工程量	611.33	
清单综合单价组成明细										
定额编号	定额名称	定额单位	数量	单价(元)				合价(元)		
				人工费	材料费	机械费	管理费和利润	人工费	材料费	机械费	管理费和利润
H	场地平整	m²	1.631	0.75	—	—	0.315	1.223	—	—	0.514
人工单价		小计						1.223	—	—	0.514

续表

清单综合单价组成明细											
定额编号	定额名称	定额单位	数量	单价(元)				合价(元)			
				人工费	材料费	机械费	管理费和利润	人工费	材料费	机械费	管理费和利润
23.46元/工日		不计价材料费						—			
清单项目综合单价								1.737			

材料费明细	主要材料名称、规格、型号	单位	数量	单价(元)	合价(元)	暂估单价(元)	暂估合价(元)
	其他材料费			—		—	
	材料费小计			—		—	

工程量清单综合单价分析表　　表5-3

工程名称：　　标段：　　第2页　共96页

项目编码	010101002001	项目名称	挖土方	计量单位	m^3	工程量	1875.267

清单综合单价组成明细											
定额编号	定额名称	定额单位	数量	单价(元)				合价(元)			
				人工费	材料费	机械费	管理费和利润	人工费	材料费	机械费	管理费和利润
1—3	人工挖基坑	m^3	1.318	13.21	—	—	5.548	17.411	—	—	7.312
人工单价		小计						17.411	—	—	7.312
23.46元/工日		不计价材料费						—			
清单项目综合单价								24.723			

材料费明细	主要材料名称、规格、型号	单位	数量	单价(元)	合价(元)	暂估单价(元)	暂估合价(元)
	其他材料费			—		—	
	材料费小计			—		—	

工程量清单综合单价分析表　　表5-4

工程名称：　　标段：　　第3页　共96页

项目编码	010103001001	项目名称	土石方回填	计量单位	m^3	工程量	60.157

清单综合单价组成明细											
定额编号	定额名称	定额单位	数量	单价(元)				合价(元)			
				人工费	材料费	机械费	管理费和利润	人工费	材料费	机械费	管理费和利润
1—7	回填土（夯填）	m^3	13.404	6.10	—	0.72	2.864	81.764	—	9.651	38.389
1—16	地坪原土打夯	m	9.532	0.33	—	0.05	0.160	3.146	—	0.477	1.525
1—15	余土外运	m^3	27.676	3.00	—	17.37	8.555	83.028	—	480.732	236.768
人工单价		小计						167.932	—	490.86	276.682
23.46元/工日		不计价材料费						—			
清单项目综合单价								935.474			

续表

清单综合单价组成明细											
定额编号	定额名称	定额单位	数量	单价（元）				合价（元）			
				人工费	材料费	机械费	管理费和利润	人工费	材料费	机械费	管理费和利润
材料费明细	主要材料名称、规格、型号					单位	数量	单价（元）	合价（元）	暂估单价（元）	暂估合价（元）
	其他材料费							—		—	
	材料费小计							—		—	

工程量清单综合单价分析表 表5-5

工程名称： 标段： 第4页 共96页

项目编码	010402001001	项目名称	砌块墙	计量单位	m^3	工程量	907.672

清单综合单价组成明细											
定额编号	定额名称	定额单位	数量	单价（元）				合价（元）			
				人工费	材料费	机械费	管理费和利润	人工费	材料费	机械费	管理费和利润
4—35	加气块墙	m^3	1.00	30.57	180.97	4.00	90.527	30.57	180.97	4.00	90.527
人工单价		小计						30.57	180.97	4.00	90.527
28.24元/工日		不计价材料费						—			
清单项目综合单价								306.067			
材料费明细	主要材料名称、规格、型号					单位	数量	单价（元）	合价（元）	暂估单价（元）	暂估合价（元）
	加气混凝土块					m^3	1.020	155.00	158.1		
	M5水泥砂浆					m^3	0.15	135.210	20.282		
	其他材料费							—	2.59	—	
	材料费小计							—	180.97	—	

工程量清单综合单价分析表 表5-6

工程名称： 标段： 第5页 共96页

项目编码	010501004001	项目名称	满堂基础	计量单位	m^3	工程量	289.086

清单综合单价组成明细											
定额编号	定额名称	定额单位	数量	单价（元）				合价（元）			
				人工费	材料费	机械费	管理费和利润	人工费	材料费	机械费	管理费和利润
5—4	现浇混凝土满堂基础	m^3	1.00	25.79	204.79	13.47	102.375	25.79	204.79	13.47	102.375
人工单价		小计						25.79	204.79	13.47	102.375
27.45元/工日		不计价材料费						—			
清单项目综合单价								346.125			
材料费明细	主要材料名称、规格、型号					单位	数量	单价（元）	合价（元）	暂估单价（元）	暂估合价（元）
	C25普通混凝土					m^3	1.015	197.91	200.879		
	其他材料费							—	3.91	—	
	材料费小计							—	204.79	—	

工程量清单综合单价分析表 表 5-7

工程名称： 标段： 第 6 页 共 96 页

项目编码	011702011001	项目名称		垫层		计量单位		m^3	工程量		59.532
清单综合单价组成明细											
定额编号	定额名称	定额单位	数量	单价（元）				合价（元）			
				人工费	材料费	机械费	管理费和利润	人工费	材料费	机械费	管理费和利润
5—1	C10 基础垫层	m^3	1.00	24.02	157.96	13.47	82.089	24.02	157.96	13.47	82.089
人工单价		小计						24.02	157.96	13.47	82.089
27.45 元/工日		不计价材料费						—			
清单项目综合单价								277.539			

材料费明细	主要材料名称、规格、型号	单位	数量	单价（元）	合价（元）	暂估单价（元）	暂估合价（元）
	C10 普通混凝土	m^3	1.015	148.81	151.042		
	其他材料费			—	6.92	—	
	材料费小计			—	157.96	—	

工程量清单综合单价分析表 表 5-8

工程名称： 标段： 第 7 页 共 96 页

项目编码	010502003001	项目名称		异形柱		计量单位		m^3	工程量		31.418
清单综合单价组成明细											
定额编号	定额名称	定额单位	数量	单价（元）				合价（元）			
				人工费	材料费	机械费	管理费和利润	人工费	材料费	机械费	管理费和利润
5—17	C30 混凝土柱	m^3	1.00	36.01	222.52	21.97	117.81	36.01	222.52	117.81	36.01
人工单价		小计						36.01	222.52	117.81	36.01
27.45 元/工日		不计价材料费						—			
清单项目综合单价								398.31			

材料费明细	主要材料名称、规格、型号	单位	数量	单价（元）	合价（元）	暂估单价（元）	暂估合价（元）
	C30 普通混凝土	m^3	0.986	214.14	211.142		
	1∶2 水泥砂浆	m^3	0.031	251.020	7.782		
	其他材料费			—	3.600	—	
	材料费小计			—	222.52	—	

工程量清单综合单价分析表 表 5-9

工程名称： 标段： 第 8 页 共 96 页

项目编码	010502003002	项目名称		异形柱		计量单位		m^3	工程量		330.765
清单综合单价组成明细											
定额编号	定额名称	定额单位	数量	单价（元）				合价（元）			
				人工费	材料费	机械费	管理费和利润	人工费	材料费	机械费	管理费和利润
5—21	C30 混凝土构造柱	m^3	1.00	5.96	222.467	21.97	124.067	5.96	222.467	21.97	124.067

续表

定额编号	定额名称	定额单位	数量	单价(元)				合价(元)			
				人工费	材料费	机械费	管理费和利润	人工费	材料费	机械费	管理费和利润
人工单价		小计						5.96	222.467	21.97	124.067
27.45元/工日		不计价材料费						—			
清单项目综合单价								419.464			

材料费明细	主要材料名称、规格、型号	单位	数量	单价(元)	合价(元)	暂估单价(元)	暂估合价(元)
	C30普通混凝土	m^3	0.986	214.14	211.142		
	1：2水泥砂浆	m^3	0.031	251.020	7.782		
	其他材料费			—	3.56	—	
	材料费小计			—	222.467	—	

工程量清单综合单价分析表 **表5-10**

工程名称： 标段： 第9页 共96页

项目编码	010503003001	项目名称	异形梁	计量单位	m^3	工程量	480.549

清单综合单价组成明细

定额编号	定额名称	定额单位	数量	单价(元)				合价(元)			
				人工费	材料费	机械费	管理费和利润	人工费	材料费	机械费	管理费和利润
5－24	C30混凝土梁	m^3	1.00	30.97	221.47	21.90	115.223	30.97	221.47	21.90	115.223
人工单价		小计						30.97	221.47	21.90	115.223
27.45元/工日		不计价材料费						—			
清单项目综合单价								389.563			

材料费明细	主要材料名称、规格、型号	单位	数量	单价(元)	合价(元)	暂估单价(元)	暂估合价(元)
	C30普通混凝土	m^3	1.015	214.14	217.352		
	其他材料费			—	4.12	—	
	材料费小计			—	221.47	—	

工程量清单综合单价分析表 **表5-11**

工程名称： 标段： 第10页 共96页

项目编码	010503005001	项目名称	过梁	计量单位	m^3	工程量	1.92

清单综合单价组成明细

定额编号	定额名称	定额单位	数量	单价(元)				合价(元)			
				人工费	材料费	机械费	管理费和利润	人工费	材料费	机械费	管理费和利润
5－27	C25混凝土过梁(－1.5m)	m^3	1.00	52.85	206.64	21.90	118.184	52.85	206.64	21.90	118.184
人工单价		小计						52.85	206.64	21.90	118.84
27.46元/工日		不计价材料费						—			
清单项目综合单价								399.574			

材料费明细	主要材料名称、规格、型号	单位	数量	单价(元)	合价(元)	暂估单价(元)	暂估合价(元)
	C25普通混凝土	m^3	1.015	197.91	200.879		
	其他材料费			—	5.76	—	
	材料费小计			—	206.64	—	

工程量清单综合单价分析表　　　　表 5-12

工程名称：　　　　标段：　　　　第 11 页　共 96 页

项目编码	010503005002	项目名称	过梁	计量单位	m^3	工程量	1.14

清单综合单价组成明细

定额编号	定额名称	定额单位	数量	单价(元)				合价(元)			
				人工费	材料费	机械费	管理费和利润	人工费	材料费	机械费	管理费和利润
5—27	C25 混凝土过梁(2.30m)	m^3	1.00	52.85	206.64	21.90	118.184	52.85	206.649	21.90	118.84
人工单价		小　计						52.85	206.64	21.90	118.84
27.46 元/工日		不计价材料费						—			
清单项目综合单价								399.574			

材料费明细	主要材料名称、规格、型号	单位	数量	单价(元)	合价(元)	暂估单价(元)	暂估合价(元)
	C25 普通混凝土	m^3	1.015	197.91	200.879		
	其他材料费			—	5.76	—	
	材料费小计			—	206.64	—	

工程量清单综合单价分析表　　　　表 5-13

工程名称：　　　　标段：　　　　第 12 页　共 96 页

项目编码	010503005003	项目名称	过梁	计量单位	m^3	工程量	1.14

清单综合单价组成明细

定额编号	定额名称	定额单位	数量	单价(元)				合价(元)			
				人工费	材料费	机械费	管理费和利润	人工费	材料费	机械费	管理费和利润
5—27	C25 混凝土过梁(5.90m)	m^3	1.00	52.85	206.64	21.90	118.184	52.85	206.64	21.90	118.184
人工单价		小　计						25.85	206.64	21.90	118.184
27.46 元/工日		不计价材料费						—			
清单项目综合单价								399.574			

材料费明细	主要材料名称、规格、型号	单位	数量	单价(元)	合价(元)	暂估单价(元)	暂估合价(元)
	C25 普通混凝土	m^3	1.015	197.91	200.879		
	其他材料费			—	5.76	—	
	材料费小计			—	206.64	—	

工程量清单综合单价分析表　　　　表 5-14

工程名称：　　　　标段：　　　　第 13 页　共 96 页

项目编码	010503005004	项目名称	过梁	计量单位	m^3	工程量	1.14

清单综合单价组成明细

定额编号	定额名称	定额单位	数量	单价(元)				合价(元)			
				人工费	材料费	机械费	管理费和利润	人工费	材料费	机械费	管理费和利润
5—27	C25 混凝土过梁(9.50m)	m^3	1.00	52.85	206.64	21.90	118.184	52.85	206.64	21.90	118.184

续表

人工单价	小　计							52.85	206.64	21.90	118.84
27.46元/工日	不计价材料费							—			
清单项目综合单价								399.574			
材料费明细	主要材料名称、规格、型号				单位	数量		单价（元）	合价（元）	暂估单价（元）	暂估合价（元）
	C25普通混凝土				m^3	1.015		197.91	200.879		
	其他材料费							—	5.76	—	
	材料费小计							—	206.64	—	

工程量清单综合单价分析表　　**表5-15**

工程名称：　　标段：　　第14页　共96页

项目编码	010503005005	项目名称	过梁		计量单位	m^3	工程量	1.14			
清单综合单价组成明细											
定额编号	定额名称	定额单位	数量	单价（元）				合价（元）			
				人工费	材料费	机械费	管理费和利润	人工费	材料费	机械费	管理费和利润
5－27	C25混凝土过梁(13.10m)	m^3	1.00	52.85	206.64	21.90	118.184	52.85	206.64	21.90	118.184
人工单价		小　计						52.85	206.64	21.90	118.84
27.46元/工日		不计价材料费						—			
清单项目综合单价								399.574			
材料费明细	主要材料名称、规格、型号				单位	数量		单价（元）	合价（元）	暂估单价（元）	暂估合价（元）
	C25普通混凝土				m^3	1.015		197.91	200.879		
	其他材料费							—	5.76	—	
	材料费小计							—	206.64	—	

工程量清单综合单价分析表　　**表5-16**

工程名称：　　标段：　　第15页　共96页

项目编码	010503005006	项目名称	过梁		计量单位	m^3	工程量	1.14			
清单综合单价组成明细											
定额编号	定额名称	定额单位	数量	单价（元）				合价（元）			
				人工费	材料费	机械费	管理费和利润	人工费	材料费	机械费	管理费和利润
5－27	C25混凝土过梁(16.70m)	m^3	1.00	52.85	206.64	21.90	118.184	52.85	206.64	21.90	118.184
人工单价		小　计						52.85	206.64	21.90	118.84
27.46元/工日		不计价材料费						—			
清单项目综合单价								399.574			
材料费明细	主要材料名称、规格、型号				单位	数量		单价（元）	合价（元）	暂估单价（元）	暂估合价（元）
	C25普通混凝土				m^3	1.015		197.91	200.879		
	其他材料费							—	5.76	—	
	材料费小计							—	206.64	—	

工程量清单综合单价分析表　　　　**表 5-17**

工程名称：　　　　标段：　　　　第16页　共96页

项目编码	010503005007	项目名称	过梁				计量单位	m³		工程量	1.14
清单综合单价组成明细											
定额编号	定额名称	定额单位	数量	单价(元)				合价(元)			
				人工费	材料费	机械费	管理费和利润	人工费	材料费	机械费	管理费和利润
5—27	C25混凝土过梁(20.30m)	m³	1.00	52.85	206.64	21.90	118.184	52.85	206.64	21.90	118.184
人工单价		小计						52.85	206.64	21.90	118.84
27.46元/工日		不计价材料费						—			
清单项目综合单价								399.574			
材料费明细	主要材料名称、规格、型号				单位	数量		单价(元)	合价(元)	暂估单价(元)	暂估合价(元)
	C25普通混凝土				m³	1.015		197.91	200.879		
	其他材料费							—	5.76	—	
	材料费小计							—	206.64	—	

工程量清单综合单价分析表　　　　**表 5-18**

工程名称：　　　　标段：　　　　第17页　共96页

项目编码	010503005008	项目名称	过梁				计量单位	m³		工程量	1.14
清单综合单价组成明细											
定额编号	定额名称	定额单位	数量	单价(元)				合价(元)			
				人工费	材料费	机械费	管理费和利润	人工费	材料费	机械费	管理费和利润
5—27	C25混凝土过梁(23.90m)	m³	1.00	52.85	206.64	21.90	118.184	52.85	206.64	21.90	118.184
人工单价		小计						52.85	206.64	21.90	118.84
27.46元/工日		不计价材料费						—			
清单项目综合单价								399.574			
材料费明细	主要材料名称、规格、型号				单位	数量		单价(元)	合价(元)	暂估单价(元)	暂估合价(元)
	C25普通混凝土				m³	1.015		197.91	200.879		
	其他材料费							—	5.76	—	
	材料费小计							—	206.64	—	

工程量清单综合单价分析表　　　　**表 5-19**

工程名称：　　　　标段：　　　　第18页　共96页

项目编码	010503005009	项目名称	过梁				计量单位	m³		工程量	1.14
清单综合单价组成明细											
定额编号	定额名称	定额单位	数量	单价(元)				合价(元)			
				人工费	材料费	机械费	管理费和利润	人工费	材料费	机械费	管理费和利润
5—27	C25混凝土过梁(27.50m)	m³	1.00	52.85	206.64	21.90	118.184	52.85	206.64	21.90	118.184

续表

人工单价	小计				
27.46元/工日	不计价材料费	—			
清单项目综合单价		399.574			
		52.85	206.64	21.90	118.84

材料费明细	主要材料名称、规格、型号	单位	数量	单价(元)	合价(元)	暂估单价(元)	暂估合价(元)
	C25普通混凝土	m^3	1.015	197.91	200.879		
	其他材料费			—	5.76	—	
	材料费小计			—	206.64	—	

工程量清单综合单价分析表　表5-20

工程名称：　标段：　第19页　共96页

项目编码	010503005010	项目名称	过梁	计量单位	m^3	工程量	1.14

清单综合单价组成明细

定额编号	定额名称	定额单位	数量	单价(元)				合价(元)			
				人工费	材料费	机械费	管理费和利润	人工费	材料费	机械费	管理费和利润
5—27	C25混凝土过梁(31.10m)	m^3	1.00	52.85	206.64	21.90	118.184	52.85	206.64	21.90	118.184
人工单价		小计						52.85	206.64	21.90	118.84
27.46元/工日		不计价材料费						—			
清单项目综合单价								399.574			

材料费明细	主要材料名称、规格、型号	单位	数量	单价(元)	合价(元)	暂估单价(元)	暂估合价(元)
	C25普通混凝土	m^3	1.015	197.91	200.879		
	其他材料费			—	5.76	—	
	材料费小计			—	206.64	—	

工程量清单综合单价分析表　表5-21

工程名称：　标段：　第20页　共96页

项目编码	0105030050011	项目名称	过梁	计量单位	m^3	工程量	1.14

清单综合单价组成明细

定额编号	定额名称	定额单位	数量	单价(元)				合价(元)			
				人工费	材料费	机械费	管理费和利润	人工费	材料费	机械费	管理费和利润
5—27	C25混凝土过梁(34.70m)	m^3	1.00	52.85	206.64	21.90	118.184	52.85	206.64	21.90	118.184
人工单价		小计						52.85	206.64	21.90	118.84
27.46元/工日		不计价材料费						—			
清单项目综合单价								399.574			

材料费明细	主要材料名称、规格、型号	单位	数量	单价(元)	合价(元)	暂估单价(元)	暂估合价(元)
	C25普通混凝土	m^3	1.015	197.91	200.879		
	其他材料费			—	5.76	—	
	材料费小计			—	206.64	—	

工程量清单综合单价分析表　　　　表5-22

工程名称：　　　　标段：　　　　第21页　共96页

项目编码	0105030050012	项目名称	过梁			计量单位	m^3		工程量	1.14	
清单综合单价组成明细											
定额编号	定额名称	定额单位	数量	单价(元)				合价(元)			
				人工费	材料费	机械费	管理费和利润	人工费	材料费	机械费	管理费和利润
5—27	C25混凝土过梁(38.30m)	m^3	1.00	52.85	206.64	21.90	118.184	52.85	206.64	21.90	118.184
人工单价		小计						52.85	206.64	21.90	118.84
27.46元/工日		不计价材料费						—			
清单项目综合单价								399.574			
材料费明细	主要材料名称、规格、型号					单位	数量	单价(元)	合价(元)	暂估单价(元)	暂估合价(元)
	C25普通混凝土					m^3	1.015	197.91	200.879		
	其他材料费							—	5.76	—	
	材料费小计							—	206.64	—	

工程量清单综合单价分析表　　　　表5-23

工程名称：　　　　标段：　　　　第22页　共96页

项目编码	010503003002	项目名称	异形梁(阳台边梁)			计量单位	m^3		工程量	3.007	
清单综合单价组成明细											
定额编号	定额名称	定额单位	数量	单价(元)				合价(元)			
				人工费	材料费	机械费	管理费和利润	人工费	材料费	机械费	管理费和利润
5—24	C25阳台边梁(—0.38m)	m^3	1.00	30.97	204.997	21.90	108.304	30.97	204.997	21.90	108.304
人工单价		小计						30.97	204.997	21.90	108.304
27.45元/工日		不计价材料费						—			
清单项目综合单价								366.171			
材料费明细	主要材料名称、规格、型号					单位	数量	单价(元)	合价(元)	暂估单价(元)	暂估合价(元)
	C25普通混凝土					m^3	1.015	197.91	200.879		
	其他材料费							—	4.12	—	
	材料费小计							—	204.998	—	

工程量清单综合单价分析表　　　　表5-24

工程名称：　　　　标段：　　　　第23页　共96页

项目编码	010503003003	项目名称	异形梁			计量单位	m^3		工程量	3.007	
清单综合单价组成明细											
定额编号	定额名称	定额单位	数量	单价(元)				合价(元)			
				人工费	材料费	机械费	管理费和利润	人工费	材料费	机械费	管理费和利润
5—24换	C25阳台边梁(3.22m)	m^3	1.00	30.97	204.997	21.90	108.304	30.97	204.997	21.90	108.304

续表

人工单价	小　计	30.97	204.997	21.90	108.304
27.45元/工日	不计价材料费	—			
清单项目综合单价		366.171			

材料费明细	主要材料名称、规格、型号	单位	数量	单价(元)	合价(元)	暂估单价(元)	暂估合价(元)
	C25普通混凝土	m³	1.015	197.91	200.879		
	其他材料费			—	4.12	—	
	材料费小计			—	204.998	—	

工程量清单综合单价分析表　　表5-25

工程名称：　　标段：　　第24页　共96页

项目编码	010503003004	项目名称	异形梁			计量单位		m³	工程量	3.007
清单综合单价组成明细										
定额编号	定额名称	定额单位	数量	单价(元)				合价(元)			
				人工费	材料费	机械费	管理费和利润	人工费	材料费	机械费	管理费和利润
5—24换	C25阳台边梁(6.82m)	m³	1.00	30.97	204.997	21.90	108.304	30.97	204.997	21.90	108.304
人工单价		小　计						30.97	204.997	21.90	108.304
27.45元/工日		不计价材料费						—			
清单项目综合单价								366.171			

材料费明细	主要材料名称、规格、型号	单位	数量	单价(元)	合价(元)	暂估单价(元)	暂估合价(元)
	C25普通混凝土	m³	1.015	197.91	200.879		
	其他材料费			—	4.12	—	
	材料费小计			—	204.998	—	

工程量清单综合单价分析表　　表5-26

工程名称：　　标段：　　第25页　共96页

项目编码	010503003005	项目名称	异形梁			计量单位		m³	工程量	3.007
清单综合单价组成明细										
定额编号	定额名称	定额单位	数量	单价(元)				合价(元)			
				人工费	材料费	机械费	管理费和利润	人工费	材料费	机械费	管理费和利润
5—24换	C25阳台边梁(14.42m)	m³	1.00	30.97	204.997	21.90	108.304	30.97	204.997	21.90	108.304
人工单价		小　计						30.97	204.997	21.90	108.304
27.45元/工日		不计价材料费						—			
清单项目综合单价								366.171			

材料费明细	主要材料名称、规格、型号	单位	数量	单价(元)	合价(元)	暂估单价(元)	暂估合价(元)
	C25普通混凝土	m³	1.015	197.91	200.879		
	其他材料费			—	4.12	—	
	材料费小计			—	204.998	—	

工程量清单综合单价分析表　　表 5-27

工程名称：　　标段：　　第 26 页　共 96 页

项目编码	010503003006	项目名称	异形梁			计量单位	m³		工程量	3.007	
清单综合单价组成明细											
定额编号	定额名称	定额单位	数量	单价(元)				合价(元)			
				人工费	材料费	机械费	管理费和利润	人工费	材料费	机械费	管理费和利润
5−24换	C25 阳台边梁(14.02m)	m³	1.00	30.97	204.997	21.90	108.304	30.97	204.997	21.90	108.304
人工单价		小计						30.97	204.997	21.90	108.304
27.45 元/工日		不计价材料费						—			
清单项目综合单价								366.171			
材料费明细	主要材料名称、规格、型号				单位	数量		单价(元)	合价(元)	暂估单价(元)	暂估合价(元)
	C25 普通混凝土				m³	1.015		197.91	200.879		
	其他材料费							—	4.12	—	
	材料费小计							—	204.998	—	

工程量清单综合单价分析表　　表 5-28

工程名称：　　标段：　　第 27 页　共 96 页

项目编码	010503003007	项目名称	异形梁			计量单位	m³		工程量	3.007	
清单综合单价组成明细											
定额编号	定额名称	定额单位	数量	单价(元)				合价(元)			
				人工费	材料费	机械费	管理费和利润	人工费	材料费	机械费	管理费和利润
5−24换	C25 阳台边梁(17.62m)	m³	1.00	30.97	204.997	21.90	108.304	30.97	204.997	21.90	108.304
人工单价		小计						30.97	204.997	21.90	108.304
27.45 元/工日		不计价材料费						—			
清单项目综合单价								366.171			
材料费明细	主要材料名称、规格、型号				单位	数量		单价(元)	合价(元)	暂估单价(元)	暂估合价(元)
	C25 普通混凝土				m³	1.015		197.91	200.879		
	其他材料费							—	4.12	—	
	材料费小计							—	204.998	—	

工程量清单综合单价分析表　　表 5-29

工程名称：　　标段：　　第 28 页　共 96 页

项目编码	010503003008	项目名称	异形梁			计量单位	m³		工程量	3.007	
清单综合单价组成明细											
定额编号	定额名称	定额单位	数量	单价(元)				合价(元)			
				人工费	材料费	机械费	管理费和利润	人工费	材料费	机械费	管理费和利润
5−24换	C25 阳台边梁(21.22m)	m³	1.00	30.97	204.997	21.90	108.304	30.97	204.997	21.90	108.304
人工单价		小计						30.97	204.997	21.90	108.304

续表

27.45元/工日	不计价材料费			—			
清单项目综合单价				366.171			
材料费明细	主要材料名称、规格、型号	单位	数量	单价(元)	合价(元)	暂估单价(元)	暂估合价(元)
	C25普通混凝土	m³	1.015	197.91	200.879		
	其他材料费			—	4.12	—	
	材料费小计			—	204.998	—	

工程量清单综合单价分析表 **表5-30**

工程名称： 标段： 第29页 共96页

项目编码	010503003009	项目名称	异形梁	计量单位	m³	工程量	3.007				
清单综合单价组成明细											
定额编号	定额名称	定额单位	数量	单价(元)				合价(元)			
				人工费	材料费	机械费	管理费和利润	人工费	材料费	机械费	管理费和利润
5-24换	C25阳台边梁(24.82m)	m³	1.00	30.97	204.997	21.90	108.304	30.97	204.997	21.90	108.304
人工单价		小计						30.97	204.997	21.90	108.304
27.45元/工日		不计价材料费						—			
清单项目综合单价								366.171			

材料费明细	主要材料名称、规格、型号	单位	数量	单价(元)	合价(元)	暂估单价(元)	暂估合价(元)
	C25普通混凝土	m³	1.015	197.91	200.879		
	其他材料费			—	4.12	—	
	材料费小计			—	204.998	—	

工程量清单综合单价分析表 **表5-31**

工程名称： 标段： 第30页 共96页

项目编码	010503003010	项目名称	异形梁	计量单位	m³	工程量	3.007				
清单综合单价组成明细											
定额编号	定额名称	定额单位	数量	单价(元)				合价(元)			
				人工费	材料费	机械费	管理费和利润	人工费	材料费	机械费	管理费和利润
5-24换	C25阳台边梁(28.42m)	m³	1.00	30.97	204.997	21.90	108.304	30.97	204.997	21.90	108.304
人工单价		小计						30.97	204.997	21.90	108.304
27.45元/工日		不计价材料费						—			
清单项目综合单价								366.171			

材料费明细	主要材料名称、规格、型号	单位	数量	单价(元)	合价(元)	暂估单价(元)	暂估合价(元)
	C25普通混凝土	m³	1.015	197.91	200.879		
	其他材料费			—	4.12	—	
	材料费小计			—	204.998	—	

工程量清单综合单价分析表 　　　　表 5-32

工程名称：　　　　　　标段：　　　　　　第31页　共96页

项目编码	010503003011	项目名称	异形梁	计量单位	m^3	工程量	3.007

清单综合单价组成明细

定额编号	定额名称	定额单位	数量	单价(元)				合价(元)			
				人工费	材料费	机械费	管理费和利润	人工费	材料费	机械费	管理费和利润
5—24换	C25阳台边梁(32.02m)	m^3	1.00	30.97	204.997	21.90	108.304	30.97	204.997	21.90	108.304
人工单价		小计						30.97	204.997	21.90	108.304
27.45元/工日		不计价材料费						—			
清单项目综合单价								366.171			

材料费明细	主要材料名称、规格、型号	单位	数量	单价(元)	合价(元)	暂估单价(元)	暂估合价(元)
	C25普通混凝土	m^3	1.015	197.91	200.879		
	其他材料费			—	4.12	—	
	材料费小计			—	204.998	—	

工程量清单综合单价分析表 　　　　表 5-33

工程名称：　　　　　　标段：　　　　　　第32页　共96页

项目编码	010503003012	项目名称	异形梁	计量单位	m^3	工程量	3.007

清单综合单价组成明细

定额编号	定额名称	定额单位	数量	单价(元)				合价(元)			
				人工费	材料费	机械费	管理费和利润	人工费	材料费	机械费	管理费和利润
5—24换	C25阳台边梁(35.62m)	m^3	1.00	30.97	204.997	21.90	108.304	30.97	204.997	21.90	108.304
人工单价		小计						30.97	204.997	21.90	108.304
27.45元/工日		不计价材料费						—			
清单项目综合单价								366.171			

材料费明细	主要材料名称、规格、型号	单位	数量	单价(元)	合价(元)	暂估单价(元)	暂估合价(元)
	C25普通混凝土	m^3	1.015	197.91	200.879		
	其他材料费			—	4.12	—	
	材料费小计			—	204.998	—	

工程量清单综合单价分析表 　　　　表 5-34

工程名称：　　　　　　标段：　　　　　　第33页　共96页

项目编码	010503002001	项目名称	矩形梁	计量单位	m^3	工程量	1.404

清单综合单价组成明细

定额编号	定额名称	定额单位	数量	单价(元)				合价(元)			
				人工费	材料费	机械费	管理费和利润	人工费	材料费	机械费	管理费和利润
5—24换	C25雨篷梁	m^3	1.00	30.97	204.997	21.90	108.304	30.97	204.997	21.90	108.304

续表

人工单价	小　　计							30.97	204.997	21.90	108.304
27.45元/工日	不计价材料费							—			
清单项目综合单价								366.171			

材料费明细	主要材料名称、规格、型号	单位	数量	单价（元）	合价（元）	暂估单价（元）	暂估合价（元）
	C25普通混凝土	m³	1.015	197.91	200.879		
	其他材料费			—	4.12	—	
	材料费小计			—	204.998	—	

工程量清单综合单价分析表　　　　**表5-35**

工程名称：　　　　标段：　　　　第34页　共96页

项目编码	010505003001	项目名称	平板（−0.13m）	计量单位	m³	工程量	53.848

清单综合单价组成明细

定额编号	定额名称	定额单位	数量	单价（元）				合价（元）			
				人工费	材料费	机械费	管理费和利润	人工费	材料费	机械费	管理费和利润
5—28	C25混凝土板	m³	0.921	26.53	206.36	21.89	107.008	24.434	190.058	20.161	98.554
人工单价	小　　计							24.434	190.058	20.161	98.554
27.45元/工日	不计价材料费							—			
清单项目综合单价								333.207			

材料费明细	主要材料名称、规格、型号	单位	数量	单价（元）	合价（元）	暂估单价（元）	暂估合价（元）
	C25普通混凝土	m³	0.935	197.910	185.009		
	其他材料费			—	5.047	—	
	材料费小计			—	190.056	—	

工程量清单综合单价分析表　　　　**表5-36**

工程名称：　　　　标段：　　　　第35页　共96页

项目编码	010505003002	项目名称	平板（3.47m）	计量单位	m³	工程量	53.848

清单综合单价组成明细

定额编号	定额名称	定额单位	数量	单价（元）				合价（元）			
				人工费	材料费	机械费	管理费和利润	人工费	材料费	机械费	管理费和利润
5—28	C25混凝土板	m³	0.921	26.53	206.36	21.89	107.008	24.434	190.058	20.161	98.554
人工单价	小　　计							24.434	190.058	20.161	98.554
27.45元/工日	不计价材料费							—			
清单项目综合单价								333.207			

材料费明细	主要材料名称、规格、型号	单位	数量	单价（元）	合价（元）	暂估单价（元）	暂估合价（元）
	C25普通混凝土	m³	0.935	197.910	185.009		
	其他材料费			—	5.047	—	
	材料费小计			—	190.056	—	

工程量清单综合单价分析表　　表5-37

工程名称：　　标段：　　第36页　共96页

项目编码	010505003003	项目名称	平板(7.07m)	计量单位	m^3	工程量	53.848

清单综合单价组成明细

定额编号	定额名称	定额单位	数量	单价(元)				合价(元)			
				人工费	材料费	机械费	管理费和利润	人工费	材料费	机械费	管理费和利润
5—28	C25混凝土板	m^3	0.921	26.53	206.36	21.89	107.008	24.434	190.058	20.161	98.554
人工单价		小计						24.434	190.058	20.161	98.554
27.45元/工日		不计价材料费						—			
清单项目综合单价								333.207			

材料费明细	主要材料名称、规格、型号	单位	数量	单价(元)	合价(元)	暂估单价(元)	暂估合价(元)
	C25普通混凝土	m^3	0.935	197.910	185.009		
	其他材料费			—	5.047	—	
	材料费小计			—	190.056	—	

工程量清单综合单价分析表　　表5-38

工程名称：　　标段：　　第37页　共96页

项目编码	010505003004	项目名称	平板(10.67m)	计量单位	m^3	工程量	53.848

清单综合单价组成明细

定额编号	定额名称	定额单位	数量	单价(元)				合价(元)			
				人工费	材料费	机械费	管理费和利润	人工费	材料费	机械费	管理费和利润
5—28	C25混凝土板	m^3	0.921	26.53	206.36	21.89	107.008	24.434	190.058	20.161	98.554
人工单价		小计						24.434	190.058	20.161	98.554
27.45元/工日		不计价材料费						—			
清单项目综合单价								333.207			

材料费明细	主要材料名称、规格、型号	单位	数量	单价(元)	合价(元)	暂估单价(元)	暂估合价(元)
	C25普通混凝土	m^3	0.935	197.910	185.009		
	其他材料费			—	5.047	—	
	材料费小计			—	190.056	—	

工程量清单综合单价分析表　　表5-39

工程名称：　　标段：　　第38页　共96页

项目编码	010505003005	项目名称	平板(14.27m)	计量单位	m^3	工程量	53.848

清单综合单价组成明细

定额编号	定额名称	定额单位	数量	单价(元)				合价(元)			
				人工费	材料费	机械费	管理费和利润	人工费	材料费	机械费	管理费和利润
5—28	C25混凝土板	m^3	0.921	26.53	206.36	21.89	107.008	24.434	190.058	20.161	98.554
人工单价		小计						24.434	190.058	20.161	98.554
27.45元/工日		不计价材料费						—			

续表

清单项目综合单价				333.207			
材料费明细	主要材料名称、规格、型号	单位	数量	单价（元）	合价（元）	暂估单价（元）	暂估合价（元）
	C25 普通混凝土	m^3	0.935	197.910	185.009		
	其他材料费			—	5.047	—	
	材料费小计			—	190.056	—	

工程量清单综合单价分析表 **表 5-40**

工程名称： 标段： 第 39 页 共 96 页

项目编码	010505003006	项目名称	平板(17.87m)	计量单位	m^3	工程量	53.848

清单综合单价组成明细

定额编号	定额名称	定额单位	数量	单价（元）				合价（元）			
				人工费	材料费	机械费	管理费和利润	人工费	材料费	机械费	管理费和利润
5－28	C25 混凝土板	m^3	0.921	26.53	206.36	21.89	107.008	24.434	190.058	20.161	98.554
人工单价		小计						24.434	190.058	20.161	98.554
27.45 元/工日		不计价材料费						—			
清单项目综合单价								333.207			

材料费明细	主要材料名称、规格、型号	单位	数量	单价（元）	合价（元）	暂估单价（元）	暂估合价（元）
	C25 普通混凝土	m^3	0.935	197.910	185.009		
	其他材料费			—	5.047	—	
	材料费小计			—	190.056	—	

工程量清单综合单价分析表 **表 5-41**

工程名称： 标段： 第 40 页 共 96 页

项目编码	010505003007	项目名称	平板(21.47m)	计量单位	m^3	工程量	53.848

清单综合单价组成明细

定额编号	定额名称	定额单位	数量	单价（元）				合价（元）			
				人工费	材料费	机械费	管理费和利润	人工费	材料费	机械费	管理费和利润
5－28	C25 混凝土板	m^3	0.921	26.53	206.36	21.89	107.008	24.434	190.058	20.161	98.554
人工单价		小计						24.434	190.058	20.161	98.554
27.45 元/工日		不计价材料费						—			
清单项目综合单价								333.207			

材料费明细	主要材料名称、规格、型号	单位	数量	单价（元）	合价（元）	暂估单价（元）	暂估合价（元）
	C25 普通混凝土	m^3	0.935	197.910	185.009		
	其他材料费			—	5.047	—	
	材料费小计			—	190.056	—	

工程量清单综合单价分析表　　表5-42

工程名称：　　标段：　　第41页　共96页

项目编码	010505003008	项目名称	平板(25.07m)			计量单位	m³		工程量	53.848
清单综合单价组成明细										
定额编号	定额名称	定额单位	数量	单价(元)				合价(元)		
				人工费	材料费	机械费	管理费和利润	人工费	材料费	机械费	管理费和利润
5—28	C25混凝土板	m³	0.921	26.53	206.36	21.89	107.008	24.434	190.058	20.161	98.554
人工单价		小计						24.434	190.058	20.161	98.554
27.45元/工日		不计价材料费						—			
清单项目综合单价								333.207			
材料费明细	主要材料名称、规格、型号				单位	数量		单价(元)	合价(元)	暂估单价(元)	暂估合价(元)
	C25普通混凝土				m³	0.935		197.910	185.009		
	其他材料费							—	5.047	—	
	材料费小计							—	190.056	—	

工程量清单综合单价分析表　　表5-43

工程名称：　　标段：　　第42页　共96页

项目编码	010505003009	项目名称	平板(28.67m)			计量单位	m³		工程量	53.848
清单综合单价组成明细										
定额编号	定额名称	定额单位	数量	单价(元)				合价(元)		
				人工费	材料费	机械费	管理费和利润	人工费	材料费	机械费	管理费和利润
5—28	C25混凝土板	m³	0.921	26.53	206.36	21.89	107.008	24.434	190.058	20.161	98.554
人工单价		小计						24.434	190.058	20.161	98.554
27.45元/工日		不计价材料费						—			
清单项目综合单价								333.207			
材料费明细	主要材料名称、规格、型号				单位	数量		单价(元)	合价(元)	暂估单价(元)	暂估合价(元)
	C25普通混凝土				m³	0.935		197.910	185.009		
	其他材料费							—	5.047	—	
	材料费小计							—	190.056	—	

工程量清单综合单价分析表　　表5-44

工程名称：　　标段：　　第43页　共96页

项目编码	010505003010	项目名称	平板(32.27m)			计量单位	m³		工程量	53.848
清单综合单价组成明细										
定额编号	定额名称	定额单位	数量	单价(元)				合价(元)		
				人工费	材料费	机械费	管理费和利润	人工费	材料费	机械费	管理费和利润
5—28	C25混凝土板	m³	0.921	26.53	206.36	21.89	107.008	24.434	190.058	20.161	98.554
人工单价		小计						24.434	190.058	20.161	98.554
27.45元/工日		不计价材料费						—			

续表

清单项目综合单价				333.207			
材料费明细	主要材料名称、规格、型号	单位	数量	单价(元)	合价(元)	暂估单价(元)	暂估合价(元)
	C25 普通混凝土	m^3	0.935	197.910	185.009		
	其他材料费			—	5.047	—	
	材料费小计			—	190.056	—	

工程量清单综合单价分析表 表 5-45

工程名称： 标段： 第 44 页 共 96 页

项目编码	010505003011	项目名称	平板(35.87m)	计量单位	m^3	工程量	53.848

清单综合单价组成明细											
定额编号	定额名称	定额单位	数量	单价(元)				合价(元)			
				人工费	材料费	机械费	管理费和利润	人工费	材料费	机械费	管理费和利润
5—28	C25 混凝土板	m^3	0.921	26.53	206.36	21.89	107.008	24.434	190.058	20.161	98.554
人工单价		小计						24.434	190.058	20.161	98.554
27.45 元/工日		不计价材料费						—			
清单项目综合单价								333.207			

材料费明细	主要材料名称、规格、型号	单位	数量	单价(元)	合价(元)	暂估单价(元)	暂估合价(元)
	C25 普通混凝土	m^3	0.935	197.910	185.009		
	其他材料费			—	5.047	—	
	材料费小计			—	190.056	—	

工程量清单综合单价分析表 表 5-46

工程名称： 标段： 第 45 页 共 96 页

项目编码	010505003012	项目名称	平板(39.47m)	计量单位	m^3	工程量	53.848

清单综合单价组成明细											
定额编号	定额名称	定额单位	数量	单价(元)				合价(元)			
				人工费	材料费	机械费	管理费和利润	人工费	材料费	机械费	管理费和利润
5—28	C25 混凝土板	m^3	0.921	26.53	206.36	21.89	107.008	24.434	190.058	20.161	98.554
人工单价		小计						24.434	190.058	20.161	98.554
27.45 元/工日		不计价材料费						—			
清单项目综合单价								333.207			

材料费明细	主要材料名称、规格、型号	单位	数量	单价(元)	合价(元)	暂估单价(元)	暂估合价(元)
	C25 普通混凝土	m^3	0.935	197.910	185.009		
	其他材料费			—	5.047	—	
	材料费小计			—	190.056	—	

工程量清单综合单价分析表　　表5-47

工程名称：　　　　标段：　　　　第46页　共96页

项目编码	010505008001	项目名称	雨篷板			计量单位		m³		工程量	13.14
清单综合单价组成明细											
定额编号	定额名称	定额单位	数量	单价(元)				合价(元)			
				人工费	材料费	机械费	管理费和利润	人工费	材料费	机械费	管理费和利润
5—46	C25雨篷板	m³	1.00	47.96	206.02	32.19	120.191	47.96	206.02	32.19	120.191
人工单价		小　计						47.96	206.02	32.19	120.191
27.45元/工日		不计价材料费						—			
清单项目综合单价								406.361			
材料费明细	主要材料名称、规格、型号				单位	数量		单价(元)	合价(元)	暂估单价(元)	暂估合价(元)
	C25普通混凝土				m³	1.015		197.91	200.879		
	其他材料费							—	5.14	—	
	材料费小计							—	206.02	—	

工程量清单综合单价分析表　　表5-48

工程名称：　　　　标段：　　　　第47页　共96页

项目编码	010505008002	项目名称	雨篷板			计量单位		m³		工程量	50.56
清单综合单价组成明细											
定额编号	定额名称	定额单位	数量	单价(元)				合价(元)			
				人工费	材料费	机械费	管理费和利润	人工费	材料费	机械费	管理费和利润
5—44	C25阳台板	m³	1.00	51.52	206.00	34.29	122.56	51.52	206.00	34.29	122.56
人工单价		小　计						51.52	206.00	34.29	122.56
27.45元/工日		不计价材料费						—			
清单项目综合单价								414.370			
材料费明细	主要材料名称、规格、型号				单位	数量		单价(元)	合价(元)	暂估单价(元)	暂估合价(元)
	C25普通混凝土				m³	1.015		197.91	200.879		
	其他材料费							—	5.12	—	
	材料费小计							—	206.00	—	

工程量清单综合单价分析表　　表5-49

工程名称：　　　　标段：　　　　第48页　共96页

项目编码	011702011001	项目名称	直形墙(Q_1,3m)			计量单位		m³		工程量	94.084
清单综合单价组成明细											
定额编号	定额名称	定额单位	数量	单价(元)				合价(元)			
				人工费	材料费	机械费	管理费和利润	人工费	材料费	机械费	管理费和利润
5—36	C30混凝土墙	m³	1.179	28.91	222.07	21.95	114.631	34.085	261.821	25.879	135.149
人工单价		小　计						34.085	261.821	25.879	135.149
27.45元/工日		不计价材料费						—			

续表

清单项目综合单价				456.934			
材料费明细	主要材料名称、规格、型号	单位	数量	单价（元）	合价（元）	暂估单价（元）	暂估合价（元）
	C25普通混凝土	m^3	1.165	214.140	249.441		
	1∶2水泥砂浆	m^3	0.033	251.020	8.287		
	其他材料费			—	4.091	—	
	材料费小计			—	261.82	—	

工程量清单综合单价分析表 **表5-50**

工程名称： 标段： 第49页 共96页

项目编码	011702011002	项目名称	直形墙（Q_2，3m）	计量单位	m^3	工程量	50.238

清单综合单价组成明细

定额编号	定额名称	定额单位	数量	单价（元）				合价（元）			
				人工费	材料费	机械费	管理费和利润	人工费	材料费	机械费	管理费和利润
5—36	C30混凝土墙	m^3	1.049	28.91	222.07	21.95	114.631	30.327	232.951	23.026	120.247
人工单价		小计						30.327	232.951	23.026	120.247
27.45元/工日		不计价材料费						—			
清单项目综合单价								406.551			

材料费明细	主要材料名称、规格、型号	单位	数量	单价（元）	合价（元）	暂估单价（元）	暂估合价（元）
	C30普通混凝土	m^3	1.036	214.14	221.937		
	1∶2水泥砂浆	m^3	0.029	251.02	7.373		
	其他材料费			—	3.640	—	
	材料费小计			—	232.95	—	

工程量清单综合单价分析表 **表5-51**

工程名称： 标段： 第50页 共96页

项目编码	011702011003	项目名称	直形墙（Q_1，3.6m）	计量单位	m^3	工程量	873.10

清单综合单价组成明细

定额编号	定额名称	定额单位	数量	单价（元）				合价（元）			
				人工费	材料费	机械费	管理费和利润	人工费	材料费	机械费	管理费和利润
5—36	C30混凝土墙	m^3	1.242	28.91	222.07	21.95	114.631	35.906	275.811	27.262	142.372
人工单价		小计						35.906	275.811	27.262	142.372
27.45元/工日		不计价材料费						—			
清单项目综合单价								481.350			

材料费明细	主要材料名称、规格、型号	单位	数量	单价（元）	合价（元）	暂估单价（元）	暂估合价（元）
	C30普通混凝土	m^3	1.227	214.140	262.77		
	1∶2水泥砂浆	m^3	0.035	251.020	8.729		
	其他材料费			—	4.310	—	
	材料费小计			—	275.811	—	

工程量清单综合单价分析表　　表 5-52

工程名称：　　标段：　　第 51 页　共 96 页

项目编码	011702011004	项目名称	直形墙(Q_2,3.6m)	计量单位	m^3	工程量	622.5

清单综合单价组成明细											
定额编号	定额名称	定额单位	数量	单价(元)				合价(元)			
				人工费	材料费	机械费	管理费和利润	人工费	材料费	机械费	管理费和利润
5—36	C30 混凝土墙	m^3	1.041	28.91	222.07	21.95	114.631	30.095	231.175	22.850	119.331
人工单价		小计						30.095	231.175	22.850	119.331
27.45 元/工日		不计价材料费						—			
清单项目综合单价								403.451			

材料费明细	主要材料名称、规格、型号	单位	数量	单价(元)	合价(元)	暂估单价(元)	暂估合价(元)
	C30 普通混凝土	m^3	1.029	214.14	220.245		
	1∶2 水泥砂浆	m^3	0.029	251.020	7.317		
	其他材料费			—	3.612	—	
	材料费小计			—	231.175	—	

工程量清单综合单价分析表　　表 5-53

工程名称：　　标段：　　第 52 页　共 96 页

项目编码	011702011005	项目名称	直形墙(Q_1,3.6m,顶层)	计量单位	m^3	工程量	113.58

清单综合单价组成明细											
定额编号	定额名称	定额单位	数量	单价(元)				合价(元)			
				人工费	材料费	机械费	管理费和利润	人工费	材料费	机械费	管理费和利润
5—36	C30 混凝土墙	m^3	1.242	28.91	222.07	21.95	114.631	35.906	275.811	27.262	142.372
人工单价		小计						35.906	275.811	27.262	142.372
27.45 元/工日		不计价材料费						—			
清单项目综合单价								481.350			

材料费明细	主要材料名称、规格、型号	单位	数量	单价(元)	合价(元)	暂估单价(元)	暂估合价(元)
	C30 普通混凝土	m^3	1.227	214.140	262.77		
	1∶2 水泥砂浆	m^3	0.035	251.020	8.729		
	其他材料费			—	4.310	—	
	材料费小计			—	275.811	—	

工程量清单综合单价分析表　　表 5-54

工程名称：　　标段：　　第 53 页　共 96 页

项目编码	011702011006	项目名称	直形墙(Q_2,3.6m,顶层)	计量单位	m^3	工程量	62.25

清单综合单价组成明细											
定额编号	定额名称	定额单位	数量	单价(元)				合价(元)			
				人工费	材料费	机械费	管理费和利润	人工费	材料费	机械费	管理费和利润
5—36	C30 混凝土墙	m^3	1.094	28.91	222.07	21.95	114.631	31.628	242.945	24.013	125.406
人工单价		小计						31.628	242.945	24.013	125.406
27.45 元/工日		不计价材料费						—			

续表

清单项目综合单价				423.991			
材料费明细	主要材料名称、规格、型号	单位	数量	单价(元)	合价(元)	暂估单价(元)	暂估合价(元)
	C30 普通混凝土	m^3	1.081	214.14	231.458		
	1∶2 水泥砂浆	m^3	0.031	251.020	7.689		
	其他材料费			—	3.796	—	
	材料费小计			—	242.945	—	

工程量清单综合单价分析表 **表 5-55**

工程名称： 标段： 第 54 页 共 96 页

项目编码	010507007001	项目名称	其他构件	计量单位	m^2	工程量	11.34

清单综合单价组成明细

定额编号	定额名称	定额单位	数量	单价(元)				合价(元)			
				人工费	材料费	机械费	管理费和利润	人工费	材料费	机械费	管理费和利润
5—53	C20 混凝土台阶	m^3	0.15	45.41	192.14	23.40	109.599	6.81	28.82	3.51	16.44
1—16	原土打夯	m^2	1.00	0.33	—	0.05	0.160	0.33	—	0.05	0.16
1—13	3∶7 灰土垫层	m^3	0.06	19.03	22.14	0.51	16.672	1.14	1.33	0.03	1.00
人工单价		小计						8.28	30.15	3.59	17.6
27.45 元/工日		不计价材料费						—			
清单项目综合单价								59.62			

材料费明细	主要材料名称、规格、型号	单位	数量	单价(元)	合价(元)	暂估单价(元)	暂估合价(元)
	C30 普通混凝土	m^3	1.015	183.00	185.745		
	3∶7 灰土	m^3	0.404	21.920	8.856		
	其他材料费			—	6.594	—	
	材料费小计			—	200.996	—	

工程量清单综合单价分析表 **表 5-56**

工程名称： 标段： 第 55 页 共 96 页

项目编码	010507001001	项目名称	混凝土散水	计量单位	m^3	工程量	223.00

清单综合单价组成明细

定额编号	定额名称	定额单位	数量	单价(元)				合价(元)			
				人工费	材料费	机械费	管理费和利润	人工费	材料费	机械费	管理费和利润
1—211	C30 混凝土散水	m^3	1.00	5.27	12.63	1.09	7.976	5.27	12.63	1.09	7.976
1—16	原土打夯	m^2	1.00	0.38	0.33	—	0.160	0.38	0.33	—	0.160
1—1	3∶7 灰土层	m^3	0.06	22.73	22.37	1.78	19.690	1.364	1.342	0.107	1.181
人工单价		小计						7.014	14.302	1.197	9.317
30.81 元/工日		不计价材料费						—			
清单项目综合单价								31.83			

材料费明细	主要材料名称、规格、型号	单位	数量	单价(元)	合价(元)	暂估单价(元)	暂估合价(元)
	C30 普通豆石混凝土	m^3	0.051	185.380	9.454		
	水泥	kg	3.96	0.366	1.449		

续表

材料费明细	主要材料名称、规格、型号	单位	数量	单价(元)	合价(元)	暂估单价(元)	暂估合价(元)
	砂子	kg	5.472	0.036	0.197		
	白灰	kg	13.696	0.097	1.328		
	其他材料费			—	1.544	—	
	材料费小计			—	14.302	—	

工程量清单综合单价分析表　　表5-57

工程名称：　　标段：　　第56页　共96页

项目编码	010506001001	项目名称	直形楼梯	计量单位	m^3	工程量	426.30

清单综合单价组成明细

定额编号	定额名称	定额单位	数量	单价(元) 人工费	单价(元) 材料费	单价(元) 机械费	单价(元) 管理费和利润	合价(元) 人工费	合价(元) 材料费	合价(元) 机械费	合价(元) 管理费和利润
5—40	C25现浇混凝土直形楼梯	m^3	1.00	15.31	49.63	8.37	30.790	15.31	49.63	8.37	30.79
人工单价			小　计					15.31	49.63	8.37	30.79
27.45元/工日			不计价材料费					—			
清单项目综合单价								104.100			

材料费明细	主要材料名称、规格、型号	单位	数量	单价(元)	合价(元)	暂估单价(元)	暂估合价(元)
	C25普通混凝土	m^3	0.244	197.91	48.290		
	其他材料费			—	1.34	—	
	材料费小计			—	49.63	—	

工程量清单综合单价分析表　　表5-58

工程名称：　　标段：　　第57页　共96页

项目编码	010515001001	项目名称	现浇混凝土钢筋	计量单位	t	工程量	106.311

清单综合单价组成明细

定额编号	定额名称	定额单位	数量	单价(元) 人工费	单价(元) 材料费	单价(元) 机械费	单价(元) 管理费和利润	合价(元) 人工费	合价(元) 材料费	合价(元) 机械费	合价(元) 管理费和利润
8—1	ϕ10以内钢筋	t	1.00	183.97	2644.59	3.73	1189.562	183.97	2644.59	3.73	1189.562
人工单价			小　计					183.97	2644.59	3.73	1189.562
31.12元/工日			不计价材料费					—			
清单项目综合单价								4021.852			

材料费明细	主要材料名称、规格、型号	单位	数量	单价(元)	合价(元)	暂估单价(元)	暂估合价(元)
	钢筋(ϕ10以内)	kg	1025.00	2.430	2490.75		
	钢筋成型加工及运费(ϕ10以内)	kg	1025.00	0.135	138.375		
	其他材料费			—	15.460	—	
	材料费小计			—	2644.59	—	

工程量清单综合单价分析表

表 5-59

工程名称：　　　　标段：　　　　第 58 页　共 96 页

项目编码	010515001002	项目名称	现浇混凝土钢筋（HPB300，ϕ10 以外）	计量单位	t	工程量	15.67

清单综合单价组成明细											
定额编号	定额名称	定额单位	数量	单价（元）				合价（元）			
				人工费	材料费	机械费	管理费和利润	人工费	材料费	机械费	管理费和利润
8—2	ϕ10 以外钢筋	t	1.00	171.52	2680.43	3.73	1199.398	171.52	2680.43	3.76	1199.398
人工单价		小计						171.52	2680.43	3.76	1199.398
31.12 元/工日		不计价材料费						—			
清单项目综合单价								4055.108			

材料费明细	主要材料名称、规格、型号	单位	数量	单价（元）	合价（元）	暂估单价（元）	暂估合价（元）
	钢筋（ϕ10 以内）	kg	1025.00	2.430	2490.75		
	钢筋（ϕ10 以外）	kg	1025.00	2.500	2562.5		
	钢筋成型及加工（ϕ10 以外）	kg	1025.00	0.101	103.525		
	其他材料费			—	14.4	—	
	材料费小计			—	2680.43	—	

工程量清单综合单价分析表

表 5-60

工程名称：　　　　标段：　　　　第 59 页　共 96 页

项目编码	010515001003	项目名称	现浇混凝土钢筋（HRB335，ϕ10 以外）	计量单位	t	工程量	467.017

清单综合单价组成明细											
定额编号	定额名称	定额单位	数量	单价（元）				合价（元）			
				人工费	材料费	机械费	管理费和利润	人工费	材料费	机械费	管理费和利润
8—2	ϕ10 以外钢筋	t	1.00	171.52	2680.43	3.76	1199.398	171.52	2680.43	3.76	1199.398
人工单价		小计						171.52	2680.43	3.76	1199.398
31.12 元/工日		不计价材料费						—			
清单项目综合单价								4055.108			

材料费明细	主要材料名称、规格、型号	单位	数量	单价（元）	合价（元）	暂估单价（元）	暂估合价（元）
	钢筋（ϕ10 以内）	kg	1025.00	2.430	2490.75		
	钢筋（ϕ10 以外）	kg	1025.00	2.500	2562.5		
	钢筋成型加工及运费（ϕ10 以外）	kg	1025.00	0.101	103.525		
	其他材料费			—	14.4	—	
	材料费小计			—	2680.43	—	

工程量清单综合单价分析表

表 5-61

工程名称：　　　　标段：　　　　第 60 页　共 96 页

项目编码	010902002001	项目名称	屋面涂膜防水	计量单位	m^2	工程量	640.348

清单综合单价组成明细											
定额编号	定额名称	定额单位	数量	单价（元）				合价（元）			
				人工费	材料费	机械费	管理费和利润	人工费	材料费	机械费	管理费和利润
13—118	16mm 厚聚氨酯防水涂料	m^2	1.00	11.25	221.6	3.23	99.154	11.25	221.6	3.23	99.154

续表

定额编号	定额名称	定额单位	数量	单价(元)				合价(元)			
				人工费	材料费	机械费	管理费和利润	人工费	材料费	机械费	管理费和利润
13−1	20mm厚水泥砂浆复合层	m^2	0.914	1.98	4.33	0.25	2.755	1.810	3.958	0.229	2.518
13−8	聚苯板保护层	m^2	0.914	2.20	58.32	0.79	25.750	2.011	53.304	0.722	23.536
人工单价		小计						15.071	278.862	4.181	125.208
30.81元/工日		不计价材料费						—			
清单项目综合单价								423.322			

材料费明细	主要材料名称、规格、型号	单位	数量	单价(元)	合价(元)	暂估单价(元)	暂估合价(元)
	钢筋(ϕ10以内)	kg	1025.00	2.430	2490.75		
	水泥	kg	8.221	0.366	3.009		
	砂子	kg	30.710	0.036	1.106		
	水泥聚苯板	m^2	0.950	32.00	30.72		
	粘剂胶	kg	0.411	52.750	21.680		
	聚氨酯防水涂料	kg	22.556	9.500	214.282		
	聚酯1∶3	kg	0.182	19.000	3.458		
	其他材料费			—	4.607	—	
	材料费小计			—	278.862	—	

工程量清单综合单价分析表　　　　表5-62

工程名称：　　　　标段：　　　　第61页　共96页

项目编码	010902003001	项目名称	屋面刚性防水	计量单位	t	工程量	585.353

清单综合单价组成明细

定额编号	定额名称	定额单位	数量	单价(元)				合价(元)			
				人工费	材料费	机械费	管理费和利润	人工费	材料费	机械费	管理费和利润
13−138	40mm厚刚性防水层	m^2	1.00	4.35	14.83	0.70	8.350	4.35	14.83	0.70	8.350
人工单价		小计						4.35	14.83	0.70	8.350
30.81元/工日		不计价材料费						—			
清单项目综合单价								28.23			

材料费明细	主要材料名称、规格、型号	单位	数量	单价(元)	合价(元)	暂估单价(元)	暂估合价(元)
	钢筋(ϕ10以内)	kg	1025.00	2.430	2490.75		
	水泥(综合)	kg	16.700	0.366	6.112		
	砂子	kg	34.80	0.036	1.253		
	豆石	kg	51.00	0.034	1.734		
	嵌缝膏	kg	0.323	17.000	5.491		
	其他材料费			—	0.24	—	
	材料费小计			—	14.83	—	

工程量清单综合单价分析表 表 5-63

工程名称： 标段： 第 62 页 共 96 页

项目编码	011001001001	项目名称	保温、隔热屋面	计量单位	m^3	工程量	80.862

清单综合单价组成明细

定额编号	定额名称	定额单位	数量	单价(元)				合价(元)			
				人工费	材料费	机械费	管理费和利润	人工费	材料费	机械费	管理费和利润
12—21	20mm 厚 1∶2.5 水泥砂浆找平层	m^2	6.667	2.17	7.98	0.30	4.389	14.467	53.203	2.000	29.261
12—3	沥青珍珠岩板	m^3	1.00	16.45	144.37	2.04	68.401	16.45	144.37	2.04	68.401
12—19	加气混凝土块找坡层	m^3	1.560	35.17	160.196	14.12	87.984	54.865	249.906	22.027	137.255
人工单价		小计						85.782	447.479	26.067	234.917
30.81 元/工日		不计价材料费						—			
清单项目综合单价								794.245			

材料费明细	主要材料名称、规格、型号	单位	数量	单价(元)	合价(元)	暂估单价(元)	暂估合价(元)
	沥青珍珠岩	m^3	1.04	133.00	138.32		
	加气混凝土块	m^3	1.583	155.00	245.365		
	聚酯布	m^2	0.763	3.800	2.899		
	水泥	kg	55.336	0.366	20.253		
	砂子	kg	220.678	0.036	7.944		
	钢板网	m^2	6.734	3.5	23.569		
	其他材料费			—	11.838	—	
	材料费小计			—	447.479	—	

工程量清单综合单价分析表 表 5-64

工程名称： 标段： 第 63 页 共 96 页

项目编码	011101001001	项目名称	水泥砂浆楼地面	计量单位	m^2	工程量	457.616

清单综合单价组成明细

定额编号	定额名称	定额单位	数量	单价(元)				合价(元)			
				人工费	材料费	机械费	管理费和利润	人工费	材料费	机械费	管理费和利润
1—25	20mm 厚 1∶2.5 水泥砂浆面层	m^2	1.00	3.26	5.61	0.45	3.914	3.26	5.61	0.45	3.914
5—1	60mm 厚 C10 混凝土垫层	m^3	0.06	24.02	157.96	13.47	11.706	1.441	9.478	0.808	0.702
1—16	素土夯实	m^2	1.00	0.33	—	0.05	0.150	0.33	—	0.05	0.160
人工单价		小计						5.031	15.088	1.308	4.776
30.81 元/工日		不计价材料费						—			
清单项目综合单价								26.203			

材料费明细	主要材料名称、规格、型号	单位	数量	单价(元)	合价(元)	暂估单价(元)	暂估合价(元)
	C10 普通混凝土	m^3	0.061	148.81	9.077		
	水泥	kg	10.731	0.366	3.928		

续表

材料费明细	主要材料名称、规格、型号	单位	数量	单价（元）	合价（元）	暂估单价（元）	暂估合价（元）
	砂子	kg	30.643	0.036	1.103		
	建筑胶	kg	0.052	1.700	0.088		
	其他材料费			—	0.892	—	
	材料费小计			—	15.088	—	

工程量清单综合单价分析表　　　　表5-65

工程名称：　　　　标段：　　　　第64页　共96页

项目编码	011101001002	项目名称	水泥砂浆楼地面	计量单位	m^2	工程量	18.865

清单综合单价组成明细

定额编号	定额名称	定额单位	数量	单价（元）				合价（元）			
				人工费	材料费	机械费	管理费和利润	人工费	材料费	机械费	管理费和利润
1—251	20mm厚1∶2.5水泥浆面层	m^2	1.00	3.26	5.61	0.45	3.914	3.26	5.61	0.45	3.914
1—16	素土夯实	m^3	1.00	0.33	—	0.05	0.160	0.33	—	0.05	0.16
5—1	80mm厚C10混凝土垫层	m^3	0.08	24.02	157.96	13.47	15.636	1.922	12.637	1.078	1.251
人工单价		小计						5.512	18.247	1.578	5.325
30.81元/工日		不计价材料费						—			
清单项目综合单价								30.662			

材料费明细	主要材料名称、规格、型号	单位	数量	单价（元）	合价（元）	暂估单价（元）	暂估合价（元）
	水泥（综合）	kg	10.731	0.366	3.928		
	砂子	kg	30.643	0.036	1.103		
	建筑胶	kg	0.052	1.700	0.088		
	C10普通混凝土	m^3	148.81	0.081	12.083		
	其他材料费			—	1.045	—	
	材料费小计			—	18.247	—	

工程量清单综合单价分析表　　　　表5-66

工程名称：　　　　标段：　　　　第65页　共96页

项目编码	011102003001	项目名称	块料楼地面	计量单位	m^2	工程量	4875.343

清单综合单价组成明细

定额编号	定额名称	定额单位	数量	单价（元）				合价（元）			
				人工费	材料费	机械费	管理费和利润	人工费	材料费	机械费	管理费和利润
1—53	地砖地面	m^2	1.00	11.18	53.87	2.41	28.333	11.18	53.87	2.41	28.333
1—14	20mm厚1∶3水泥砂浆找平层	m^2	1.00	2.48	4.79	0.40	3.221	2.48	4.79	0.40	3.221
人工单价		小计						13.66	58.66	2.81	31.554
34.35元/工日		不计价材料费						—			
清单项目综合单价								106.684			

续表

	主要材料名称、规格、型号	单位	数量	单价（元）	合价（元）	暂估单价（元）	暂估合价（元）
材料费明细	地面砖 0.16m^2 以外	m^2	1.02	50.00	51.00		
	水泥	kg	13.464	0.366	4.928		
	砂子	kg	41.737	0.036	1.503		
	建筑胶	kg	0.364	1.700	0.619		
	白水泥	kg	0.103	0.550	0.057		
	其他材料费			—	0.56	—	
	材料费小计			—	58.66	—	

工程量清单综合单价分析表 表 5-67

工程名称： 标段： 第 66 页 共 96 页

项目编码	011102003002	项目名称	块料楼地面	计量单位	m^2	工程量	354.398

清单综合单价组成明细

定额编号	定额名称	定额单位	数量	单价（元）				合价（元）			
				人工费	材料费	机械费	管理费和利润	人工费	材料费	机械费	管理费和利润
1－57	防滑地砖地面	m^2	1.00	7.01	59.99	2.42	29.156	7.01	59.99	2.42	29.156
12－19	1∶2.5 细石混凝土找坡找平	m^3	0.04	35.17	153.356	14.12	105.813	1.407	6.134	0.565	4.233
人工单价		小计						8.417	66.124	2.985	33.389
34.35 元/工日		不计价材料费						—			
清单项目综合单价								110.95			

	主要材料名称、规格、型号	单位	数量	单价（元）	合价（元）	暂估单价（元）	暂估合价（元）
材料费明细	石塑防滑地砖	m^2	1.02	45.00	45.9		
	白水泥	kg	0.100	0.550	0.055		
	胶粘剂	kg	1.00	13.50	13.5		
	水泥	kg	0.059	0.366	0.022		
	1∶2.5 细石混凝土	m^3	0.041	148.81	6.101		
	聚酯布	m^2	0.020	3.800	0.076		
	其他材料费			—	0.47	—	
	材料费小计			—	66.124	—	

工程量清单综合单价分析表 表 5-68

工程名称： 标段： 第 67 页 共 96 页

项目编码	011105003001	项目名称	块料踢脚线	计量单位	m^2	工程量	613.021

清单综合单价组成明细

定额编号	定额名称	定额单位	数量	单价（元）				合价（元）			
				人工费	材料费	机械费	管理费和利润	人工费	材料费	机械费	管理费和利润
1－171	地砖踢脚线	m	6.667	2.09	7.88	0.38	4.347	13.934	52.536	2.533	28.981
1－14	20mm 厚 1∶3 水泥砂浆找平层	m^2	1.00	2.48	4.79	0.40	3.221	2.48	4.79	0.40	3.221

续表

人工单价	小　　计					16.414	57.326	2.933	32.202
34.35元/工日	不计价材料费					—			
清单项目综合单价						108.875			
材料费明细	主要材料名称、规格、型号		单位	数量	单价（元）	合价（元）	暂估单价（元）	暂估合价（元）	
	地砖踢脚		m	6.867	5.040	34.610			
	水泥		kg	48.454	0.366	17.734			
	砂子		kg	109.090	0.036	3.927			
	建筑胶		kg	0.399	1.700	0.678			
	其他材料费				—	0.377	—		
	材料费小计				—	57.326	—		

工程量清单综合单价分析表　　表5-69

工程名称：　　标段：　　

项目编码	011106004001	项目名称	水泥砂浆楼梯面			计量单位	m²		工程量	426.30
清单综合单价组成明细										
定额编号	定额名称	定额单位	数量	单价（元）				合价（元）			
				人工费	材料费	机械费	管理费和利润	人工费	材料费	机械费	管理费和利润
1—147	8mm厚1∶2.5水泥浆楼梯面层	m²	1.00	12.46	12.98	0.82	11.029	12.46	12.98	0.82	11.029
1—14	20mm厚1∶3水泥砂浆找平	m²	1.00	2.48	4.79	0.40	3.22	2.48	4.79	0.40	3.22
人工单价		小　　计						14.94	17.77	1.22	14.249
30.81元/工日		不计价材料费						—			
清单项目综合单价								48.179			

材料费明细	主要材料名称、规格、型号	单位	数量	单价（元）	合价（元）	暂估单价（元）	暂估合价（元）
	金钢砂	kg	0.43	1.496	0.643		
	水泥	kg	34.035	0.366	12.457		
	砂子	kg	103.859	0.036	3.739		
	建筑胶	kg	0.123	1.700	0.209		
	其他材料费			—	0.73	—	
	材料费小计			—	17.77	—	

工程量清单综合单价分析表　　表5-70

工程名称：　　标段：　　

项目编码	011503002001	项目名称	硬木扶手带栏杆			计量单位	m		工程量	191.509
清单综合单价组成明细										
定额编号	定额名称	定额单位	数量	单价（元）				合价（元）			
				人工费	材料费	机械费	管理费和利润	人工费	材料费	机械费	管理费和利润
7—53	硬木直形扶手	m	1.00	7.04	129.83	4.18	59.241	7.04	129.83	4.18	59.241
7—1	铝合金栏杆	m²	1.00	15.68	33.19	2.80	21.701	15.68	33.19	2.80	21.701

续表

定额编号	定额名称	定额单位	数量	单价(元)				合价(元)			
				人工费	材料费	机械费	管理费和利润	人工费	材料费	机械费	管理费和利润
11—203	硬木扶手刷清漆	m	1.00	12.24	6.35	0.57	8.047	12.24	6.35	0.57	8.047
人工单价		小　计						34.96	169.37	7.55	88.989
31.12元/工日		不计价材料费						—			
清单项目综合单价								220.869			

	主要材料名称、规格、型号	单位	数量	单价(元)	合价(元)	暂估单价(元)	暂估合价(元)
材料费明细	铝合金方管,20mm×20mm	m	6.882	3.800	26.152		
	预埋铁件	kg	3.270	2.980	9.745		
	硬木扶手(直形),150mm×60mm	m	1.210	88.00	106.48		
	硬木弯头	个	0.76	24.60	28.696		
	大白粉	kg	0.093	0.300	0.028		
	熟桐油	kg	0.131	9.000	1.179		
	聚氨酯漆(地面漆)	kg	0.100	20.350	2.035		
	封闭漆	kg	0.050	6.830	0.342		
	其他材料费			—	4.713	—	
	材料费小计			—	169.37	—	

工程量清单综合单价分析表　　表5-71

工程名称：　　标段：　　第70页　共96页

项目编码	011503001001	项目名称	金属扶手带栏杆	计量单位	m	工程量	168.384

清单综合单价组成明细

定额编号	定额名称	定额单位	数量	单价(元)				合价(元)			
				人工费	材料费	机械费	管理费和利润	人工费	材料费	机械费	管理费和利润
7—63	阳台铜管扶手	m	1.00	5.68	229.83	8.69	102.564	5.68	229.83	8.69	102.564
7—30	烤漆钢管栏杆	m^2	1.20	13.84	48.02	3.06	27.266	16.608	57.624	3.672	32.720
人工单价		小　计						22.288	287.454	12.362	135.284
31.12元/工日		不计价材料费						—			
清单项目综合单价								457.388			

	主要材料名称、规格、型号	单位	数量	单价(元)	合价(元)	暂估单价(元)	暂估合价(元)
材料费明细	烤漆铜管	m	7.181	7.900	56.728		
	钢管扶手,ϕ75mm	m	1.05	202.00	212.1		
	钢管弯头	个	0.66	21.000	13.86		
	其他材料费			—	4.766	—	
	材料费小计			—	287.454	—	

工程量清单综合单价分析表　　　　表 5-72

工程名称：　　　　标段：　　　　第71页　共96页

项目编码	011201002001	项目名称	墙面装饰抹灰			计量单位	m^2		工程量	246.262	
清单综合单价组成明细											
定额编号	定额名称	定额单位	数量	单价（元）				合价（元）			
				人工费	材料费	机械费	管理费和利润	人工费	材料费	机械费	管理费和利润
3—16	剁斧石青水泥墙面	m^2	1.00	26.57	9.69	1.37	15.805	26.57	9.69	1.37	15.805
3—4	15mm厚1：2水泥抹底灰	m^2	1.00	5.32	4.98	0.50	4.536	5.32	4.98	0.50	4.536
人工单价		小　计						30.81	14.67	1.87	20.341
30.81元/工日		不计价材料费						—			
清单项目综合单价								68.771			

材料费明细	主要材料名称、规格、型号	单位	数量	单价（元）	合价（元）	暂估单价（元）	暂估合价（元）
	水泥	kg	28.906	0.366	10.580		
	砂子	kg	59.106	0.036	2.128		
	乳液型建筑胶粘剂	kg	0.114	1.600	0.182		
	石碴	kg	11.02	0.120	1.322		
	界面剂	kg	0.048	1.800	0.086		
	石屑	kg	4.723	0.029	0.137		
	其他材料费			—	0.24	—	
	材料费小计			—	14.67	—	

工程量清单综合单价分析表　　　　表 5-73

工程名称：　　　　标段：　　　　第72页　共96页

项目编码	011201002002	项目名称	墙面装饰抹灰			计量单位	m^2		工程量	6558.956	
清单综合单价组成明细											
定额编号	定额名称	定额单位	数量	单价（元）				合价（元）			
				人工费	材料费	机械费	管理费和利润	人工费	材料费	机械费	管理费和利润
3—25	涂料底层抹灰	m^2	1.00	5.67	3.27	0.41	3.927	5.67	3.27	0.41	3.927
3—32	丙烯酸弹性高级涂料面层	m^3	1.00	2.07	19.16	0.65	9.190	2.07	19.16	0.65	9.190
人工单价		小　计						7.74	22.43	1.06	13.117
30.81元/工日		不计价材料费						—			
清单项目综合单价								44.347			

材料费明细	主要材料名称、规格、型号	单位	数量	单价（元）	合价（元）	暂估单价（元）	暂估合价（元）
	水泥	kg	6.077	0.366	2.224		
	砂子	kg	24.176	0.036	0.870		
	白灰	kg	0.800	0.097	0.078		
	界面剂	kg	0.027	1.800	0.049		
	丙烯酸封底漆	kg	0.113	9.500	1.074		

续表

材料费明细	主要材料名称、规格、型号	单位	数量	单价(元)	合价(元)	暂估单价(元)	暂估合价(元)
	丙烯酸弹性高级涂料	kg	1.350	13.00	17.55		
	酸性腻子	kg	0.114	3.200	0.365		
	其他材料费			—	0.22	—	
	材料费小计			—	22.43	—	

工程量清单综合单价分析表 **表 5-74**

工程名称： 标段： 第 73 页 共 96 页

项目编码	011201001001	项目名称	墙面一般抹灰	计量单位	m²	工程量	15998.075

定额编号	定额名称	定额单位	数量	单价(元)				合价(元)			
				人工费	材料费	机械费	管理费和利润	人工费	材料费	机械费	管理费和利润
3—78	石灰砂浆抹灰	m²	1.00	4.48	2.53	0.36	3.095	4.48	2.53	0.36	3.095
3—95	石膏抹平	m³	1.00	6.23	6.12	0.56	5.422	6.23	6.12	0.56	5.422
人工单价		小计						10.71	8.65	0.92	8.517
30.81 元/工日		不计价材料费						—			
清单项目综合单价								28.797			

材料费明细	主要材料名称、规格、型号	单位	数量	单价(元)	合价(元)	暂估单价(元)	暂估合价(元)
	水泥(综合)	kg	12.326	0.366	4.511		
	砂子	kg	43.771	0.036	1.576		
	白灰	kg	6.049	0.097	0.587		
	纸筋	kg	0.083	0.590	0.049		
	乳液型建筑胶粘剂	kg	0.099	1.600	0.158		
	石膏粉	kg	4.758	0.350	1.665		
	其他材料费			—	0.10	—	
	材料费小计			—	8.65	—	

工程量清单综合单价分析表 **表 5-75**

工程名称： 标段： 第 74 页 共 96 页

项目编码	011204003001	项目名称	块料墙面	计量单位	m²	工程量	831.455

定额编号	定额名称	定额单位	数量	单价(元)				合价(元)			
				人工费	材料费	机械费	管理费和利润	人工费	材料费	机械费	管理费和利润
3—126	块料底层抹灰	m²	1.00	4.70	3.05	0.34	3.398	4.70	3.05	0.34	3.398
3—132	采用面砖勾连	m²	1.00	18.22	35.97	1.85	23.537	18.22	35.97	1.85	23.537
人工单价		小计						22.92	39.02	2.19	26.935
34.35 元/工日		不计价材料费						—			
清单项目综合单价								91.065			

续表

材料费明细	主要材料名称、规格、型号	单位	数量	单价（元）	合价（元）	暂估单价（元）	暂估合价（元）
	内墙釉面砖 0.06m² 以内	m²	0.942	35.00	32.97		
	水泥	kg	12.317	0.366	4.508		
	砂子	kg	28.55	0.036	1.028		
	乳液型建筑胶粘剂	kg	0.084	1.600	0.134		
	其他材料费			—	0.38	—	
	材料费小计			—	39.02	—	

工程量清单综合单价分析表

表 5-76

工程名称： 标段： 第75页 共96页

项目编码	011301001001	项目名称	顶棚抹灰	计量单位	m²	工程量	6015.315

清单综合单价组成明细

定额编号	定额名称	定额单位	数量	单价（元）				合价（元）			
				人工费	材料费	机械费	管理费和利润	人工费	材料费	机械费	管理费和利润
2—98	混合砂浆顶棚抹灰	m²	1.00	5.44	2.37	0.34	3.423	5.44	2.37	0.34	3.423
2—110	合成树脂乳液涂料	m²	1.00	1.46	2.73	0.13	1.814	1.46	2.73	0.13	1.814
人工单价		小计						6.90	5.10	0.47	5.237
30.81元/工日		不计价材料费						—			
清单项目综合单价								17.707			

材料费明细	主要材料名称、规格、型号	单位	数量	单价（元）	合价（元）	暂估单价（元）	暂估合价（元）
	水泥（综合）	kg	4.62	0.366	1.691		
	砂子	kg	12.476	0.036	0.449		
	建筑胶	kg	0.061	1.700	0.104		
	白灰	kg	0.896	0.097	0.087		
	大小封底漆	kg	0.155	4.80	0.744		
	乳胶漆	kg	0.343	5.700	1.955		
	其他材料费			—	0.07	—	
	材料费小计			—	5.10	—	

工程量清单综合单价分析表

表 5-77

工程名称： 标段： 第76页 共96页

项目编码	011302001001	项目名称	顶棚吊顶	计量单位	m²	工程量	354.398

清单综合单价组成明细

定额编号	定额名称	定额单位	数量	单价（元）				合价（元）			
				人工费	材料费	机械费	管理费和利润	人工费	材料费	机械费	管理费和利润
2—6	U形轻钢龙骨	m²	1.00	5.78	35.19	2.42	18.224	5.78	35.19	2.42	18.224
2—83	PVC板面层	m²	1.00	5.00	23.59	0.87	12.373	5.00	23.59	0.87	12.373
人工单价		小计						10.78	58.78	3.29	30.597

续表

32.45 元/工日	不计价材料费						—
清单项目综合单价							103.429

	主要材料名称、规格、型号	单位	数量	单价（元）	合价（元）	暂估单价（元）	暂估合价（元）
材料费明细	PVC 装饰板，1.25mm	m^2	1.05	20.00	21.00		
	塑料线脚	m	1.804	1.200	2.165		
	U 形轻钢龙骨，CB 60×27	m	4.297	5.200	22.344		
	U 形轻钢龙骨连接件，CB 60－L	个	0.505	0.580	0.293		
	U 形轻钢龙骨挂件，CB 60－3	个	6.789	0.38	2.580		
	U 形轻钢龙骨吊件，CB60－19	个	2.693	0.650	1.750		
	铁件	个	0.746	3.100	2.313		
	膨胀螺栓 10	套	2.693	1.430	3.851		
	其他材料费			—	2.49	—	
	材料费小计			—	58.78	—	

工程量清单综合单价分析表 **表 5-78**

工程名称： 标段： 第 77 页 共 96 页

项目编码	011302002001	项目名称	格栅吊顶	计量单位	m^2	工程量	19.4775

清单综合单价组成明细											
定额编号	定额名称	定额单位	数量	单价（元）				合价（元）			
				人工费	材料费	机械费	管理费和利润	人工费	材料费	机械费	管理费和利润
2－138	金属格栅或吸声板吊顶	m^2	1.00	6.04	172.95	6.07	77.725	6.04	172.95	6.07	77.725
2－146	袋装玻璃丝保温吸声顶棚	m^3	1.00	5.97	19.71	0.79	11.117	5.97	19.71	0.97	11.117
人工单价		小　　计						12.01	192.66	6.86	88.842
32.45 元/工日		不计价材料费						—			
清单项目综合单价								300.372			

清单综合单价组成明细

	主要材料名称、规格、型号	单位	数量	单价（元）	合价（元）	暂估单价（元）	暂估合价（元）
材料费明细	吸声体支架	套	2.836	10.00	28.36		
	吸声板，600mm×250mm	块	7.036	20.00	140.72		
	吊杆	根	0.736	3.520	2.591		
	镀锌钢管，20mm	kg	0.083	3.000	0.249		
	袋装玻璃丝	m^3	0.051	384.000	19.584		
	其他材料费			—	1.16	—	
	材料费小计			—	192.66	—	

工程量清单综合单价分析表　　表5-79

工程名称：　　标段：　　第78页　共96页

项目编码	010801001001	项目名称	镶板木门			计量单位		m²	工程量		166.32
清单综合单价组成明细											
定额编号	定额名称	定额单位	数量	单价(元)				合价(元)			
				人工费	材料费	机械费	管理费和利润	人工费	材料费	机械费	管理费和利润
6—3	镶板门	m²	1.00	13.54	611.39	19.10	271.493	13.54	611.39	19.10	270.493
11—76	刷调合漆，磁漆罩面	m²	1.00	16.88	12.09	0.88	12.537	16.88	12.09	0.88	12.537
人工单价		小计						30.42	623.48	19.98	283.030
32.45元/工日		不计价材料费						—			
清单项目综合单价								956.91			
材料费明细	主要材料名称、规格、型号					单位	数量	单价(元)	合价(元)	暂估单价(元)	暂估合价(元)
	醇酸磁漆					kg	0.212	14.60	3.095		
	镶板木门					m²	1.000	600.00	600		
	防腐油					kg	0.303	0.950	6.288		
	铰链					个	1.480	1.700	2.516		
	插销					个	0.660	3.100	2.046		
	拉手					个	0.660	0.420	0.277		
	熟桐油					kg	0.018	9.000	0.162		
	油漆、溶剂油					kg	0.125	2.400	0.3		
	其他材料费							—	7.231	—	
	材料费小计							—	623.48	—	

工程量清单综合单价分析表　　表5-80

工程名称：　　标段：　　第79页　共96页

项目编码	010801001001	项目名称	胶合板门			计量单位		m²	工程量		184.8
清单综合单价组成明细											
定额编号	定额名称	定额单位	数量	单价(元)				合价(元)			
				人工费	材料费	机械费	管理费和利润	人工费	材料费	机械费	管理费和利润
6—2	胶合板门	m²	1.00	9.15	189.19	6.06	85.848	9.15	189.19	6.06	85.848
11—76	刷调合漆两遍，磁漆罩面	m²	1.00	16.88	12.09	0.88	12.537	16.88	12.09	0.88	12.537
人工单价		小计						26.03	201.28	6.94	98.385
30.81元/工日		不计价材料费						—			
清单项目综合单价								332.635			
材料费明细	主要材料名称、规格、型号					单位	数量	单价(元)	合价(元)	暂估单价(元)	暂估合价(元)
	胶合板门					m²	1.000	180.00	180.00		
	铰链					个	1.480	1.700	2.516		
	插销					个	0.660	3.100	2.046		
	拉手					个	0.660	0.420	0.277		

续表

材料费明细	主要材料名称、规格、型号	单位	数量	单价（元）	合价（元）	暂估单价（元）	暂估合价（元）
	熟桐油	kg	0.018	9.000	0.162		
	油漆溶剂油	kg	0.125	2.400	0.30		
	无光调合漆	kg	0.749	10.100	7.565		
	醇酸磁漆	kg	0.212	14.600	3.095		
	其他材料费			—	5.319	—	
	材料费小计			—	201.28	—	

工程量清单综合单价分析表 **表 5-81**

工程名称： 标段： 第 80 页 共 96 页

项目编码	010801001002	项目名称	胶合板门	计量单位	m^2	工程量	58.968

清单综合单价组成明细

定额编号	定额名称	定额单位	数量	单价（元）				合价（元）			
				人工费	材料费	机械费	管理费和利润	人工费	材料费	机械费	管理费和利润
6—2	胶合板木门制作、安装	m^2	1.00	9.15	189.19	6.06	85.848	9.15	189.19	6.06	85.848
6—76	刷调合漆两遍，磁漆罩面	m^2	1.00	16.88	12.09	0.88	12.537	16.88	12.09	0.88	12.537
人工单价		小计						26.03	201.28	6.94	98.385
30.81 元/工日		不计价材料费						—			
清单项目综合单价								332.635			

材料费明细	主要材料名称、规格、型号	单位	数量	单价（元）	合价（元）	暂估单价（元）	暂估合价（元）
	胶合板木门	m^2	1.000	180.00	180.00		
	铰链	个	1.480	1.700	2.516		
	插销	个	0.660	3.100	2.046		
	拉手	个	0.660	0.420	0.277		
	熟桐油	kg	0.018	9.000	0.162		
	油漆溶剂油	kg	0.125	2.400	0.30		
	无光调合漆	kg	0.749	10.100	7.565		
	醇酸磁漆	kg	0.212	14.600	3.095		
	其他材料费			—	5.319	—	
	材料费小计			—	201.28	—	

工程量清单综合单价分析表 **表 5-82**

工程名称： 标段： 第 81 页 共 96 页

项目编码	010801004001	项目名称	木质防火门	计量单位	m^2	工程量	55.44

清单综合单价组成明细

定额编号	定额名称	定额单位	数量	单价（元）				合价（元）			
				人工费	材料费	机械费	管理费和利润	人工费	材料费	机械费	管理费和利润
6—9	自由木门制作、安装	m^2	1.00	25.80	708.98	22.46	318.04	25.80	708.98	22.46	318.04

续表

定额编号	定额名称	定额单位	数量	单价（元）				合价（元）			
				人工费	材料费	机械费	管理费和利润	人工费	材料费	机械费	管理费和利润
11－191	刷封闭漆、清漆	m²	1.00	18.87	25.23	1.35	19.089	18.87	25.23	1.35	19.089
人工单价		小　计						44.67	734.21	23.81	337.129
32.45元/工日		不计价材料费						—			
清单项目综合单价								1139.819			

材料费明细	主要材料名称、规格、型号	单位	数量	单价（元）	合价（元）	暂估单价（元）	暂估合价（元）
	硬木全玻门	m²	1.000	697.00	697.00		
	弹簧铰链	个	0.810	7.000	5.67		
	防腐油	kg	0.149	0.950	0.142		
	大白粉	kg	0.374	0.300	0.112		
	油漆溶剂油	kg	0.120	2.400	0.288		
	熟桐油	kg	0.524	9.000	4.716		
	聚氨酯漆	kg	0.401	20.350	8.160		
	聚氨酯清漆	kg	0.445	18.800	8.366		
	其他材料费			—	9.756	—	
	材料费小计			—	734.21	—	

工程量清单综合单价分析表　　表5-83

工程名称：　　　　标段：　　　　第82页　共96页

项目编码	010801004002	项目名称	木质防火门	计量单位	m²	工程量	9.45

清单综合单价组成明细

定额编号	定额名称	定额单位	数量	单价（元）				合价（元）			
				人工费	材料费	机械费	管理费和利润	人工费	材料费	机械费	管理费和利润
6－9	自由木门制作、安装	m²	1.00	25.80	708.98	22.46	318.04	25.80	708.98	22.46	318.04
11－191	刷封闭漆、清漆	m²	1.00	18.87	25.23	1.35	19.089	18.87	25.23	1.35	19.089
人工单价		小　计						44.67	734.21	23.81	337.129
32.45元/工日		不计价材料费						—			
清单项目综合单价								1139.819			

材料费明细	主要材料名称、规格、型号	单位	数量	单价（元）	合价（元）	暂估单价（元）	暂估合价（元）
	硬木全玻门	m²	1.000	697.00	697.00		
	弹簧铰链	个	0.810	7.000	5.67		
	防腐油	kg	0.149	0.950	0.142		
	大白粉	kg	0.374	0.300	0.112		
	油漆溶剂油	kg	0.120	2.400	0.288		
	熟桐油	kg	0.524	9.000	4.716		
	聚氨酯漆	kg	0.401	20.350	8.160		
	聚氨酯清漆	kg	0.445	18.800	8.366		
	其他材料费			—	9.756	—	
	材料费小计			—	734.21	—	

工程量清单综合单价分析表 表 5-84

工程名称： 标段： 第 83 页 共 96 页

项目编码	010801004003	项目名称	木质防火门			计量单位	m^2	工程量	16.8	
清单综合单价组成明细										
定额编号	定额名称	定额单位	数量	单价(元)				合价(元)		
				人工费	材料费	机械费	管理费和利润	人工费	材料费	机械费	管理费和利润
6—9	自由木门制作、安装	m^2	1.00	25.80	708.98	22.46	318.04	25.80	708.98	22.46	318.04
11—191	刷封闭漆、清漆	m^2	1.00	18.87	25.23	1.35	19.089	18.87	25.23	1.35	19.089
人工单价		小计						44.67	734.21	23.81	337.129
32.45 元/工日		不计价材料费						—			
清单项目综合单价								1139.819			

材料费明细	主要材料名称、规格、型号	单位	数量	单价(元)	合价(元)	暂估单价(元)	暂估合价(元)
	硬木全玻门	m^2	1.000	697.00	697.00		
	弹簧铰链	个	0.810	7.000	5.67		
	防腐油	kg	0.149	0.950	0.142		
	大白粉	kg	0.374	0.300	0.112		
	油漆溶剂油	kg	0.120	2.400	0.288		
	熟桐油	kg	0.524	9.000	4.716		
	聚氨酯漆	kg	0.401	20.350	8.160		
	聚氨酯清漆	kg	0.445	18.800	8.366		
	其他材料费			—	9.756	—	
	材料费小计			—	734.21	—	

工程量清单综合单价分析表 表 5-85

工程名称： 标段： 第 84 页 共 96 页

项目编码	010802001001	项目名称	金属推拉门			计量单位	m^2	工程量	166.32	
清单综合单价组成明细										
定额编号	定额名称	定额单位	数量	单价(元)				合价(元)		
				人工费	材料费	机械费	管理费和利润	人工费	材料费	机械费	管理费和利润
6—29	铝合金推拉全玻门	m^2	1.00	20.05	263.79	8.89	122.947	20.05	263.79	8.89	122.947
人工单价		小计						20.05	263.79	8.89	122.947
32.45 元/工日		不计价材料费						—			
清单项目综合单价								415.677			

材料费明细	主要材料名称、规格、型号	单位	数量	单价(元)	合价(元)	暂估单价(元)	暂估合价(元)
	铝合金全玻推拉门	m^2	1.000	255.00	255.00		
	镀锌固定件	个	5.082	1.000	5.082		
	其他材料费			—	3.710	—	
	材料费小计			—	263.79	—	

工程量清单综合单价分析表　　表5-86

工程名称：　　标段：　　第85页　共96页

项目编码	010802001002	项目名称	金属推拉门			计量单位	m²		工程量	258.72	
清单综合单价组成明细											
定额编号	定额名称	定额单位	数量	单　价(元)				合　价(元)			
				人工费	材料费	机械费	管理费和利润	人工费	材料费	机械费	管理费和利润
6－29	铝合金推拉全玻门	m²	1.00	20.05	263.79	8.89	122.947	20.05	263.79	8.89	122.947
人工单价		小　计						20.05	263.79	8.89	122.947
32.45元/工日		不计价材料费						—			
清单项目综合单价								415.677			
材料费明细	主要材料名称、规格、型号					单位	数量	单价(元)	合价(元)	暂估单价(元)	暂估合价(元)
	铝合金全玻推拉门					m²	1.000	255.00	255.00		
	镀锌固定件					个	5.082	1.000	5.082		
	其他材料费							—	3.710	—	
	材料费小计							—	263.79	—	

工程量清单综合单价分析表　　表5-87

工程名称：　　标段：　　第86页　共96页

项目编码	010802001001	项目名称	金属平开门			计量单位	m²		工程量	72.72	
清单综合单价组成明细											
定额编号	定额名称	定额单位	数量	单　价(元)				合　价(元)			
				人工费	材料费	机械费	管理费和利润	人工费	材料费	机械费	管理费和利润
6－36	铝合金百叶门	m²	1.00	25.48	413.76	13.70	190.235	25.48	413.76	13.70	190.235
人工单价		小　计						25.48	413.76	13.70	190.235
32.45元/工日		不计价材料费						—			
清单项目综合单价								643.175			
材料费明细	主要材料名称、规格、型号					单位	数量	单价(元)	合价(元)	暂估单价(元)	暂估合价(元)
	铝合金半玻平开门					m²	1.000	400.00	400.00		
	镀锌固定件					个	7.978	1.000	7.978		
	其他材料费							—	5.780	—	
	材料费小计							—	413.76	—	

工程量清单综合单价分析表 **表 5-88**

工程名称： 标段： 第 87 页 共 96 页

项目编码	010807001001	项目名称	金属推拉窗			计量单位	m^2		工程量	118.8	
清单综合单价组成明细											
定额编号	定额名称	定额单位	数量	单价(元)				合价(元)			
				人工费	材料费	机械费	管理费和利润	人工费	材料费	机械费	管理费和利润
6—34	双玻铝合金推拉窗	m^2	1.00	12.57	332.15	10.65	149.255	12.57	332.15	10.65	149.255
人工单价		小计						12.57	332.15	10.65	149.255
32.45 元/工日		不计价材料费						—			
清单项目综合单价								504.625			
材料费明细	主要材料名称、规格、型号					单位	数量	单价(元)	合价(元)	暂估单价(元)	暂估合价(元)
	铝合金双玻推拉窗					m^2	1.000	320.00	320.00		
	镀锌固定件					个	7.190	1.000	7.19		
	其他材料费							—	4.960	—	
	材料费小计							—	332.15	—	

工程量清单综合单价分析表 **表 5-89**

工程名称： 标段： 第 88 页 共 96 页

项目编码	010807001002	项目名称	金属推拉窗			计量单位	m^2		工程量	39.6	
清单综合单价组成明细											
定额编号	定额名称	定额单位	数量	单价(元)				合价(元)			
				人工费	材料费	机械费	管理费和利润	人工费	材料费	机械费	管理费和利润
6—34	双玻铝合金推拉窗	m^2	1.00	12.57	332.15	10.65	149.255	12.57	332.15	10.65	149.255
人工单价		小计						12.57	332.15	10.65	149.255
32.45 元/工日		不计价材料费						—			
清单项目综合单价								504.625			
材料费明细	主要材料名称、规格、型号					单位	数量	单价(元)	合价(元)	暂估单价(元)	暂估合价(元)
	铝合金双玻推拉窗					m^2	1.000	320.00	320.00		
	镀锌固定件					个	7.190	1.000	7.19		
	其他材料费							—	4.960	—	
	材料费小计							—	332.15	—	

工程量清单综合单价分析表

表5-90

工程名称：　　　　标段：　　　　第89页　共96页

项目编码	010807001003	项目名称	金属推拉窗			计量单位		m²		工程量	19.8
清单综合单价组成明细											
定额编号	定额名称	定额单位	数量	单价(元)				合价(元)			
				人工费	材料费	机械费	管理费和利润	人工费	材料费	机械费	管理费和利润
6−34	双玻铝合金推拉窗	m²	1.00	12.57	332.15	10.65	149.255	12.57	332.15	10.65	149.255
人工单价		小计						12.57	332.15	10.65	149.255
32.45元/工日		不计价材料费						—			
清单项目综合单价								504.625			
材料费明细	主要材料名称、规格、型号				单位	数量		单价(元)	合价(元)	暂估单价(元)	暂估合价(元)
	铝合金双玻推拉窗				m²	1.000		320.00	320.00		
	镀锌固定件				个	7.190		1.000	7.190		
	其他材料费							—	4.960	—	
	材料费小计							—	332.15	—	

工程量清单综合单价分析表

表5-91

工程名称：　　　　标段：　　　　第90页　共96页

项目编码	010807001004	项目名称	金属推拉窗			计量单位		m²		工程量	3.3
清单综合单价组成明细											
定额编号	定额名称	定额单位	数量	单价(元)				合价(元)			
				人工费	材料费	机械费	管理费和利润	人工费	材料费	机械费	管理费和利润
6−33	铝合金推拉窗	m²	1.00	11.84	261.78	8.48	118.482	11.84	261.78	8.48	118.482
6−37	拼管安装	m	1.333	1.03	30.24	0.96	13.537	1.373	40.310	1.280	18.045
人工单价		小计						13.213	302.09	9.76	136.527
32.45元/工日		不计价材料费						—			
清单项目综合单价								461.59			
材料费明细	主要材料名称、规格、型号				单位	数量		单价(元)	合价(元)	暂估单价(元)	暂估合价(元)
	铝合金单玻推拉窗				m²	1.000		250.00	250.00		
	镀锌固定件				个	7.190		1.000	7.190		
	铝合金拼管				m	1.333		30.00	39.999		
	其他材料费							—	4.901	—	
	材料费小计							—	302.09	—	

工程量清单综合单价分析表 **表 5-92**

工程名称： 标段： 第 91 页 共 96 页

项目编码	010807001005	项目名称	金属推拉窗	计量单位	m^2	工程量	6.48

清单综合单价组成明细

定额编号	定额名称	定额单位	数量	单价(元)				合价(元)			
				人工费	材料费	机械费	管理费和利润	人工费	材料费	机械费	管理费和利润
6—33	铝合金推拉窗	m^2	1.00	11.84	261.78	8.48	118.482	11.84	261.78	8.48	118.482
人工单价		小计						11.84	261.78	8.48	118.482
32.45 元/工日		不计价材料费						—			
清单项目综合单价								400.582			

材料费明细	主要材料名称、规格、型号	单位	数量	单价(元)	合价(元)	暂估单价(元)	暂估合价(元)
	铝合金单玻推拉窗	m^2	1.000	250.00	250.00		
	镀锌固定件	个	7.190	1.000	7.190		
	其他材料费			—	4.590	—	
	材料费小计			—	261.78	—	

工程量清单综合单价分析表 **表 5-93**

工程名称： 标段： 第 92 页 共 96 页

项目编码	020406004001	项目名称	金属推拉窗	计量单位	m^2	工程量	151.8

清单综合单价组成明细

定额编号	定额名称	定额单位	数量	单价(元)				合价(元)			
				人工费	材料费	机械费	管理费和利润	人工费	材料费	机械费	管理费和利润
6—36	铝合金百叶窗	m^2	1.00	12.58	298.31	9.62	134.614	12.58	298.31	9.62	134.614
人工单价		小计						12.58	298.31	9.62	134.614
32.45 元/工日		不计价材料费						—			
清单项目综合单价								455.124			

材料费明细	主要材料名称、规格、型号	单位	数量	单价(元)	合价(元)	暂估单价(元)	暂估合价(元)
	铝合金百叶窗	m^2	1.000	285.00	285.00		
	镀锌固定件	个	8.120	1.000	8.120		
	其他材料费			—	5.19	—	
	材料费小计			—	298.31	—	

工程量清单综合单价分析表　　　　表 5-94

工程名称：　　　　标段：　　　　第 93 页　共 96 页

项目编码	010807001001	项目名称	金属平开窗			计量单位	m^2		工程量	88.44	
清单综合单价组成明细											
定额编号	定额名称	定额单位	数量	单　价(元)				合　价(元)			
				人工费	材料费	机械费	管理费和利润	人工费	材料费	机械费	管理费和利润
6－31	铝合金平开窗	m^2	1.00	14.04	312.05	10.10	141.200	14.04	312.05	10.10	141.20
人工单价		小　计						14.04	312.05	10.10	141.20
32.45 元/工日		不计价材料费						—			
清单项目综合单价								477.390			
材料费明细	主要材料名称、规格、型号				单位	数量		单价(元)	合价(元)	暂估单价(元)	暂估合价(元)
	铝合金单玻平开窗				m^2	1.000		300.00	300.00		
	镀锌固定件				个	7.190		1.000	7.190		
	其他材料费							—	4.860	—	
	材料费小计							—	312.05	—	

工程量清单综合单价分析表　　　　表 5-95

工程名称：　　　　标段：　　　　第 94 页　共 96 页

项目编码	010807001002	项目名称	金属平开窗			计量单位	m^2		工程量	86.40	
清单综合单价组成明细											
定额编号	定额名称	定额单位	数量	单　价(元)				合　价(元)			
				人工费	材料费	机械费	管理费和利润	人工费	材料费	机械费	管理费和利润
6－31	铝合金平开窗	m^2	1.00	14.04	312.05	10.10	141.200	14.04	312.05	10.10	141.20
人工单价		小　计						14.04	312.05	10.10	141.20
32.45 元/工日		不计价材料费						—			
清单项目综合单价								477.390			
材料费明细	主要材料名称、规格、型号				单位	数量		单价(元)	合价(元)	暂估单价(元)	暂估合价(元)
	铝合金单玻平开窗				m^2	1.000		300.00	300.00		
	镀锌固定件				个	7.190		1.000	7.190		
	其他材料费							—	4.860	—	
	材料费小计							—	312.05	—	

工程量清单综合单价分析表　　　　表 5-96

工程名称：　　　　标段：　　　　第 95 页　共 96 页

项目编码	010807001003	项目名称	金属平开窗			计量单位	m^2		工程量	62.212	
清单综合单价组成明细											
定额编号	定额名称	定额单位	数量	单　价(元)				合　价(元)			
				人工费	材料费	机械费	管理费和利润	人工费	材料费	机械费	管理费和利润
6－31	铝合金平开窗	m^2	1.00	14.04	312.05	10.10	141.200	14.04	312.05	10.10	141.20
人工单价		小　计						14.04	312.05	10.10	141.20
32.45 元/工日		不计价材料费						—			
清单项目综合单价								477.390			

续表

材料费明细	主要材料名称、规格、型号	单位	数量	单价（元）	合价（元）	暂估单价（元）	暂估合价（元）
	铝合金单玻平开窗	m^2	1.000	300.00	300.00		
	镀锌固定件	个	7.190	1.000	7.190		
	其他材料费			—	4.860	—	
	材料费小计			—	312.05	—	

工程量清单综合单价分析表

表 5-97

工程名称： 标段： 第 96 页 共 96 页

项目编码	011107004001	项目名称	水泥砂浆台阶面	计量单位	m^2	工程量	11.34

清单综合单价组成明细

定额编号	定额名称	定额单位	数量	单价（元）				合价（元）			
				人工费	材料费	机械费	管理费和利润	人工费	材料费	机械费	管理费和利润
1—11	20mm 厚 1∶3 水泥砂浆找平层	m^2	1.00	2.48	4.79	0.40	3.221	2.48	4.79	0.40	3.221
1—191	8mm 厚 1∶2.5 水泥砂浆台阶面	m^2	1.00	11.39	9.18	0.90	9.017	11.39	9.18	0.90	9.017
人工单价		小计						13.87	13.97	1.30	12.238
32.45 元/工日		不计价材料费						—			
清单项目综合单价								42.378			

材料费明细	主要材料名称、规格、型号	单位	数量	单价（元）	合价（元）	暂估单价（元）	暂估合价（元）
	水泥（综合）	kg	28.063	0.366	10.271		
	砂子	kg	75.295	0.036	2.711		
	建筑胶	kg	0.129	1.700	0.219		
	其他材料费			—	0.77	—	
	材料费小计			—	13.97	—	

第6章　某12层小高层工程算量要点提示

某12层小高层是由基础、墙体、门窗、钢筋混凝土构件、屋面、楼地面、装饰及其他部件组成的，其工程量的计算相对繁琐和复杂，这就需要我们掌握一定的方法和技巧。

某12层小高层工程量计算的步骤如下：

第一步：详读建筑工程概况

工程概况介绍了工程的主要内容、主要工程计算量等。

第二步：识图

建筑物的施工图主要包括总平面图、平面图、立面图、剖面图、详图等，建筑识图总的原则是先看建筑图，后看结构图；先看说明，后看图；先看整体图，后看局部图和详图。遇见复杂的图，要建筑图和结构图对照看，整体图和详图对照看。

第三步：工程量的计算

工程量的计算应该按照合理的顺序来进行，合理地安排工程量的计算顺序，是工程量快速计算的基本前提。一个单位工程按工程量计算规则可划分为若干个分部工程。每项工程应该按照一定的计算规则来计算。例如：土石方工程中的各个分部的计算规则。

(1) 场地平整工程量按设计图示尺寸以建筑物首层面积计算，有的地区定额规定的平整场地按建筑物外墙外边线每边各加2m，以平方米计算。

(2) 土方开挖，清单中土方体积=挖土方的底面积×挖土深度，定额中利用棱台的体积公式计算挖土方面积，以$V=1/3\times H\times[S_{上}+S_{下}+\sqrt{(S_{上}\times S_{下})}]$计算土方体积。

(3) 挖土方计算的难点：计算挖土方上中下底面积的时候需要计算各自边线到外墙外边线部分的中心线，中心线计算起来比较麻烦（同平整场地），重叠的地方不好处理。

(4) 土方回填，$V=V_{挖土}-V_{垫层}-V_{基础}-V_{地下室体积}$；余土外运工作量$V=V_{挖土}-V_{回填土}$

某12层小高楼的工程量计算的难点是装饰装修工程量的计算。

装修工程量的计算是比较繁琐和复杂的，因为在一幢楼房里往往有多种算法，先算什么，后算什么，算得准、算不乱是不容易的，使用好的计算方法和适当的计算顺序是很重要的。一幢楼有多种做法，首先是要计算总的装修面积，然后分别计算量少的、容易算的做法面积，剩余则是大量做法的面积。总装修面积可以逐间房计算，合计在一起，也可以利用已经算出来的工程数据进行推算，如墙体中计算出来的门窗洞口面积、内墙扣除洞口后的净面积（$S_{内净}$）、外墙扣除洞口后的净面积（$S_{外净}$），使用哪一种方法要视工程情况而定。